Introduzione ai metodi inversi

Rodolfo Guzzi

Introduzione ai metodi inversi

Con applicazioni alla geofisica
e al telerilevamento

 Springer

Rodolfo Guzzi
Optical Society of America

UNITEXT- Collana di Fisica e Astronomia
ISSN versione cartacea: 2038-5730   ISSN elettronico: 2038-5765

ISBN 978-88-470-2494-6   ISBN 978-88-470-2495-3 (eBook)
DOI 10.1007/978-88-470-2495-3

Springer Milan Dordrecht Heidelberg London New York

© Springer-Verlag Italia 2012

Immagine di copertina: Anna Rebecchi, Bologna
Layout copertina: Simona Colombo, Milano
Impaginazione: CompoMat S.r.l., Configni (RI)

Springer-Verlag Italia S.r.l., Via Decembrio 28, I-20137 Milano
Springer fa parte di Springer Science + Business Media (www.springer.com)

Prefazione

Non è facile definire che cosa è un problema inverso anche se, ogni giorno, facciamo delle operazioni mentali che sono dei metodi inversi: riconoscere i luoghi che attraversiamo quando andiamo al lavoro o passeggiamo, riconoscere una persona conosciuta tanti anni prima. Eppure la nostra cultura non ha ancora sfruttato appieno queste nostre capacità, anzi ci insegna la realtà utilizzando i metodi diretti. Ad esempio ai bambini viene insegnato a fare di conto utilizzando le quattro operazioni. Guardiamo ad esempio la moltiplicazione: essa è basata sul fatto che presi due fattori e moltiplicati tra di loro si ottiene il loro prodotto. Il corrispondente problema inverso è quello di trovare un paio di fattori che diano quel numero. Noi sappiamo che questo problema può anche non avere una unica soluzione. Infatti nel cercare di imporre un'unicità della soluzione, utilizziamo i numeri primi aprendo un mondo matematico complesso.

Probabilmente il più antico problema inverso fu l'interpolazione lineare descritto da Erodoto nella sua storia sull'Egitto. Il problema diretto, quello di calcolare una funzione lineare, fornisce un risultato immediato quando si congiungono due punti con una retta; il problema inverso, come quello dell'interpolazione lineare tra due o più punti, invece, può avere una soluzione, nessuna soluzione o infinite soluzioni in relazione al numero e alla natura dei punti.

Il problema diretto è quello di calcolare l'output dato dall'input convoluto con la descrizione matematica del sistema. Il goal del problema inverso è quello di determinare l'input o il sistema che danno luogo all'output misurato. Il problema inverso nasce dalla necessità di determinare la struttura interna di un sistema fisico attraverso il comportamento del sistema misurato oppure nel determinare l'input incognito che dà luogo all'output di un certo segnale.

Poiché esiste una stretta dipendenza tra il problema diretto e quello inverso, è buona norma impratichirsi con il problema diretto prima di affrontare il problema inverso. Questo approccio richiede che, soprattutto quando si ha a che fare con modelli fisico-matematici, si sviluppi una strategia sul modello diretto, utilizzando tutti gli strumenti della conoscenza. Ad esempio cercare le soluzioni di tutte le possibili combinazioni che possono essere ottenute utilizzando vari dati di input; fare una presentazione grafica dei risultati che ci permettono, da una o più curve, di ricavare i limiti di utilizzabilità del modello e quindi ci danno un'idea delle possibili soluzioni nell'intorno che vogliamo analizzare.

Sulla base di queste considerazioni si può affermare che partendo dal problema diretto si aprono due problemi inversi.

Uno che definiremo *Causale* e l'altro che definiremo *Identificativo*. Data l'equazione

$$\mathbf{y} = \mathbf{Kx}, \tag{0.1}$$

il problema diretto consisterà nel trovare una relazione funzionale $\mathbf{K}$ tra l'input $\mathbf{x}$ e l'output $\mathbf{y}$ o, in altri termini, quello di trovare $\mathbf{Kx}$, il valore di un operatore nei punti $\mathbf{x}$ del suo dominio. Il primo problema, quello *Causale* parte dall'assunzione che se conosciamo l'output $\mathbf{y}$ di un modello $\mathbf{K}$ potremo descrivere il problema inverso cercando il valore di $\mathbf{x}$ che ha causato quell'output. Se il modello è invertibile avremo che si potrà ottenere $\mathbf{x}$ attraverso $\mathbf{K}^{-1}$, ma se non lo è si apre una serie di soluzioni che sono descritte in questo libro, utilizzando differenti modalità matematiche.

L'altro problema inverso è quello che abbiamo chiamato *Identificativo*, che sorge nel momento in cui la causa e l'effetto sono noti e si vuole dare una identità al modello.

Se $\mathbf{K}$ è un operatore, allora dato un input nel suo dominio, si ha un output che fa sì che il problema inverso abbia un'unica soluzione. Tuttavia non c'è garanzia assoluta che il processo causale e quello identificativo abbiano un'unica soluzione. Inoltre se l'operatore $\mathbf{K}$ è continuo allora la soluzione è stabile rispetto ai piccoli cambi che si possono fare all'input, ma ciò può non essere vero nel processo inverso, perché l'operatore inverso può essere discontinuo.

I problemi inversi hanno avuto una notevole influenza sulla scienza, anche se l'approccio convenzionale è quello di privilegiare il problema diretto. Tuttavia con l'avvento dei calcolatori i problemi inversi hanno beneficiato di parecchi vantaggi tra cui quello di meglio controllare le instabilità computazionali e quello di poter meglio affrontare problemi che richiedono un grande sforzo computazionale. Nonostante questo le percentuali di successo per la soluzione dei problemi inversi sono ancora basse e quindi c'è la necessità di un nuovo e più approfondito lavoro che questo libro tratteggia fornendo lo stato dell'arte della scienza dei problemi inversi.

La struttura del libro è stata pensata per fornire un'ampia trattazione, possibilmente omogenea, di che cosa sono i problemi inversi e come sono e possono essere impiegati nel Telerilevamento e in Geofisica della Terra solida e fluida.

I Capitoli 2 e 3 trattano dei Modelli Diretti, vale a dire di quei modelli che permettono di imitare la realtà. I modelli diretti sono essenziali per interpretare le misure, ma anche per creare gli scenari su cui poi costruire i modelli inversi.

La conoscenza della fenomenologia di un processo nasce dalla nostra esperienza e dalla nostra capacità di modellarlo. Questa conoscenza si ottiene facendo una sperimentazione continua sui modelli e confrontandoli con le misure come vedremo nel capitoli successivi ed in particolare nel capitolo dedicato all'Assimilazione.

I modelli su cui ci soffermeremo sono legati alla Geofisica: quello relativo ai processi radiativi all'atmosfera e quello relativo ai processi dinamici della Terra solida. In entrambi i casi non c'è nessuna intenzione di sostituirci ai libri che trattano i due argomenti in modo più esauriente ed approfondito di questo capitolo. La nostra intenzione è invece quella di fornire uno strumento di conoscenza che permetta di utilizzare i modelli fisici che trattano gli argomenti corrispondenti e nel contempo di fornire quegli elementi di base per comprendere quei modelli che si trovano in rete e che molte volte non sono adeguatamente chiari sia da un punto di vista fisico sia matematico. Inoltre ci siamo limitati a trattare questi due campi di ricerca anche perché sono strettamente collegati ai problemi inversi definiti nel capitolo delle Applicazioni.

Il Capitolo 4 tratta dell'equazione integrale di Freedholm di primo tipo e delle tecniche di espansione e decomposizione ai valori singolari; tratta dei processi di instabilità e dei metodi per trovare la soluzione utilizzando la curva L.

Il Capitolo 5 è un'introduzione alle tecniche Bayesiane e alle Regole di Probabilità e rappresenta un'introduzione al Capitolo 6 che affronta il problema dei Metodi Ottimali per Modelli Lineari e Non Lineari.

Il Capitolo 7 tratta delle catene di Markov Monte Carlo e degli algoritmi sviluppati per affrontare vari e differenti problemi inversi. Il Capitolo 8 tratta del significato e dell'applicazione dei filtri di Kalman. Il Capitolo 9 tratta dei metodi di Assimilazione dei dati in campo Geofisico, per lo più nel campo della Meteorologia e della Oceanografia.

Il Capitolo 10 tratta del metodo della Diffusione Inversa. Questo metodo ha avuto molte applicazioni in campo nucleare e per lo studio dei solitoni, solo recentemente stanno nascendo delle applicazioni nella geofisica della Terra solida e fluida e per questo interessanti in Geofisica.

Il Capitolo 11 introduce alcune Applicazioni in campo atmosferico e della Terra solida che hanno origine nei capitoli dei Modelli Diretti. Il Capitolo 12 introduce le Analisi alle Componenti Principali, le cosiddette Funzioni Empiriche Ortogonali (EOF). Il Capitolo 13 introduce i metodi di Kriging e di Analisi Oggettiva utili per la ricostruzione del campo dei dati.

Infine, in Appendice (dalla A alla F) sono raccolte e spiegate le tecniche matematiche utilizzate nei vari capitoli del libro. Esse spaziano dai vari metodi di Minimizzazione, utili per confrontare i dati con i modelli, alle Caratteristiche delle Matrici, agli Integrali di Gauss, alle Variabili Casuali, al Calcolo Variazionale, agli Spazi Funzionali ed all'integrazione di Monte Carlo.

Il libro si rivolge ad un pubblico che ha conoscenze di matematica solitamente impartite in Analisi I e Analisi II dei corsi di laurea ad indirizzo scientifico, con aggiunta del calcolo matriciale e della probabilità statistica (ad esempio [104]).

Ringrazio i colleghi Giuliano Panza e Stefano Gresta, per la revisione fatta sulla parte di Geofisica della Terra solida, e Walter Dinicolantonio, per la parte di applicazioni di Telerilevamento atmosferico, e per gli utili consigli che mi hanno dato durante la stesura del libro. Ringrazio anche i molti colleghi, italiani e stranieri, con cui ho avuto uno scambio di opinioni molto utili a pianificare la struttura del libro e a definire meglio gli argomenti dei singoli capitoli. Data la mole delle pubblicazioni nei settori che questo libro tratta, ho selezionato quelle più importanti in modo da permettere di approfondire i singoli argomenti. Inoltre ho selezionato vari siti su web che riportano documentazione e software dedicati agli argomenti trattati nel libro, riportandone, alla fine dei rispettivi capitoli, gli indirizzi di rete.

Due parole sulla copertina disegnata dall'artista Anna Rebecchi, a cui va il mio doveroso ringraziamento. Il disegno nasce dalla necessità di far capire, in modo visivo e intuitivo, cosa siano i problemi inversi. Visivamente parlando sono la proiezione di un oggetto in un altro spazio, matematicamente si direbbe il mappaggio di quell'oggetto. L'artista ha quindi interpretato questo oggetto misterioso, quel papero gigante in volo che si porta il fardello di un castello (le difficoltà della scienza), mappandolo su vari piani. Il risultato va di pari passo con l'intuizione di fondo legato ai problemi inversi, fornendo un senso di mistero alla materia del libro con grande gusto artistico; in definitiva, a mio avviso, un eccellente connubio tra arte e scienza.

Roma, gennaio 2012   *Rodolfo Guzzi*

Indice

1 Introduzione 1

2 Modelli diretti: il modello radiativo dell'atmosfera 7
  2.1 L'equazione di trasferimento radiativo per la diffusione della luce
        in una atmosfera planetaria 9
  2.2 Diffusione semplice e multipla 11
  2.3 Soluzione approssimata della Intensità di radiazione 13
        2.3.1 Atmosfera omogenea 24
        2.3.2 Atmosfera non omogenea 25
  2.4 Trasferimento radiativo per la componente ad onda lunga
        emergente da una atmosfera planetaria 26
  2.5 Accoppiamento della soluzione della RTE con i gas 29
        2.5.1 Metodi a distribuzione k e distribuzione k correlata 29
  2.6 Calcolo della diffusione dovuto alle particelle 31
        2.6.1 Calcolo dei polinomi di Legendre dai coefficienti di Mie ... 35
  2.7 Modelli radiativi in rete 38

3 Modelli diretti: la teoria del raggio sismico 41
  3.1 L'equazione elastodinamica 41
  3.2 Soluzione delle equazioni iconali 47
  3.3 Soluzione dell'equazione del trasporto 49
  3.4 Approssimazione dei raggi parassiali 51
  3.5 Modelli della teoria del raggio sismico in rete 54

4 Regolarizzazione di problemi mal posti 55
  4.1 L'equazione integrale di Freedholm 57
  4.2 Espansione ai valori singolari (SVE) 58
  4.3 Discretizzare il problema inverso 60
  4.4 Decomposizione ai valori singolari (SVD) 60
  4.5 Cercare una soluzione 64
        4.5.1 Soluzione ai minimi quadrati 64

        4.5.2   Matrice di varianza covarianza   66
    4.6   I metodi di regolarizzazione   67
        4.6.1   La decomposizione ai valori singolari troncata TSVD   67
        4.6.2   La regolarizzazione di Tikhonov-Phillips   68
        4.6.3   Il criterio della curva L   70
    4.7   La regolarizzazione in rete   72

5   Teoria dell'inversione statistica   73
    5.1   Metodi Bayesiani   73
        5.1.1   Ipotesi esaustive ed esclusive   76
    5.2   Assegnare la probabilità   78
        5.2.1   Caso di un parametro   78
        5.2.2   Caso in cui sia coinvolto più di un parametro   80
        5.2.3   Generalizzazione ad una multivariata   83
        5.2.4   Rumore gaussiano e medie   85
        5.2.5   Teoria della stima   86
        5.2.6   Assegnare la probabilità   90
        5.2.7   Il rasoio di Ockham e la selezione del modello   93

6   Metodi ottimali per problemi inversi lineari e non lineari   99
    6.1   Formulazione del problema inverso   99
        6.1.1   Inversione ottimale lineare 100
        6.1.2   Il metodo di Backus e Gilbert 106
        6.1.3   Inversione ottimale non lineare 108
        6.1.4   Soluzione al secondo ordine 110
        6.1.5   Metodi iterativi numerici 113
    6.2   Statistica Bayesiana in rete 115

7   Markov Chain Monte Carlo 117
    7.1   Le catene di Markov 118
        7.1.1   Catene di Markov discrete (DTMC) 119
        7.1.2   Catene di Markov continue nel tempo (CTMC) 120
        7.1.3   Matrice di probabilità di transizione 121
        7.1.4   Gli algoritmi per la soluzione di un integrale con il metodo
                Monte Carlo 121
        7.1.5   L'algoritmo di Metropolis - Hastings 123
        7.1.6   Simulazione con il metodo dell'annealing 125
        7.1.7   L'algoritmo di Gibbs 127
    7.2   Markov Chain Monte Carlo in rete 129

8   I filtri di Kalman 131
    8.1   Sistemi lineari e loro discretizzazione 134
    8.2   Costruendo il filtro di Kalman 136
    8.3   Altri filtri di Kalman 140
        8.3.1   Il filtro di Kalman esteso EKF 140
        8.3.2   Sigma Point Kalman Filter (SPKF) 142

          8.3.3   Unscented Kalman Filter (UKF)....................... 150
          8.3.4   Ensemble Kalman Filter (EnKF) 153
    8.4   I filtri di Kalman in rete 156

9   Assimilazione dei dati 159
    9.1   Cosa si intende per assimilazione 159
    9.2   Assimilazione come problema inverso 160
    9.3   L'approccio probabilistico 163
    9.4   Metodi stazionari... 167
          9.4.1   Metodo di discesa del gradiente 167
          9.4.2   Interpolazione ottimale 167
          9.4.3   Approccio variazionale: 3-D VAR 168
    9.5   Metodi evolutivi 168
          9.5.1   Metodo 4D-Var 169
          9.5.2   Filtro di Kalman 172
    9.6   Stima della qualità dell'analisi 173
    9.7   Assimilazione in rete.. 174

10 Il metodo della diffusione inversa 175
    10.1 Evoluzione degli autovalori e autofunzioni 176
    10.2 La trasformata della diffusione inversa 182
    10.3 La diffusione inversa in rete 186

11 Applicazioni 187
    11.1 Contenuto informativo di un risultato 187
    11.2 Gradi di libertà... 188
    11.3 Applicazioni in campo atmosferico............................ 192
          11.3.1 Applicazioni per la selezione delle righe utili a misurare i
                 gas nelle bande di assorbimento 192
          11.3.2 Analisi dei canali utili ad ottenere il contributo atmosferico
                 degli aerosol e calcolo della distribuzione dimensionale 194
          11.3.3 Definizione del modello di radianza dell'atmosfera 196
          11.3.4 Preparazione di un modello veloce per il calcolo della
                 radianza 199
          11.3.5 Il problema inverso per ottenere i parametri fisici
                 dell'atmosfera 202
          11.3.6 Misura dei gas in traccia mediante la tecnica DOAS 203
          11.3.7 Misura della pressione alla cima di una nube mediante la
                 banda A dell'Ossigeno 210
          11.3.8 Studio del profilo di aerosol utilizzando la banda A
                 dell'Ossigeno 213
    11.4 Applicazioni di problemi inversi in geofisica della Terra solida:
         Tomografia sismica 217

12   Analisi alle Componenti Principali 223
   12.1 Le Componenti Principali 223
   12.2 La rotazione delle Componenti Principali 229
   12.3 L'analisi alle Componenti Principali in rete 232

13   Kriging e Analisi Oggettiva 233
   13.1 Kriging 233
   13.2 Analisi Oggettiva 237
   13.3 Kriging e Analisi Oggettiva in rete 239

Appendici

A   Algoritmi di Minimizzazione 243
   A.1 Introduzione ai minimi quadrati di una funzione arbitraria......... 243
      A.1.1 Alla ricerca dei parametri dello spazio n-dimensionale 244
      A.1.2 La ricerca della griglia 244
      A.1.3 La ricerca del gradiente 245
      A.1.4 Estrapolazione di χ^2 246
      A.1.5 Espansione iperbolica di χ^2 247
      A.1.6 Espansione parabolica 248
      A.1.7 Matrice degli errori 248
      A.1.8 Metodo di calcolo................................... 249

B   Caratteristiche delle matrici 251
   B.1 La matrice inversa 251
   B.2 La matrice inversa generalizzata 251
      B.2.1 Alcune operazioni con le matrici 253
      B.2.2 Matrici di risoluzione dei dati (DRM) 254
   B.3 Matrici di Christoffel 255

C   Gli integrali di Gauss, da univariati a multivariati 257
   C.1 Il caso univariato 257
   C.2 Estensione bivariata 258
   C.3 Generalizzazione all'integrale multivariato 259

D   Variabili Casuali 263
   D.1 Valore atteso e statistica delle variabili casuali................... 263

E   Calcolo differenziale 265
   E.1 Metodo delle caratteristiche 265
   E.2 Calcolo variazionale 266
      E.2.1 Soluzione dell'equazione semplificata di circolazione
             oceanografica 268

F   Spazi funzionali e Integrazione di Monte Carlo 275
    F.1   Spazi funzionali 275
    F.2   Integrazione di Monte Carlo 276
    F.3   Operatori aggiunti 278

Bibliografia 279

Indice analitico 285

1

Introduzione

In un articolo sui problemi inversi intitolato *Popper, Bayes and inverse problems*, Albert Tarantola [117] cita il concetto di falsificabilità che Popper [92] nel 1959 aveva introdotto nel suo libro *The Logic of Scientific Discovery*, in contrapposizione al principio di verificabilità della scuola di Vienna.

In sintesi il circolo di Vienna asseriva che le proposizioni della scienza in quanto tali erano soggette al principio di verificabilità empirica, principio che non si poteva applicare alla metafisica, all'etica, alla religione. Queste non essendo verificabili dall'esperienza sono considerate dei non sensi o pseudoconcetti.

Questa tesi alla fine si rivela contraddittoria in quanto lo stesso principio di verificabilità non è verificabile e non riesce neppure a definire le proposizioni della scienza.

Il superamento di questo principio avviene ad opera di Popper il quale introduce il concetto di falsificabilità: le leggi scientifiche non sono tali in quanto verificabili (nessuno può sapere se esisteranno delle nuove teorie in futuro), ma in quanto falsificabili. Ancora Tarantola [116] scriveva, in un precedente articolo intitolato *Mathematical basis for Physical Inference* che: *Popper enfatizza che le previsioni di successo, di qualsiasi tipo esse siano, non possono mai provare che una teoria sia corretta, perché basta che una singola osservazione contraddica la previsione della teoria che questa sia da rifiutare, per falsificare l'intera teoria.*

Per Popper il progresso della scienza è dato dalla falsificazione di ogni teoria; questa diventa una prescrizione fondata sull'assunto che ogni teoria, per quante conferme possa avere avuto, in futuro non è detto che possa essere smentita.

Le asserzioni generali non possono mai essere derivate da asserzioni singolari, mentre possono essere contraddette da asserzioni singolari. In definitiva mentre una teoria scientifica ha conseguenze che possono essere confermate o smentite dall'osservazione, un numero qualunque di osservazioni che confermano o smentiscono la teoria non può essere esteso a tutti i casi. In definitiva essa non è in grado di fondare quel quantificatore universale attraverso il quale si esprimono le leggi. Come conseguenza non solo non possiamo fidarci del processo induttivo, ma anche dell'osservazione che conferma o falsifica una teoria, in quanto anche l'osservazione non è mai pura.

Guzzi R.: Introduzione ai metodi inversi. Con applicazioni alla geofisica e al telerilevamento.
DOI 10.1007/978-88-470-2495-3_1, © Springer-Verlag Italia 2012

Ogni conoscenza fisica è affetta da un certo livello di incertezza e la stima di questa incertezza è cruciale sia per evitare che il principio a cui si fa riferimento collassi o per decidere quali risultati scientifici sono discriminanti per definire a quale teoria far riferimento. Parafrasando ancora Tarantola possiamo dire che mentre ci affanniamo a stimare le incertezze sperimentali, una volta che si è postulato che la teoria è accettabile, si ragiona come se questa fosse esatta. Eppure pur essendo capaci di prevedere come si comporta una certa teoria, non abbiamo nessun mezzo per stimare quanto incerte sono le nostre previsioni (nel caso, ad esempio, dei modelli gravitazionali, possiamo prevedere il comportamento dello spazio tempo, ma non siamo in grado di verificarlo). Questo è vero anche quando si usano delle teorie analitiche per risolvere i così detti problemi inversi (si veda il capitolo dedicato alla Diffusione Inversa).

Ritornando ai problemi inversi, in sintesi, mentre per il principio di causalità la soluzione di un problema diretto fornisce una soluzione univoca, almeno nei limiti dell'incertezza nei quali è stato definito il modello diretto, il problema inverso può avere più di una soluzione, ad esempio quando diversi modelli possono predire osservazioni simili, oppure nessuna soluzione, per effetto dell'inconsistenza dei dati.

Per lungo tempo gli scienziati (dal 1760 al 1810) hanno stimato i parametri interni ad un problema inverso attraverso l'uso di tecniche di minimizzazione. Il fatto che ad esempio Laplace usasse minimizzare la somma dei valori assoluti dell'errore e che Gauss e Legendre usassero invece minimizzare la somma del quadrato dell'errore, nasceva essenzialmente dal tipo di distribuzione statistica usata. Entrambi i metodi sono equivalenti, ma oggi si usa ormai la tecnica dei minimi quadrati perché è un metodo che coinvolge l'uso di una algebra lineare semplice e perché il metodo del valore assoluto è molto meno sensibile dei minimi quadrati alla presenza di grandi errori sui dati.

Mentre Laplace e Gauss erano interessati a trattare un problema sovradeterminato, Hadamard [42] con l'introduzione del *problema mal posto* si occupava di un problema sottodeterminato.

Questo libro tratta dei problemi mal posti sia dal punto di vista di Hadamard sia dei problemi inversi da un punto di vista Bayesiano.

Guardiamo dapprima l'approccio di Hadamard.

Per analizzare il problema diretto e quindi quello inverso possiamo avvalerci di questa equazione integrale:

$$\int_{\Omega} Input \bigotimes System \quad d\Omega = output. \tag{1.1}$$

Attraverso una schematizzazione potremo procedere a descrivere come si comporta un problema diretto.

Normalmente si definisce una sequenza che può essere schematizzata in modo

$$input \rightarrow processo \rightarrow output \tag{1.2}$$

oppure

$$causa \rightarrow modello \rightarrow effetto. \qquad (1.3)$$

Se introduciamo i simboli x per l'input, K per il modello o il processo e y per l'output avremo:

$$x \rightarrow \boxed{K} \rightarrow y. \qquad (1.4)$$

Guardando alle relazioni 1.2, 1.3, 1.4 Hadamard definì le condizioni perché un problema fosse bene posto o mal posto. Egli definì un problema mal posto se la soluzione non è unica o se non è una funzione continua dei dati. Ciò significa che una perturbazione arbitrariamente piccola può causare una grande perturbazione della soluzione.

Secondo Hadamard un problema è ben posto se si verificano le seguenti proprietà:

• esiste una soluzione;
• la soluzione è unica;
• la soluzione dipende con continuità dai dati.

Se non sono soddisfatte tutte e tre le condizioni si dice che il problema è mal posto. Mentre le prime due condizioni sono facilmente soddisfatte, aggiungendo per esempio dei vincoli addizionali, l'ultima condizione richiede di essere trattata con una certa cautela.

Difatti mentre nelle prime due condizioni si può riformulare il problema minimizzandolo, ad esempio come abbia visto, attraverso i minimi quadrati, nell'ultima condizione un piccolo errore nei dati può produrre grandi errori nella soluzione del problema.

Hadamard pensava che il problema mal posto fosse un artefatto che non descriveva il sistema fisico, mentre noi, oggi, sappiamo che attraverso i problemi inversi si può determinare la struttura interna di un sistema fisico attraverso il comportamento del sistema misurato. In questa formulazione il problema diretto è quello di calcolare l'output dato l'input e la descrizione matematica del sistema. L'obiettivo del problema inverso è quello di determinare sia input sia il sistema che dà luogo alle misure dell'output. La problematica si capisce meglio attraverso l'esempio classico dell'interpretazione di una tomografia computerizzata, dove l'input è la sorgente di raggi X e l'output sono le immagini radiografiche; l'obiettivo è quello di ricostruire il sistema, cioè l'oggetto scansionato, attraverso le informazioni relative alle posizioni delle sorgenti a raggi X e alle misure relative al loro smorzamento.

In campo Geofisico ci fu un fiorire di tecniche inverse tra il 1960 e il 1970. Da Keilis Borok e Yanovskaya [62] fino a Backus e Gilbert [4] furono sviluppati vari metodi per risolvere i problemi inversi. In particolare la teoria di Backus e Gilbert, riportato in questo libro per continuità didattica, fu adottata in mancanza di strumenti informatici che permettessero di utilizzare compiutamente i metodi Monte Carlo.

I lavoro di Aki e Richardson [2] fornirono le prime tomografie 3D della Terra usando il tempo di volo delle onde sismiche. W.L. Smith et al. [112] in USA, Rodgers [102] ad Oxford e Eyre [25] allo ECMWF di Readings (UK), utilizzarono i primi satelliti meteorologici per conoscere le caratteristiche fisiche dell'atmosfera mediante misure di telerilevamento.

Il passo più importante nella trattazione dei problemi inversi fu fatto attraverso l'utilizzo dei metodi enunciati da Bayes [7], non quelli del 1763, ma del Bayes reinterpretato da Laplace [70] e soprattutto da ciò che che ci ha lasciato Cox [19] a cui si deve l'attuale trattazione. Questo lungo cammino e le implicazioni logico scientifiche sono ben descritte da Jaynes [54] nel suo libro: *Probabilistic Theory: the Logic of Science*.

Il metodo di Bayes si basa sul grado di conoscenza che è sempre incompleto, così che la conoscenza è di necessità basata sulla probabilità.

Qui si aprono due strade, quella detta dei frequentisti, in cui le probabilità sono ristrette alle variabili casuali, quantità che variano attraverso una serie di misure ripetute, e le teorie di Bayes.

L'approccio Bayesiano permette di calcolare direttamente la probabilità di ogni teoria o di un particolare valore di un parametro di un modello.

I frequentisti usano il concetto di ripetizione identica laddove i Bayesiani usano il concetto di plausabilità. Bayes fornisce un modello di inferenza induttiva del processo di conoscenza e la funzione di densità di probabilità rappresenta una misura dello stato delle nostre conoscenza. Senza voler sminuire l'approccio frequentista, la grande forza del teorema di Bayes è quello di combinare ció che i dati hanno da dire attorno al parametro in esame, attraverso la funzione di probabilità, con le nostre conoscenze a priori per arrivare ad ottenere una distribuzione di densità a posteriori per quel parametro. Il processo può essere sintetizzato dalla Fig. 1.1.

Il processo iterativo si basa sul fatto che le nostre conoscenze attraverso le osservazioni della natura sono sempre incomplete, c'è sempre la necessità di fare delle nuove misure che peraltro sono limitate nella loro accuratezza. Ovviamente le ipotesi risentono di questo per cui le teorie sono, di fatto, incomplete. Il processo relativo all'inferenza statistica è quello di dedurre la verità di queste teorie sulla base di

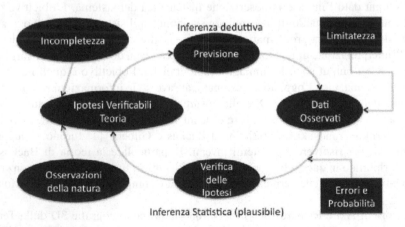

Fig. 1.1 Ciclo del metodo scientifico

informazioni incomplete. L'introduzione di un processo di tipo Bayesiano affina il processo di comprensione.

L'acquisizione di nuovi dati può modificare le nostre informazioni precedenti? Può il processo di assimilazione dei nuovi dati migliorare il processo inferenziale?

Ancora Tarantola cerca di dare un significato a queste domande, riprendendo il concetto di falsificabilià di Popper. Egli scrive: *Nel tradizionale approccio Bayesiano c'è una esplicita introduzione di una qualche informazione a priori del sistema, in aggiunta alle incertezze legate ad ogni misura....* Per problemi semplici questo approccio porta ad un algoritmo di ottimizzazione che fornisce il miglior modello e la migliore stima dell'errore. *Ma per molti problemi la tecnica di ottimizzazione non funziona poiché la distribuzione di probabilità a posteriori nello spazio dei parametri del modello è complessa ... L'idea che risolvere il problema inverso corrisponda ad ottenere il miglior modello richiede una revisione.*

Il suggerimento di Tarantola è quello di utilizzare l'approccio Popperiano utilizzando tutte le possibili informazioni, sequenzialmente, per creare vari modelli del sistema esaminato. Per ciascun modello è necessario risolvere il modello diretto comparando le predizioni con le osservazioni ed un qualche criterio per selezionare i modelli eliminando quelli che hanno dato luogo al processo di falsificazione. La collezione di modelli che non sono stati falsificati rappresentano la soluzione del problema inverso; in questo modo si passerebbe da una collezione di modelli a priori ad una collezione di modelli a posteriori.

Il processo che Tarantola suggerisce sembra alquanto complesso, ma è appropriato quando si usano le tecniche di assimilazione che sono parte importante di questo libro. L'uso di queste tecniche che hanno ormai raggiunto un notevole grado di maturità potrebbero fornire lo strumento operativo di cui parla Tarantola.

Modelli diretti: il modello radiativo dell'atmosfera

Questo capitolo come quello successivo tratta dei modelli diretti. La scelta effettuata si limita solo a due modelli geofisici, uno dedicato alla propagazione della luce in atmosfera e l'altro dedicato alla propagazione delle onde sismiche nella terra solida.

Questa scelta non solo nasce dalla conoscenza diretta dei problemi geofisici, ma anche e soprattutto nasce dalla necessità di fornire uno strumento di analisi del problema diretto che ha tanta importanza nella interpretazione dei dati come è stato enfatizzato nella introduzione (vedi soprattutto Tarantola [117]).

Vi è di più, anche la necessità di fornire uno strumento che possa essere usato per le applicazioni che utilizzano i problemi inversi che sono trattate nel Capitolo 11.

In questo capitolo tratteremo dell'equazione di trasferimento radiativo risolto analiticamente, rimandando le soluzioni numeriche ad altre trattazioni. Tra tutti potremo citare Chandrasekhar [15], Lenoble [71] [72], Liou [74], Bohren e Clotiaux [10], Guzzi [41].

Il processo di propagazione della luce in atmosfera può così essere schematizzato: la radiazione solare attraversa l'atmosfera e viene sottoposta a vari processi di diffusione semplice e multipla, assorbimento e, nelle condizioni di equilibrio termodinamico, di emissione. Tutti questi processi possono essere descritti da un modello che fornisce la radiazione a terra o in atmosfera o al top dell'atmosfera.

In questo paragrafo seguiremo la metodologia sviluppata da Sobolev [115] cercando però di fornire non solo le equazioni e la loro soluzione ma anche una metodologia che possa essere utile per capire i codici numerici o semianalitici che si trovano in internet.

Prima di tutto consideriamo la radiazione che cade normalmente su di una superficie infinitesima ds. Una certa quantità di questa radiazione αds che cade su questo strato verrà rimossa dal fascio originale. La quantità α è il coefficiente di estinzione ed è costituito da due parti: la prima parte che dà la frazione di energia diffusa dallo strato e la seconda che dà la frazione di energia che è stata veramente assorbita, cioè quella che è stata trasformata in altre forme di energia. Il coefficiente di estinzione è esprimibile attraverso i coefficienti di diffusione σ e l'assorbimento vero, β.

Guzzi R.: Introduzione ai metodi inversi. Con applicazioni alla geofisica e al telerilevamento.
DOI 10.1007/978-88-470-2495-3_2, © Springer-Verlag Italia 2012

Chiameremo la somma dei due termini estinzione e la indicheremo come:

$$\alpha = \sigma + \beta. \tag{2.1}$$

Definiremo poi come albedo di diffusione singola $\tilde{\omega}_0$ quella quantità che rappresenta la probabilità che un fotone che interagisce con un elemento di volume sia diffuso piuttosto che assorbito:

$$\tilde{\omega}_0 = \frac{\sigma}{\alpha}. \tag{2.2}$$

Quando $\tilde{\omega}_0 = 1$ diremo che abbiamo diffusione pura o diffusione conservativa.

La intensità della radiazione diffusa da un volume elementare dipende in generale dalla direzione di incidenza del raggio. Indicando con $\chi(\gamma)\frac{d\omega}{4\pi}$ la probabilità che la radiazione sia diffusa in un angolo solido $d\omega$ attorno ad una direzione tale da formare un angolo γ con la direzione del raggio incidente scriveremo:

$$\int \chi(\gamma)\frac{d\omega}{4\pi} = 1. \tag{2.3}$$

L'integrazione è effettuata in tutte le direzioni. La $\chi(\gamma)$ è chiamata funzione di diffusione o come storicamente viene chiamata, funzione di fase. Questa relazione indica che la funzione di fase deve essere sempre normalizzata ad 1.

Le quantità α, $\tilde{\omega}_0$ e $\chi(\gamma)$ determinano la legge di diffusione per un volume elementare.

Poiché la atmosfera planetaria è costituita da molecole e particelle solide (gocce, polvere ecc.) dovremo distinguere i differenti meccanismi di diffusione sulla base del rapporto che c'è tra la lunghezza d'onda λ e la dimensione delle particelle r. Se $\lambda > r$ avremo la così detta diffusione molecolare studiata da Rayleigh.

Rayleigh trovò che il coefficiente di diffusione è proporzionale alla lunghezza d'onda attraverso la relazione:

$$\sigma(\lambda) \propto \lambda^{-4}. \tag{2.4}$$

Di conseguenza la diffusione luminosa è maggiore nel violetto che nel rosso.

La funzione di fase di Rayleigh ha una forma del tipo:

$$\chi(\gamma) = \frac{3}{4}(1 + \cos^2 \gamma). \tag{2.5}$$

L'assorbimento vero è sostanzialmente assente.

Nel caso in cui $\lambda \approx r$ si ha una diffusione più complessa, che è stata definita da Gustav Mie [85] solo nel caso di particelle sferiche. Le equazioni sono contenute nei paragrafi seguenti. Nel caso di particelle non sferiche le cose si complicano e la soluzione richiede un approccio adeguato e particolari tecniche matematiche (vedi [12]).

Limitandoci solo a particelle sferiche, la legge di diffusione dipende dall'indice di rifrazione e dal parametro di Mie delle particelle solide. L'indice di rifrazione complesso è $m = n - ip$, con n parte reale e p parte immaginaria. L'indice di rifrazione può avere sia il segno meno sia il segno più. Siccome queste scelte rappresentano delle convenzioni, ovviamente influenzano lo sviluppo delle relazioni ad esso correlate, come vedremo più oltre. Noi sceglieremo la relazione con il segno meno. Il parametro di Mie è dato da:

$$x = 2\pi r v \qquad (2.6)$$

dove r è il raggio della particella sferica e v è il numero d'onda.

2.1 L'equazione di trasferimento radiativo per la diffusione della luce in una atmosfera planetaria

Quando c'è una sorgente luminosa, se la legge di diffusione è nota allora potremo trovare il campo di diffusione e l'intensità di radiazione nel mezzo. Per prima cosa dobbiamo definire quale è la geometria della radiazione che è espressa dalla Fig. 2.1. La geometria usata è quella di una atmosfera piano parallela. Questa approssimazione è valida sia per misure da terra che per misure da satellite in quanto la dimensione della superficie terrestre o quella del cielo veduta dallo strumento è assai piccola rispetto alle dimensioni del raggio terrestre; non dimentichiamo che lo spessore atmosferico è di 100 km. L'atmosfera sferica si usa solo in caso di misure effettuale all'orizzonte o misure fatte da satellite al lembo dell'atmosfera (limb measurements). La Fig. 2.1 è molto importante per capire la geometria del sistema di riferimento: il segno positivo indica la radiazione all'ingiù e quello negativo la radiazione all'insù.

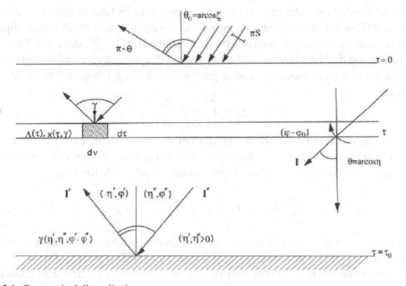

Fig. 2.1 Geometria della radiazione

La radiazione dE che cade in un intervallo di lunghezza d'onda v e $v + dv$ nell'angolo solido $d\omega$ nel tempo dt da una data direzione è:

$$dE = Id\sigma dv d\omega dt \tag{2.7}$$

dove il coefficiente di proporzionalità I è l'intensità di radiazione monocromatica, o radianza, che dipende dalle coordinate del punto dato, dalla direzione e dal numero d'onda v. Nel caso in cui ci sia emissione dobbiamo introdurre il coefficiente di emissione ε che si aggiunge alla intensità nella direzione considerata e che include sia la diffusione nel fascio da una altra direzione e processi di emissioni da parte del volume elementare considerato. Per praticità abbiamo omesso di indicare la dipendenza della intensità dalla lunghezza d'onda. La quantità

$$\varepsilon dV d\omega dv dt \tag{2.8}$$

definisce l'energia emessa dal volume elementare $dV = d\sigma ds$ entro l'angolo solido $d\omega$ ed intervallo di frequenza v e $v + dv$ al tempo dt.

Ancora facendo riferimento alla Fig. 2.1 scriveremo che la differenza tra l'energia entrante e quella uscente è data da:

$$dId\sigma dv d\omega dt = -\alpha ds Id\sigma dv d\omega dt + \varepsilon ds d\sigma dv d\omega dt. \tag{2.9}$$

Ne consegue che la equazione del trasferimento radiativo è:

$$\frac{dI}{ds} = -\alpha I + \varepsilon. \tag{2.10}$$

Nel caso di un mezzo che diffonda la radiazione, la quantità ε dipende dalla intensità della radiazione che cade sul volume elementare da tutte le direzioni. Allora l'energia diffusa dal volume entro un angolo solido $d\omega$ in una certa direzione dipende dal prodotto dell'energia assorbita per la quantità $\tilde{\omega}_0 \chi(\gamma') \frac{d\omega}{4\pi}$, dove γ' è l'angolo tra la direzione della radiazione incidente con quella uscente. Poiché la radiazione cade sul volume elementare da tutte le parti si ottiene la ε integrandola su tutte le direzioni.

$$\varepsilon = \tilde{\omega}_0 \alpha \int I\chi(\gamma') \frac{d\omega'}{4\pi}. \tag{2.11}$$

Nel caso che ci sia una emissione interna nel mezzo introdurremo nella relazione 2.11 il termine ε_0 che rappresenta la emissione vera. Allora l'equazione del trasferimento radiativo per un mezzo che emette, assorbe e diffonde è:

$$\frac{dI}{ds} = \alpha I + \tilde{\omega}_0 \alpha \int I\chi(\gamma') \frac{d\omega'}{4\pi} + \varepsilon_0. \tag{2.12}$$

In questo modo il problema di determinare il campo di radiazione diffusa si riduce a trovare le quantità I e ε delle equazioni 2.10 e 2.11 rispettivamente. Per far questo è necessario conoscere le sorgenti di radiazione esterne ed interne e le proprietà ottiche del mezzo, cioè $\alpha, \tilde{\omega}_0, \chi(\gamma)$.

Sostanzialmente questa equazione tiene conto di tutti i processi che avvengono in atmosfera nei vari intervalli spettrali. Nell'intervallo spettrale a lunghezza d'onda corta come l'ultravioletto, il visibile e il vicino infrarosso, avvengono in prevalenza processi di diffusione molecolare e di diffusione dovuti alle particelle solide, aerosol. In questi intervalli esistono delle bande di assorbimento dei gas, in particolare dell'Ozono, degli ossidi di Azoto, considerati i precursori dell'Ozono e del vapor d'acqua. Nell'infrarosso medio e lontano, i processi di assorbimento e emissione dei gas sono prevalenti, mentre sostanzialmente i processi di diffusione semplice e multipla sono assenti.

Tenendo conto della dimensione geometrica dell'atmosfera z e della distribuzione della concentrazione in quota $\rho(z)$ dei componenti atmosferici, implicitamente contenuta del coefficiente $\alpha(z)$, piuttosto che usare l'elemento infinitesimo ds introduciamo lo profondità ottica τ e lo spessore ottico τ_0 rispettivamente dati dalle relazioni:

$$\tau = \int_h^\infty \alpha(z)dz \tag{2.13}$$

$$\tau_0 = \int_0^\infty \alpha(z)dz. \tag{2.14}$$

Per definire le direzioni utilizzeremo le coordinate sferiche: l'angolo polare θ e l'angolo azimutale φ.

Piuttosto che usare il coefficiente di emissione introduciamo la funzione sorgente B data dalla relazione:

$$B = \frac{\varepsilon}{\alpha}. \tag{2.15}$$

Allora sulla base della geometria data dalla Fig. 2.1 e dalle relazioni succitate con $\tilde{\omega}_0 \neq 1$ l'equazione di trasferimento radiativo 2.12 è data da:

$$\cos\theta \frac{dI(\tau,\theta,\theta_0,\varphi)}{d\tau} = -I(\tau,\theta,\theta_0,\varphi) + B(\tau,\theta,\theta_0,\varphi). \tag{2.16}$$

2.2 Diffusione semplice e multipla

La funzione sorgente B nella relazione 2.16 esprime, vedi Sobolev [115], la diffusione semplice e multipla in una atmosfera omogenea.

$$B(\tau,\theta,\theta_0,\varphi) = \frac{\tilde{\omega}_0}{4\pi} \int_0^{2\pi} d\varphi' \int_0^\pi I(\tau,\theta',\theta_0,\varphi')\chi(\gamma)\sin\theta' d\theta'$$
$$+ \frac{\tilde{\omega}_0}{4} S\chi(\gamma)\exp(-\tau\sec\theta_0) \tag{2.17}$$

dove S è l'irradianza solare. L'ultimo termine a destra dell'equazione rappresenta la diffusione semplice. Sulla base della Fig. 2.1 avremo che:

$$\cos\gamma' = \cos\theta\cos\theta' + \sin\theta\sin\theta'\cos(\varphi - \varphi') \tag{2.18}$$

$$\cos\gamma = \cos\theta\cos\theta_0 + \sin\theta\sin\theta_0\cos\varphi \tag{2.19}$$

dove l'azimuth solare è stato posto uguale a zero.

Per semplificare utilizzeremo le seguenti notazioni: $\cos\theta = \eta$ e $\cos\theta_0 = \eta_0$, quest'ultimo è un parametro e non una variabile in quanto rappresenta la posizione del Sole rispetto allo zenith. D'ora in poi il pedice 0 sui simboli che definiscono gli angoli indicherà la posizione del Sole. Ovviamente $\sin\theta = \sqrt{1 - \cos\theta^2}$ con le conseguenti semplificazioni. Per cui ad esempio avremo:

$$\chi(\eta, \varphi; \eta_0, \varphi_0) \tag{2.20}$$

$$P(\cos\gamma_0) \tag{2.21}$$

$$\cos\gamma_0 = \eta\eta_0 + \sqrt{1 - \eta^2}\sqrt{1 - \eta_0^2}\cos(\varphi - \varphi_0). \tag{2.22}$$

Inoltre definiamo la normalizzazione della funzione di fase come:

$$\int_0^{2\pi} d\varphi' \int_{-1}^1 \frac{d\eta'}{4\pi} \chi(\eta, \varphi; \eta', \varphi') = 1. \tag{2.23}$$

Introducendo le seguenti condizioni al contorno:

$$\begin{cases} I(0, \eta, \zeta, \varphi_0) = 0 \text{ per } \eta > 0 \\ I(\tau_0, \eta, \zeta, \varphi) = 0 \text{ per } \eta < 0 \end{cases} \tag{2.24}$$

avremo, assieme alla equazione di trasferimento radiativo, formulato il problema fondamentale per trovare le funzioni $I(\tau, \theta, \theta_0, \varphi)$ e $B(\tau, \theta, \theta_0, \varphi)$.

Nel trattare la diffusione multipla normalmente si usa l'espansione in serie di Legendre della funzione di fase scritta in forma compatta.

$$\chi(\gamma) = \sum_{i=1}^n x_i P_i(\cos\gamma) \tag{2.25}$$

dove

$$x_i = \frac{2i+1}{2} \int_0^\pi \chi(\gamma) P_i(\cos\gamma)\sin\gamma. \tag{2.26}$$

Il numero di termini di Legendre è definito dal livello di approssimazione migliore in relazione al problema da trattare.

Vediamo ora come ottenere una equazione integrale che determini la funzione sorgente $B(\tau, \eta, \eta_0, \varphi)$. Questo lo si ottiene prima risolvendo l'equazione 2.16 e poi mettendo la soluzione nella 2.17. Dividendo la 2.16 per η e moltiplicandola per $\exp(\frac{\tau}{\eta})$ nel caso di $\eta > 0$ e per $\exp(-\frac{\tau}{\eta})$ nel caso di $\eta < 0$ e tenendo conto delle condizioni al contorno avremo:

$$I(\tau, \eta, \eta_0, \varphi) = \int_0^\tau B(\tau', \eta, \eta_0, \varphi) \exp\left(-\frac{(\tau - \tau')}{\eta}\right) \frac{d\tau'}{\eta} \qquad \text{per} \quad \eta > 0 \quad (2.27)$$

$$I(\tau, \eta, \eta_0, \varphi) = -\int_\tau^{\tau_0} B(\tau', \eta, \eta_0, \varphi) \exp\left(-\frac{(\tau - \tau')}{\eta}\right) \frac{d\tau'}{\eta} \quad \text{per} \quad \eta < 0 \quad (2.28)$$

sostituendo queste espressioni nella 2.17 avremo:

$$\begin{aligned}
&B(\tau, \eta, \eta_0, \varphi) \\
&= \frac{\tilde{\omega}_0}{4\pi} \int_0^{2\pi} d\varphi' \left[\int_0^1 \chi(\gamma) d\eta' \int_0^\tau B(\tau', \eta', \eta_0, \varphi') \exp\left(-\frac{(\tau - \tau')}{\eta'}\right) \frac{d\tau'}{\eta'} \right. \\
&\quad \left. - \int_{-1}^0 \chi(\gamma) d\eta' \int_\tau^{\tau_0} B(\tau', \eta', \eta_0, \varphi') \exp\left(-\frac{(\tau - \tau')}{\eta'}\right) \frac{d\tau'}{\eta'} \right] \\
&\quad + \frac{\tilde{\omega}_0}{4} S \chi(\gamma) \exp\left(-\frac{\tau}{\eta_0}\right)
\end{aligned} \qquad (2.29)$$

che sostituito nella 2.27 e 2.28 fornisce la intensità di radiazione $I(\tau, \eta, \eta_0, \varphi)$ nei casi di $\eta > 0$ e $\eta < 0$.

2.3 Soluzione approssimata della Intensità di radiazione

Ci sono vari metodi di soluzione analitica della equazione di trasferimento radiativo, basate essenzialmente sulle tecniche di quadratura, ad iniziare da quelle classiche di Chandrasekar [15]. Oltre a queste sono state sviluppate delle tecniche di soluzione numeriche che sono state ampiamente descritte da Lenoble [71] e da Guzzi [41].

Come abbiamo già detto in precedenza qui si vuole ripercorrere una strada già tracciata da Sobolev [115], ma rispetto alla soluzione che egli riporta nel suo libro con un numero di stream superiori a due, ad esempio tre. La procedura può essere espressa per un numero di stream qualsiasi, anche se lo sviluppo analitico diventa molto complesso e tedioso.

Il nostro approccio serve ad ottenere una soluzione dimostrativa, utile per capire come trattare una equazione integro-differenziale complessa come la RTE e utile comunque per fare una serie di esperimenti numerici in vista anche di una loro applicazione alle tecniche Bayesiane.

Per far questo utilizziamo la relazione 2.25 ottenendo:

$$P(\cos\gamma) = 1 + x_1 P_1(\cos\gamma) + x_2 P_2(\cos\gamma). \qquad (2.30)$$

La trasformazione da $P_i(\cos\gamma)$ a $P_i(\eta, \varphi; \eta', \varphi')$ verrà fatto utilizzando lo sviluppo dei polinomi di Legendre dato dalla relazione 2.26. Avremo allora:

$$P_1(\cos\gamma) = \eta\eta' + \sqrt{1-\eta^2}\sqrt{1-\eta'^2}\cos(\varphi - \varphi') \qquad (2.31)$$

e

$$P_2(\cos\gamma') = P_2(\eta)P_2(\eta') + 2\left[\sum_{m=i}^{2}\frac{(2-m)!}{(2+m)!}P_2^m(\eta)P_2^m\cos(\varphi - \varphi')m\right].\quad(2.32)$$

Potremo scrivere la funzione sorgente come

$$
\begin{aligned}
B(\tau,\eta,\varphi) =\ & \frac{\tilde{\omega}_0}{4\pi}\int_0^{2\pi}\int_{-1}^{+1}[1+x_1P_1(\cos\gamma')+x_2P_2(\cos\gamma')]I(\tau,\eta',\varphi')d\eta'd\varphi' \\
& + \frac{\tilde{\omega}_0}{4\pi}P(\cos\gamma_0)S\exp\left(-\frac{\tau_0}{\eta_0}\right) \\
=\ & \frac{\tilde{\omega}_0}{4\pi}\int_0^{2\pi}\int_{-1}^{+1}d\eta'd\varphi'\Big[1+x_1\eta\eta'+x_1\sqrt{1-\eta^2}\sqrt{1-\eta'^2}\cos(\varphi-\varphi') \\
& + \frac{1}{4}x_2(3\eta^2-1)(3\eta'^2-1) \\
& + 3x_2\eta\eta'\sqrt{1-\eta^2}\sqrt{1-\eta'^2}\cos(\varphi-\varphi')\frac{3}{4}(1-\eta^2) \\
& \cdot(1-\eta'^2)\cos 2(\varphi-\varphi')\Big]I(\tau,\eta',\varphi') + \frac{\tilde{\omega}_0}{4\pi}P(\cos\gamma_0)S\exp\left(-\frac{\tau}{\eta_0}\right).
\end{aligned}
\quad(2.33)
$$

Sviluppiamo ora in serie di Fourier la $I(\tau,\eta',\varphi')$

$$I(\tau,\eta',\varphi') = I_0(\tau,\eta') + I_1(\tau,\eta')\cos\varphi' + I_2(\tau,\eta')\cos 2\varphi'.\quad(2.34)$$

Utilizzando la relazione di ortonormalità delle funzioni $\cos\varphi m$ con la particolarità che

$$
\int_0^{2\pi}d\varphi'\cos k(\varphi-\varphi')\cos m\varphi = \begin{cases} 2\pi & \text{se } k=m=0 \\ \pi\cos m\varphi & \text{se } k=m\neq 0 \\ 0 & \text{se } k\neq 0 \end{cases}
$$

e sapendo che $\int_0^{2\pi}\cos(\varphi-\varphi') = 0$ e introducendo le seguenti definizioni:

$$\bar{I}(\tau) \doteq \frac{1}{4\pi}\int_0^{2\pi}d\varphi\int_{-1}^{1}I(\tau,\eta,\varphi)d\eta = \frac{1}{2}\int_{-1}^{1}I_0(\tau,\eta)d\eta \quad(2.35)$$

$$\bar{H}(\tau) \doteq \frac{1}{4\pi}\int_0^{2\pi}d\varphi\int_{-1}^{1}\eta I(\tau,\eta,\varphi)d\eta = \frac{1}{2}\int_{-1}^{1}\eta I_0(\tau,\eta)d\eta \quad(2.36)$$

$$\bar{G}(\tau) \doteq \frac{1}{4\pi}\int_0^{2\pi}d\varphi\int_{-1}^{1}\sqrt{1-\eta^2}I_1(\tau,\eta,\varphi)d\eta = \frac{1}{4}\int_{-1}^{1}\sqrt{1-\eta^2}I_1(\tau,\eta)d\eta \quad(2.37)$$

$$\bar{i}(\tau) \doteq \frac{1}{2}\int_{-1}^{1}(3\eta'-1)I_1(\tau,\eta')d\eta' \quad(2.38)$$

$$\bar{g}(\tau) \doteq \frac{1}{4}\int_{-1}^{1}\eta'\sqrt{1-\eta'^2}I_1(\tau,\eta')d\eta' \quad(2.39)$$

$$\bar{h}(\tau) \doteq \frac{1}{4}\int_{-1}^{1}\sqrt{1-\eta'^2}I_2(\tau,\eta')d\eta' \quad(2.40)$$

e sviluppando in serie di Fourier anche $P(\cos\gamma_0)$

$$P_0 = 1 + x_1\eta\eta_0 + \frac{x_2}{4}(3\eta^2 - 1)(3\eta_0^2 - 1) \equiv p_0(\eta) \tag{2.41}$$

$$P_1 = (x_1 + 3x_2\eta\eta_0)\sqrt{1 - \eta_0^2}\sqrt{1 - \eta^2} \equiv p_1(\eta) \tag{2.42}$$

$$P_2 = \frac{3}{4}x_2(1 - \eta_0^2)(1 - \eta^2) \equiv p_2(\eta) \tag{2.43}$$

si ottiene per B

$$B = \tilde{\omega}_0 \left[\bar{I} + \eta x_1\bar{H} + x_1\sqrt{1 - \eta^2}\bar{G}\cos\varphi + \frac{x_2}{4}(3\eta^2 - 1)\bar{i} \right.$$

$$+ 3x_2\eta\sqrt{1 - \eta^2}\bar{g}\cos\varphi + \frac{3}{4}x_2(1 - \eta^2)\bar{h}\cos2\varphi \tag{2.44}$$

$$\left. + [p_0(\eta) + p_1(\eta)\cos\varphi + p_2(\eta)\cos2\varphi]\frac{S}{4\pi}\exp\left(-\frac{\tau}{\eta_0}\right) \right].$$

Riordinando la equazione si vede che la B è riscrivibile come:

$$B = B_0 + B_1\cos\varphi + B_2\cos\varphi. \tag{2.45}$$

Tenendo anche in conto dello sviluppo in serie di Fourier della I potremo scrivere la RTE come tre equazioni differenziali in I_0, I_1, I_2.

$$\eta\frac{dI_0}{d\tau} = -I_0(\tau,\eta) + \tilde{\omega}_0\bar{I}(\tau) + \tilde{\omega}_0 x_1\eta\bar{H}(\tau)$$

$$+ \tilde{\omega}_0\frac{x_2}{4}(3\eta^2 - 1)\eta\bar{i} + \tilde{\omega}_0 p_0(\eta)\frac{S}{4\pi}\exp\left(-\frac{\tau}{\eta_0}\right) \tag{2.46}$$

$$\eta\frac{dI_1}{d\tau} = -I_1(\tau,\eta) + \tilde{\omega}_0 x_1\sqrt{1 - \eta^2}\bar{G}(\tau) + 3\tilde{\omega}_0 x_2\eta\sqrt{1 - \eta^2}\bar{g}$$

$$+ \tilde{\omega}_0 p_1(\eta)\frac{S}{4\pi}\exp\left(-\frac{\tau}{\eta_0}\right) \tag{2.47}$$

$$\eta\frac{dI_2}{d\tau} = -I_2(\tau,\eta) + \frac{3}{4}\tilde{\omega}_0 x_2(1 - \eta^2)\bar{h} + \tilde{\omega}_0 p_2(\eta)\frac{S}{4\pi}\exp\left(-\frac{\tau}{\eta_0}\right) \tag{2.48}$$

con le soluzioni al contorno

$$I_0(0,\eta) = I_1(0,\eta) = I_2(0,\eta) = 0 \quad per \quad \eta > 0 \tag{2.49}$$

e per una superficie non riflettente, cioè $a = 0$

$$I_0(\tau_0,\eta) = I_1(\tau_0,\eta) = I_2(\tau_0,\eta) = 0 \quad per \quad \eta < 0. \tag{2.50}$$

Una volta che abbiamo ottenuto le soluzioni per $\bar{I}, \bar{H}, \bar{G}, \bar{i}, \bar{g}, \bar{h}$ potremo risolvere le tre equazioni ed ottenere I_0, I_1, I_2.

Cerchiamo quindi la soluzione per $\bar{I}$ e $\bar{H}$.

Integriamo su $d\eta$ tra $(-1,1)$ la equazione differenziale 2.46 ed usando la definizione di $\bar{H}(\tau)$ e $\bar{I}(\tau)$ otteniamo.

$$\frac{d\bar{H}(\tau)}{d\tau} = -(1 - \tilde{\omega}_0)\bar{I}(\tau) + \tilde{\omega}_0 \frac{S}{4} \exp\left(-\frac{\tau}{\eta_0}\right). \tag{2.51}$$

Moltiplicando ancora la 2.46 per η ed integrando tra $(-1,1)$ ed applicando il teorema della media

$$\frac{\int_{-1}^{1} \eta^2 I_0 d\eta}{\int_{-1}^{1} \eta^2 d\eta} = \bar{I}_0(\tau) \tag{2.52}$$

otterremo:

$$\frac{d\bar{I}(\tau)}{d\tau} = -(3 - \tilde{\omega}_0)\bar{H}(\tau) + \tilde{\omega}_0 x_1 \frac{S}{4\pi} \eta_0 \exp\left(-\frac{\tau}{\eta_0}\right). \tag{2.53}$$

La soluzione del sistema differenziale 2.51 e 2.53 è del tipo:

$$\bar{I}(\tau) = C_1 \exp(-k\tau) + C_2 \exp(k\tau) + D \exp\left(-\frac{\tau}{\eta_0}\right) \tag{2.54}$$

$$\bar{H}(\tau) = -\frac{(1 - \tilde{\omega}_0)}{k}(-C_1 \exp(-k\tau) + C_2 \exp(k\tau)) - E \exp\left(-\frac{\tau}{\eta_0}\right) \tag{2.55}$$

con

$$E = \frac{\tilde{\omega}_0}{4\pi} S \eta_0 \left(\frac{1 + \eta^2(1 - \tilde{\omega}_0)x_1}{1 - k^2 \eta_0^2}\right) \tag{2.56}$$

che è la stessa soluzione che si ottiene con due streams.

Utilizzando le condizioni al contorno

$$\bar{I}(0) = -2\bar{H}(0) \tag{2.57}$$

$$\bar{I}(\tau_0) = 2\bar{H}(\tau_0) \tag{2.58}$$

si trovano tutti i valori delle costanti

$$k^2 = (1 - \tilde{\omega}_0)(3 - \tilde{\omega}_0 x_1) \tag{2.59}$$

$$D = -\frac{\tilde{\omega}_0 S}{4\pi} \eta_0^2 \frac{x_1(1 - \tilde{\omega}_0) + 3}{1 - k^2 \eta_0^2} \tag{2.60}$$

$$C_1 = \frac{(2L - D)\alpha_1 \exp(k\tau_0) + (D + 2L)\alpha_2 \exp(-\frac{\tau_0}{\eta_0})}{\alpha_1^2 \exp(k\tau_0) - \alpha_2^2 \exp(-k\tau_0)} \tag{2.61}$$

$$C_2 = \frac{2L - D - \alpha_1 C_1}{\alpha_2} \tag{2.62}$$

con

$$L = \frac{\tilde{\omega}_0 S}{4\pi} \eta_0 \frac{1 + x_1 \eta_0^2(1 - \tilde{\omega}_0)}{1 - k^2 \eta_0^2} \tag{2.63}$$

e

$$\alpha_1 = 1 + \frac{2k}{3 - \tilde{\omega}_0 x_1} \tag{2.64}$$

$$\alpha_2 = 1 - \frac{2k}{3 - \tilde{\omega}_0 x_1}. \tag{2.65}$$

Cerchiamo ora la soluzione per $\bar{G}$ e $\bar{g}$.

Consideriamo l'equazione differenziale 2.47, la moltiplichiamo per $\sqrt{1 - \eta^2}$ e la integriamo per $(-1, 1)$ in $d\eta$. Applicando la definizione per $\bar{g}$ otterremo:

$$\frac{d\bar{g}(\tau)}{d\tau} = -\bar{G}(\tau)\left(1 - \frac{\tilde{\omega}_0 x_1}{3}\right) + \frac{1}{3}\tilde{\omega}_0 \frac{S}{4\pi} x_1 \sqrt{1 - \eta_0^2} \exp\left(-\frac{\tau}{\eta_0}\right). \tag{2.66}$$

Moltiplicando ancora la 2.47 per $\eta\sqrt{1 - \eta^2}$ ed integrando tra $(-1, 1)$ in $d\eta$, sapendo che

$$\int_{-1}^{1} \eta^2(1 - \eta)d\eta = \frac{4}{15} \tag{2.67}$$

e utilizzando il teorema della media,

$$\frac{\int_{-1}^{1} \eta^2 \sqrt{1 - \eta^2} I d\eta}{\int_{-1}^{1} \eta^2 d\eta} = 2\bar{G} \tag{2.68}$$

e che quindi

$$\int_{-1}^{1} \eta^2 d\eta \frac{\int_{-1}^{1} \eta^2 \sqrt{1 - \eta^2} I d\eta}{\int_{-1}^{1} \eta^2 d\eta} = \frac{4}{3}\bar{G} \tag{2.69}$$

potremo scrivere:

$$\frac{d\bar{G}(\tau)}{d\tau} = -3\bar{g}(\tau)\left(1 - \frac{\tilde{\omega}_0 x_2}{5}\right) + \frac{\tilde{\omega}_0 S}{4\pi} \sqrt{1 - \eta_0^2} x_2 \eta_0 \frac{3}{5} \exp\left(-\frac{\tau}{\eta_0}\right). \tag{2.70}$$

Utilizzando le relazioni 2.66 e 2.70 possiamo trovare la soluzione per $\bar{G}$ e $\bar{g}$. Infatti derivando la 2.70 rispetto a τ e tenendo presente che $\frac{d\bar{g}}{d\tau}$ è data da 2.66 avremo:

$$\frac{d^2\bar{G}(\tau)}{d\tau^2} - b^2\bar{G}(\tau) = -\frac{\tilde{\omega}_0 S}{4\pi}\sqrt{1 - \eta^2}\exp\left(-\frac{\tau}{\eta_0}\right)\left[x_1\left(1 - \frac{\tilde{\omega}_0 x_2}{5}\right) + \frac{3}{5}x_2\right] \tag{2.71}$$

dove

$$b^2 = 3\left(\frac{\tilde{\omega}_0 x_1}{3} - 1\right)\left(\frac{\tilde{\omega}_0 x_2}{5} - 1\right) \qquad > 0. \tag{2.72}$$

Cerchiamo ora una soluzione del tipo:

$$\bar{G}(\tau) = A_1 \exp(-b\tau) + A_2 \exp(b\tau) + A_3 \exp\left(-\frac{\tau}{\eta_0}\right). \tag{2.73}$$

Deriviamo $\bar{G}(\tau)$ due volte, l'eguagliamo con la 2.71 e conoscendo $\bar{G}(\tau)$ otterremo:

$$b^2(A_1 \exp(-b\tau) + A_2 \exp(b\tau)) + \frac{A_3}{\eta_0^2} \exp\left(-\frac{\tau}{\eta_0}\right)$$

$$= b^2\left(A_1 \exp(-b\tau) + A_2 \exp(b\tau) + A_3 \exp\left(-\frac{\tau}{\eta_0}\right)\right) \qquad (2.74)$$

$$- \frac{\tilde{\omega}_0 S}{4\pi} \sqrt{1 - \eta_0^2} \exp\left(-\frac{\tau}{\eta_0}\right)\left[x_1\left(1 - \frac{\tilde{\omega}_0 x_2}{5}\right) + \frac{3}{5}x_2\right].$$

A_3 è ottenuta mediante i termini esponenziali $\exp(\frac{-\tau}{\eta_0})$

$$A_3 = \frac{\tilde{\omega}_0 S}{4\pi} \sqrt{1 - \eta_0^2} \frac{\eta_0^2}{\eta_0^2 b^2 - 1} \exp\left(-\frac{\tau}{\eta_0}\right)\left[x_1\left(1 - \frac{\tilde{\omega}_0 x_2}{5}\right) + \frac{3}{5}x_2\right]. \qquad (2.75)$$

A_1 e A_2 si trovano attraverso le condizioni al contorno. Sapendo che $\bar{g}(\tau)$ e $\bar{G}(\tau)$ sono:

$$\bar{g}(\tau) = \frac{1}{4} \int_{-1}^{1} \eta \sqrt{1 - \eta^2} I_1(\tau, \eta) d\eta \qquad (2.76)$$

$$\bar{G}(\tau) = \frac{1}{4} \int_{-1}^{1} \sqrt{1 - \eta^2} I_1(\tau, \eta) d\eta. \qquad (2.77)$$

Utilizzando la definizione di valore medio di una funzione:

$$\frac{\int_{-1}^{0} \eta \sqrt{1 - \eta^2} I_1(0, \eta) d\eta}{\int_{-1}^{0} \eta \, d\eta} = \frac{\int_{-1}^{0} \sqrt{1 - \eta^2} I_1(0, \eta) d\eta}{\int_{-1}^{0} d\eta} \qquad (2.78)$$

potremo scrivere per

$$I_1(0, \eta) = 0 \qquad per \qquad \eta > 0 \qquad (2.79)$$

la condizione al contorno

$$\bar{G}(0) = -2\bar{g}(0) \qquad (2.80)$$

ed analogamente per

$$I_1(\tau, \eta) = 0 \qquad per \qquad \eta < 0 \qquad (2.81)$$

la condizione al contorno

$$\bar{G}(0) = 2\bar{g}(0). \qquad (2.82)$$

Riscrivendo la 2.70 dopo aver derivato la $\frac{d\bar{G}(\tau)}{d\tau}$ avremo:

$$b(-A_1 \exp(b\tau) + A_2 \exp(b\tau)) - \frac{A_3}{\eta} \exp\left(-\frac{\tau}{\eta_0}\right)$$

$$3\bar{g}(\tau)\left(-1 + \frac{\tilde{\omega}_0 x_2}{5}\right) + \frac{3}{5}\frac{\tilde{\omega}_0}{4\pi} S \sqrt{1 - \eta_0^2} x_2 \eta_0 \exp\left(-\frac{\tau}{\eta_0}\right) \qquad (2.83)$$

ed otterremo il valore di $\bar{g}(\tau)$

$$\bar{g}(\tau) = \frac{1}{p}\left[-b(A_1 \exp(-b\tau) + A_2 \exp(b\tau)) - \frac{1}{\eta_0}A_3 \exp\left(-\frac{\tau}{\eta_0}\right)\right.$$

$$\left. -\frac{3}{5}\frac{\tilde{\omega}_0}{4\pi}Sx_2\eta_0\sqrt{1-\eta_0^2}\exp\left(-\frac{\tau}{\eta_0}\right)\right]. \tag{2.84}$$

Applicando le condizioni al contorno avremo allora A_1 e A_2.

$$A_1 = \frac{2}{p}\left(\frac{A_3}{\eta_0}+\rho\right)\frac{(1-2p^{-1}b)\exp(b\tau_0)+(1+2p^{-1}b)\exp(-\frac{\tau_0}{\eta_0})}{(1-2p^{-1}b)^2\exp(b\tau_0)-(1+2p^{-1}b)^2\exp(-b\tau_0)}$$

$$\tag{2.85}$$

$$A_2 = \frac{2}{p}\left(\frac{A_3}{\eta_0}-\rho\right)\frac{(1+2p^{-1}b)\exp(-\frac{\tau_0}{\eta_0})+(1+2p^{-1}b)\exp(-b\tau_0)}{(1-2p^{-1}b)^2\exp(b\tau_0)-(1+2p^{-1}b)^2\exp(-b\tau_0)}$$

con

$$\rho = \frac{3}{5}\frac{\tilde{\omega}_0 S}{4\pi}x_2\eta_0\sqrt{1-\eta_0^2}$$

$$p = 3\left(\frac{\tilde{\omega}_0 x_2}{5}-1\right) \tag{2.86}$$

$$b = \sqrt{\left(\frac{\tilde{\omega}_0 x_2}{5}-1\right)(\tilde{\omega}_0 x_1 - 3)}.$$

Vediamo adesso la soluzione per $\bar{h}(\tau)$. Moltiplichiamo la 2.48 per $(1-\eta^2)$ ed integriamola su $d\eta$ tra $(-1,1)$, otterremo:

$$\frac{d}{d\tau}\int_{-1}^{1}\eta(1-\eta^2)I_2(\tau,\eta) = -4\bar{h}(\tau)+\frac{4}{5}\tilde{\omega}_0 x_2\bar{h}(\tau)$$

$$+\frac{\tilde{\omega}_0 S}{5\pi}x_2(1-\eta_0^2)\exp\left(-\frac{\tau}{\eta_0}\right). \tag{2.87}$$

Ancora moltiplicando la 2.48 per $\eta(1-\eta^2)$ ed integrandola su $d\eta$ tra $(-1,1)$, tenendo conto del teorema della media, otterremo:

$$\frac{4}{3}\frac{d}{d\tau}\bar{h}(\tau) \approx -\int_{-1}^{1}\eta(1-\eta^2)\bar{I}_2(\tau,\eta)d\eta \tag{2.88}$$

derivando una seconda volta e tenendo conto della 2.87 otterremo:

$$\frac{d^2\bar{h}(\tau)}{d\tau^2} = f^2\bar{h}(\tau) - \alpha\exp\left(-\frac{\tau}{\eta_0}\right) \tag{2.89}$$

dove

$$f^2 = 3\left(1 - \frac{\tilde{\omega}_0 x_2}{5}\right)\tag{2.90}$$

$$\alpha = \frac{3}{5}\frac{\tilde{\omega}_0 S}{4\pi}x_2(1 - \eta_0^2).\tag{2.91}$$

Una soluzione può essere del tipo:

$$\bar{h}(\tau) = k_1\exp(-f\tau) + k_2\exp(f\tau) + k_3\exp\left(-\frac{\tau}{\eta_0}\right)\tag{2.92}$$

differenziando due volte $\bar{h}(\tau)$ e prendendo tutti i termini in $\exp(-\frac{\tau}{\eta_0})$ otterremo:

$$k_3 = -\frac{3}{5}\frac{\tilde{\omega}_0 S}{4\pi}x_2(1 - \eta_0^2)\frac{\eta_0^2}{1 - f^2\eta_0^2}.\tag{2.93}$$

Per trovare k_1 e k_2 useremo le condizioni al contorno:

$$\begin{cases} I(0, \eta, \eta_0) = 0 \quad \text{per } \eta > 0 \\ I(\tau_0, \eta, \eta_0) = 0 \quad \text{per } \eta < 0. \end{cases}\tag{2.94}$$

Poiché il procedimento è lungo e tedioso, descriveremo qui solo i passaggi salienti:

• moltiplichiamo la 2.48 per $(1 - \eta^2)$ e la integriamo tra $(-1, 0)$;
• applichiamo il teorema della media al primo membro a destra;
• applichiamo il teorema della media al primo membro a sinistra;
• per $\tau = 0$ avremo:

$$\frac{d\bar{h}(0)}{d\tau} = 2\left(1 - \frac{\tilde{\omega}_0 x_2}{5}\right)\bar{h}(0) - \frac{2}{5}\frac{\tilde{\omega}_0 S}{4\pi}x_2(1 - \eta_0^2).\tag{2.95}$$

Applichiamo la stessa procedura alla 2.48 ma questa volta moltiplicata per $\eta(1 - \eta^2)$ ed ancora integriamo tra $(-1, 0)$, otterremo:

$$\frac{d\bar{h}(\tau)}{d\tau} = \frac{3}{2}\left(1 - \frac{3}{8}\tilde{\omega}_0 x_2\right)\bar{h}(0) - \frac{3}{16}\frac{\tilde{\omega}_0 S}{4\pi}x_2(1 - \eta_0^2).\tag{2.96}$$

Avremo allora un sistema dato dalle relazioni 2.95 e 2.96, in cui la relazione 2.96 è stata moltiplicata per $\frac{2}{5} \cdot \frac{32}{9}$ la cui soluzione è:

$$\frac{d\bar{h}(0)}{d\tau} = \frac{6}{19}\bar{h}(0).\tag{2.97}$$

Sottoponiamo ora la 2.48 alla medesima procedura: moltiplichiamo la 2.48 per $(1 - \eta^2)$ ma l'integriamo tra $(0, 1)$. Ancora usiamo il teorema della media e per $\tau = \tau_0$

avremo:

$$\frac{d\bar{h}(\tau_0)}{d\tau} \approx -2\bar{h}(\tau_0) + \frac{2}{5}\tilde{\omega}_0 x_2 \bar{h}(\tau_0) + \frac{2}{5}\frac{\tilde{\omega}_0 S}{4\pi}x_2(1-\eta_0^2)\exp\left(-\frac{\tau_0}{\eta_0}\right).$$ (2.98)

Poi moltiplichiamo la 2.48 per $\eta(1-\eta^2)$ ed integriamo tra $(0,1)$ ed avremo ancora per $\tau = \tau_0$

$$\frac{d\bar{h}(\tau_0)}{d\tau} \approx -\frac{3}{2}\left(1-\frac{1}{8}\tilde{\omega}_0 x_2\right)\bar{h}(\tau_0) + \frac{3}{16}\frac{\tilde{\omega}_0 S}{4\pi}x_2(1-\eta_0^2)\exp\left(-\frac{\tau_0}{\eta_0}\right).$$ (2.99)

Il sistema di equazioni 2.98 e 2.99 con la 2.99 moltiplicata per $\frac{2}{5}\cdot\frac{16}{3}$ fornirà la seguente relazione

$$\frac{d\bar{h}(\tau_0)}{d\tau} = -\frac{18}{17}\bar{(h)}(\tau_0).$$ (2.100)

Le soluzioni per k_1 e k_2 si ottengono utilizzando le soluzioni per $\bar{h}(0)$ e per $\bar{h}(\tau_0)$. Avremo allora:

$$k_1 = \frac{k_3\exp(f\tau_0)(v+\frac{1}{\eta_0})(f-z) - k_3(z+\frac{1}{\eta_0})\exp(-\frac{\tau_0}{\eta_0})(f-v)}{-(f+v)\exp(f\tau_0)(f-z) + (f-v)\exp(-f\tau_0)(f+z)}$$

$$k_2 = \frac{k_3(z+\frac{1}{\eta_0})\exp(-\frac{\tau_0}{\eta_0})(f+v) + k_3(f+z)\exp(-f\tau_0)(v+\frac{1}{\eta_0})}{(f-v)\exp(-f\tau_0)(f+z) - (f+v)\exp(f\tau)(f-z)}$$ (2.101)

con $v = \frac{6}{19}$ e $z = \frac{18}{17}$.

Otteniamo ora la soluzione per $\bar{i}(\tau)$.

Se moltiplichiamo la relazione 2.46 che contiene la $\bar{i}$ per η^2 e integriamo $d\eta$ tra $(-1,1)$, utilizzando ancora una volta il teorema della media, otterremo:

$$\frac{2}{3}\frac{d\bar{H}(\tau)}{d\tau} \approx -\frac{2}{3}\tilde{\omega}_0\bar{I}(\tau) + \frac{2}{3}\bar{I}(\tau) + \frac{2}{15}\tilde{\omega}_0 x_2\bar{i}(\tau)$$

$$+\frac{\tilde{\omega}_0 S}{4\pi}\exp\left(-\frac{\tau_0}{\eta_0}\right)\left(\frac{2}{3}+\frac{2}{15}x_2(3\eta_0^2-1)\right).$$ (2.102)

Tenendo conto della 2.51 otterremo che

$$\bar{i} = \frac{S}{4\pi}\exp\left(-\frac{\tau}{\eta_0}\right)(1-3\eta_0^2).$$ (2.103)

Avendo trovato $\bar{I}, \bar{H}, \bar{G}, \bar{g}, \bar{h}, \bar{i}$ e ricordando la forma delle soluzioni corrispondenti

$$\bar{I}(\tau) = C_1 \exp(-k\tau) + C_2 \exp(k\tau) + D \exp\left(-\frac{\tau}{\eta_0}\right) \tag{2.104}$$

$$\bar{H}(\tau) = \frac{1-\tilde{\omega}_0}{k}(C_1 \exp(-k\tau) - C_2 \exp(k\tau)) - E \exp\left(-\frac{\tau}{\eta_0}\right) \tag{2.105}$$

$$\bar{G}(\tau) = A_1 \exp(-k\tau) + A_2 \exp(k\tau) + A_3 \exp\left(-\frac{\tau}{\eta_0}\right) \tag{2.106}$$

$$\bar{g}(\tau) = p^{-1}\left[-bA_1 \exp(-b\tau) + bA_2 \exp(b\tau) - \frac{A_3}{\eta_0}\exp\left(-\frac{\tau}{\eta_0}\right)\right.$$
$$\left. -\rho \exp\left(-\frac{\tau}{\eta_0}\right)\right] \tag{2.107}$$

$$\bar{h}(\tau) = k_1 \exp(-f\tau) + k_2 \exp(f\tau) + k_3 \exp\left(-\frac{\tau}{\eta_0}\right) \tag{2.108}$$

$$\bar{i}(\tau) = \frac{S}{4\pi}\exp\left(-\frac{\tau}{\eta_0}\right)(1-3\eta_0^2) \tag{2.109}$$

si possono calcolare i termini B_0, B_1, B_2.

Ricordando la 2.44 ed applicandola alla 2.109, raccogliendo in funzione dell'e-sponente $\exp(\pm F\tau)$ avremo:

$$\begin{aligned}
B(\tau, \eta, \varphi) = &\left[\tilde{\omega}_0 C_1 + \tilde{\omega}_0 x_1 \eta \frac{1-\tilde{\omega}_0}{k}C_1\right]\exp(-k\tau) \\
&+ \left[\tilde{\omega}_0 C_2 + \tilde{\omega}_0 x_1 \eta \frac{1-\tilde{\omega}_0}{k}C_2\right]\exp(k\tau) \\
&+ \left[\tilde{\omega}_0 D - \tilde{\omega}_0 x_1 \eta E + \frac{\tilde{\omega}_0 x_2}{16\pi}S(3\eta^2-1)(1-3\eta_0^2)\right. \\
&+ \frac{\tilde{\omega}_0 S}{4\pi}(p_0(\eta) + p_1(\eta)\cos\varphi + p_2(\eta)\cos 2\varphi) \\
&+ \tilde{\omega}_0 x_1 \sqrt{1-\eta^2}A_3 \cos\varphi - 3\tilde{\omega}_0 x_2 \eta \sqrt{1-\eta^2}\frac{\rho}{p\eta_0}\cos\varphi \\
&- 3\tilde{\omega}_0 x_2 \eta \sqrt{1-\eta^2}\frac{A_3}{p}\cos\varphi \\
&+ \left.\frac{3}{4}\tilde{\omega}_0 x_2(1-\eta^2)k_3 \cos 2\varphi\right]\exp\left(-\frac{\tau}{\eta_0}\right) \\
&+ \left[\tilde{\omega}_0 x_1 \sqrt{1-\eta^2}A_1 \cos\varphi - 3\tilde{\omega}_0 x_2 \eta \sqrt{1-\eta^2}\frac{bA_1}{p}\cos\varphi\right]\exp(-b\tau) \\
&+ \left[\tilde{\omega}_0 x_1 \sqrt{1-\eta^2}A_2 \cos\varphi + 3\tilde{\omega}_0 x_2 \eta \sqrt{1-\eta^2}\frac{bA_1}{p}\cos\varphi\right]\exp(b\tau) \\
&+ \left[\frac{3}{4}\tilde{\omega}_0 x_2(1-\eta^2)k_1 \cos 2\varphi\right]\exp(-f\tau) \\
&+ \left[\frac{3}{4}\tilde{\omega}_0 x_2(1-\eta^2)k_2 \cos 2\varphi\right]\exp(f\tau).
\end{aligned} \tag{2.110}$$

In questo modo si può scrivere la funzione sorgente B come:

$$B(\tau,\eta,\varphi) = \sum_{i=1}^{7} \beta_i(\tau,\eta,\varphi) \exp(-F_i\tau) \qquad (2.111)$$

dove i β_i sono i valori in parentesi quadra e F prende i valori $(-k+k, \frac{1}{\eta_0}, -b, b, -f, f)$ che non dipendono da η e φ. Si può notare che la soluzione a tre stream qui riportata fornisce $2 \cdot 3 + 1 = 7$ termini contro la soluzione di Sobolev che riporta $2 \cdot 2 + 1 = 5$ termini.

A questo punto la soluzione per $I(0, -\eta, \varphi)$ è:

$$\eta \frac{dI}{d\tau} = -I(\tau,\eta,\varphi) + B(\tau,\eta,\varphi)$$
$$\approx -I(\tau,\eta,\varphi) + \sum_{i=1}^{7} \beta_i(\tau,\eta,\varphi)\exp(-F_i\tau). \qquad (2.112)$$

Moltiplicando per $\exp(\frac{\tau}{\eta})$ avremo:

$$\frac{d}{d\tau}\left[\eta I(\tau,\eta,\varphi)\exp\left(\frac{\tau}{\eta}\right)\right] = \sum_{i=1}^{7} \beta_i(\tau,\eta,\varphi)\exp\left(-\left(F_i - \frac{1}{\eta}\right)\right)\tau. \qquad (2.113)$$

Per calcolare la I al top dell'atmosfera $\tau = 0$ consideriamo $-\eta < 0$ per $\tau = 0$ e $I(0, -\eta, \varphi)$

$$\frac{d}{d\tau}\left[-\eta I(\tau,-\eta,\varphi)\exp\left(-\frac{\tau}{\eta}\right)\right] = \sum_{i=1}^{7} \beta_i(\tau,\eta,\varphi)\exp\left(-\left(F_i + \frac{1}{\eta}\right)\right)\tau. \qquad (2.114)$$

Consideriamo il caso in cui non ci sia riflessione superficiale $I(\tau, -\eta, \varphi) = 0$. Risolvendo l'equazione 2.114 otterremo:

$$-\eta I(\tau,-\eta,\varphi)\exp\left(-\frac{\tau}{\eta}\right) + \eta I(0,-\eta,\varphi)$$
$$= \sum_{i=1}^{7}\int_0^{\tau_0} \beta_i(\tau,\eta,\varphi)\exp\left(-\left(F_i + \frac{1}{\eta}\right)\right)\tau d\tau \qquad (2.115)$$

da cui si ottiene:

$$\eta I(0,-\eta,\varphi) \approx \frac{1}{\eta}\sum_{i=1}^{7}\int_0^{\tau_0} \beta_i(\tau,\eta,\varphi)\exp\left(-\left(F_i + \frac{1}{\eta}\right)\right)\tau d\tau, \qquad (2.116)$$

Questa relazione è utile per una atmosfera non omogenea dove β_i e φ_i dipendono da $\tau(z)$.

2.3.1 Atmosfera omogenea

Nel caso di una atmosfera omogenea β_i e φ_i non dipendono da $\tau(z)$. Risolvendo la 2.116 avremo allora:

$$I(0, -\eta, \varphi) \approx \sum_{i=1}^{7} \frac{\beta_i}{\eta F_i + 1} \left(1 - \exp \left(-\left(F_i + \frac{1}{\eta} \right) \tau_0 \right) \right). \qquad (2.117)$$

Per ragioni computazionali è utile separare il termine di diffusione singola σ_{ss} da quello di diffusione multipla σ_{sm}. Allora avremo che $\sigma = \sigma_{ss} + \sigma_{sm}$ dove:

$$\sigma_{ss} = \frac{\tilde{\omega}_0 S}{4\pi} (p_0(\eta) + p_1(\eta)\cos\varphi + p_2(\eta)\cos 2\varphi) \qquad (2.118)$$

$$\sigma_{sm} = \tilde{\omega}_0 D - \tilde{\omega}_0 x_1 \eta E + \frac{\tilde{\omega}_0 S x_2}{16\pi}(3\eta^2 - 1)(1 - 3\eta_0^2)$$
$$+ \tilde{\omega}_0 x_1 \sqrt{1-\eta^2} A_3 \cos\varphi - 3\tilde{\omega}_0 x_2 \eta \sqrt{1-\eta^2} \frac{A_3}{p\eta_0} \cos\varphi$$
$$- 3\tilde{\omega}_0 x_2 \eta \sqrt{1-\eta^2} \frac{p}{p} \cos\varphi + \frac{3}{4} \tilde{\omega}_0 x_2 (1-\eta^2) k_3 \cos 2\varphi. \qquad (2.119)$$

Vediamo ora di trattare il caso con atmosfera omogenea con una superficie ortotropica riflettente $a \neq 0$.

Come hanno dimostrato Sobolev [115] e Van De Hulst [124] il valore del coefficiente di riflettanza diffusa $\bar{\rho}$ per una atmosfera con superficie riflettente è legata al valore di ρ per una superficie con $a = 0$ attraverso la relazione del coefficiente di riflessione diffusa

$$\bar{\rho}(\tau_0, \eta, \varphi) = \rho(\tau_0, \eta, \varphi) + \frac{aM(\eta, \tau_0)M(\eta_0, \tau_0)}{1 - aC(\tau_0)} \qquad (2.120)$$

e di riflessione trasmessa

$$\bar{\sigma}(\tau_0, \eta, \varphi) = \sigma(\tau_0, \eta, \varphi) + \frac{aM(\eta, \tau_0)R(\eta_0, \tau_0)}{1 - aC(\tau_0)} \qquad (2.121)$$

dove

$$M(\eta_k, \tau_0) = \exp\left(-\frac{\tau_0}{\eta_k}\right) + \frac{1}{\pi} \int_0^{2\pi} \int_0^1 \sigma(\tau_0, \eta_k, \varphi)\eta_k d\eta_k \qquad (2.122)$$

$$C(\tau_0) = \frac{2}{\pi} \int_0^{2\pi} d\varphi \int_0^1 \eta d\eta \int_0^1 \rho(\tau_0, \eta, \varphi)\eta_0 d\eta_0 \qquad (2.123)$$

$$R(\eta_0, \tau_0) = \frac{1}{2} \int_0^{2\pi} d\varphi \int_0^1 \rho(\tau_0, \eta, \varphi)\eta d\eta. \qquad (2.124)$$

con $(\eta_k = \eta, \eta_0)$. Questa relazione viene anche chiamata formula di Sobolev-Van de Hulst. Si può vedere dalle due relazioni che, se c'è una superficie isotropicamente riflettente, mentre la $\bar{\rho}$ è simmetrica rispetto a (η_0, η), il coefficiente di trasmissione $\bar{\sigma}$ non lo è.

Per definizione abbiamo che:

$$\bar{\sigma}(\tau_0, \eta, \varphi) = \frac{I(\tau_0, \eta, \varphi)}{F\eta_k} \tag{2.125}$$

$$\bar{\rho}(\tau, \eta_0, \varphi) = \frac{I(0, -\eta, \varphi)}{F\eta_0} \tag{2.126}$$

$R(\eta_0, \tau)$ viene chiamato albedo piano dell'atmosfera e rappresenta l'albedo in quella località in cui l'angolo incidente della radiazione solare è $arc\cos\eta_0$. Si chiama piano poiché l'atmosfera locale si può considerare piana. $C(\tau_0)$ si chiama albedo sferico dell'atmosfera e rappresenta il rapporto tra l'energia solare riflessa dall'intero pianeta rispetto a quella che cade su di esso.

Risolvendo per $\eta > 0$ e per $a = 0$, siccome $I(0, \eta, \varphi) = 0$ avremo per $\tau = 0$

$$\frac{d}{d\tau}\left[\eta I(\tau, -\eta, \varphi)\exp\left(-\frac{\tau}{\eta}\right)\right] = \sum_{i=1}^{7}\beta_i(\tau, \eta, \varphi)\exp\left(-\left(F_i + \frac{1}{\eta}\right)\right)\tau \tag{2.127}$$

e quindi per $\bar{\sigma}(\tau_0, \eta, \varphi)$

$$I(\tau_0, \eta, \varphi) = \frac{1}{\eta}\exp\left(-\frac{\tau_0}{\eta}\right)\sum_{i=1}^{7}\int_0^{\tau_0}\beta_i(\tau_0, \eta, \varphi)\exp\left(-\left(F_i - \frac{1}{\eta}\right)\tau\right)d\tau \tag{2.128}$$

e ricordando che

$$I(0, \eta, \varphi) = \frac{1}{\eta}\sum_{i=1}^{7}\int_0^{\tau_0}\beta_i(\tau_0, \eta, \varphi)\exp\left(-\left(F_i - \frac{1}{\eta}\right)\tau\right)d\tau \tag{2.129}$$

otterremo la relazione che lega $I(0, -\eta, \varphi)$ con $\bar{\rho}$

$$I_{a\neq 0}(0, -\eta, \varphi) = S\eta\bar{\rho}. \tag{2.130}$$

2.3.2 Atmosfera non omogenea

Una forma semplice per definire una atmosfera non omogenea è quella di suddividerla per strati, ognuno dei quali è omogeneo. Nel caso di uno spessore τ_0 possiamo scalare $\tilde{\omega}_0, x_1, x_2$ attraverso la relazione:

$$\overline{\tilde{\omega}_0} = \frac{\sum \tilde{\omega}_{0_k}\Delta\tau_k}{\sum \Delta\tau_k} = \frac{1}{\tau_0}\sum_{k=0}^{N-1}\tilde{\omega}_{0_k}\Delta\tau_k \tag{2.131}$$

$$\bar{x}_1 = \frac{1}{\tau_0}\sum_{k=0}^{N-1}x_{1_k}\Delta\tau_k \tag{2.132}$$

$$\bar{x}_2 = \frac{1}{\tau_0}\sum_{k=0}^{N-1}x_{2_k}\Delta\tau_k. \tag{2.133}$$

Avremo allora che:

$$\tilde{\omega}_0 = \overline{\tilde{\omega}_0} \qquad (2.134)$$

$$\bar{F}_i = F_i(\overline{\tilde{\omega}_0}, \bar{x}_1, \bar{x}_2, \eta_0) \qquad (2.135)$$

$$\bar{\Gamma}_i = \Gamma_i(\eta, \varphi, \overline{\tilde{\omega}_0}, \bar{x}_1, \bar{x}_2, \eta_0)\beta_i = \frac{S\tilde{\omega}_0}{4\pi}\Gamma_i \qquad (2.136)$$

per cui:

$$I(0, -\eta, \varphi) = \sum_{i=1}^{7} \frac{S}{4\pi\eta} \frac{\bar{\Gamma}_i}{1 + \eta\bar{F}_i} \left(1 - \exp\left(-\left(\bar{F}_i + \frac{1}{\eta}\right)\tau_0\right)\right). \qquad (2.137)$$

Che vale per una atmosfera a tre livelli in cui il livello più basso ha delle molecole, in mezzo c'è aerosol e molecole e il livello più alto ha molecole. Nel caso di strati con solo molecole, il livello più basso e quello più alto hanno $x_1 = x_2 = 0$.

2.4 Trasferimento radiativo per la componente ad onda lunga emergente da una atmosfera planetaria

Nel paragrafo precedente abbiamo trattato l'equazione di trasferimento radiativo in cui sono presenti, essenzialmente, dei processi di diffusione semplice e multipla. In questo paragrafo tratteremo la equazione di trasferimento radiativo in un intervallo spettrale in cui la funzione sorgente è data dalla componente emissiva dell'atmosfera, la così detta componente a onda lunga.

Consideriamo una atmosfera piano parallela, non diffondente, che sia in equilibrio termodinamico. Assumiamo poi che la radiazione dell'infrarosso termico emergente dall'atmosfera sia indipendente dall'angolo azimutale. Anche qui per ragioni di semplicità non scriveremo la dipendenza della lunghezza d'onda a meno che non sia esplicitamente richiesto.

Tenendo conto della geometria definita nel paragrafo precedente, potremo esprimere la componente della radiazione che va all'insù e quella che va all'ingiù attraverso la 2.16 come:

$$\eta \frac{dI(\tau, \eta)}{d\tau} = I(\tau, \eta) - B(T) \qquad (\downarrow)$$

$$-\eta \frac{dI(\tau, -\eta)}{d\tau} = I(\tau, -\eta) - B(T) \qquad (\uparrow). \qquad (2.138)$$

Per ottenere la intensità al livello τ si devono risolvere queste due equazioni per una atmosfera finita che è delimitata al contorno da $\tau = 0$ e da $\tau = \tau_0$. Si dividano le due equazioni 2.138 per η, e si moltiplichino per $\exp(\frac{\tau}{\eta})$ tenendo conto del fatto che se $\eta > 0$ la radiazione va verso il basso e viceversa se $\eta < 0$. Questa convenzione tende un po' a complicare le formule tra i differenti testi, ad esempio Liou [74] utilizza una convenzione opposta a quella da noi adottata. L'intensità all'ingiù e all'insù si otterranno, dopo aver fatto l'integrazione rispettivamente tra τ e τ_0 per la radiazione all'insù e tra 0 e τ per la radiazione all'ingiù. Otterremo per la intensità all'ingiù:

$$I(\tau,\eta) = I(\tau_0,\eta)\exp\left(-\frac{(\tau_0-\tau)}{\eta}\right) + \int_\tau^{\tau_0} B(T(\tau'))\exp\left(-\frac{(\tau'-\tau)}{\eta}\right)\frac{d\tau'}{\eta} \quad (2.139)$$

e per la intensità all'insù:

$$I(\tau,-\eta) = I(0,-\eta)\exp\left(-\frac{\tau}{\eta}\right) + \int_0^\tau B(T(\tau'))\exp\left(-\frac{(\tau-\tau')}{\eta}\right)\frac{d\tau'}{\eta}. \quad (2.140)$$

Alla base dell'atmosfera $\tau = \tau_0$ la radiazione all'insù è dovuta all'emissione della superficie terrestre che può essere considerata, con buona approssimazione, come un corpo nero nella regione spettrale infrarossa. Quindi $I(\tau_0,\eta) = B(T_s)$ dove T_s è la temperatura superficiale. Alla cima dell'atmosfera $\tau = 0$ abbiamo assunto che $I(0,-\eta) = 0$. Utilizzando la definizione di densità di flusso, o irradianza L, definito come la componente normale di I integrata sull'angolo solido, cioè:

$$L = \int_0^{2\pi}\int_0^{\pi/2} I(\eta,\varphi)\eta\sqrt{1-\eta^2}d\eta d\varphi \quad (2.141)$$

e queste condizioni al contorno potremo scrivere, per il flusso di radiazione all'insù:

$$L\uparrow(\tau) = 2\pi B(T_s)\int_0^1 \exp\left(-\frac{\tau_0-\tau}{\eta}\right)\eta d\eta$$
$$+ 2\int_0^1\int_\tau^{\tau_0}\pi B[T(\tau')]\exp\left(-\frac{\tau'-\tau}{\eta}\right)d\tau' d\eta \quad (2.142)$$

e per il flusso di radiazione all'ingiù:

$$L\downarrow(\tau) = 2\int_0^1\int_0^\tau \pi B[T(\tau')]\exp\left(-\frac{\tau-\tau'}{\eta}\right)d\tau' d\eta. \quad (2.143)$$

Definendo l'integrale esponenziale con:

$$E_n \equiv \int_1^\infty \frac{\exp(-\tau x)}{x^n}dx \quad (2.144)$$

che gode della proprietà che:

$$\frac{dE_n(\tau)}{d\tau} = -\int_1^\infty \frac{\exp(-\tau x)}{x^{n-1}}dx = -E_{n-1}(\tau) \quad (2.145)$$

e ponendo che $x = 1/\eta$, avremo che $d\eta = -dx/x^2$. Allora le relazioni 2.142 e 2.143 integrate, utilizzando l'integrale esponenziale, si possono scrivere:

$$L\uparrow(\tau) = 2\pi B(T_s)E_3(\tau_0-\tau) + 2\int_\tau^{\tau_0}\pi B[T(\tau')]E_2(\tau'-\tau)d\tau' \quad (2.146)$$

e

$$L \downarrow (\tau) = 2 \int_0^\tau \pi B[T(\tau')] E_2(\tau - \tau') d\tau'. \tag{2.147}$$

Ovviamente per ottenere il flusso nello spettro infrarosso, queste relazioni, che valgono per una radiazione monocromatica, devono essere poi integrate sul numero d'onda.

$$L \uparrow (\tau) = 2 \int_0^\infty \pi B(T_s) E_3(\tau_0 - \tau) dv + 2 \int_\tau^{\tau_0} \int_0^\infty \pi B[T(\tau')] E_2(\tau' - \tau) dv d\tau' \tag{2.148}$$

e

$$L \downarrow (\tau) = 2 \int_0^\tau \int_0^\infty \pi B[T(\tau')] E_2(\tau - \tau') dv d\tau' \tag{2.149}$$

questa integrazione applicata all'atmosfera è particolarmente complessa a causa della rapida variazione del coefficiente di assorbimento con le lunghezze d'onda, dovuto ai meccanismi vibro rotazionali dei gas nello spettro infrarosso. Si ovvia all'inconveniente utilizzando un intervallo spettrale finito in cui la trasmittanza è definita dalla teoria o dagli esperimenti.

Difatti se consideriamo un intervallo Δv abbastanza piccolo da poter utilizzare un valore medio della funzione di Planck $B(T)$, ma largo abbastanza da comprendere parecchie righe di assorbimento, potremo scrivere la seguente funzione di trasmittanza:

$$T_{\bar{v}}(\tau) = \frac{1}{\Delta v} \int_{\Delta v} \exp(-\tau) dv. \tag{2.150}$$

Se in analogia alla funzione di trasmittanza per l'intensità applichiamo la relazione alla irradianza avremo:

$$T_{\bar{v}}^*(\tau) = 2 \int_0^1 T\left(\frac{\tau}{\eta}\right) \eta d\eta = 2 \int_{\Delta v} E_3(\tau) \frac{dv}{\Delta v} \tag{2.151}$$

e ovviamente avremo

$$\frac{dT_{\bar{v}}^*}{d\tau} = -2 \int_{\Delta v} E_2(\tau) \frac{dv}{\Delta v} \tag{2.152}$$

che inseriti nelle relazioni 2.148 e 2.149 danno:

$$L \uparrow (\tau) = \pi B(T_s) T_v^*(\tau_0 - \tau) + \int_\tau^{\tau_0} \pi B[T(\tau')] \frac{dT_{\bar{v}}^*(\tau' - \tau)}{d\tau'} d\tau' \tag{2.153}$$

e

$$L \downarrow (\tau) = \int_0^\tau \pi B[T(\tau')] \frac{dT_{\bar{v}}^*(\tau - \tau')}{d\tau'} d\tau'. \tag{2.154}$$

La trattazione completa dei modelli a banda utili per la funzione di trasmissione si trova in parecchi libri che trattano il trasferimento radiativo (vedi [74] e [71]).

2.5 Accoppiamento della soluzione della RTE con i gas

Come abbiamo visto il processo di trasferimento radiativo è il processo di intera-
zione tra materia e radiazione che dà origine ai vari processi di assorbimento diffusione e emissione che sono stati descritti dalla equazione di trasferimento radiativo
che abbiamo risolto analiticamente nel paragrafo precedente. In generale i processi
radiativi sono normalmente coerenti per cui la variabile che è fisicamente appropriata è il numero d'onda (o la lunghezza d'onda). Allora le soluzioni della RTE
che coinvolgono processi di diffusione multipla sono dipendenti dal numero d'onda.
Ovviamente per un dato intervallo spettrale si deve integrare nel dominio dei numeri
d'onda usati.

A causa della natura dei processi di assorbimento dei gas atmosferici, dovuta al
gran numero di linee spettrali prodotte dai gas radiativamente attivi è tuttavia necessaria una integrazione fatta per numeri d'onda molto piccoli, il che comporta un
enorme tempo di calcolo per ottenere la necessaria accuratezza. Oggi questo è possibile grazie alla potenza di calcolo raggiunta dai moderni calcolatori, ma il metodo
chiamato linea per linea (Line By Line, LBL) pur raggiungendo una accuratezza del-
l'ordine di 0.1% richiede dei tempi di calcolo incompatibili con i complessi processi
che si vogliono analizzare, come ad esempio nel caso dei modelli di circolazione generale (General Circulation Model GCM) o per applicazioni al Remore Sensing. Per
questa ragione sono stati sviluppati in un primo tempo i modelli a bande e poi successivamente i metodi così detti a distribuzione k (k-distribution) e distribuzione k
correlata (correlated k-distribution) che permettono l'utilizzo della diffusione multipla e forniscono una migliore accuratezza di quello che permettono i modelli a
bande pur richiedendo tempi di calcolo da due a tre ordini di grandezza minori di
quelli LBL.

2.5.1 Metodi a distribuzione k e distribuzione k correlata

Si consideri un intervallo spettrale in termini di numeri d'onda, $\Delta v = v_1 - v_2$ tanto
piccolo da far sì la funzione di distribuzione usata sia costante. Assumiamo che la
pressione e la temperatura attraverso il cammino ottico siano costanti, vale a dire lo
strato u sia omogeneo, il coefficiente di assorbimento spettrale k può essere scritto
come

$$k(v,p,T) = \sum_i S_i(T) f_i(v,p,T) \tag{2.155}$$

dove S_i l'intensità della i-esima linea in unità $m^2 \cdot sec^{-1}$ ed f_i è la forma normalizzata della linea. Per un dato gas assorbente ed un intervallo spettrale Δv si può
introdurre la funzione di distribuzione $h(k)$ che è la funzione di distribuzione della probabilità tale per cui $h(k)dk$ è la frazione di Δv entro la quale il coefficiente
d'assorbimento sta tra k e $k + dk$. Allora la trasmittanza dipende dalla distribuzione
di k ma è indipendente dall'ordine dei coefficienti di assorbimento $k(v)$ rispetto ai

numeri d'onda. In questo modo si può sostituire l'integrazione sui numeri d'onda con quella sullo spazio k. Allora la trasmittanza spettrale è data da:

$$\langle T_\nu(u) \rangle = \frac{1}{\Delta \nu} \int_{\Delta \nu} \exp(-uk(\nu))d\nu = \int_0^\infty \exp(-uk)h(k)dk \qquad (2.156)$$

dove $h(k)$ è normalizzato ad 1 nel dominio tra $(0,\infty)$. Questa è la distribuzione k che è esatta per il caso di atmosfera omogenea. Senza perdere d'identità si può ora introdurre la funzione di probabilità cumulativa data da

$$g(k) = \int_0^k h(k)dk \qquad (2.157)$$

che per definizione è monotonicamente crescente e smooth nello spazio k. Allora la trasmittanza spettrale media può essere espressa in termini di probabilità cumulativa g come

$$\langle T_\nu(u) \rangle = \int_0^1 \exp(-k(g)u)dg \approx \sum_{j=1}^M \exp(-k(g_j))u\Delta g_j \qquad (2.158)$$

dove $k(g)$ è l'inversa di $g(k)$.

Vediamo ora come affrontare il problema per una atmosfera non omogenea. Definendo la profondità ottica come:

$$\tau = \int_0^u k_\nu du = \sum_i k_{\nu,i}\Delta u_i \qquad (2.159)$$

la trasmittanza può essere scritta come:

$$\langle T_\nu(u) \rangle = \int_{\Delta \nu} \exp(-\tau)d\nu = \int_0^\infty \exp(-\tilde{k}uh(\tilde{k})d\tilde{k} \qquad (2.160)$$

dove

$$\tilde{k} = \frac{\tau}{u} = \sum_i k_i a_i \qquad (2.161)$$

in cui $a_i = \frac{\Delta u_i}{u_i}$ e $h(\tilde{k})$ è la funzione di probabilità di densità per $\tilde{k}$. La funzione di probabilità cumulativa associata è data da

$$\tilde{g}(\tilde{k}) = \int_0^{\tilde{k}} h(\tilde{k}')d\tilde{k}'. \qquad (2.162)$$

Se introduciamo la funzione cumulativa $g(k)$ potremo esprimere la relazione 2.160 come:

$$\langle T_\nu(u) \rangle = \int_0^1 \exp(-u \sum_i k_i(g)a_i)d\tilde{g} \qquad (2.163)$$

che si chiama distribuzione k correlata (Correlated k Distribution, CkD) e che da un punto fisico implica che esiste un solo g per una data ν a differenti altezze. Tradizionalmente la trasmittanza in una atmosfera inomogenea richiede l'integrazione accoppiata tra l'altezza e i numeri d'onda, viceversa nel metodo CkD dopo che è stata fatta la trasformazione dallo spazio v a quello g non è necessario separare le integrazioni sull'altezza da quella su k perché l'integrazione sull'altezza può essere effettuata nello spazio g sotto le assunzioni di correlazione. L'articolo di Fu e Liou [28] analizza a fondo i limiti di applicabilità del metodo.

2.6 Calcolo della diffusione dovuto alle particelle

Ovviamente un modello radiativo non contiene solo il comportamento radiativo dei gas, ma anche quello delle particelle solide e liquide (nubi incluse). Per far questo è necessario analizzare il comportamento della funzione di fase contenuta nella RTE. Come abbiamo visto l'approccio di elezione è quello di usare i momenti della funzione di Legendre. Nel nostro caso abbiamo usato tre streams.

Il punto è come calcolare i processi di diffusione. Questa operazione viene fatta calcolando i polinomi di Legendre delle distribuzione delle particelle usando la teoria sviluppata da Gustav Mie [85]. Vale a dire trasformare i valori ottenuti dalla teoria di Mie nei polinomi di Legendre che sono contenuti nella funzione di fase.

La teoria della diffusione fu sviluppata da differenti autori, ma la ricerca di base fu fatta da Mie [85]. Gli ultimi studi di Lord Rayleigh [99] avevano anticipato la teoria della diffusione. Debye [22] ottenne gli stessi risultati di Mie ma adottando un altro approccio. La teoria di Mie fu principalmente applicata ai colloidi e alle macromolecule, solo più tardi fu usata per indagare l'ottica dell'atmosfera. Van de Hulst [124] e Deirmendijan [23] applicarono la teoria della diffusione per aerosols, nebbia e nubi.

Attualmente la teoria di Mie è nota come la diffusione della radiazione elettromagnetica da una sfera di un certo indice di rifrazione e dimensione ad una certa lunghezza d'onda o numero d'onda rispetto al raggio r della particella stessa $v \cong r$. Le formule per la diffusione calcolata con la teoria di Mie sono, rispettivamente: fattori di efficienza di estinzione, di diffusione in avanti ed all'indietro Q_{ext}, Q_{scat} and Q_{back}; il fattore di asimmetria g e l'ampiezza di diffusione complessa per due direzioni ortogonali di polarizzazione $S_1(\mu)$ and $S_2(\mu)$. Gli apici $*$ indicano le funzioni complesse coniugate.

I parametri di Mie sono definite dalle seguenti relazioni:

$$Q_{ext} = \frac{2}{x^2} \sum_{n=1}^{N} (2n+1) Re(a_n + b_n) \qquad (2.164)$$

$$Q_{scatt} = \frac{2}{x^2} \sum_{n=1}^{N} (2n+1)(|a_n|^2 + |b_n|^2) \qquad (2.165)$$

$$Q_{back} = \frac{1}{x^2} \left| \sum_{n=1}^{N} (2n+1)(-1)^n (a_n - b_n) \right|^2 \qquad (2.166)$$

$$g = \frac{4}{x^2 Q_{scatt}} \sum_{n=1}^{N} \left[\frac{n(n+2)}{n+1} \text{Re}(a_n a_{n+1}^* + b_n b_{n+1}^*) + \frac{2n+1}{n(n+1)} \text{Re}(a_n b_n^*) \right] \quad (2.167)$$

$$S_1(\mu) = \sum_{n=1}^{N} \frac{2n+1}{n(n+1)} (a_n \pi_n(\mu) + b_n \tau(\mu)) \quad (2.168)$$

$$S_2(\mu) = \sum_{n=1}^{N} \frac{2n+1}{n(n+1)} (a_n \tau(\mu) + b_n \pi_n(\mu)) \quad (2.169)$$

dove $x = 2\pi r v$ rappresenta il parametro di Mie senza dimensioni; r è il raggio della particella e v il numero d'onda (o la lunghezza d'onda $\lambda = \frac{1}{v}$ che interagisce con mezzo che circonda la particella. Le formule di base sono derivate dai coefficienti di Mie a_n and b_n che sono funzione di x e dell'indice di rifrazione m delle particelle. I coefficienti angolari π_n e τ_n sono funzioni di $\mu = \cos\theta$ only, dove θ è l'angolo di scattering. I coefficienti a_n e b_n possono essere scritti nella forma adottata da Van De Hulst [124]

$$a_n = \frac{A_n(y) \psi_n(x) - m\psi_n'(x)}{A_n(y) \xi_n(x) - m\xi_n'(x)} \quad (2.170)$$

$$b_n = \frac{mA_n(y) \psi_n(x) - m\psi_n'(x)}{mA_n(y) \xi_n(x) - \xi_n'(x)} \quad (2.171)$$

dove $y = mx$. L'indice di rifrazione complesso è scritto sottraendo la parte immaginaria dalla parte reale. In caso contrario cambia il segno delle equazioni precedenti. $\psi_n(x)$ and $\xi_n(x)$ sono le funzioni di Riccati Bessel che possono essere scritte in termini delle funzioni sferiche di Bessel in J_n del primo ordine $(n + 1/2)$:

$$\psi_n(z) = \sqrt{\frac{\pi z}{2}} J_{n+\frac{1}{2}}(z) \quad (2.172)$$

$$\xi_n(z) = \sqrt{\frac{\pi z}{2}} [J_{n+\frac{1}{2}}(z) + (-1)^n i J_{-n-\frac{1}{2}}(z)] \quad (2.173)$$

A_n possono essere scritti seguendo la formulazione di Infeld's:

$$A_n(y) = \frac{\psi'(y)}{\psi(y)}. \quad (2.174)$$

Tuttavia per salvare tempo di calcolo conviene adottare la forma proposta da Deirmendijan [23].

$$a_n(m,x) = \frac{(\frac{A_n(y)}{m} + \frac{n}{x})\text{Re}\{w_n(x)\} - \text{Re}\{w_{n-1}(x)\}}{(\frac{A_n(y)}{m} + \frac{n}{x})w_n(x) - w_{n-1}(x)} \tag{2.175}$$

$$b_n(m,x) = \frac{(mA_n(y) + \frac{n}{x})\text{Re}\{w_n(x)\} - \text{Re}\{w_{n-1}(x)\}}{(mA_n(y) + \frac{n}{x})w_n(x) - w_{n-1}(x)} \tag{2.176}$$

e

$$A_n(y) = -\frac{n}{y} + \frac{J_{n-\frac{1}{2}}(y)}{J_{n+\frac{1}{2}}(y)} \tag{2.177}$$

dove $w_n(x) = \xi_n(z)$ è dato dall'equazione 2.173. Le funzioni angolari π_n e τ_n sono:

$$\pi_n(\mu) = P_n'(\mu) \tag{2.178}$$
$$\tau_n(\mu) = \mu\tau_n(\mu) - (1-\mu^2)\pi_n'(\mu) - 1 \le \mu \le 1 \tag{2.179}$$

dove P_n sono i polinomi di Legendre. Per evitare tempi di calcolo lunghi la somma in N è fermata usando il criterio di Wiscombe [128].

$$N = \begin{cases} x + 4x^{1/3} + 1 & 0.02 \le x \le 8 \\ x + 4.05x^{1/3} + 2 & 8 < x < 4200 \\ x + 4x^{1/3} + 2 & 4200 \le x \le 20000. \end{cases}$$

Le relazioni descritte possono essere calcolate usando Mathematica o Fortran ([73]) linguaggi abitualmente usato dalla comunità scientifica. Questi codici sono reperibili al sito *http://www.rodolfoguzzi.org*. Essi riportano sia gli algoritmi di cui sopra sia un data base delle proprietà ottiche e delle caratteristiche radiative delle differenti classi di aerosol che si trovano in natura.

Una idea chiara del processo di diffusione non può essere completa senza le componenti in ampiezza S_1 e S_2 ed i parametri d'intensità senza dimensioni $i_1(\theta)$ and $i_2(\theta)$. $i_3(\theta)$ and $i_4(\theta)$ che sono pure necessari per definire la matrice di diffusione. Infatti possiamo definire le quattro quantità senza dimensioni $P_j(\theta)$ che entrano nella matrice come:

$$P_j(\theta) = \frac{4i_j(\theta)}{x^2 K_{sc}(x)} \quad j = 1,2,3,4 \tag{2.180}$$

dove K_{sc} è il coefficiente di diffusione ottenuto integrando appropriatamente il corrispondente fattore di efficienza.

$i_{1,2,3,4}$ possono essere facilmente ottenuti da:

$$i_1(x,m,\theta) = S_1 S_1^* \tag{2.181}$$
$$i_2(x,m,\theta) = S_2 S_2^* \tag{2.182}$$
$$i_3(x,m,\theta) = \text{Re}\{S_1 S_2^*\} \tag{2.183}$$
$$i_4(x,m,\theta) = -\text{Im}\{S_1 S_2^*\} \tag{2.184}$$

dove l'apice $*$ si riferisce al complesso coniugato di S.

Nel caso di sfere ricoperte da uno strato di materiale o acqua si può sviluppare la teoria di Mie utilizzando il lavoro di Aden and Kerker [1]. Le forme funzionali dei coefficienti di Mie a_n and b_n dipendono dalla variazione radiale dell'indice di rifrazione m della parte più interna o della ricopertura relativa al mezzo che ricopre la particella. Le funzioni angolari possono essere calcolate con le stesse relazioni usate per le particelle omogenee. Usando la formula riportata da Bohren e Huffmann [10], possiamo scrivere:

$$a_n = \frac{\psi_n(x_2)[\psi_n'(m_2x_2) - A_n\chi_n'(m_2x_2)] - m_2\psi_n'(x_2)[\psi_n(m_2x_2) - A_n\chi_n(m_2x_2)]}{\xi_n(x_2)[\psi_n'(m_2x_2) - A_n\chi_n'(m_2x_2)] - m_2\xi_n'(x_2)[\psi_n(m_2x_2) - A_n\chi_n(m_2x_2)]}$$

$$b_n = \frac{\psi_n(x_2)[\psi_n'(m_2x_2) - B_n\chi_n'(m_2x_2)] - m_2\psi_n'(x_2)[\psi_n(m_2x_2) - B_n\chi_n(m_2x_2)]}{\xi_n(x_2)[\psi_n'(m_2x_2) - B_n\chi_n'(m_2x_2)] - m_2\xi_n'(x_2)[\psi_n(m_2x_2) - B_n\chi_n(m_2x_2)]}$$

(2.185)

dove:

$$A_n = \frac{m_2\psi_n(m_2x_1)\psi_n'(m_1x_1) - m_1\psi_n'(m_2x_1)\psi_n(m_1x_1)}{m_2\chi_n(m_2x_1)\psi_n'(m_1x_1) - m_1\chi_n'(m_2x_1)\psi_n(m_1x_1)}$$

$$B_n = \frac{m_2\psi_n(m_1x_1)\psi_n'(m_2x_1) - m_1\psi_n(m_2x_1)\psi_n'(m_1x_1)}{m_2\chi_n'(m_2x_1)\psi_n(m_1x_1) - m_1\psi_n'(m_1x_1)\chi_n(m_2x_1)}$$

(2.186)

con $x_1 = 2\pi r_1 v$, $x_2 = 2\pi r_2 v$.

$\chi_n(p) = -py_n(p)$ e $\psi_n(p) = pj_n(p)$ sono le funzioni di Riccati-Bessel Y_n and J_n rispettivamente e $\xi_n(p) = \psi_n(p) + i\chi_n(p)$. Le ultime due sono già state definite dalle relazioni 2.172 and 2.173. r_1 è il raggio interno della sfera mentre r_2 è il suo raggio esterno.

Se $m_1 = m_2$ allora i coefficienti $A_n = B_n = 0$ e a_n e b_n sono quelli per la sfera omogenea. Quando questi coefficienti sono stati calcolati è facile calcolare i coefficienti Q_{ext} and Q_{scat} per i valori dati di m_1, m_2, r_1, r_2 e v.

Quando si utilizza la teoria di Mie per il calcolo del trasferimento radiativo in atmosfera è necessario espandere la funzione di fase, come abbiamo visto, in Polinomi di Legendre

$$\chi(\gamma) = \sum_{n=0}^{\infty} a_n P_n(\cos\gamma)$$

(2.187)

dove $P_n(\gamma)$ è il polinomio di Legendre di ordine n. I coefficienti a_n sono comunemente normalizzati, così che:

$$\frac{1}{4\pi} \int \chi(\gamma)d\omega = \tilde{\omega}_0$$

(2.188)

dove $d\omega$ è un elemento dell'angolo solido e $\tilde{\omega}_0$ è l'albedo di singola diffusione. a_n può essere calcolata direttamente dalle relazioni precedenti o da una integrazione delle funzioni di Mie i_1, i_2.

2.6.1 Calcolo dei polinomi di Legendre dai coefficienti di Mie

A questo punto, dati i coefficienti di Mie è necessario calcolare i polinomi di Legendre.

Sulla base della teoria di Mie [85] si valutano dapprima le quantità complesse S_1, S_2 e poi i valori delle quattro funzioni di diffusione M_2, M_1, S_{21} e D_{21}. Queste funzioni sono dipendenti dal parametro x di Mie, dall'indice di rifrazione m e dall'angolo di diffusione θ. Le espressioni S_1, S_2 contengono le funzioni $\pi_n(\cos\theta), \tau_n(\cos\theta)$ che sono esprimibili in funzione della prima e seconda derivata elle funzioni ordinarie di Legendre e quindi producono una dipendenza angolare forte.

Dave [21], partendo dalla prima funzione di diffusione che appare nella matrice di trasformazione di Van de Hulst [124] che è M_2 ed è data da:

$$M_2(x, m, \theta) = \sum_{k=1}^{\infty} L_k^1 P_{k-1}(\cos\theta) \tag{2.189}$$

fornisce una procedura per calcolare i coefficienti di Lagrange direttamente dai coefficienti di Mie a_n e b_n senza alcuna integrazione numerica sugli angoli.

Analoghe espressioni della 2.189 possono essere scritte per M_1, S_{21} e D_{21} dopo aver sostituito in L_k^j i valori $j = 2, 3, 4$.

Le relazioni tra i coefficienti di Legendre per la funzione di fase e i coefficienti di Mie sembrano proibitivi, tuttavia solo le somma interne che coinvolgono il prodotto di CC^* o termini simili sono funzioni di x. Una volta che sono stati calcolati i valori di a_n e b_n per ogni x si calcolano le funzioni complesse C_k e D_k

$$C_k = \frac{1}{k}(2k-1)(k-1)b_{k-1} + (2k-1)$$

$$\cdot \sum_{i=1}^{\infty} \left\{ \left[\frac{1}{p} + \frac{1}{p+1} \right] a_p - \left[\frac{1}{p+1} + \frac{1}{p+2} \right] b_{p+1} \right\}$$

$$D_k = \frac{1}{k}(2k-1)(k-1)a_{k-1} + (2k-1) \tag{2.190}$$

$$\cdot \sum_{i=1}^{\infty} \left\{ \left[\frac{1}{p} + \frac{1}{p+1} \right] b_p - \left[\frac{1}{p+1} + \frac{1}{p+2} \right] a_{p+1} \right\}$$

dove $p - k + 2i - 2$.

In questo modo è possibile calcolare i coefficienti di Legendre L_k, per ogni singolo valore di x.

$$L_k^1 = \left(k - \frac{1}{2}\right) \sum_{m=k'}^{\infty} A_m^{k-1} \sum_{i=0}^{k'} B_i^{k-1} \Delta ik \times \text{Re}(D_p D_q^*)$$

$$L_k^2 = \left(k - \frac{1}{2}\right) \sum_{m=k'}^{\infty} A_m^{k-1} \sum_{i=0}^{k'} B_i^{k-1} \Delta ik \times \text{Re}(C_p C_q^*)$$

$$L_k^3 = \left(\frac{k}{2} - \frac{1}{4}\right) \sum_{m=k'}^{\infty} A_m^{k-1} \sum_{i=0}^{k'} B_i^{k-1} \Delta ik \times \text{Re}(C_p D_q^* + C_p^* D_q)$$ (2.191)

$$L_k^4 = \left(\frac{k}{2} - \frac{1}{4}\right) \sum_{m=k'}^{\infty} A_m^{k-1} \sum_{i=0}^{k'} B_i^{k-1} \Delta ik \times \text{Im}(C_p D_q^* + C_p^* D_q).$$

L'apice $*$ indica il complesso coniugato di quella funzione. $\text{Re}(\cdot)$ e $\text{Im}(\cdot)$ sono la parte reale e immaginaria delle quantità complesse che sono in parentesi. Si noti che se k è dispari $k' = \frac{k-1}{2}$ e se è pari $k' = \frac{k-2}{2}$; $q = m + i + 1 + \delta$ dove $\delta = 0$ per i valori dispari di k e $\delta = 1$ per i valori pari. Ancora per valori di k dispari, $\Delta = 1$ se $i = 0$, altrimenti 2 e per k pari $\Delta = 2$. Inoltre $p = m - i + 1$. Il termine $Re(C_p C_q^*)$ può essere scritto come una matrice triangolare superiore.

Da un punto di vista computazionale il valore di partenza della somma esterna su m è zero per $k = 1$ e $k + 2$. Viceversa è 1 per $k = 3$ e $k = 4$ ed è 2 per $k = 5$ e $k = 6$. Poi se m è più grande del valore di partenza, cioè $m > k'$ e se k è dispari avremo le seguenti formule di ricorrenza:

$$A_m^{k-1} = \frac{(2m-k)(2m+k-1)}{(2m+k)(2m-k+1)} A_{m-1}^{k-1} \qquad (2.192)$$

e per k pari:

$$A_m^{k-1} = \frac{(2m-k+1)(2m+k)}{(2m+k+1)(2m-k+2)} A_{m-1}^{k-1}. \qquad (2.193)$$

Anche questa volta è necessario avere i valori iniziali per $m = k'$. Per $k = 1$, $A_0^0 = 2$ e per $k = 2$ è $A_0^1 = \frac{4}{3}$.

Se k è più grande di 2 vale ancora la precedente formula di ricorrenza ma c'è una diversa relazione di partenza per $m = k'$. Ancora una volta dipende dai valori k dispari o pari. Se $k = 3, 5, 7, \ldots$ il valore di partenza è:

$$A_{(k-1)/2}^{k-1} = \frac{4(k-1)(k-2)}{(2k-1)(2k-3)} A_{(k-3)/2}^{k-3} \qquad (2.194)$$

e per $k = 2, 4, 6, \ldots$

$$A_{(k-1)/2}^{k-1} = \frac{4(k-1)(k-2)}{(2k-1)(2k-3)} A_{(k-4)/2}^{k-3}. \qquad (2.195)$$

Analogamente, se $i > 0$, per k dispari avremo la seguente formula di ricorrenza

$$B_i^{k-1} = \frac{(k-2i+1)(k+2i-2)}{(k-2i)(k+2i-1)} B_{i-1}^{k-1} \qquad (2.196)$$

e per k pari:

$$B_i^{k-1} = \frac{(2i+k-1)(2i-k)}{(2i-k+1)(2i+k)} B_{i-1}^{k-1}. \qquad (2.197)$$

Per $k = 1$ il valore di partenza $b_0^0 = 1$ e per $k = 2$ il valore $b_0^1 = \frac{1}{2}$. Dopo di che i valori di partenza sono:

$$B_0^{k-1} = \frac{(k-1)(k-3)}{k(k-2)} B_0^{k-3} \qquad (2.198)$$

per k dispari e

$$B_0^{k-1} = \left(\frac{k-2}{k-1} B_0^{k-3}\right)^2 B_0^{k-3}. \qquad (2.199)$$

Ciascun elemento della matrice sarà ora integrata sulla distribuzione dimensionale ed i coefficienti di Legendre possono essere calcolati dopo che è stata fatta l'integrazione.

Un schema di integrazione pertinente può essere il seguente:

- si usi un passo Δ sull'asse x (un passo di 1 è ragionevole);
- per ciascun intervallo si hanno N_g punti di integrazione di Gauss Legendre;
- per ciascun x si calcolino i vettori C e D;
- le matrici triangolari superiori legate ai prodotti essendo state inizializzate a zero sono aggiunte dopo che sono state moltiplicate ai pesi.

Per esempio:

$$\int_0^\infty \rho(x)\mathrm{Re}(C_p C_q^*)dx = \int_0^\Delta \rho(x)\mathrm{Re}(C_p C_q^*)dx$$

$$+ \int_\Delta^{2\Delta} \rho(x)\mathrm{Re}(C_p C_q^*)dx \int_{2\Delta}^{3\Delta} \rho(x)\mathrm{Re}(C_p C_q^*)dx + \ldots$$

$$\approx \sum_{n=1}^{N_g} w_g \rho(x_n)\mathrm{Re}(C_p(x_n) \cdot C_p^*(x_n)) \qquad (2.200)$$

$$+ \sum_{n=1}^{N_g} w_g \rho(x_n + \Delta)\mathrm{Re}(C_p(x_n + \Delta) \cdot C_p^*(x_n + \Delta))$$

$$+ \sum_{n=1}^{N_g} w_g \rho(x_n + 2\Delta)\mathrm{Re}(C_p(x_n + 2\Delta) \cdot C_p^*(x_n + 2\Delta)) + \ldots$$

dove gli x_n sono i punti di quadratura nell'intervallo $(0, \Delta)$ Il processo viene fermato quando la funzione di distribuzione dimensionale delle particelle diviene troppo piccola. In questo modo, oltre al punto in cui si deve trovare la serie di Mie, ci sono altri due fattori che controllano l'accuratezza del risultato: questi sono il numero di quanti intervalli sono necessari (lungo l'asse x) e l'ordine delle quadrature da usare. $\rho(x)$ rappresenta la distribuzione dimensionale delle particelle.

Va inoltre notato che la funzione di fase è normalizzata e quindi sarebbe sbagliato integrare i coefficienti di Legendre della funzione di fase sulla distribuzione dimensionale delle particelle perché le particelle grandi sarebbero sotto rappresentate. Allora se L_k^j sono i coefficienti di Legendre della matrice di diffusione e Λ_k^j i coefficienti di Legendre per la matrice di fase avremo:

$$\Lambda_k^j = \frac{\int_0^\infty \rho(x)L_k^j k(x)dx}{\int_0^\infty \rho(x)x^2 Q_{scat}(x)dx}. \tag{2.201}$$

2.7 Modelli radiativi in rete

Quello che qui è stato riportato è un esempio di soluzione analitica che è stata proposta per primo da Sobolev [115] e da Guzzi et al. [40] sviluppata per tre streams. Un elenco dei metodi per risolvere le equazioni di trasferimento radiativo sono riportati da Lenoble [71] e da Guzzi [41].

Per modello si intende un sistema che sfruttando la soluzione dell'equazione di trasferimento radiativo utilizza i dati relativi alla distribuzione dimensionale degli aerosol e delle nubi e alla loro distribuzione verticale unitamente alla distribuzione verticale di gas e alla loro concentrazione per fornire un dato di radianza spettrale al top dell'atmosfera o al suolo.

Una serie di modelli radiativi sono stati sviluppati da vari autori. Ad iniziare dal modello Lowtran, a bassa risoluzione spettrale, poi evoluto a Modtran, a media risoluzione spettrale, altri modelli sono stati sviluppati come Gometran e Sciatran dell'Università di Brema. In tutti questi modelli si usa il data base HITRAN che contiene tutte le informazioni relative alle caratteristiche fisiche delle linee spettrali. La base di questi modelli è la soluzione dell'equazione di Trasferimento Radiativo ottenuta mediante la tecnica chiamata Discrete Ordinate Method sviluppato da Stamnes et al. [113] oppure mediante metodo Monte Carlo (vedi il sito I3RC $http://i3rc.gsfc.nasa.gov/$. Questi modelli usano il metodo a distribuzione k correlata per accoppiare la diffusione multipla all'assorbimento dei gas. Per quello che riguarda gli aerosol e le nubi, tutti i modelli usano la teoria di Mie.

L'inclusione della diffusione multipla utilizzando il metodo Line By Line (LBL) è sostanzialmente diretta in quanto il calcolo LBL è sostanzialmente monocromatico e quindi consistente con gli algoritmi per la diffusione multipla. Nonostante ciò l'inclusione della diffusione multipla nei modelli LBL non ha ancora raggiunto un elevato livello di accuratezza. I codici come FASCODE e GENLN2 non trattano direttamente la diffusione multipla attraverso la soluzione della RTE, ma utilizzano degli artifici. Il codice originale FASCODE tratta la diffusione delle particelle come un assorbimento equivalente così che tutta la radiazione diffusa è trattata come una energia ri-emessa che era stata precedentemente assorbita. GENLN2 non calcola la diffusione, ma sfrutta l'artifico di utilizzare lo stesso intervallo spettrale in tutti gli strati atmosferici in modo che sia compatibile con gli algoritmi di diffusione multipla.

Un modello che tende ad ovviare a questi inconvenienti è HARTCODE ([86]).

Mentre la maggior parte dei modelli una volta erano disponibile in internet, attualmente sono assai pochi quelli che possono essere scaricati via internet. Tra tutti i modelli che sono disponibili c'è SBDART che non solo è liberamente scaricabile, ma gira anche in rete per cui è possibile fare delle simulazioni online: $http://paulschou.com/tools/sbdart/$.

Un elenco dei vari modelli è riportato in $http://en.wikipedia.org/wiki/$ sotto la voce *Atmospheric_radiative_transfer_codes*.

3

Modelli diretti: la teoria del raggio sismico

La teoria del raggio sismico è derivata dai principi e dalle metodologie della teoria elettromagnetica. Per ottenere la teoria del raggio sismico si usa la teoria delle onde che è stata sviluppata attraverso l'analisi asintotica. Per questa ragione si chiama teoria del raggio asintotico che fornisce una base teorica per il calcolo delle ampiezze e della polarizzazione. Essa è facile da derivare in un mezzo inomogeneo anisotropo.

Sin dal suo nascere la teoria del raggio sismico si è basata sulle frequenze asintotiche. In questo paragrafo svilupperemo la teoria sulla base dei lavori sulla elastodinamica di Cerveny [17] e Aki e Richardson [2].

3.1 L'equazione elastodinamica

Le equazioni della elastodinamica lineare sono adeguatamente espresse dalla combinazione delle equazioni del moto di Newton e dalla legge di Hooke per la elasticità lineare, generalizzate per un mezzo continuo.

Prima di scrivere l'equazione definiamo lo sforzo (stress), con τ_{ik}, come la grandezza fisica che esprime la forza agente per unità di superficie e la deformazione (strain), e_{ij}, come la quantità adimensionale che indica come si deforma il volume di un materiale.

Per semplificare al massimo le equazioni della elastodinamica useremo le coordinate cartesiane $\mathbf{x}$ e il tensore di sforzo in coordinate cartesiane, sostituendo però alle coordinate cartesiane x, y, z gli indici i, j, l.

Il tensore di sforzo descrive le condizioni di sforzo in un punto x e può essere usato per calcolare la trazione T_i che agisce lungo un elemento superficiale di orientazione arbitraria su di x. Usualmente si considera un cubetto di volume infinitesimo disposto rispetto ad un sistema di riferimento cartesiano ortogonale alla superficie. Avremo allora che

$$T_i = \tau_{ij} n_j \tag{3.1}$$

Guzzi R.: Introduzione ai metodi inversi. Con applicazioni alla geofisica e al telerilevamento.
DOI 10.1007/978-88-470-2495-3_3, © Springer-Verlag Italia 2012

dove n_j è la normale all'elemento di superficie considerato. Quando si vogliono rappresentare le componenti cartesiane in forma matriciale si usa assegnare ad $x \leftarrow 1$, $y \leftarrow 2$ e $z \leftarrow 3$.

Un materiale linearmente elastico è definito come quello in cui ciascun componente di sforzo è linearmente dipendente da ogni componente di deformazione. Poiché ciascun indice direzionale può assumere i valori 1,2,3 (che, come abbiamo visto, rappresentano le tre direzioni x, y, z), ci sono nove relazioni ciascuna delle quali coinvolge una componente di sforzo e nove componenti di deformazione. Le nove equazioni possono essere scritte in modo compatto (legge di Hooke generalizzata) come:

$$\tau_{ij} = \sum_{k=1}^{3} \sum_{l=1}^{3} c_{ijkl} e_{kl} \qquad i, j = 1, 2, 3 \tag{3.2}$$

dove c_{ijkl} è il tensore modulo elastico che caratterizza l'elasticità del mezzo e soddisfa alle seguenti proprietà di simmetria $c_{ijkl} = c_{jikl} = c_{ijlk} = c_{klij}$. Poiché in generale il tensore elastico ha $3 \times 3 \times 3 \times 3 = 81$ componenti, questa simmetria riduce il numero di componenti indipendenti da 81 a 21.

Le componenti c_{ijkl} del tensore elastico sono parametri o moduli elastici. Queste sono spesso definite utilizzando la forma abbreviata di Voigt, con due indici piuttosto che quattro e vengono identificate con la lettera maiuscola C_{mn} in cui m rappresenta i primi due indici ij e n rappresenta i secondi due indici kl di c_{ijkl}. La notazione di Voigt è: $1, 1 \rightarrow 1; 2, 2 \rightarrow 2; 3, 3 \rightarrow 3; 3, 2 = 2, 3 \rightarrow 4; 3, 1 = 1, 3 \rightarrow 5; 1, 2 = 2, 1 \rightarrow 6$. In questo modo l'elasticità può essere rappresentata in modo compatto e il tensore c_{ijkl} può essere rappresentato dalla matrice 6×6 C_{mn}. Per esempio, per un mezzo isotropo la matrice assume la forma:

$$C_{mn} = \begin{pmatrix} C_{33} & (C_{33} - 2C_{44}) & (C_{33} - 2C_{44}) & 0 & 0 & 0 \\ 0 & C_{33} & (C_{33} - 2C_{44}) & 0 & 0 & 0 \\ 0 & 0 & C_{33} & 0 & 0 & 0 \\ 0 & 0 & 0 & C_{44} & 0 & 0 \\ 0 & 0 & 0 & 0 & C_{44} & 0 \\ 0 & 0 & 0 & 0 & 0 & C_{44} \end{pmatrix}. \tag{3.3}$$

Queste componenti sono legate ai parametri di Lamé λ e μ attraverso le relazioni:

$$\begin{aligned} C_{33} &= \lambda + 2\mu \\ C_{44} &= \mu. \end{aligned} \tag{3.4}$$

Il caso di anisotropia più semplice, che ha una ampia applicabilità geofisica è quello a simmetria esagonale che ha la forma:

$$
C_{mn} = \begin{pmatrix}
C_{11} & (C_{11} - 2C_{66}) & C_{13} & 0 & 0 & 0 \\
0 & C_{11} & C_{13} & 0 & 0 & 0 \\
0 & 0 & C_{33} & 0 & 0 & 0 \\
0 & 0 & 0 & C_{44} & 0 & 0 \\
0 & 0 & 0 & 0 & C_{44} & 0 \\
0 & 0 & 0 & 0 & 0 & C_{66}
\end{pmatrix}
\tag{3.5}
$$

dove la terza direzione (z) è presa come un unico asse. È da notare che la generalizzazione da isotropia a anisotropia introduce tre nuovi moduli elastici, piuttosto che uno o due. Un confronto tra la matrice isotropa 3.3 con la matrice anisotropa 3.5 mostra che la prima è un caso speciale degenere di quest'ultima ([120]).

Siccome l'equazione elastodinamica lega la variazione spaziale del tensore di sforzo con la variazione temporale dello spostamento potremo scrivere:

$$
\frac{\partial \tau_{ij}}{\partial x_j} + f_i = \rho \frac{\partial^2 u_i}{\partial t^2} \qquad i = 1, 2, 3
\tag{3.6}
$$

dove f_i rappresenta le componenti cartesiane delle forze di volume e ρ è la densità del corpo. Le unità usate per lo sforzo τ_{ij} e la trazione T_i sono i Pascal ($Pa = kg \cdot m^{-1} \cdot sec^{-2}$). La componente delle forze di volume f_i è misurata in Newton per metro cubo ($N \cdot m^{-3}$). La densità ρ è misurata in $kg \cdot m^{-1}$ e le componenti dello spostamento u_i in m. Le componenti di deformazione e_{ij} sono senza dimensioni.

Il moto nel mezzo continuo elastico è di tipo Lagrangiano, vale a dire che la particella è descritta e specificata da una posizione e da un tempo di riferimento. Il vettore spostameto è $\mathbf{u} = \mathbf{u}(\mathbf{x}, \omega)$. Il tensore di sforzo è indicato con $\tau_{ij}(x,t)$ e quello di deformazione con $e_{ij}(x,t)$. Entrambi sono simmetrici $\tau_{ij} = \tau_{ji}$ e $e_{ij} = e_{ji}$. Il tensore di deformazione può essere espresso attraverso il vettore spostamento:

$$
e_{ij} = \frac{1}{2} \left(\frac{\partial u(x)}{\partial x_i} + \frac{\partial u(x)}{\partial x_j} \right).
\tag{3.7}
$$

Allora il tensore di sforzo è dato da

$$
\tau_{ij} = c_{ijkl} e_{kl} = c_{ijkl} \frac{\partial u_k}{\partial x_l}
\tag{3.8}
$$

dove c_{ijkl} è il tensore elastico.

Tenendo conto della 3.7 e della 3.8, l'equazione 3.6 può essere scritta come:

$$
\frac{\partial}{\partial x_j} \left(c_{ijkl} \frac{\partial u_k}{\partial u_l} \right) - \rho \frac{\partial^2 u_i}{\partial t^2} = -f_i.
\tag{3.9}
$$

Se vogliamo definire certi problemi nel dominio delle frequenze, consideriamo il termine sorgente una funzione armonica con il tempo:

$$f(x,t) = f(x,\omega)\exp(-i\omega t). \tag{3.10}$$

In questo caso anche il vettore spostamento è una funzione armonica con il tempo:

$$u(x,t) = u(x,\omega)\exp(-i\omega t) \tag{3.11}$$

dove $\omega = 2\pi\nu = \frac{2\pi}{T}$ è la frequenza circolare, ν è la frequenza e T il periodo. Allora, in coordinate cartesiane e nel dominio delle frequenze l'equazione elastodinamica in un mezzo inomogeneo anisotropo, può essere espressa come:

$$\rho\omega^2 u_i + \frac{\partial}{\partial x_j}\left(c_{ijkl}\frac{\partial u_k}{\partial x_l}\right) = -f_i \tag{3.12}$$

dove $\mathbf{x} = (x_1, x_2, x_3)$ sono le coordinate, ω è la frequenza angolare, $\rho = \rho(\mathbf{x})$ è la densità di massa, $\mathbf{u} = \mathbf{u}(\mathbf{x},\omega)$ è il campo di spostamento, $c_{ijkl} = c_{ijkl}(\mathbf{x})$ è il tensore elastico e $\mathbf{f} = \mathbf{f}(\mathbf{x},\omega)$ è il campo di forza esterna.

Per ottenere le soluzioni del raggio sismico dall'equazione delle onde elastiche si utilizzano, essenzialmente, tre tecniche analitiche:

- La definizione di un *ansatz* adatto a risolvere l'equazione dell'onda.
  L'*ansatz* (plurale *ansätze*) è un sostantivo che deriva dalla lingua tedesca e che indica una assunzione matematica fatta per facilitare la soluzione di una equazione o di un problema.
- Una analisi asintotica alle alte frequenze per determinare le equazioni per i coefficienti dell'*ansatz*.
- Ottenere una soluzione di queste equazioni utilizzando il metodo delle caratteristiche.

Allora il primo passo è quello di definire un *ansatz* per la soluzione della 3.12. L'*ansatz* della teoria asintotica del raggio è una serie polinomiale nella potenza inversa di ω.

$$\mathbf{u}(\mathbf{x},\omega) \sim \left(\sum_{n=0}^{\infty}\frac{1}{(i\omega)^n}\mathbf{U}^{(n)}(\mathbf{x})\right)\exp(i\omega T(\mathbf{x})) \tag{3.13}$$

dove l'*ansatz* è parametrizzato da una serie di coefficienti d'ampiezza vettoriale $\mathbf{U}^{(n)}(\mathbf{x})$ e da una funzione di fase ωT dove il termine T sta per il tempo di tragitto dell'onda dalla sorgente al ricevitore (posto in x rispetto alla sorgente). Questa è la serie asintotica in alta frequenza che può liberamente essere interpretata come un'espansione in serie di Taylor in ω^{-1} attorno a $\omega = \infty$. Poiché la complessità dell'equazione per i coefficienti di ampiezza $\mathbf{U}^{(n)}$ cresce rapidamente con il crescere di (n) ed inoltre cresce la loro instabilità perché è sensibili ai dettagli fini del modello, si preferisce usare ([17]) i coefficienti di ampiezza di ordine zero $\mathbf{U}^{(0)}$ o al più quelli di ordine uno $\mathbf{U}^{(1)}$. In tal caso avremo:

$$\mathbf{u}(\mathbf{x},\omega) \sim \mathbf{U}^{(0)}(\mathbf{x})\exp(i\omega T(\mathbf{x})). \tag{3.14}$$

Le forme funzionali 3.13 e 3.14, cioè un'ampiezza per un termine oscillatorio, sono generalizzazioni delle soluzioni esatte in un mezzo omogeneo, nel senso che sia la fase che l'ampiezza possono essere funzioni arbitrarie della posizione. Si noti inoltre che entrambi descrivono un campo di onde progressive con un fronte d'onda alla superficie eguale a $T(\mathbf{x})$. Nella teoria asintotica del raggio la soluzione dell'equazione dell'onda è semplificata da una riduzione dei gradi di libertà. Nell'*ansatz* di ordine zero le funzioni d'ampiezza e di fase che devono essere determinate non dipendono del tutto dalla frequenza, mentre nella 3.13 al massimo ci si aspetta che contribuiscano a un piccolo numero di termini relativi alle funzioni d'ampiezza. Infatti le funzioni di fase e di ampiezza sono quantità che variano lentamente se comparate con lo spostamento del campo altamente oscillante. Nelle applicazioni pratiche questo ci permette la valutazioni di punti di un insieme rado.

Le forme funzionali 3.13 e 3.14, sono puramente degli *ansätze* per soluzioni elementari di una equazione d'onda. Una soluzione finale richiede una moltiplicazione per un fattore dipendente dalla frequenza del tipo $F(\omega)$, che rappresenta una forma d'onda con una larghezza di banda finita. Inoltre, un campo d'onda asintotico può essere una somma di parecchi di tali contributi che dipendono dal campo di forze esterne (cioè $\mathbf{f}_i$), o anche un integrale.

L'obbiettivo della teoria asintotica del raggio è quello di far sì che l'*ansatz* approssimi le equazioni d'onda in senso asintotico, cioè nei limiti della alta frequenza. Introducendo l'*ansatz* di ordine zero 3.14 nella equazione dell'elastodinamica 3.12 lontano dal campo delle forze esterne, cioè $\mathbf{f} \equiv 0$ e ricombinando i termini e dividendo per $\rho(i\omega)^2$ avremo:

$$
\left[\frac{c_{ijkl}}{\rho} \frac{\partial T}{\partial x_j} \frac{\partial T}{\partial x_l} U_k - U_i \right]
$$

$$
+ (i\omega)^{-1} \left[\frac{c_{ijkl}}{\rho} \frac{\partial T}{\partial x_j} \frac{\partial U_k}{\partial x_l} + \frac{1}{\rho} \frac{\partial}{\partial x_j} \left(c_{ijkl} \frac{\partial T}{\partial x_l} U_k \right) \right] \qquad (3.15)
$$

$$
+ (i\omega)^{-2} \left[\frac{1}{\rho} \frac{\partial}{\partial x_j} \left(c_{ijkl} \frac{\partial U_k}{\partial x_l} \right) \right] = 0.
$$

Questa equazione è soddisfatta per un ω arbitrario quando i tre termini in parentesi quadra vanno a zero. Questo non avviene in quanto le equazioni sono nove (tre componenti per ciascun termine), mentre nell'*ansatz* ci sono solo quattro gradi di libertà (T e tre componenti di $\mathbf{U}$). Il tempo di tragitto e la ampiezza vettoriale sono indipendenti dalla frequenza.

L'aver dato un ordine ai termini in relazione all'inverso della potenza indica il loro livello di importanza nel contesto della analisi asintotica. Il primo termine è il più importante. Tuttavia anche se questo termine opera sia sulla T sia sulla direzione (polarizzazione) di $\mathbf{U}$ non è sufficiente per ottenere una soluzione asintotica. Quindi dovendosi determinare la ampiezza scalare di $\mathbf{U}$, è necessario il secondo termine della relazione 3.15.

Per facilitare la soluzione dei termini della relazione 3.15 introduciamo i seguenti parametri:

- Il vettore lentezza $\mathbf{p}$ definito dal gradiente del tempo T di tragitto.

$$\mathbf{p} = \frac{\partial T}{\partial \mathbf{x}} = \frac{\mathbf{n}}{V} \tag{3.16}$$

dove $\mathbf{n}$ denota le componenti cartesiane del vettore unitario $\mathbf{n}$ perpendicolare al fronte d'onda e $V = V(x_i, n_j)$ è la velocità di fase che dipende dalla posizione e direzione di propagazione $\mathbf{n}$.
- Il tensore elastico a_{ijkl} normalizzato per la densità.

$$a_{ijkl} = \frac{c_{ijkl}}{\rho}. \tag{3.17}$$

- La matrice di ChristoffelΓ_{ij} le cui proprietà sono descritte in Appendice B

$$\Gamma_{ij} = a_{ijkl} p_i p_j. \tag{3.18}$$

Usando i parametri testè introdotti e la delta di Kronecker δ_{ik} che è l'equivalente, discreta nel tempo, della delta di Dirac che è invece continua nel tempo, potremo riscrivere il primo termine della relazione 3.15 come:

$$(\Gamma_{ik} - \delta_{ik})U_k = 0 \tag{3.19}$$

che rappresenta un sistema di tre equazioni omogenee lineari per U_1, U_2, U_3 che ha soluzione non triviale solo se il determinante è uguale a zero

$$\det(\Gamma - \delta_{ik}) = \begin{pmatrix} \Gamma_{11} - 1 & \Gamma_{12} & \Gamma_{13} \\ \Gamma_{21} & \Gamma_{22} - 1 & \Gamma_{23} \\ \Gamma_{31} & \Gamma_{32} & \Gamma_{33} - 1 \end{pmatrix} = 0.$$

L'equazione 3.19 rappresenta una tipica equazione agli autovalori che è soddisfatta se e solo se uno dei tre autovalori della matrice Γ è uguale alla unità $\lambda_m(p) = 1$ dove $m = 1, 2, 3$. Nello spazio delle fasi con coordinate p_1, p_2, p_3 queste equazioni rappresentano le tre branche della lentezza superficiale. Il corrispondente autovettore $\mathbf{g}$ determina la direzione di $\mathbf{U}$ così che potremo scrivere l'ampiezza parametrizzata $\mathbf{U}$ attraverso una ampiezza scalare A e un vettore polarizzazione unitario $\mathbf{g}$

$$\mathbf{U} = A\mathbf{g} \qquad |\mathbf{g}| = 1. \tag{3.20}$$

Poiché la matrice Γ di Christoffel ha tre autovalori λ_m e tre autovettori $\mathbf{g}$ le equazioni 3.19 sono soddisfatte in tre casi che specificano le onde di corpo, usualmente chiamate qP (quasi P), qS2, qS1 che generalmente si propagano in un mezzo inomogeneo anisotropo nella direzione di $\mathbf{n}$.

A questo punto potremo scrivere l'equazione 3.19 come:

$$(\Gamma_{ik} - \delta_{ik})g_k = 0 \tag{3.21}$$

che è una equazione agli autovalori soggetti al vincolo addizionale che gli autovalori siano uguale ad 1

$$(\Gamma_{ik} - \lambda\delta_{ik})g_k = 0 \qquad \lambda = 1. \tag{3.22}$$

L'autovalore vincolato pone un vincolo sulle componenti di Γ_{ik} che a sua volta, per **x** e **n** pone un vincolo sulla velocità di fase.

Se le velocità di fase dei tre tipi di onda sono distinte è possibile derivare una equazione iconale per ciascuna onda. L'autosistema 3.21 contiene informazioni sui tempi di tragitto e la polarizzazione di tutte e tre le onde. Il sistema puó essere rimpiazzato da tre equazioni del tempo di tragitto indipendenti, proiettando i suoi termini in un insieme di polarizzazioni ortogonali. La proiezione lascia solo una equazione che non è risolubile in modo triviale: l'equazione iconale

$$a_{ijkl}p_i p_l g_i g_k - 1 = 0. \tag{3.23}$$

Poiché il tempo di tragitto è governato dall'equazione iconale e la polarizzazione è implicita nella scelta del tipo d'onda è necessario usare la seconda equazione della 3.15 per ottenere l'ampiezza scalare $A(\mathbf{x})$ definita nella relazione 3.20 . Siccome non è possibile una soluzione che valga in tutte le circostanze, il miglior risultato si ottiene per un valore perpendicolare alla polarizzazione che è chiamata *direzione principale* ([16]).

Moltiplicando la relazione 3.15 per g_i e sostituendo la 3.20 avremo che il secondo termine della 3.15 che può essere scritto come:

$$a_{ijkl}p_j\frac{\partial(Ag_k)}{\partial x_l}g_i + \frac{1}{\rho}\frac{\partial}{\partial x_j}(\rho A a_{ijkl}p_l g_k)g_i - 0. \tag{3.24}$$

Che può essere riformulata ([17]) come:

$$\frac{\partial}{\partial x_j}(\rho A^2 a_{ijkl}p_l g_j g_k) = 0. \tag{3.25}$$

Questa equazione rappresenta una possibile forma dell'equazione del trasporto.

L'equazione 3.20 dell'ampiezza vettoriale **U**, l'equazione iconale 3.23 e l'equazione del trasporto 3.25 hanno un ruolo fondamentale nella teoria del raggio sismico.

3.2 Soluzione delle equazioni iconali

L'equazione iconale è una equazione non lineare alle derivate parziali la cui soluzione può essere ottenuta mediante il metodo delle caratteristiche (vedi Appendice E).

Questo metodo ha il vantaggio di sostituire alle equazioni alle derivate parziali un insieme di equazioni differenziali ordinarie che sono più facili da risolvere. Questo è il terzo passo della teoria del raggio asintotico.

È usuale usare una formulazione Hamiltoniana in modo tale che l'equazione iconale per un singolo tipo di onda sia definita come:

$$\mathcal{H}(\mathbf{x}, \mathbf{p}) = 0. \tag{3.26}$$

L'equazione iconale può essere pensata come una equazione alle derivate parziali di T o come una equazione algebrica nelle coordinate dello spazio delle fasi $\mathbf{x}$ e $\mathbf{p}$ che è centrale al formalismo Hamiltoniano. Dove $\mathbf{x}$ sono le coordinate cartesiane e $\mathbf{p} = \frac{\partial T}{\partial \mathbf{x}}$. Allora usando il metodo delle caratteristiche, le equazioni Hamiltoniane del moto o le equazioni del raggio cinematico sono:

$$\frac{d\mathbf{x}}{d\sigma} = \frac{\partial \mathcal{H}}{\partial \mathbf{p}}$$
$$\frac{d\mathbf{p}}{d\sigma} = -\frac{\partial \mathcal{H}}{\partial \mathbf{x}} \tag{3.27}$$
$$\frac{dT}{d\sigma} = \mathbf{p} \cdot \frac{d\mathbf{x}}{d\sigma}.$$

dove σ rappresenta il parametro di flusso. È anche utile definire la velocità di gruppo del raggio

$$\mathbf{v} = \frac{d\mathbf{x}}{dT} = \left(\frac{dT}{d\sigma} \right)^{-1} \frac{d\mathbf{x}}{d\sigma}. \tag{3.28}$$

Ponendo la Hamiltoniana eguale alla iconale:

$$\mathcal{H}(\mathbf{x}, \mathbf{p}) = \frac{1}{2} (a_{ijkl} p_j p_l g_i g_k - 1) \tag{3.29}$$

avremo:

$$\frac{dx_i}{d\sigma} = a_{ijkl} p_l g_j g_k$$
$$\frac{dp_i}{d\sigma} = -\frac{1}{2} \frac{\partial a_{jkl}}{\partial x_i} p_k p_n g_j g_l \tag{3.30}$$
$$\frac{dT}{d\sigma} = a_{ijkl} p_j p_l g_i g_k = 1.$$

Dall'ultima relazione del sistema 3.30 è chiaro che il parametro σ è uguale al tempo di tragitto ($\sigma \equiv T$). Quindi la velocità di gruppo è espressa come:

$$v_i = a_{ijkl} p_l g_j g_k. \tag{3.31}$$

Per risolvere l'equazione del raggio dobbiamo fornire le condizioni iniziali x_{i0} e p_{j0} che devono soddisfare la $\mathcal{H}(\mathbf{x}, \mathbf{p}) = 0$ nei punti iniziali corrispondenti all'onda relativa.

La soluzione del sistema di equazioni differenziali ordinarie, una volta scelte le condizioni iniziali, può essere ottenuta ad esempio utilizzando, ad esempio, Runge Kutta. Un ruolo importante hanno anche le condizioni al contorno: un tipico esempio è il tracciamento del raggio che connette due punti specifici. La differenza tra il valore iniziale del tracciamento del raggio in un mezzo isotropo e in uno anisotropo possono essere così sintetizzati:

- In un mezzo anisotropo trattiamo con tre onde $P, S1, S2$, mentre in un mezzo isotropico le onde sono solo due la P e la S.
- In un mezzo anisotropo inomogeneo, il sistema di tracciamento del raggio 3.30 è lo stesso per tutte e tre le onde. L'onda sotto esame è specificata dalle condizioni iniziali, che devono soddisfare l'equazione iconale. In un mezzo isotropo inomogeneo i sistemi di tracciamento del raggio sono espliciti per le onde P e S.
- In un mezzo isotropo, la direzione iniziale del vettore lentezza specifica la direzione iniziale del raggio, mentre in un mezzo anisotropo la direzione del raggio è generalmente differente dalla direzione del vettore lentezza. Nondimeno possiamo ancora usare i p_{i0} come valori iniziali per il sistema di tracciamento del raggio. In un mezzo isotropo il tracciamento del raggio per le onde P e S è regolare in ogni punto del mezzo, mentre in un mezzo anisotropo si hanno dei problemi quando si tracciano delle onde S in prossimità di direzioni singolari o nel caso di anisotropia debole.

3.3 Soluzione dell'equazione del trasporto

Per fare una applicazione è necessario avere il campo del raggio, cioè un insieme di raggi, non solo un singolo raggio, ciò corrisponde ad un intervallo continuo di condizioni iniziali. Per far questo dobbiamo considerare un fronte d'onda ed introdurre delle coordinate curvilinee lungo di esso. Le coordinate di questi raggi misurate dal punto di partenza del raggio sul fronte d'onda si chiamano parametri del raggio e si indicano con γ. Ad esempio nel caso di una onda elementare uscente da una sorgente puntiforme, γ parametrizza gli angoli di partenza del vettore lentezza a partire dalla sorgente puntiforme. L'insieme costituito dal parametro di flusso σ e da γ forma un sistema di coordinate del campo del raggio che sono chiamate coordinate del campo del raggio: (σ, γ). Per far sì che il campo del raggio rappresenti una onda fisica, il numero dei parametri dell'insieme deve avere le stesse dimensioni del mezzo meno uno, in modo che il numero delle coordinate del campo del raggio sia uguale al numero delle coordinate spaziali. Le coordinate del raggio $\gamma_1, \gamma_2, \gamma_3 = \sigma$ sono in generale coordinate curvilinee che in un mezzo inomogeneo sono di regola non ortogonali.

Costruiamo ora una matrice 3×3 che trasformi le coordinate del raggio in coordinate cartesiane x_1, x_2, x_3. Indichiamo gli elementi della matrice di trasformazione con $\frac{\partial(x_1, x_2, x_3)}{\partial(\gamma_1, \gamma_2, \sigma)}$ in modo da avere una matrice Jacobiana di trasformazione, ad esempio per il parametro flusso σ, dal raggio alle coordinate cartesiane, che in modo compatto si scrive come:

$$J^{(\sigma)} = \det\left(\frac{\partial \mathbf{x}}{\partial(\sigma,\gamma)}\right). \tag{3.32}$$

Questo Jacobiano misura la densità dei raggi e l'espansione o contrazione di quello che viene identificato come il raggio del tubo, ovvero della famiglia di raggi con i parametri del raggio che stanno tra due valori limite. Le dimensioni di $\mathbf{x}$ e di (σ,γ) sono le stesse. I punti del raggio in cui lo Jacobiano diventa zero si chiamano punti della caustica. In questi punti l'area trasversa del tubo del raggio va a zero. Quando si calcola l'ampiezza, la conoscenza dello Jacobiano è essenziale in quanto il vettore ampiezza è proporzionale a $J^{-\frac{1}{2}}$. Nel caso della caustica il vettore ampiezza va all'infinito il che indica che la teoria del raggio non è valida localmente. Al di là della caustica $J^{(\sigma)}$ cambia segno e diviene di nuovo finito permettendo una soluzione regolare. Questo non è auto evidente, ma è corretto se si prende uno spostamento della fase appropriato ([16]).

Avendo fatto queste assunzioni si facilita la soluzione della seconda equazione del sistema di base della teoria del raggio, l'equazione del trasporto. Questa seppur sia una equazione ordinaria differenziale lineare per l'ampiezza A^2 è complicata dal fatto che il vettore lentezza $\mathbf{p}$ e il vettore polarizzazione $\mathbf{g}$ sono contenuti nei suoi coefficienti. Entrambi sono determinati dalla equazione iconale non lineare e possono dare dei risultati multipli producendo la stessa molteplicità su di A. Per evitare questo, l'equazione del trasporto è risolta utilizzando il parametro di flusso lungo il raggio. Allora l'equazione 3.25 può essere espressa attraverso il vettore di velocità di gruppo dato dalla relazione 3.31.

$$\nabla\left(\rho A^2 \mathbf{v}\right) = 0. \tag{3.33}$$

Il volume occupato da un elemento differenziale del campo del raggio è uguale allo Jacobiano $J^{(\sigma)}$ della trasformazione dalle coordinate (σ,γ) alle coordinate Cartesiane. Lo Jacobiano del campo del raggio può essere normalizzato sostituendo un σ arbitrario:

$$J = J^{(T)} = \left(\frac{dT}{d\sigma}\right)^{-1} J^{(\sigma)} \tag{3.34}$$

che può cambiare segno lungo il raggio indicando che sta attraversando una caustica.

Utilizzando il lemma di Smirnov ([121]) la divergenza della velocità di gruppo può essere espressa in funzione dello Jacobiano J.

$$\nabla \cdot \mathbf{v} = \frac{d}{dT} \ln J \tag{3.35}$$

e con $\mathbf{v} \cdot \nabla = \frac{d}{dT}$ l'equazione del trasporto 3.33 può essere risolto attraverso una costante di moltiplicazione $C(\gamma)$:

$$A^2 = \frac{C(\gamma)}{\rho J} \tag{3.36}$$

dove per J è ancora permesso il segno meno e A può essere in generale complesso.

La costante assoluta dell'ampiezza $C(\gamma)$ può essere ottenuta utilizzando le condizioni iniziali. La $C(\gamma)$ si può ottenere sulla base dell'analisi fatta da Kendall et al. [64], per una sorgente puntiforme, per confronto con la soluzione analitica ottenuta per un mezzo omogeneo. Allora la ampiezza scalare A è:

$$A = \frac{\exp(-i\frac{\pi}{2}\mathrm{sgn}(\omega)\kappa)}{4\pi\sqrt{(\rho(\mathbf{x})\rho(\mathbf{x_0})|R|)}} \tag{3.37}$$

dove la funzione segno sgn assume i seguenti valori

$$\mathrm{sgn} = \begin{cases} -1 & \text{se } \omega < 0 \\ 0 & \text{se } \omega = 0 \\ 1 & \text{se } \omega > 0. \end{cases}$$

$A, \kappa, \mathbf{x}, R$ dipendono implicitamente, ad esempio, dal parametro di flusso T e il pedice 0 indica che la quantità è definita nella sorgente puntiforme, ad esempio a $(T = T_0)$. κ è l'indice della traiettoria del raggio o indice KMAH che fu introdotto da Ziolkowski e Deschamps [132] in riconoscimento del lavoro fatto da Keller [63], Maslov [78], Arnold [3] e Hörmander [50]. Questo indice è legato allo spostamento della fase T^c dovuto alla caustica attraverso la relazione

$$T^c = \pm\frac{1}{2}\pi\kappa. \tag{3.38}$$

La variabile R dipende dal termine di radiazione D attraverso la relazione ([16]):

$$R = \frac{J}{D} \tag{3.39}$$

con

$$D = \frac{1}{|\mathbf{v_0}|}\left|\frac{\partial \mathbf{p_0}}{\partial \gamma_1} \times \frac{\partial \mathbf{p_0}}{\partial \gamma_2}\right| \tag{3.40}$$

dove γ_1, γ_2 sono i parametri dell'insieme.

3.4 Approssimazione dei raggi parassiali

Come abbiamo visto in precedenza il tracciamento dinamico del raggio può essere usato per calcolare la traiettoria spaziale del raggio, per determinare il tempo di tragitto, il vettore lentezza, il vettore velocità del raggio e la variazione temporale del vettore lentezza. Queste quantità però non sono note in vicinanza del raggio tracciato per cui è necessario calcolare nuovi raggi. Inoltre anche lo spargliamento geometrico e le ampiezze del raggio non possono essere calcolate dal tracciamento di un singolo raggio, senza considerare i raggi di prossimità. Questi svantaggi si possono ridurre attraverso un metodo chiamato tracciamento del raggio dinamico (Dynamic Ray Tracing DRT), anche detto tracciamento dei raggi parassiali.

Questo metodo consiste nel risolvere un sistema di equazioni differenziali ordinarie lineari del primo ordine lungo un raggio centrale selezionato. Il metodo fornisce le derivate delle coordinate dei punti che formano il raggio ed il corrispondenti vettori lentezza rispetto ai parametri del raggio.

In coordinate cartesiane il sistema DRT viene disegnato in modo da calcolare le sei quantità $Q_{ij} = \frac{\partial x_i}{\partial \gamma_j}$ e $P_{ij} = \frac{\partial p_i}{\partial \gamma_j}$ dove il termine γ è una coordinata del raggio scelta a piacere o un parametro iniziale del raggio (x_{i0}, p_{i0}) o un parametro che influenza il raggio. Allora differenziando le prime due relazioni del sistema 3.27 rispetto a γ_j si ottiene:

$$
\begin{aligned}
\frac{dQ_{ij}}{dT} &= \frac{\partial^2 \mathcal{H}}{\partial p_i \partial x_k} Q_{kj} + \frac{\partial^2 \mathcal{H}}{\partial p_i \partial p_k} P_{kj} \\
\frac{dP_{ij}}{dT} &= -\frac{\partial^2 \mathcal{H}}{\partial x_i \partial x_k} Q_{kj} - \frac{\partial^2 \mathcal{H}}{\partial x_i \partial p_k} P_{kj}
\end{aligned}
\tag{3.41}
$$

che è il sistema dinamico del tracciamento del raggio. $\mathcal{H}$ rappresenta ovviamente l'Hamiltoniana che è una funzione omogenea di secondo grado in **p**. La variabile lungo il raggio T è il tempo di tragitto.

Allora il sistema 3.41 consiste di sei equazioni differenziali ordinarie lineari. Nel punto iniziale da cui si diparte il raggio i valori iniziali di Q_{ij} e P_{ij}, che corrispondono all'equazione iconale (ricordando che $\sigma \equiv T$), dovrebbero essere scelti in modo da soddisfare la relazione:

$$
v_i P_i - \frac{dp_i}{dT_i} Q_i = 0
\tag{3.42}
$$

che risulta dalla differenziazione della 3.26 rispetto a γ. La soluzione dell'equazione 3.41 porta a due soluzioni: una chiamata soluzione del raggio tangente

$$
Q_i = v_i \qquad P_i = \frac{dp_i}{dT_i}
\tag{3.43}
$$

e la seconda, la soluzione non-iconale

$$
Q_i = T v_i \qquad P_i = p_i + T \frac{dp_i}{dT_i}.
\tag{3.44}
$$

Mentre la prima equazione del raggio tangente soddisfa al vincolo 3.42, la seconda non lo soddisfa, per cui è utile costruire la matrice di propagazione del DRT.

Poiché la matrice DRT è costituita da equazioni differenziali lineari del primo ordine, permette di introdurre la matrice fondamentale. Questa è la matrice quadrata di n funzioni derivabili $n - 1$ volte, $f_1, \ldots, f_n$, in cui le righe sono formate dalle derivate successive delle funzioni stesse, dall'ordine 0 all'ordine $n - 1$. Il suo determinante detto Wronskiano, è utilizzato per determinare l'indipendenza lineare delle funzioni $f_1, \ldots, f_n$.

Questo può essere fatto specificando la matrice fondamentale per mezzo della matrice identità definita in un punto arbitrario $T = T_0$ del raggio. Questa matrice fondamentale si chiama la matrice di propagazione del DRT ed è identificata da $\Pi(T, T_0)$ dipendendo dalla variabile T e dal tempo iniziale T_0. Questa matrice in termini di coordinate cartesiane è una matrice 6×6.

Se la matrice di propagazione della DRT è nota, la soluzione del sistema DRT può essere facilmente trovata nel punto T del raggio note le condizioni iniziali T_0.

$$\begin{pmatrix} \mathbf{Q}(T) \\ \mathbf{P}(T) \end{pmatrix} = \Pi(T, T_0) \begin{pmatrix} \mathbf{Q}(T_0) \\ \mathbf{P}(T_0) \end{pmatrix}.$$

La matrice di propagazione DRT ha le seguenti proprietà:

- È simplettica cioè:

$$\Pi^T(T, T_0) \mathbf{J} \Pi(T, T_0) = \mathbf{J} \tag{3.45}$$

con

$$\mathbf{J} = \begin{pmatrix} \mathbf{0} & \mathbf{I} \\ -\mathbf{I} & \mathbf{0} \end{pmatrix}$$

dove $\mathbf{I}$ e $\mathbf{0}$ sono rispettivamente le matrici 2×2 identità e nulla. Ne segue che il $\det \Pi(T, T_0) = 1$ così che $\det \Pi(T, T_0)$ è regolare lungo l'intero raggio.
- Soddisfa la seguente regola di concatenazione che può essere ben applicata anche ai processi all'interfaccia (riflessione, trasmissione).

$$\Pi(T, T_0) = \Pi(T, T_1) \Pi(T_1, T_0) \tag{3.46}$$

dove T_1 è un punto arbitrario sul raggio. L'equazione 3.46 implica anche

$$\Pi^{-1}(T_1, T_0) = \Pi(T_0, T_1). \tag{3.47}$$

Siccome la matrice di propagazione DRT in coordinate cartesiane include due soluzioni ridondanti (raggio tangente e non-iconale), si preferisce usare le coordinate centrate sul raggio che invece è una matrice 4×4. In tal caso è usuale esprimere la matrice propagazione DRT nella seguente forma

$$\Pi(T, T_0) = \begin{pmatrix} \mathbf{Q_1}(T, T_0) & \mathbf{Q_2}(T, T_0) \\ \mathbf{P_1}(T, T_0) & \mathbf{P_2}(T, T_0) \end{pmatrix}.$$

La submatrice 2×2 $\mathbf{Q_2}(T, T_0)$ può essere usata per determinare lo sparpagliamento geometrico $\mathscr{L}(T, T_0)$ della funzione di Green

$$\mathscr{L}(T, T_0) = |\det \mathbf{Q_2}(T, T_0)|^{1/2}. \tag{3.48}$$

Per il calcolo del secondo e terzo ordine delle derivate e per la teoria del raggio con la funzione di Green si veda Cerveny [17] e Vavrycuk [127].

3.5 Modelli della teoria del raggio sismico in rete

Programmi di calcolo per il tracciamento dei raggi e per il tempo di tragitto di strutture isotrope o anisotrope che variano lateralmente, sviluppati da Cerveny e collaboratori, possono trovarsi al sito: $http: //3w3d.cz/$ per modelli 2D (SEIS) o modelli 3D (CRT e ANRAY). Il Consortium for Research in Elastic Wave Exploration Seismology (CREWES) del Dipartimento di Geoscienze dell'Università di Calgary fornisce libri e software basati su MATLAB per trattare gli algoritmi numerici che esplorano i dati sismici e per produrre immagini della crosta terrestre. Le tecniche utilizzate vanno dalla più semplice alla più complessa sia dal punto di vista grafico sia numerico.

4

Regolarizzazione di problemi mal posti

I problemi inversi vengono utilizzati in parecchie applicazioni scientifiche che spaziano dalle attività biomediche a quelle di geofisica della Terra solida, all'atmosfera e all'oceanografia.

Purtroppo, quando si analizzano le informazioni ottenute per definire i parametri che stiamo studiando, un piccolo errore sui dati può portare un grande errore sul valore stimato. Questa instabilità indica che il problema inverso è mal posto. Per ovviare a questo si utilizzano delle tecniche di regolarizzazione che sono oggetto di questo capitolo.

Nella introduzione al libro abbiamo definito quando si ha un problema inverso. In questo capitolo torniamo ancora sulla definizione del problema inverso dicendo che esso nasce ogni qualvolta non misuriamo direttamente la quantità desiderata, ma acquisiamo indirettamente informazioni su di essa attraverso quantità dipendenti. Inoltre utilizzeremo la notazione $\langle \cdot \rangle$ per l'aspettazione diversa da quella che useremo in altri capitolo, $E[\cdot]$.

Iniziamo con un semplice modello mutuato dal Capitolo 2 sui Metodi Diretti in modo da poter meglio illustrare la teoria e gli algoritmi.

Quando abbiamo descritto i processi radiativi abbiamo introdotto un parametro, la profondità ottica τ che dipende dalla concentrazione del materiale sotto esame e dal percorso ottico compiuto dai fotoni.

In una atmosfera di aerosol, tenendo conto dei processi di estinzione, la profondità ottica può essere scritta come:

$$\tau_a(v) = \int_0^\infty \int_0^\infty \pi r^2 Q_e(r, v, m) n(r,h) dr dh \qquad (4.1)$$

dove $n(r,h)$ è la distribuzione dimensionale differenziale dell'aerosol alla quota h; $Q_e(r, v, m)$ è il fattore d'efficienza di Mie che dipende dal raggio della particella, dall'indice di rifrazione e dal numero d'onda a cui viene fatta la misura. Se si considera che la distribuzione dimensionale dell'aerosol sia indipendente dalla quota, l'integrale 4.1 può essere riscritto con un parametro moltiplicativo H_a che è l'altezza di scala dell'aerosol. Questo parametro è derivato dalla combinazione dell'equazione

Guzzi R.: Introduzione ai metodi inversi. Con applicazioni alla geofisica e al telerilevamento.
DOI 10.1007/978-88-470-2495-3_4, © Springer-Verlag Italia 2012

dell'idrostatica e dalla legge dei gas.

$$dp(z) = -\frac{p(z)dz}{H(z)} \qquad (4.2)$$

dove $H(z) = \frac{RT(z)}{g(z)M(z)}$ dipende dalla accelerazione di gravità (poco) dalla massa molare M (poco) dalla costante dei gas R e dalla variazione della temperatura T in quota. In questo modo esso è definito come l'altezza il cui valore decresce di $\frac{1}{e}$ rispetto al valore a terra.

Tenendo conto del tipo di distribuzione dimensionale degli aerosol, che può essere descritta da una funzione logaritmica ([65]), potremo scrivere che $x = \log r$. Allora la profondità ottica sarà

$$\tau_z(x) = \pi H_a \int_{x_1}^{x_2} 10^{2x} Q_e(10^x, v, m) \frac{dN}{dx} dx \qquad (4.3)$$

dove l'integrazione tra $0, \infty$ è stata sostituita da x_1, x_2.

Tenendo ancora conto della distribuzione dimensionale degli aerosol

$$n(x) = \frac{dN(x)}{dx} = t(x) \cdot f(x) \qquad cm^{-4} \qquad (4.4)$$

potremo scrivere:

$$\tau_a(x) = \int_{x_1}^{x_2} \pi H_a Q_e(10^x, v, m) \cdot t(x) 10^{2x} f(x) dx \qquad (4.5)$$

che rappresenta un tipico problema diretto che descrive come si possa calcolare τ data la funzione sorgente $f(x)$ relativa all'aerosol e conoscendo Q_e. Il problema inverso associato è ottenuto scambiando gli ingredienti del problema diretto e scrivendolo come

$$\int_{x_1}^{x_2} k(v, x) f(x) dx = \tau_a(x) \qquad x_1 \le x \le x_2 \qquad (4.6)$$

dove la funzione k che rappresenta il modello è:

$$k(v, x) = \pi H_a Q_e(10^x, v, m) \cdot t(x) 10^{2x} \qquad (4.7)$$

che conduce ad un problema mal posto. Infatti se guardiamo alla formulazione fatta da Hadamard sulle condizioni perché un problema sia ben posto, avremo le seguenti condizioni:

- esista una soluzione;
- la soluzione sia unica;
- la soluzione dipenda con continuità dai dati.

Vediamo che i primi due punti possono essere facilmente soddisfatti, ad esempio utilizzando delle informazioni additive. Queste ci permettono di ottenere una soluzione, aggiungendo dei vincoli al problema oppure minimizzando mediante i minimi quadrati. L'ultimo punto mostra che il problema è mal posto in quanto un piccolo errore nei dati comporta una amplificazione degli errori nella soluzione del problema.

4.1 L'equazione integrale di Freedholm

Il problema specifico che noi tratteremo è connesso con un problema lineare inverso. Questo accade quando si ha a che fare con una equazione integrale come l'equazione 4.6, che abbiamo appena descritto. Se definiamo un intervallo $\mathscr{I} = [a, b]$ con $a, b \in \mathscr{R}$ e $\mathscr{J} = \mathscr{I} \times \mathscr{I}$, l'integrale di Freedholm del primo tipo ha la forma:

$$\int_a^b k(s,t)f(t)dt = g(s) \tag{4.8}$$

dove $f(t), g(s) \in L_2(\mathscr{I})$ e $k(s,t) \in L_2(\mathscr{J})$. k, il kernel e $g(s)$, l'output sono funzioni note, mentre f è una soluzione incognita ipotizzata.

In molti casi, ma non in tutti, il kernel k è dato esattamente da un modello matematico mentre g è dato dalle quantità misurate, cioè g è noto con una certa accuratezza. Questo problema può essere descritto come quello di un operatore lineare $\mathbf{K}$ che agisce su $L_2(\mathscr{I})$ attraverso il kernel $k(s,t) \in L_2(\mathscr{J})$:

$$\mathbf{Kf} = \mathbf{g} \qquad f, g \in L_2(\mathscr{I}). \tag{4.9}$$

Le difficoltà connesse con l'equazione 4.8 è che $\mathbf{K}$ produce un effetto di *lisciamento* su di $\mathbf{f}$ nel senso che le componenti di alta frequenza, le cuspidi e gli spigoli sono smorzati dalla integrazione.

Se f è una funzione misurabile e integrabile

$$\int_a^b f(x)\exp(\mathbf{i}nx)dx \to 0 \qquad per \qquad n \to \pm\infty \tag{4.10}$$

il *lemma di Rieman-Lebesgue* implica che un integrale per una funzione oscillante sia piccolo. Questo può essere verificato se $f_\omega(t) = \sin(2\pi\omega t)$, con $\omega = 1, 2, \ldots$. Per un arbitrario $k(s,t)$ avremo:

$$g_\omega(s) = \int_a^b K(s,t)f_\omega(t)dt \to 0 \qquad per \qquad \to \infty. \tag{4.11}$$

In questo caso quando la frequenze ω cresce, l'ampiezza di $g_\omega(s)$ decresce, cioè c'è un effetto di smorzamento di f_ω per il problema diretto. Viceversa nel problema inverso dove vogliamo trovare f_ω dato g_ω si ha l'effetto opposto in quanto le frequenze più alte saranno amplificate di più di quelle a basse frequenze. Si ha allora un problema mal posto in cui una piccola variazione nei dati comporterà una grande variazione nella soluzione, se l'ampiezza di g_ω è abbastanza grande.

4.2 Espansione ai valori singolari (SVE)

Lo strumento analitico per l'analisi di un integrale di Freedholm con kernel a quadrato integrabile è la espansione ai valori singolari (Singular Value Expansion, SVE)
del kernel.

Un kernel k è a quadrato integrabile se la norma

$$\| k \|^2 \equiv \int_0^1 \int_0^1 k(s,t)^2 ds dt \tag{4.12}$$

è limitata. In questo capitolo la norma due riferita come $\| \cdot \|_2$ è scritta come $\| \cdot \|$. Per
mezzo della SVE ogni kernel a quadrato integrabile k può essere scritto attraverso
la seguente somma infinita.

$$k(s,t) \doteq \sum_{i=1}^{\infty} \mu_i u_i(s) v_i(t) \qquad s,t \in \mathscr{I}. \tag{4.13}$$

Abbiamo usato $\doteq$ per mostrare che la parte destra sta convergendo in media verso
la parte sinistra. I μ_i sono i valori singolari di $k(s,t)$ e sono estratti in un ordine
non crescente $\mu_1 \geq \mu_2 \ldots \geq \mu_i \geq \mu_{i+1} \geq \ldots 0$. Gli u_i e v_i sono chiamate funzioni
singolari e sono ortonormali rispetto all'usuale prodotto interno cioè

$$\langle u_i, u_j \rangle = \langle v_i, v_j \rangle = \begin{cases} 0 \text{ se } i = j \\ 1 \text{ se } i \neq j \end{cases}$$

dove $(\cdot, \cdot)$

$$(\phi, \psi) = \int_0^1 \phi(t) \psi(t) dt. \tag{4.14}$$

I numeri μ_i sono i valori singolari di k che sono non negativi e possono essere
sempre ordinati in ordine non crescente. I valori singolari soddisfano alla relazione:

$$\sum_{i=1}^{\infty} \mu_i^2 = \| k \|^2 \tag{4.15}$$

che indica come la μ_i decade più velocemente di $i^{-1/2}$ La tripletta μ_i, v_i, u_i è legata
ai seguenti due problemi agli autovalori associati con il kernel $k : \{\mu_i^2, \mu_i\}$ che sono
le autosoluzioni del kernel simmetrico

$$\int_0^1 k(s,x)k(t,x)dx \tag{4.16}$$

mentre $\{\mu_i^2, v_i\}$ sono le autosoluzioni di:

$$\int_0^1 k(x,s)k(t,x)dx. \tag{4.17}$$

Il che indica che le triplette $\{\mu_i, u_i, v_i\}$ sono caratteristiche ed essenzialmente uniche per il dato kernel k. Ma la relazione più importante tra i valori singolari e le funzioni è la relazione:

$$\int_0^1 k(s,t)v_i(t)dt = \mu_i u_i(s) \quad i = 1 \dots n \tag{4.18}$$

che mostra che ogni valore singolare μ_i è la amplificazione di questo particolare mappaggio.

Se espandiamo f e g nella base ortonormale relativa alle funzioni singolari sinistra e destra $u_i(s)$ e $v_i(s)$ avremo:

$$f(t) \doteq \sum_{i=1}^{\infty} \langle v_i, \rangle v_i(t)$$

$$g(s) \doteq \sum_{i=1}^{\infty} \langle u_i, g \rangle u_i(s) \tag{4.19}$$

e se inseriamo l'espansione per f e quella fondamentale 4.13 nell'equazione integrale 4.8 otterremo:

$$g(s) = \int_0^1 k(s,t)f(t) \doteq \sum_{i=1}^{\infty} \mu_i \langle v_i, f \rangle u_i(s) \tag{4.20}$$

che dimostra che le oscillazione più alte sono smorzate più delle oscillazioni più basse, il che spiega l'effetto smorzante di K. Se ora scriviamo l'espansione per $f(t)$ e $g(s)$ otteniamo:

$$\sum_{i=1}^{\infty} \mu_i \langle v_i, f \rangle \mu_i(s) \doteq \sum_{i=1}^{\infty} \langle \mu_i, g \rangle u_i(s) \tag{4.21}$$

che produce la seguente soluzione del problema inverso:

$$f(t) \doteq \sum_{i=1}^{\infty} \frac{\langle \mu_i, g \rangle}{\mu_i} v_i(t) \tag{4.22}$$

che dimostra come la $f(t)$ sia esprimibile in termini di funzioni singolari v_i e nei corrispondenti coefficienti di espansione $\mu_i(u_i, g)$. Quindi la soluzione di $f(t)$ si può facilmente caratterizzare da una soluzione dei coefficienti $\mu_i(u_i, g)$ e delle funzioni v_i.

In questo modo vediamo che, perché una soluzione esista, la norma due di f deve essere finita cioè:

$$\| f \|^2 = \int_0^1 f(t)^2 dt = \sum_{i=1}^{\infty} \langle u_i, f \rangle^2 = \sum_{i=1}^{\infty} \left(\frac{\langle u_i, g \rangle}{\mu_i} \right)^2 < \infty, \tag{4.23}$$

Questa ultima condizione si chiama *condizione di Picard*. Essa dice che il valore assoluto dei coefficienti (u_i, g) devono decadere più rapidamente che i corrispondenti valori singolari μ_i affinché una soluzione a quadrato integrabile esista. Perché g sia a quadrato integrabile i coefficienti (u_i, g) devono decadere più velocemente di $i^{-\frac{1}{2}}$ ma la condizione di Picard pone una forte richiesta su g per cui i coefficienti (u_i, g) devono decadere più veloce di $\mu_i i^{-\frac{1}{2}}$. Poiché la condizione di Picard è così essenziale alla equazione integrale di primo genere di Freedholm, si dovrebbe fare una verifica, prima di risolvere l'equazione integrale.

Purtroppo in molti casi g è contaminato da un inevitabile errore. Per ovviare a questo problema si usa discretizzare il problema inverso.

4.3 Discretizzare il problema inverso

Nel caso in cui si debba risolvere il problema inverso utilizzando dei metodi numerici che possono essere trattati con il computer, possiamo usare dei metodi approssimati, il principale dei quali è il metodo delle quadrature. Riscriviamo l'equazione 4.8 in termini discreti utilizzando il metodo delle quadrature. In tal caso l'integrale è valutato in punti differenti $t_1, t_2, \ldots t_n$ che rappresentano i punti di collocazione; $s_1, s_2 \ldots s_m$ sono le ascisse per le regole della quadrature e $w_1, w_2, \ldots w_n$ i sono corrispondenti pesi. Allora la discretizzazione produce un sistema di equazioni lineari del tipo:

$$
\begin{pmatrix}
w_1 k(s_1,t_1) \; w_2 k(s_1,t_2) \; \ldots \; w_m k(s_1,t_m) \\
w_1 k(s_2,t_1) \; w_2 k(s_2,t_2) \; \ldots \; w_m k(s_2,t_m) \\
\vdots \qquad \vdots \qquad \ddots \qquad \vdots \\
w_1 k(s_n,t_1) \; w_2 k(s_n,t_2) \; \ldots \; w_m k(s_n,t_m)
\end{pmatrix}
\times
\begin{pmatrix}
\tilde{f}_1 \\
\tilde{f}_2 \\
\vdots \\
\tilde{f}_m
\end{pmatrix}
=
\begin{pmatrix}
\tilde{g}(s_1) \\
\tilde{g}(s_2) \\
\vdots \\
\tilde{g}(s_n)
\end{pmatrix}. \quad (4.24)
$$

Si noti che $\tilde{f}$ e $\tilde{g}$ sono soprassegnati perché nel processo di discretizzazione si fa un campionamento e quindi anche l'errore risulta discretizzato. La discretizzazione può essere scritta in una forma più semplice.

$$\mathbf{Kx} = \mathbf{y} \qquad\qquad (4.25)$$

da cui si può vedere che $K \in \mathscr{R}^{m \times n}$ e $y \in \mathscr{R}^n$.

Prima ancora di trovare la soluzione analizziamo il problema inverso mediante l'equivalente dell'espansione ai valori singolari, che è stato utilizzato nel paragrafo precedente per una equazione integrale continua, ma per un sistema discreto con una matrice di dimensioni finite, la *decomposizione ai valori singolari*.

4.4 Decomposizione ai valori singolari (SVD)

Un elemento condizionante di una matrice $\mathbf{K}$ di un sistema lineare $\mathbf{Kx} = \mathbf{y}$ implica che alcune o tutte le equazioni siano linearmente indipendenti. In realtà può accadere che il condizionamento sia causato da un modello matematico non corretto che dovrebbe essere modificato prima di ottenere una soluzione numerica. Lo strumento numerico di decomposizione ai valori singolari, d'ora in poi chiamato SVD (Singular Values Decomposition) può permettere di identificare la dipendenza lineare e quindi aiutare a migliorare il modello e quindi portare ad un sistema modificato che abbia una migliore matrice condizionata.

Il trattamento di un sistema di equazioni mal condizionato è più complicato che il trattamento di un sistema ben condizionato e dovremmo porci parecchie domande per capire come trattare il problema. Ad esempio, sarebbe opportuno conoscere quali genere di mal condizionamento avremo e come trattarlo:

- Se è un problema di rank deficiente o se è un problema mal posto?
- Se è possibile regolarizzare il sistema, cioè aggiungere informazioni addizionali per stabilizzare la soluzione?
- Quali tipi di informazioni addizionali sono disponibili e adatte per gli scopi della stabilizzazione?
- Bisognerebbe conoscere quali metodi di regolarizzazione si dovrebbero usare per trattare il problema in modo efficiente e funzionale al calcolo su di un computer?
- Se le fasi dell'analisi e della soluzione sono importanti?
- Se si deve preferire un metodo diretto o iterativo?
- Quanta stabilizzazione si dovrebbe aggiungere?

In altre parole non ci si può aspettare di trattare i problemi mal condizionati, in modo soddisfacente, senza avere una visione teorica e numerica. Per sapere come trattare un sistema mal condizionato è necessario conoscere la SVD della matrice. In particolare il numero condizionante K é definito come il rapporto tra il più grande ed il più piccolo tra i valori singolari di K. Il trattamento numerico del sistema di equazioni con la matrice dei coefficienti mal condizionati dipende dal tipo di mal condizionamento di K.

Come abbiamo visto ci sono sono due importanti classi di problemi da considerare:

- Problema della deficienza del rango, che sono caratterizzati da una matrice K che ha un cluster di piccoli valori singolari ed ha un ben determinato intervallo tra valori singolari grandi e piccoli. Questo implica che più righe o colonne di K siano quasi combinazione lineare di alcune o tutte le rimanenti righe o colonne. In tal caso la matrice K contiene delle informazioni ridondanti e quindi bisogna estrarre le informazioni linearmente indipendenti per avere una matrice ben condizionata.
- Problemi mal posti discreti nascono dalla discretizzazione dei problemi ben posti come l'integrale di Freedholm di primo tipo. In tal caso i valori singolari di K così come le componenti SVD della soluzione, in media, decadono gradatamente a zero e si dice che la condizione di Picard, che abbiamo visto per la SVE e che per il caso discretizzato vedremo dopo, è soddisfatta.

Per i problemi mal posti discreti bisogna quindi trovare un buon bilanciamento tra la norma residua e le dimensioni della soluzione che compari gli errori nei dati con quelli che ci si aspetta dalla soluzione calcolata. La soluzione dovrebbe essere misurata dalla norma, seminorma o una norma di Sobolev.

In analisi numerica il numero condizionante associato con un problema è una misura della capacità di un problema ad adattarsi al calcolo digitale, cioè quanto, numericamente parlando, il problema é ben condizionato. Un problema con un numero condizionante basso è detto ben condizionato, mentre uno con un numero condizionante alto è detto mal condizionato. Nel nostro caso il numero condizionante è alto e quindi entrambi le classi di problemi sono effettivamente sottodeterminati e quindi molti metodi di regolarizzazione che qui trattiamo possono essere usati in entrambi le classi di problemi. Inoltre in entrambi i problemi c'è una forte relazione tra l'ammontare di informazioni linearmente indipendenti estratte e la norma della soluzione e i corrispondenti residui.

Se la matrice è mal condizionata ed il problema non è relativo alle due classi sopra descritte allora la regolarizzazione non può produrre una soluzione accurata e si deve procedere come meglio si può senza regolarizzazione ma attraverso adeguati processi iterativi.

Sia $\mathbf{K} \in \mathbf{R}^{m \times x}$ una matrice rettangolare, assumendo che $m \geq n$, allora la SVD di $\mathbf{A}$ è una decomposizione della forma

$$\mathbf{K} = \mathbf{U\Sigma V}^T = \sum_{i=1}^{n} u_i \sigma_i v_i^T \tag{4.26}$$

dove

$$\mathbf{U} = (u_1 \ldots u_n) \in \mathbf{R}^{m \times x}$$

e

$$\mathbf{V} = (v_1 \ldots v_n) \in \mathbf{R}^{m \times x}$$

sono matrici con colonne ortonormali

$$\mathbf{U}^T\mathbf{U} = \mathbf{V}^T\mathbf{V} = \mathbf{I}_n$$

e dove la matrice diagonale

$$\mathbf{\Sigma} = \begin{pmatrix} \sigma_1 & 0 & \ldots & 0 \\ 0 & \sigma_2 & \ldots & 0 \\ \vdots & \vdots & \ddots & \vdots \\ 0 & 0 & 0 & \sigma_n \end{pmatrix} \tag{4.27}$$

ha elementi diagonali non negativi che sono in ordine non crescente in modo tale che $\sigma_1 \geq \sigma_2 \ldots \geq \sigma_n \geq 0$.

I valori σ_i sono chiamati valori singolari nella diagonale di $\mathbf{\Sigma}$ mentre i vettori u_i e v_i sono i vettori singolari sinistro e destro di $\mathbf{U}$ e $\mathbf{V}$. I valori singolari sono sempre più oscillanti quanto i cresce. Se $m < n$ si ha semplicemente $\mathbf{K}^T$ e si scambia $\mathbf{U}$ con $\mathbf{V}$.

Il successo della SVD come strumento di analisi per i problemi mal posti o di rango deficiente è che fornisce nuovi sistemi di coordinate, determinate dalle colonne

U e **V** (e $\boldsymbol{\Sigma}$) tali che le matrici diventano diagonali quando trasformate in questi sistemi di coordinate. Il prezzo da pagare è un più alto costo computazionale.

Se esiste l'inversa, si può vedere che:

$$\mathbf{K}^{-1} = (\mathbf{U}\boldsymbol{\Sigma}\mathbf{V}^T)^{-1} = (\mathbf{V}^T)^{-1}\boldsymbol{\Sigma}^{-1}\boldsymbol{U}^{-1} = \mathbf{V}\boldsymbol{\Sigma}^{-1}\mathbf{U}^T \tag{4.28}$$

con la matrice diagonale $\boldsymbol{\Sigma}^{-1}$ che ha σ_i^{-1} nella diagonale.

La SVD può essere usata per scrivere la soluzione inversa di $\mathbf{K}\mathbf{x} = \mathbf{y}$:

$$\mathbf{x} = \mathbf{K}^{-1}\mathbf{y} = \mathbf{V}\boldsymbol{\Sigma}^{-1}\mathbf{U}^T\mathbf{y} = \sum_{i=1}^{n} \frac{u_i^T y}{\sigma_i} v_i. \tag{4.29}$$

La SVD può essere utilizzata per approssimare la SVE con l'aiuto della discretizzazione. Questo dà specificatamente σ_i, come approssimazione di μ_i e dei vettori singolari $\tilde{u}_i$ e $\tilde{v}_i$ come approssimazioni alle funzioni singolari $u_i(s)$ e $v_i(t)$, se scriviamo che:

$$\tilde{u}_i(t) = \sum_{i=1}^{n} u_{ij}\psi_i(s) \qquad \tilde{v}_i(t) = \sum_{i=1}^{n} v_{ij}\phi_i(t) \tag{4.30}$$

dove $\phi_i(t)$, $\psi_i(s)$ sono le funzioni di base scelte per la discretizzazione.

I vettori singolari convergono in media alle funzioni singolari quando si usano molti valori campione, cioè per $n \to \infty$ e $m \to \infty$. Allora, usando il prodotto interno, otteniamo

$$\begin{aligned}
\langle u_i, g \rangle &= \left\langle \sum_{i=1}^{n} u_{ij}\psi_i(s), \sum_{i=1}^{n} v_{ij}\phi_i(t) \right\rangle \\
&= \int_0^1 \sum_{j=1}^{n} u_{ij}\psi_i(s) \sum_{k=1}^{n} y_k\psi_k(s)\,ds = \sum_{j=1}^{n} u_{ij} \sum_{k=1}^{n} y_k\langle \psi_i, \phi_k \rangle \\
&= \sum_{j=1}^{n} u_{ij}y_i = u_i^T y.
\end{aligned}$$

È quindi possibile introdurre una condizione che si chiama *condizione discreta di Picard* analoga a quella introdotta per le SVE. Questa dice che: *se indichiamo con τ il livello a cui i valori singolari calcolati σ_i si stabilizzano a causa degli errori di arrotondamento, la condizione discreta di Picard è soddisfatta se, per tutti i valori singolari più grandi di τ, i corrispondenti coefficienti $[u_i^T y]$, in media decadono più velocemente di σ_i.*

Siccome è il decadimento di σ_i e di $[u_i^T y]$ che importa e non il valore di queste grandezze, un grafico, detto anche grafico di Picard, che si ottiene sovrapponendo i valori singolari a $[u_i^T y]$ in funzione dell'indice i, permette di evidenziare immediatamente se la condizione discreta di Picard è violata.

In tal caso la condizione di Picard discreta è soddisfatta quando, dato un livello per il quale i valori singolari calcolati cessano di andare giù a causa degli errori di arrotondamento, il coefficiente $u_i^T y$ in media decade più velocemente di σ_i. Il metodo di Picard aiuta a stabilire quando si deve fare una regolarizzazione.

4.5 Cercare una soluzione

Una volta che abbiamo trovato le cause che provocano il problema mal posto ci possiamo concentrare su come discretizzare l'equazione di Freedholm di primo tipo. Riprendiamo il sistema matriciale:

$$\mathbf{Kx} = \mathbf{y} \qquad (4.31)$$

che è un sistema di equazioni che può avere le seguenti soluzioni:

- una sola soluzione esatta;
- essere indeterminato (∞ soluzioni esatte);
- essere impossibile (0 soluzioni esatte).

Esso è caratterizzato da:

- **n** numero delle righe della matrice $\mathbf{K}$;
- **m** numero delle colonne della matrice $\mathbf{K}$;
- **r** rango della matrice $\mathbf{K}$, cioè numero delle righe e colonne linearmente independenti.

La Tabella 4.1 ci indica quali condizioni si verificano nei casi possibili (sei). I numeri romani indicano i differenti casi.

Nel caso II (cioè rango=m=n) la soluzione esatta è data da:

$$\mathbf{x} = \mathbf{K}^{-1}\mathbf{y} \qquad (4.32)$$

dove $\mathbf{K}^{-1}$ è la matrice inversa di $\mathbf{K}$. Il vettore $\mathbf{x}$ che soddisfa la relazione 4.32 è detto soluzione esatta del sistema di equazioni.

4.5.1 Soluzione ai minimi quadrati

Nei casi III e IV, da un punto di vista matematico non è accettabile, mentre è plausibile dal punto di vista fisico. Poiché ogni misura fisica e affetta da un errore di misura $\boldsymbol{\varepsilon}$ potremo riscrivere la relazione 4.25 come:

$$\mathbf{y} = \mathbf{Kx} + \varepsilon. \qquad (4.33)$$

Tabella 4.1 Tabella con i differenti casi di soluzione

	$m < n$	$m = n$	$m > n$
$r = \min(n,m)$	∞ (I)	1 (II)	0,1 (III)
$r < \min(n,m)$	$\infty,0$ (IV)	$\infty,0$ (V)	$0,\infty$ (VI)

Il problema non è quello di trovare la soluzione esatta, ma piuttosto quello di trovare una soluzione che renda la differenza $\mathbf{y} - \mathbf{Kx}$ compatibile con l'errore di misura. Allora con il criterio dei minimi quadrati si cerca la soluzione $\mathbf{x}$ che minimizza la relazione:

$$\frac{\partial \|\mathbf{y} - \mathbf{Kx}\|^2}{\partial \mathbf{x}} = 0. \tag{4.34}$$

La cui soluzione è:

$$-\mathbf{y}^T\mathbf{K} - \mathbf{K}^T\mathbf{y} + \mathbf{x}^T\mathbf{K}^T\mathbf{K} + \mathbf{K}^T\mathbf{Kx} = 2(\mathbf{K}^T\mathbf{Kx} - \mathbf{K}^T\mathbf{y}) = 0 \tag{4.35}$$

$$\mathbf{K}^T\mathbf{Kx} = \mathbf{K}^T\mathbf{y}. \tag{4.36}$$

Da cui per $m > n = r$ (caso III) ne segue:

$$\mathbf{x} = (\mathbf{K}^T\mathbf{K})^{-1}\mathbf{K}^T\mathbf{y} \tag{4.37}$$

che è la soluzione secondo il criterio dei minimi quadrati nel caso tipico di misure ridondanti. La $(\mathbf{K}^T\mathbf{K})^{-1}\mathbf{K}^T$ è detta inversa generalizzata della matrice $\mathbf{K}$ e si indica con $\mathbf{K}^\dagger$. L'inversa generalizzata fornisce la soluzione dei minimi quadrati per ciascuno dei casi della Tabella 4.1 (anche se qui abbiamo derivato solo quella valida nel caso III). In Appendice B sono richiamate alcune caratteristiche delle matrici e della matrice inversa generalizzata.

La soluzione 4.37 viene chiamata *naive* perché è fatta direttamente sulle matrici e può portare a soluzioni che non sono utili. Per vedere invece se il problema ha una soluzione utile, si deve esaminare la *condizione discreta di Picard* usando l'approccio *naive*. Se la condizione non è soddisfatta la soluzione sarà senza significato.

Dividiamo la soluzione i due parti, quella esatta e quella affetta da errore.

$$\mathbf{x}^{naive} = (\mathbf{K}^T\mathbf{K})^{-1}\mathbf{K}^T\mathbf{y}^{esatta} + (\mathbf{K}^T\mathbf{K})^{-1}\mathbf{K}^T\boldsymbol{\varepsilon}. \tag{4.38}$$

Usando la SVD avremo:

$$\mathbf{x}^{naive} = \sum_{i=1}^{n} \frac{u_i^T y^{esatta}}{\sigma_i} v_i + \frac{u_i^T \boldsymbol{\varepsilon}}{\sigma_i} v_i. \tag{4.39}$$

La prima parte decresce come i cresce, mentre la seconda parte cresce poiché $\boldsymbol{\varepsilon}$ è costante e σ_i decresce. Quindi il termine con l'errore dominerà per i grandi e la condizione di Picard non è soddisfatta e quindi bisogna introdurre dei termini di regolarizzazione che cambiano il problema in un problema riferito. Nel nostro caso significa cambiare il problema in uno con migliori caratteristiche numeriche in modo da evitare che la soluzione sia dominata dagli errori. In tal caso il problema riferito dovrebbe essere formulato in modo da sopprimere il rumore invertito così che la soluzione sia ancora prossima al valore di $\mathbf{x}^{esatta}$.

4.5.2 Matrice di varianza covarianza

La condizione dei minimi quadrati vale anche nel caso di misure indipendenti affette da errore costante. In pratica, però le misure possono essere dipendenti ed avere errori diversi.

Ricordando che la media $\bar{m}$ di n misure m_i soddisfa alla condizione dei minimi quadrati:

$$\frac{\partial \sum_i (\bar{m} - m_i)^2}{\partial \bar{m}} = 0$$

$$2 \sum_i \bar{m} - 2 \sum_i m_i = 0 \qquad (4.40)$$

$$\bar{m} = \frac{\sum_i m_i}{n}.$$

Se le misure hanno un errore ε_i diverso fra di loro si adottano i minimi quadrati e media pesata:

$$\frac{\partial \sum_i ((\bar{m} - m_i)^2 / \varepsilon_i^2)}{\partial \bar{m}} = 0$$

$$2 \sum_i \frac{\bar{m}}{\varepsilon_i^2} - 2 \sum_i \frac{m_i}{\varepsilon_i^2} = 0 \qquad (4.41)$$

$$\bar{m} = \frac{\sum_i m_i}{\varepsilon_i^2} / \sum_i \frac{1}{\varepsilon_i^2}.$$

Se inoltre le misure sono correlate, esse devono essere pesate attraverso la loro matrici di varianza-covarianza S:

$$\frac{\partial \sum_i \sum_j (\bar{m} - m_i) S_{ij}^{-1} (\bar{m} - m_j)}{\partial \bar{m}} = 0$$

$$2 \sum_i \sum_j \bar{m} S_{ij}^{-1} - 2 \sum_i (m_i \sum_j S_{ij}^{-1}) = 0 \qquad (4.42)$$

$$\bar{m} = \frac{\sum_i (m_i \sum_j S_{ij}^{-1})}{\sum_i \sum_j S_{ij}^{-1}}.$$

La matrice di varianza-covarianza S contiene nei suoi elementi diagonali la deviazione quadratica media della misura m_i e nei suoi elementi fuori diagonale la correlazione tra le misure m_i e m_j moltiplicate per la radice quadrata delle loro deviazioni quadratiche medie. In Appendice B si può vedere come si arriva alla soluzione che contiene la matrice di varianza-covarianza.

È facile vedere che nel caso di misure indipendenti (elementi fuori diagonale nulli) le equazioni 4.42 si riducono alle 4.41 e e nel caso di misure con errore costante le 4.41 si riducono alla 4.40.

Come abbiamo visto nel caso della definizione di soluzione dei minimi quadrati 4.37 nel caso di un errore generico caratterizzato da una matrice di varianza-covarianza $\mathbf{S}$ lo scarto quadratico da minimizzare è:

$$
\begin{aligned}
&(\mathbf{y} - \mathbf{Kx^s})^T \mathbf{S}^{-1}(\mathbf{y} - \mathbf{Kx^s}) \\
&= \mathbf{y}^T\mathbf{S}^{-1}\mathbf{y} - \mathbf{y}^T\mathbf{S}^{-1}\mathbf{Kx^s} - \mathbf{x^s}^T\mathbf{K}^T\mathbf{S}^{-1}\mathbf{y} + \mathbf{x^s}^T\mathbf{K}^T\mathbf{S}^{-1}\mathbf{Kx^s}
\end{aligned}
\tag{4.43}
$$

che deve soddisfare la relazione:

$$
\frac{\partial((\mathbf{y} - \mathbf{Kx^s})^T \mathbf{S}^{-1}(\mathbf{y} - \mathbf{Kx^s}))}{\partial \mathbf{x}^s} = 0
$$

$$
\mathbf{y}^T\mathbf{S}^{-1}\mathbf{K} - \mathbf{K}^T\mathbf{S}^{-1}\mathbf{y} + \mathbf{x^s}^T\mathbf{K}^T\mathbf{S}^{-1}\mathbf{K} + \mathbf{K}^T\mathbf{S}^{-1}\mathbf{Kx^s} = 0
\tag{4.44}
$$

$$
2(\mathbf{K}^T\mathbf{S}^{-1}\mathbf{Kx^s} - \mathbf{K}^T\mathbf{S}^{-1}\mathbf{y}) = 0
$$

$$
\mathbf{K}^T\mathbf{S}^{-1}\mathbf{Kx^s} = K^T S^{-1} y
$$

da cui per il caso $m > n = r$ (caso III) ne segue:

$$
\mathbf{x^s} = (\mathbf{K}^T\mathbf{S}^{-1}\mathbf{K})^{-1}\mathbf{K}^T\mathbf{S}^{-1}\mathbf{y}.
\tag{4.45}
$$

Questa è la generalizzazione della soluzione 4.37 nel caso di errore misurato con una generica matrice di varianza-covarianza $\mathbf{S}$.

4.6 I metodi di regolarizzazione

Una volta che abbiamo analizzato le difficoltà associate con i problemi mal posti e perché le soluzioni così dette *naive* posso essere poco utili, è necessario concepire dei metodi per calcolare delle soluzioni approssimate che siano meno sensibili alle perturbazioni di quello che sono le soluzioni *naive*.

Questi metodi si chiamano metodi di regolarizzazione perché fanno rispettare la regolarità computazione o lisciano la soluzione calcolata sopprimendo alcune delle componenti di rumore non volute portando a soluzioni più stabili ([45]).

4.6.1 La decomposizione ai valori singolari troncata TSVD

Un primo metodo di regolarizzazione è quello della decomposizione ai valori singolari troncata (TSVD). Prendiamo la SVD

$$
\mathbf{K} = \mathbf{U\Sigma V^T}
\tag{4.46}
$$

scriviamo la soluzione per il problema inverso

$$x^{naive} = \sum_{i=1}^{n} \frac{u_i^T y}{\sigma_i} v_i. \tag{4.47}$$

Utilizzando il grafico di Picard possiamo vedere se *le condizione discrete di Picard* sono soddisfatte o no. Per i problemi mal posti gli $[u_i^T y]$ soddisfano la condizione di Picard, fino a che il valore di questi raggiunge il livello di rumore dove si appiattisce. Per questo è ragionevole pensare ad un problema riferito, che trascura gli ultimi fattori della sommatoria, in modo tale che le parti che sono dominate dal rumore siano trascurate.

Un semplice esempio di troncamento è:

$$x^k = \sum_{i=1}^{k} \frac{u_i^T y}{\sigma_i} v_i \qquad 1 \leq k \leq n. \tag{4.48}$$

Il valore k è chiamato il parametro di regolarizzazione o di troncamento e dovrebbe essere scelto per minimizzare $\| x^{esatto} - x^k \|$. Questo corrisponde al cercare i valori singolari che contribuiscono di più alla soluzione ma non al rumore.

Quindi k viene scelto sulla base del numero di valori singolari per cui è ancora soddisfatta la *condizione discreta di Picard*.

4.6.2 La regolarizzazione di Tikhonov-Phillips

Il metodo TVSD filtra tutte le componenti con $\sigma_i < \sigma_k$ riducendo le instabilità, tuttavia ciò comporta una riduzione della norma della soluzione a spese di un aumento del residuo; il parametro di regolarizzazione k e l'errore sono discreti.

La regolarizzazione di Tikhonov-Phillips ([90] e [118]) modificata da Twomey, [123] cerca appunto un compromesso "morbido" tra i minimi residui e le minime irregolarità nella soluzione. A sua volta quest'ultima condizione può realizzarsi nella condizione di minima norma e minima deviazione dall'informazione a priori, o minima curvatura.

La regolarizzazione di Tikhonov-Phillips prevede di minimizzare la seguente equazione:

$$x^{\lambda} = \arg\min_{x}(\| \mathbf{Kx} - \mathbf{y} \|^2 + \lambda^2 \| \mathbf{L}(\mathbf{x} - \mathbf{x_0}) \|^2) \tag{4.49}$$

dove λ è il parametro di regolarizzazione di Tikhonov (o anche parametro di regolarizzazione) che determina il peso delle due condizioni e non deve essere negativo. $\mathbf{L}$ è un opportuno operatore e $\mathbf{x}_0$ è una stima a priori della soluzione. Se guardiamo i due termini dell'equazione 4.49 vediamo che è composta da due termini. Uno $\|\mathbf{Kx} - \mathbf{y}\|^2$ rappresenta una misura di quanto bene $\mathbf{x}$ approssimi la misura $\mathbf{y}$, l'altro $\|(\mathbf{x} - \mathbf{x_0})\|^2$ che è un termine di regolarizzazione, previene che la soluzione diventi instabile. La soluzione che soddisfa la condizione 4.49 è:

$$\mathbf{x}^\lambda = (\mathbf{K}^T\mathbf{K} + \lambda\mathbf{L}^T\mathbf{L})^{-1}(\mathbf{K}^T\mathbf{y} + \lambda^2\mathbf{L}^T\mathbf{L}\mathbf{x_0}) \tag{4.50}$$

che può essere facilmente generalizzata comprendendo il caso in cui l'errore di misura è definito da una matrice di varianza covarianza, attraverso:

$$\mathbf{x}^\lambda = (\mathbf{K}^T\mathbf{S}_y^{-1}\mathbf{K} + \lambda^2\mathbf{L}^T\mathbf{L})^{-1}(\mathbf{K}^T\mathbf{S}_y^{-1}\mathbf{y} + \lambda^2\mathbf{L}^T\mathbf{L}\mathbf{x_0}). \tag{4.51}$$

Nel caso in cui $\lambda^2\mathbf{L}^T\mathbf{L} = \mathbf{S}_0^{-1}$, la soluzione di Tickhonov-Phillips del tipo generalizzato 4.51 coincide con quella dell'optimal extimation (o massima probabilità).

Nel caso in cui $\mathbf{x}_0 = 0$, il che equivale a dare una stima a priori eguale al risultato identicamente nullo o, nel caso di procedimenti iterativi, uguale al risultato dell'iterazione precedente, avremo:

$$\mathbf{x}^\lambda = (\mathbf{K}^T\mathbf{S}_y^{-1}\mathbf{K} + \lambda^2\mathbf{L}^T\mathbf{L})^{-1}\mathbf{K}^T\mathbf{S}_y^{-1}\mathbf{y}. \tag{4.52}$$

In tal caso $\mathbf{L}$ è tipicamente posto uguale all'operatore identità o alla rappresentazione discreta dell'operatore derivata prima o seconda:

$$\begin{aligned}
\mathbf{Lx} &= \mathbf{x} \\
\mathbf{Lx} &= \dot{\mathbf{x}} \\
\mathbf{Lx} &= \ddot{\mathbf{x}}.
\end{aligned} \tag{4.53}$$

In alternativa Twomey ha proposto $\mathbf{Lx} = \mathbf{x} - \mathbf{x_m}$ dove $\mathbf{x}_m$ è il valor medio del vettore incognita. La scelta più frequentemente usata è la prima delle relazioni riportate nella 4.53 con $\mathbf{L} = \mathbf{I}$. Essa equivale alla minimizzazione simultanea degli scarti residui e della norma della soluzione, pesati attraverso il parametro di regolarizzazione.

Nelle condizioni $\mathbf{L} = \mathbf{I}$ e $\mathbf{x}_0 = 0$ scriviamo la regolarizzazione di Tikhonov in termini di SVD.

$$\begin{aligned}
\mathbf{x}^\lambda &= (\mathbf{K}^T\mathbf{K} + \lambda^2\mathbf{I})^{-1}\mathbf{K}^T\mathbf{y} \\
&= (\mathbf{V}\boldsymbol{\Sigma}^T\mathbf{U}^T\mathbf{U}\boldsymbol{\Sigma}\mathbf{V}^T + \lambda^2\mathbf{I})^{-1}\mathbf{V}\boldsymbol{\Sigma}\mathbf{U}^T\mathbf{y} \\
&= \mathbf{V}(\boldsymbol{\Sigma}^2 + \lambda^2\mathbf{I})^{-1}\boldsymbol{\Sigma}\mathbf{U}^T\mathbf{y}
\end{aligned} \tag{4.54}$$

che scriviamo come:

$$x^\lambda = \sum_{i=1}^n f_i \frac{u_i^T y}{\sigma_i} v_i \tag{4.55}$$

con i fattori filtro della regolarizzazione di Tikhonov $f_i, \ldots, f_n$ che sono dati da:

$$f_i = \frac{\sigma_i^2}{\sigma_i^2 + \lambda^2} \simeq \begin{cases} 1 & \text{se } \sigma_i \gg \lambda \\ \sigma_i^2/\lambda^2 & \text{se } \sigma_i \gg \lambda. \end{cases}$$

Questi fattori filtro smorzano i contributi dovuti a molti valori singolari quando λ è grande, mentre se λ è piccolo si usano molte delle componenti SVD. Se si pone

$f_i = 1, \forall i$ la soluzione è quella dei minimi quadrati. Mentre se poniamo:

$$f_i = \begin{cases} 1 \text{ se } \sigma_i \geq \sigma_k \\ 0 \text{ se } \sigma_i \geq \sigma_k \end{cases}$$

è la TSVD. In generale sia la regolarizzazione di Tikhonov che quella TSVD smorzano i valori singolari più piccoli e quindi il contributo dalle componenti sono dominate dal rumore e il filtro diviene più liscio.

Quando il parametro di Tikhonov λ è troppo grande si aggiunge troppa regolarizzazione (sopralisciamento) ed il termine $||Kx^\lambda - y||^2$ sarà largo e la soluzione non approssimerà i dati y. Viceversa se λ è piccola la regolarizzazione è troppo piccola (sottolisciamento) e quindi sarà dominata dal rumore. È quindi necessario trovare un criterio che permetta di definire il valore di λ più adatto.

4.6.3 Il criterio della curva L

Per trovare il valore ottimale di λ si debbono valutare due fattori: la norma in base due $||x^\lambda||$ e la norma residua $||Kx^\lambda - y||$. Essi soddisfano rispettivamente a:

$$\| x^\lambda \|^2 = \sum_{i=1}^{n} \left(f_i \frac{u_i^T y}{\sigma_i} \right)^2 \tag{4.56}$$

e

$$\| Kx^\lambda - y \|^2 = \sum_{i=1}^{n} ((1-f_i)u_i^T y)^2 + \sum_{i=n+1}^{m} ((u_i^T y)u_i)^2. \tag{4.57}$$

Quando si minimizza ciascuna delle due norme si ha che:

- $\| Kx^\lambda - y \|^2$ è piccolo quando f_i è scelto prossimo ad 1;
- $\| x^\lambda \|^2$ è piccolo quando f_i è scelto prossimo a zero.

A questo punto rimane la scelta del parametro di regolarizzazione. Il suo valore determina quale delle due *norme* minimizzate nel metodo di Tikhonov-Phillips $||\mathbf{Kx} - \mathbf{y}||^2$ e $||\mathbf{L}(\mathbf{x} - \mathbf{x_0})||^2$ pesa maggiormente nella soluzione $\mathbf{x}$. Tra i metodi per scegliere λ c'è il criterio della curva L ([44]). Per vedere come si comporta questa curva guardiamo il comportamento delle due norme.

Dalle due equazioni precedenti 4.56 e 4.57 si nota che

$$\lambda \to 0 \begin{cases} \text{la norma della soluzione } \| x^\lambda \| \to \infty \\ \text{la norma residua} \qquad \| Kx^\lambda - y \| \to 0 \end{cases} \tag{4.58}$$

$$\lambda \to \infty \begin{cases} \text{la norma della soluzione } \| x^\lambda \| \to 0 \\ \text{la norma residua} \qquad \| Kx^\lambda - y \| \to \infty. \end{cases} \tag{4.59}$$

Infatti osservando la Fig. 4.1 che si ottiene tra il logaritmo della soluzione della norma ed il logaritmo della soluzione della norma residua λ, si nota che la curva ha una forma prossima ad una L. Lo spigolo della curva L viene preso come il punto che fornisce il miglior compromesso. È da notare che λ varia di quasi 20 ordini di grandezza.

Poiché la migliore soluzione è un trade off tra la soluzione della norma e il residuo della norma, un punto di incontro ragionevole è quello in cui i due termini sono piccoli e quindi il punto migliore è lo spigolo della curva L. Ci sono vari modi per definire uno spigolo di una curva. Il metodo migliore è quello di usare l'estremo della curvatura che nel caso della curva ad L è convesso.

Utilizzando la regolarizzazione di Tikhonov si può derivare la curvatura dalla descrizione parametrica della curva stessa. Per semplificare si definisca con $\eta = log_{10}||x^{\lambda}||^2$ e con $\rho = log_{10}||Kx^{\lambda} - y||^2$. Allora la curva L è data da $(\frac{1}{2}\rho, \frac{1}{2}\eta)$. Ponendo le derivate prime e seconde di η e ρ come $\dot{\eta} = \frac{d\eta}{d\lambda}$, $\dot{\rho} = \frac{d\rho}{d\lambda}$ e $\ddot{\eta} = \frac{d^2\eta}{d\lambda^2}$, $\ddot{\rho} = \frac{d^2\rho}{d\lambda^2}$ la curvatura è data da:

$$\kappa = \frac{\dot{\rho}\ddot{\eta} - \ddot{\rho}\dot{\eta}}{(\dot{\rho}^2 + \dot{\eta}^2)^{\frac{3}{2}}}. \tag{4.60}$$

Inserendo i valori di ρ e di η avremo:

$$\kappa = 2\frac{\eta\rho}{\dot{\eta}}\frac{\lambda^2\dot{\eta}\rho + 2\lambda\eta\rho + \lambda^4\eta\dot{\eta}}{(\lambda^2\eta^2 + \rho^2)^{\frac{3}{2}}} \tag{4.61}$$

dove κ può essere calcolato se la SVD è disponibile. Se si ha la SVD, si può trovare analiticamente una λ per l'angolo della curva L che è quella che dà la κ più grande. In ogni caso la curva deve avere la forma di una L.

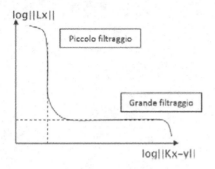

Fig. 4.1 Curva L per la definizione della λ migliore da scegliere

4.7 La regolarizzazione in rete

Lo strumento informatico più evoluto e più utilizzato per analizzare e regolarizzare i problemi inversi è quello sviluppato dal gruppo diretto da Christian Hansen presso l'Università Tecnica Danese. I codici sono sotto la dicitura: *Regularization Tools. A matlab package for analysis and solution of discrete ill pose problems* reperibile presso il sito *http : //www.imm.dtu.dk/~pch*. Il package riporta non solo i codici per tutti i metodi citati in questo capitolo, ma anche la teoria di altri metodi che non ho volutamente introdotto, sia per evitare di fare un capitolo troppo complesso e lungo, ma anche perché meno usati in un contesto geofisico.

5

Teoria dell'inversione statistica

Sotto questa dizione vanno quei metodi di inversione statistica che permettono di riformulare il problema inverso in termini di richiesta di informazioni per via statistica. La finalità dell'inversione statistica è quella di estrarre delle informazioni e valutare le incertezze attorno alle variabili sulla base delle nostre conoscenze disponibili sia per quanto riguarda i processi di misura sia i modelli delle incognite che sono disponibili a priori ([57]).

Mentre la regolarizzazione produce delle stime singole, rimuovendo le *mal posizioni* del problema, attraverso i metodi che abbiamo visto nel capitolo precedente, il metodo statistico, non produce solo delle stime, ma tenta di rimuovere il problema mal posto collocando il problema inverso come una estensione *ben posta* nello spazio della distribuzione delle probabilità. Per questa ragione, da un punto di vista statistico, non esiste un solo modo di trattare il problema, ma piuttosto esistono vari modi, che vanno dalla approccio dei così detti frequentisti a quello Bayesiano.

L'approccio statistico Bayesiano che qui riportiamo, richiede che le variabili che sono utilizzate nel modello siano variabili casuali. La casualità descrive il livello di informazioni che riguarda il possibile raggiungimento di certi risultati ed il grado di informazione che riguarda questi valori è codificato nella distribuzione di probabilità. La soluzione del problema inverso è data dalla distribuzione di probabilità a posteriori.

In questo capitolo tratteremo i metodi Bayesiani, rimandando gli altri metodi ai capitolo successivi. Questo capitolo, inoltre, va considerato come una breve introduzione alla tematiche che tratteremo nei capitoli successivi.

5.1 Metodi Bayesiani

L'idea primitiva sviluppata da Bayes [7] fu successivamente ripresa da Laplace [70], ma fu rapidamente dimenticata, probabilmente perché non era supportata da una teoria della probabilità. Nel 1939 fu riscoperta da Jeffreys e recentemente è stata sistemizzata da Jaynes [54] nel suo libro *Probability Theory. The Logic of Scien-*

Guzzi R.: Introduzione ai metodi inversi. Con applicazioni alla geofisica e al telerilevamento.
DOI 10.1007/978-88-470-2495-3_5, © Springer-Verlag Italia 2012

ce. Di seguito tratteremo l'argomento utilizzando la struttura logica proposta da Sivia [111].

Il processo logico che sta alla base dei metodi Bayesiani deriva sostanzialmente dalla logica Aristotelica dove una proposizione può essere vera e falsa. Usualmente nel caso di proposizione vera questa è rappresentata da una lettera maiuscola *A* e nel caso di una proposizione falsa da *Ā*. Nella logica Booleana la rappresentazione è fatta rispettivamente attraverso i numeri 1 e 0. Quando le due proposizioni sono legate assieme formano una proposizione composta il cui modo di combinarsi dipende dagli stati logici delle due proposizioni e dal modo in cui si legano. Ci sono vari modi di nominare e di rendere attraverso dei simboli la composizione delle proposizioni: la tautologia è rappresentata da ($\top$), la contraddizione da ($\bot$), la congiunzione *e* da (*and*), che corrisponde all'operazione ($\times$), e quella *o* da (*or*) che corrisponde all'operazione ($+$) fino a quella che corrisponde all'implicazione e che è rappresentata da ($\Rightarrow$).

Si chiamano *inferenze* i processi razionali che utilizzando un insieme di proposizioni che permettono di disegnare delle conclusioni. Se ci sono abbastanza informazioni si applica l'*inferenza deduttiva* che ci permette di disegnare delle conclusioni decisive cioè che sono o vere o false. Nel caso di informazioni insufficienti si applica l'*inferenza induttiva* che però non permette di disegnare una conclusione decisiva, lasciando un margine di incertezza. In questo caso ha senso definire il concetto di *plausibilità* o grado di credibilità.

Si deve a Cox [19] la prima formulazioni delle regole della inferenza plausibile che sono sintetizzate qui di seguito.

- Limitatezza: il grado di plausibilità di una proposizione *A* è una quantità limitata.
- Transitività: se *A*, *B* e *C* sono proposizioni e la plausibilità di *C* è più grande di quella di *B* che a sua volte è più grande di *A* allora la plausibilità di *C* deve essere più grande di quella di *A*.
- Consistenza: la plausibilità di una proposizione *A* dipende solo dalle informazioni relative ad *A* e non dal ragionamento seguito per arrivare ad *A*.

Ne consegue che le regole sono così ristrettive che determinano completamente l'algebra della plausibilità. Siccome questa algebra assomiglia alla teoria classica sulla probabilità definita da Kolmogorov, nel linguaggio Bayesiano la plausibilità è identica alla probabilità.

Passando dalla enunciazione alle formule, sapendo che $P(A|I)$ è una quantità limitata, per convenzione, quando sappiamo con certezza che la proposizione *A* è vera o (falsa), potremo scrivere:

$$P(A|I) = 1(0). \tag{5.1}$$

Utilizzando gli assiomi di Kolmogorov sulla somma, avremo:

$$P(A+B|I) = P(A|I) + P(B|I) - P(AB|I) \tag{5.2}$$

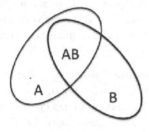

Fig. 5.1 Diagramma di Venn per la probabilità

e per il prodotto avremo:

$$P(AB|I) = P(A|BI)P(B|I). \tag{5.3}$$

La differenza tra lo scrivere AB e $A|B$ è che nel primo caso si ha A e B, dove B può essere vero o falso, mentre nel secondo caso si ha A dato B, dove se si assume che B sia vero, non può essere falso. $P(AB|I)$ viene chiamata la probabilità congiunta, $P(A|BI)$ viene chiamata la probabilità condizionaleindexprobabilità condizionale e $P(B|I)$ la probabilità marginale. Utilizzando il diagramma di Venn si possono rappresentare i concetti di somma e prodotto delle probabilità attraverso le aree normalizzate dei sottoinsiemi A e B di un dato insieme I. In Fig. 5.1 sono visualizzate sia le regole della somma che quella del prodotto. Mentre nel caso della somma è triviale capire come funziona, nel caso del prodotto bisogna usare le relazioni tra le differenti normalizzazioni delle aree AB: $P(AB|I)$ corrisponde alla area AB normalizzata a I, $P(A|BI)$ corrisponde alla AB normalizzata a B e $P(A|I)$ corrisponde alla B normalizzata a I.

Poiché $A + \bar{A}$ è una tautologia (sempre vera) e $A\bar{A}$ è una contraddizione (sempre falsa) dalla relazione 5.2 otteniamo:

$$P(A|I) + P(\bar{A}|I) = 1. \tag{5.4}$$

Se A e B sono delle proposizioni mutuamente esclusive (entrambi non possono essere vere) allora, poiché AB è una contraddizione, $P(AB|I) = 0$ e quindi la 5.2 diviene:

$$P(A + B|I) = P(A|I) + P(B|I) \qquad (A\ e\ B\ esclusive). \tag{5.5}$$

Se viceversa A e B sono indipendenti (la conoscenza di B non dà informazioni su A e viceversa) allora $P(A|BI) = P(A|I)$ e la 5.3 diviene

$$P(AB|I) = P(A|I)P(B|I) \qquad (A\ e\ B\ indipendenti). \tag{5.6}$$

Utilizzando la corrispondenza $AB = BA$ ed espandendola con la regola del prodotto data dalla relazione 5.3 avremo $P(A|BI)P(B|I) = P(B|AI)P(A|I)$ dal quale si ottiene la regola per l'inversione di probabilità condizionata nota anche come teorema di Bayes. Sostituendo ai simboli le seguenti proposizioni: per A la proposizione *dato* (che indica il dato ottenuto dalla misura) e per B la proposizione *ipotesi* avremo:

$$P(ipotesi|dato\ I) = \frac{P(dato|ipotesi\ I)P(ipotesi|I)}{P(dato|I)}. \tag{5.7}$$

Senza considerare la costante di normalizzazione $P(dato|I)$ la relazione di Bayes lega la quantità d'interesse, la probabilità che l'ipotesi sia vera, una volta che siano forniti i dati, alla probabilità che dovremmo osservare nei dati misurati, nel caso che l'ipotesi fosse vera. Formalmente ci sono tre stadi:

- la probabilità *a priori*, $P(ipotesi|I)$, che rappresenta il nostro stato di conoscenza o ignoranza attorno alla verità delle ipotesi prima di avere i dati;
- la funzione di *probabilità* che rappresenta la nostra conoscenza che è modificata in base ai dati sperimentali attraverso una funzione $P(dato|ipotesi, I)$;
- la probabilità *a posteriori* che comporta $P(ipotesi|dato, I)$ che è lo stato della nostra conoscenza intorno alla verità dell'ipotesi, alla luce dei dati trovati.

5.1.1 Ipotesi esaustive ed esclusive

Sostituiamo ora le parole ipotesi con H e la parola dato con D. Consideriamo il caso in cui H possa essere decomposta in un insieme di ipotesi esaustive e mutuamente escludente $\{H_i\}$, cioè in un insieme in cui una e una sola ipotesi è vera. Queste ipotesi hanno le seguenti proprietà triviali. Usando la regola della somma data dalla relazione 5.5, introducendo la virgola (la proposizione AB si scriverà A, B), avremo:

$$P(H_i, H_j|I) = P(H_i|I)\delta_{ij}. \qquad (5.8)$$

Usando il fatto che la somma logica della H_i è una tautologia avremo

$$\sum_i P(H_i|I) = P\left(\sum_i H_i|I\right) = 1 \qquad (normalizzazione). \qquad (5.9)$$

L'equazione 5.9 è una estensione della assioma dato dalla relazione 5.4.

Analogamente si può facilmente dimostrare che

$$\sum_i P(D, H_i|I) = P\left(D, \sum_i H_i|I\right) = P(D|I). \qquad (5.10)$$

Questa operazione è chiamata marginalizzazione ed è uno strumento forte nell'analisi del dato perché ci permette di trattare i parametri di disturbo (*nuisance*), cioè quelle quantità che necessariamente entrano nella analisi, ma non sono di interesse intrinseco. Tipico parametro di *nuisance* è la varianza quando il parametro primario è la media. Il segnale di fondo presente in molte misure sperimentali ed i parametri strumentali che sono difficili da calibrare sono esempi di parametri di *nuisance*. L'inversa della marginalizzazione è la decomposizione di una probabilità. Usando la regola del prodotto si può riscrivere la relazione 5.10 come:

$$P(D|I) = \sum_i P(D, H_i|I) = \sum_i P(D|H_i, I)P(H_i|I) \qquad (5.11)$$

che stabilisce che la probabilità D può essere scritta come una somma pesata della probabilità di un insieme completo di ipotesi $\{H_i\}$, in tal modo espandendo $P(D|I)$ su una base di probabilità $P(H_i|I)$. Usando un insieme completo di ipotesi il teorema di Bayes data dalla relazione 5.7 sarà:

$$P(H_i|D,I) = \frac{P(D|H_i,I)P(H_i|I)}{\sum_i P(D|H_i,I)P(H_i|I)}. \tag{5.12}$$

Calcolando la probabilità posteriori per tutte le ipotesi H_i dell'insieme otteniamo uno spettro di probabilità che, al limite per il continuo, si sovrappone ad una densità di distribuzione di densità di probabilità.

L'approccio precedente, valido per variabili discrete, può facilmente essere esteso alle variabili continue. Consideriamo le seguenti proposizioni (nelle espressioni logiche i due punti si leggono *tale che*):

$$A : r < a \qquad B : r < b \qquad C : a \leq r < b \tag{5.13}$$

per una variabile reale r e due numeri fissi a e b con $a < b$. Poiché abbiamo la relazione Booleana $B = A + C$ e poiché A e C sono mutuamente esclusive troviamo dalla regola della somma data dalla relazione 5.5:

$$P(a \leq r < b|I) = P(r < b|I) - P(r < a|I) \equiv G(b) - G(a) \tag{5.14}$$

dove $G(x) \equiv P(r < x|I)$ è una funzione di x monotonicamente crescente. La densità di probabilità p è definita positiva ed è:

$$p(x|I) = \lim_{\delta \to 0} \frac{P(x \leq r < x + \delta|I)}{\delta} = \frac{dG(x)}{dx}. \tag{5.15}$$

In questo modo la relazione 5.14 può essere scritta come:

$$P(a \leq r < B|I) = \int_a^b p(r|I)dr. \tag{5.16}$$

Allora potremo scrivere la regola del prodotto come:

$$p(x,y|I) = p(x|y,I)p(y|I) \tag{5.17}$$

la normalizzazione

$$\int p(x|I)dx = 1 \tag{5.18}$$

la marginalizzazione/decomposizione

$$p(x|I) = \int p(x,y|I) = \int p(x|y,I)p(y|I)dy. \tag{5.19}$$

Allora il teorema di Bayes è

$$p(y|x,I) = \frac{p(x|y,I)p(y|I)}{\int p(x|y,I)p(y|I)dy}.$$ (5.20)

5.2 Assegnare la probabilità

Le regole del prodotto o della somma sono indicative delle relazioni tra le probabilità. Queste regole non sono, però, sufficienti a produrre una interferenza, poiché in ultima analisi è il valore numerico delle probabilità che deve essere noto. Allora la prima cosa è quella di definire la probabilità.

Per assegnare la probabilità, c'è un solo modo, l'analisi logica, cioè una analisi non contradittoria delle informazioni disponibili, senza fare delle assunzioni gratuite.

In linea di principio ci sono tre tipi di informazione che devono essere incorporati nella assegnazione delle probabilità: la stima dei parametri, la conoscenza delle medie e della deviazione standard di una distribuzione di probabilità per parecchie quantità e alcune proprietà del rumore e degli errori sui dati. La loro assegnazione differisce solo nel tipo di informazione disponibile.

Guardiamo per prima cosa come fare la stima dei parametri.

5.2.1 Caso di un parametro

Il tipo di informazione che deve essere assegnata è la conoscenza della media e deviazione standard di una distribuzione di probabilità.

Poiché la probabilità è associata con ogni possibile valore del parametro, essa è una misura di quanto crediamo che esso giaccia in vicinanza di un punto. Se indichiamo con x la quantità di interesse con una funzione di densità di probabilità pdf (probability density function) avremo:

$$pdfP = p(x|D,I)$$ (5.21)

dove la migliore stima è data dalla minimizzazione della derivata prima

$$\left. \frac{dP}{dx} \right|_{x_0} = 0$$ (5.22)

con la derivata seconda attorno ad x_0 che rappresenta un min o max

$$\left. \frac{d^2P}{dx^2} \right|_{x_0} = 0.$$ (5.23)

Considerando il comportamento di una funzione all'intorno di un punto particolare il modo più semplice è quello di usare la espansione in serie di Taylor. Allora piuttosto che trattare direttamente con la *pdf P* si usa il logaritmo in base *e* di *L* della funzione pdf.

$$L = \ln p(x|D,I). \tag{5.24}$$

Allora l'espansione in serie di Taylor comporta:

$$L = L(x_0) + \frac{1}{2} \frac{d^2P}{dx^2}\bigg|_{x_0} (x - x_0)^2 + \ldots \tag{5.25}$$

dove la miglior stima di x è data da

$$\frac{dL}{dx}\bigg|_{x_0} = 0 \tag{5.26}$$

che è equivalente alla 5.22 in quanto L è una funzione monotona di P. Il primo termine della espansione di Taylor $L(x_0)$ è una costante e quindi non fornisce alcuna indicazione attorno alla forma della pdf a posteriori. Il termine lineare $(x - x_0)$ è trascurabile in quanto si sta espandendo la funzione attorno al massimo. Il termine quadratico è un fattore dominante che determina l'ampiezza della pdf a posteriori e quindi gioca un ruolo centrale nell'analisi di affidabilità. Ignorando allora gli ordini superiori, l'esponenziale della funzione L è:

$$p(x|D,I) \simeq A \exp\left(\frac{1}{2} \frac{d^2P}{dx^2}\big|_{x_0} (x - x_0)^2 \right) \tag{5.27}$$

dove A è una costante di normalizzazione. Sebbene l'espressione sia un po' bizzarra, serve perché è una approssimazione della probabilità con la probabilità Gaussiana.

$$p(x|\mu,\sigma) = \frac{1}{\sigma\sqrt{2\pi}} \exp\left(-\frac{(x - \mu)^2}{2\sigma^2} \right). \tag{5.28}$$

Comparando i due esponenti avremo che:

- la pdf per x ha un max a $x = x_0$;
- la sua ampiezza caratterizza da σ è inversamente legata all'inverso della radice quadrata della derivata seconda di L a $x = x_0$

$$\sigma = \left(-\frac{d^2P}{dx^2}\bigg|_{x_0} \right)^{-\frac{1}{2}} \tag{5.29}$$

dove $\frac{d^2P}{dx^2}|_{x_0}$ è necessariamente negativa perché abbiamo posto che $\frac{d^2P}{dx^2}| < 0$.
La nostra inferenza è:

$$x = x_0 \pm \sigma \tag{5.30}$$

e

$$p(x_0 - \sigma \leq x \leq x_0 + \sigma | D, I) = \int_{x_0-\sigma}^{x_0+\sigma} p(x|D,I)dx. \tag{5.31}$$

5.2.2 Caso in cui sia coinvolto più di un parametro

Nel paragrafo precedente è stato trattato il caso di una variabile. In questo paragrafo tratteremo il caso di più di un parametro. Anche in questo caso la probabilità, associata con ogni insieme particolare di valori per i parametri, è una misura di quanto noi crediamo che essi stiano nell'intorno di un certo intervallo. La nostra migliore stima è data dal massimo della pdf a posteriori. Se indichiamo con $\{H_i\}$ le quantità di interesse e la probabilità a posteriori con:

$$pdf P = p(\{H_i\}|D,I) \tag{5.32}$$

la cui migliore stima è data da

$$\left.\frac{\partial P}{\partial H_i}\right|_{x_{\{0i\}}} = 0 \tag{5.33}$$

dove $i = 1,2..$ fino al numero di parametri che devono essere dedotti.

Passando al logaritmo come in precedenza avremo:

$$L = \ln p(\{H_i\}|D,I). \tag{5.34}$$

Piuttosto che fare questa analisi per tutti i parametri semplifichiamo per due variabili X ed Y. Allora avremo che la migliore stima è data dal sistema:

$$\begin{aligned}
\left.\frac{\delta L}{\delta X}\right|_{X_0,Y_0} &= 0 \\
\left.\frac{\delta L}{\delta Y}\right|_{X_0,Y_0} &= 0
\end{aligned} \tag{5.35}$$

con $L = \ln p(\{X,Y|D,I\})$.

Per ottenere una misura della attendibilità della miglior stima dobbiamo guardare allo sparpagliamento della pdf a posteriori bi-dimensionale attorno a X_0, Y_0. Allora l'analisi del comportamento locale di una funzione complicata può essere fatta mediante una espansione in serie di Taylor:

$$\begin{aligned}
L = L(X_0,Y_0) + \frac{1}{2}\Bigg[&\left.\frac{\partial^2 L}{\delta X^2}\right|_{X_0,Y_0}(X-X_0)^2 + \left.\frac{\partial^2 L}{\partial Y^2}\right|_{X_0,Y_0}(Y-Y_0)^2 \\
&+ 2\left.\frac{\partial^2 L}{\partial X \partial Y}\right|_{X_0,Y_0}(X-X_0)(Y-Y_0)\Bigg] + \dots
\end{aligned} \tag{5.36}$$

In questa relazione il primo termine è una costante e quindi non conta; i termini lineari, essendo una espansione attorno al massimo, sono zero e quindi i tre termini quadratici sono i fattori dominanti che determinano l'ampiezza della pdf posteriori. Indicando con

$$A = \frac{\partial^2 L}{\delta X^2}\bigg|_{X_0, Y_0} \qquad B = \frac{\partial^2 L}{\partial Y^2}\bigg|_{X_0, Y_0} \qquad C = \frac{\partial^2 L}{\partial X \partial Y}\bigg|_{X_0, Y_0} \qquad (5.37)$$

e scrivendo in notazione matriciale avremo:

$$\mathbf{Q} = (\mathbf{X} - \mathbf{X}_0 \ \mathbf{Y} - \mathbf{Y}_0) \begin{pmatrix} \mathbf{A} & \mathbf{C} \\ \mathbf{C} & \mathbf{B} \end{pmatrix} \begin{pmatrix} \mathbf{X} - \mathbf{X}_0 \\ \mathbf{Y} - \mathbf{Y}_0 \end{pmatrix} \qquad (5.38)$$

dove le componenti della matrice simmetrica sono le derivate seconde di L nella sequenza in cui appaiono nell'espansione di Taylor. Il contorno di $\mathbf{Q}$ nel piano X-Y lungo il quale $\mathbf{Q} = k$, costante, è una ellissi centrata in $\mathbf{X}_0, \mathbf{Y}_0$. Le direzioni degli assi principali corrispondono agli autovettori della matrice delle derivate seconde date nell'equazione 5.38; cioè a dire che l'asse maggiore e quello minore della ellissi sono dati dalla soluzione della equazione. Una rappresentazione grafica si può vedere in Fig. 5.2

$$\begin{pmatrix} \mathbf{A} & \mathbf{C} \\ \mathbf{C} & \mathbf{B} \end{pmatrix} \begin{pmatrix} x \\ y \end{pmatrix} = \lambda \begin{pmatrix} x \\ y \end{pmatrix}. \qquad (5.39)$$

I due autovalori λ_1 e λ_2 che soddisfano l'equazione 5.39 sono a loro volta inversamente proporzionali al quadrato della ampiezza dell'ellissi lungo le direzioni principali. Inoltre se il punto $(\mathbf{X}_0, \mathbf{Y}_0)$ fosse un massimo piuttosto che un minimo o un punto di sella allora λ_1 e λ_2 devono essere negativi.

Se siamo interessati a conoscere il valore di $\mathbf{X}$ allora integreremo su $\mathbf{Y}$:

$$p(\mathbf{X}|\mathbf{D}, \mathbf{I}) = \int_{-\infty}^{\infty} p(\mathbf{X}, \mathbf{Y}|\mathbf{D}, \mathbf{I}) d\mathbf{Y}. \qquad (5.40)$$

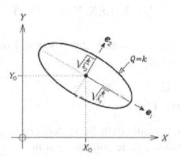

Fig. 5.2 Rappresentazione grafica nello spazio dei parametri X-Y

Questo integrale può essere valutato analiticamente se si usa come approssimazione che la probabilità è data da:

$$p(\mathbf{X},\mathbf{Y}|\mathbf{D},\mathbf{I}) = \exp(L) \propto \exp\left(\frac{Q}{2}\right) \tag{5.41}$$

ed allora:

$$p(\mathbf{X}|\mathbf{D},\mathbf{I}) \propto \exp\left(\frac{1}{2}\left[\frac{\mathbf{AB} - \mathbf{C}^2}{\mathbf{B}}\right](\mathbf{X} - \mathbf{X}_0)^2\right). \tag{5.42}$$

La nostra migliore stima è ancora $\mathbf{X}_0$ e la sua barra d'errore è:

$$\sigma_x = \sqrt{\frac{\mathbf{B}}{\mathbf{C}^2 - \mathbf{AB}}}. \tag{5.43}$$

Un risultato analogo vale per Y il cui errore è

$$\sigma_y = \sqrt{\frac{\mathbf{A}}{\mathbf{C}^2 - \mathbf{AB}}}. \tag{5.44}$$

Per definire meglio il quadro di riferimento guardiamo ora il denominatore delle due relazioni. Esso non è altro che il determinante della matrice data dalla equazione 5.39. Allora se λ_1 o λ_2 diviene molto piccolo, così che l'ellisse è molto elongata in una delle sue direzioni principali, allora $\mathbf{AB} - \mathbf{C}^2 \to 0$. In realtà non abbiamo ancora una informazione definitiva ed allora conviene tornare sul concetto di barra di errore.

La cosa migliore è quella di guardare alla barra d'errore come ad una varianza a posteriori, che è anche una misura della sua deviazione dalla media. Infatti siccome la varianza è la radice quadrata media (rms) dell'errore, nel nostro caso 2D avremo che:

$$\sigma_{\mathbf{X}}^2 = \langle(\mathbf{X} - \mathbf{X}_0)^2\rangle = \iint (\mathbf{X} - \mathbf{X}_0)^2 p(\mathbf{X},\mathbf{Y}|\mathbf{D},\mathbf{I})d\mathbf{X}d\mathbf{Y} \tag{5.45}$$

e analogamente vale per $\sigma_{\mathbf{Y}}^2$. L'idea della varianza si allarga se consideriamo simultaneamente la deviazione di $\mathbf{X}$ e $\mathbf{Y}$; per cui avremo la covarianza che può essere indicata come:

$$\sigma_{\mathbf{XY}}^2 = \langle(\mathbf{X} - \mathbf{X}_0)(\mathbf{Y} - \mathbf{Y}_0)\rangle = \iint (\mathbf{X} - \mathbf{X}_0)(\mathbf{Y} - \mathbf{Y}_0)p(\mathbf{X},\mathbf{Y}|\mathbf{D},\mathbf{I})d\mathbf{X}d\mathbf{Y} \tag{5.46}$$

che è una misura delle correlazioni tra i parametri X ed Y. Se si valuta l'integrale con la approssimazione logaritmica avremo che:

$$\sigma_{\mathbf{XY}}^2 = \frac{\mathbf{C}}{\mathbf{AB} - \mathbf{C}^2}. \tag{5.47}$$

Avremo allora che la matrice di covarianza, ottenuta dalle barre dell'errore quadratico, in cui lungo la diagonale c'è la covarianza e sulle colonne ci sono le varianze, è data da:

$$\begin{pmatrix} \sigma_X^2 & \sigma_{XY}^2 \\ \sigma_{XY}^2 & \sigma_Y^2 \end{pmatrix} = -\frac{1}{AB - C^2} \begin{pmatrix} -B & C \\ C & -A \end{pmatrix} = -\begin{pmatrix} A & C \\ C & B \end{pmatrix}^{-1}. \tag{5.48}$$

La matrice degli errori al quadrato è la matrice di covarianza. A seconda del valore di σ_{XY}^2 avremo differenti casi:

- $\sigma_{XY}^2 = 0$ avremo che i valori che sono in relazione con X ed Y sono scorrelati;
- σ_{XY}^2 è largo e positivo si può dedurre che i dati contengono informazioni solo lungo la somma dei due parametri $Y + mX = $ cost per $m > 0$;
- σ_{XY}^2 è negativo allora la pdf a posteriori sarà molto ampia in una direzione $Y = -mX$ dove $m = \sqrt{\frac{A}{B}}$. Ciò indica che c'è un bel po' di informazione intorno alla somma ma poco rispetto alla differenza.

5.2.3 Generalizzazione ad una multivariata

Il caso dell'analisi precedente può essere generalizzato al caso di parecchie variabili.

Definiremo dapprima il valore d'aspettazione [1] di una funzione continua $f(x)$ come:

$$E[f] = \int f(x)p(x|I)dx \tag{5.49}$$

dove il dominio d'integrazione è l'intervallo di definizione della distribuzione $p(x|I)$. Il momento $k - esimo$ di una distribuzione è il valore di aspettazione $\langle x^k \rangle$, mentre il momento zero è $\langle x^0 \rangle = 1$. Nel caso di una funzione discreta l'integrale viene sostituito con una sommatoria. Il primo momento è la media della distribuzione ed è una misura di posizione.

$$\mu = \bar{x} = E[x] = \int xp(x|I)dx. \tag{5.50}$$

Il secondo momento è la varianza attorno alla media

$$\sigma^2 = E[\Delta x^2] = E[(x - \mu)^2] = \int (x - \mu)^2 p(x|I)dx. \tag{5.51}$$

La radice quadrata della varianza cioè la deviazione standard è una misura della ampiezza della distribuzione.

$$\mu_i = \bar{x} = E[x_i] = \int x_i p(x_1 \ldots x_n | I)dx_1 \ldots dx_n$$

$$V_{ij} = E[\Delta x_i \Delta x_j] = \int (x_i - \mu_i)(x_j - \mu_j)p(x_1 \ldots x_n | I)dx_1 \ldots dx_n. \tag{5.52}$$

---

[1] L'aspettazione si può anche annotare come $\langle f \rangle$ come abbiamo fatto nel Capitolo 4.

Una correlazione tra le variabili è data dalla matrice dei coefficienti di correlazione

$$\rho_{ij} = \frac{V_{ij}}{\sqrt{V_{ii}V_{jj}}} = \frac{V_{ij}}{\sigma_i\sigma_j}. \tag{5.53}$$

La posizione del massimo di una funzione di densità di probabilità è la moda indicata con $\hat{x}$. Nel caso di una distribuzione $n - dimensionale$ si trova la moda minimizzando il logaritmo della funzione probabilità $L(\mathbf{x}) = -\ln p(\mathbf{x}|I)$ piuttosto che la probabilità. Allora espandendo la L attorno al punto $\hat{x}$ si ottiene:

$$L(\mathbf{x}) = L(\hat{\mathbf{x}}) + \sum_{i=1}^{n} \frac{\partial L(\hat{\mathbf{x}})}{\partial x} \Delta x_i + \frac{1}{2} \sum_{i=1}^{n} \sum_{i=j}^{n} \frac{\partial^2 L(\hat{\mathbf{x}})}{\partial x_i \partial x_j} \Delta x_i \Delta x_j + \ldots \tag{5.54}$$

dove $\Delta x_i \equiv x_i - \hat{x}$. La migliore stima della $\hat{x}$ è data dalla minimizzazione della derivata prima di L. Con questa scelta $\hat{x}$ è una soluzione di un insieme di equazioni

$$\frac{dL(\hat{x})}{dx_i} = 0 \tag{5.55}$$

così che il secondo termine della espansione scompare. Come in precedenza avremo allora che il primo termine della espansione di Taylor $L(\hat{x})$ è una costante e quindi non fornisce alcuna indicazione attorno alla forma della pdf a posteriori. Il termine della derivata prima è zero in quanto si sta espandendo la funzione attorno al massimo, mentre il termine quadratico è un fattore dominante che determina l'ampiezza della pdf a posteriori e quindi gioca un ruolo centrale nell'analisi di affidabilità. Scrivendo l'espansione in notazione matriciale avremo

$$L(\mathbf{x}) = L(\hat{\mathbf{x}}) + \frac{1}{2}(\mathbf{x} - \hat{\mathbf{x}})^T \mathbf{H}(\mathbf{x} - \hat{\mathbf{x}}) + \ldots \tag{5.56}$$

dove $\mathbf{H}$ è la matrice Hessiana

$$\frac{\partial^2 L(\hat{\mathbf{x}})}{\partial x_i \partial x_j}. \tag{5.57}$$

Ignorando allora gli ordini superiori al secondo, l'esponenziale della funzione L data dalla equazione 5.56 dà:

$$p(x|I) \simeq A \exp\left(-\frac{1}{2}(\mathbf{x} - \hat{\mathbf{x}})^T \mathbf{H}(\mathbf{x} - \hat{\mathbf{x}})\right) \tag{5.58}$$

dove A è una costante di normalizzazione. Identificando l'inverso dell'Hessiano con una matrice di covarianza $\mathbf{V}$ si ottiene una Gaussiana multivariata nello spazio della $\mathbf{x}$

$$p(\mathbf{x}|I) = \frac{1}{\sqrt{(2\pi)^n|\mathbf{V}|}} \exp\left(-\frac{1}{2}(\mathbf{x} - \hat{\mathbf{x}})^T \mathbf{V}^{-1}(\mathbf{x} - \hat{\mathbf{x}})\right) \tag{5.59}$$

dove $|\mathbf{V}|$ indica il determinante di $\mathbf{V}$. La 5.59 può essere facilmente marginalizzata calcolando l'integrale

$$p(x_1, \ldots x_m | I) = \frac{1}{\sqrt{(2\pi)^n |\mathbf{V}|}} \int \ldots \int_{-\infty}^{\infty} \exp(-\frac{1}{2}\mathbf{x}^{\mathbf{T}}\mathbf{H}\mathbf{x}) dx_{m+1}, \ldots dx_n. \quad (5.60)$$

Integrare una Gaussiana multivariata su di una variabile x_i è equivalente a cancellare le corrispondenti righe e colonne i nella matrice di covarianza $\mathbf{V}$ in modo da definire una nuova matrice di covarianza e un nuovo Hessiano. Mettendo questa nuova matrice di covarianza e sostituendo l'esponente n nella 5.59 con $(n-1)$ si ottiene la Gaussiana integrata.

$$p(\mathbf{x}_i | I) = \frac{1}{\sigma_i \sqrt{2\pi}} \exp\left[-\frac{1}{2}\left(\frac{x_i - \hat{x}_i}{\sigma_i}\right)^2\right] \quad (5.61)$$

dove σ_i^2 sono gli elementi diagonali V_{ii} della matrice di covarianza $\mathbf{V}$.

5.2.4 Rumore gaussiano e medie

Dato un set di dati $\{H_i\}$, qual'è la migliore stima di μ, il valore vero del parametro d'interesse e quanto siamo confidenti che la misura sia precisa?

La nostra inferenza attorno alla media è espressa dalla pdf a posteriori data da:

$$p(\mu | \{H_i\}, \sigma, I) = \propto p(\{H_i\} | \mu, \sigma, I) \times p(\mu | \sigma, I). \quad (5.62)$$

Assumendo che i dati siano indipendenti la funzione di probabilità è data dal prodotto delle probabilità:

$$p(\{x_k\}, |\mu, \sigma, I) = \prod_{k=1}^{N} p(x_k | \mu, \sigma, I). \quad (5.63)$$

Poiché la conoscenza della ampiezza di una Gaussiana non ci dice qual'è la posizione del suo centro, assumiamo che la pdf a posteriori sia:

$$p(\mu | I) = \begin{cases} A & \mu_{min} \leq \mu \leq \mu_{max} \\ 0 & altrove. \end{cases} \quad (5.64)$$

Da cui ne discende che

$$L = \ln(p(\mu | \{H_i\}, I)) = \text{const} - \sum_{k=1}^{N} \frac{(x_k - \mu)^2}{2\sigma^2}. \quad (5.65)$$

La cui derivata prima è:

$$\frac{dL}{d\mu}\bigg|_{\mu_0} = \sum_{k=1}^{N} \frac{x_k - \mu_0}{\sigma^2} = 0 \tag{5.66}$$

per cui $\mu_0 = \frac{1}{N}\sum_{k=1}^{N} x_k$. La derivata seconda è

$$\frac{dL}{d^2\mu}\bigg|_{\mu_0} = \frac{N}{\sigma^2}. \tag{5.67}$$

Quindi

$$\mu = \mu_0 \pm \frac{\sigma}{\sqrt{N}}. \tag{5.68}$$

Guardiamo ora il caso in cui i dati siano affetti da differenti errori. Supponiamo inoltre che l'errore sia modellabile attraverso una pdf Gaussiana così che la probabilità del k-esimo dato sia:

$$p(x_k|\mu, \sigma_k) = \frac{1}{\sigma_k\sqrt{2\pi}} \exp\left(-\frac{(x_k - \mu)^2}{2\sigma_k^2}\right) \tag{5.69}$$

dove la barra di errore per ciascun dato σ_k non è della stessa dimensione. Passando al logaritmo della pdf a posteriori per μ, cioè del valore vero del parametro di interesse, avremo:

$$L = \ln(p(\mu|\{x_k\},\{\sigma_k\},I)) = \text{const} - \sum_{k=1}^{N} \frac{(x_k - \mu)^2}{2\sigma_k^2}. \tag{5.70}$$

Facendo la derivata prima per ottenere la migliore stima avremo il valore per μ_0

$$\mu_0 = \frac{\left(\sum\limits_{k=1}^{N} w_k x_k\right)}{\left(\sum\limits_{k=1}^{N} w_k\right)} \tag{5.71}$$

dove $w_k = \frac{1}{\sigma_k^2}$.

Dobbiamo ora calcolare la media pesata perché meno il dato è credibile più grande è la barra dell'errore e più piccolo è il suo peso w_k. Usando la derivata seconda di L comporterà che

$$\mu = \mu_0 \pm \left(\sum_{k=1}^{N} w_k\right)^{-\frac{1}{2}}. \tag{5.72}$$

5.2.5 Teoria della stima

Nella trattazione introduttiva abbiamo detto che la soluzione del problema inverso sta nella distribuzione a posteriori. Avendo la distribuzioni a posteriori si possono calcolare dei punti di stima.

La stima può essere definita come quel processo attraverso il quale inferiamo il valore di una quantità di nostro interesse, x, processando i dati che in un qualche modo dipendono da x.

Questa definizione tuttavia non ci dice tutto sulle caratteristiche dello stimatore. Infatti ci sono altri elementi che possono influenzare la nostra stima. Essi possono essere:

- le misure che sono affette da un certo errore e che, quindi, influenzano la nostra inferenza;
- non sempre la misura di x è diretta;
- ci piacerebbe incorporare qualche informazione a priori nella nostra stima;
- ci piacerebbe impiegare un modello che ci indichi come il sistema evolve nel tempo;
- questo modello ha delle incertezze per cui vogliamo modellare gli errori del modello in modo tale da incorporarlo nel processo di stima e renderli evidenti nell'incertezza dello stato stimato.

Poiché da questi punti emerge chiaramente che il problema dell'incertezza è centrale nel problema della stima dovremo rivedere la frase del secondo capoverso di questo paragrafo chiedendoci quale è il valore più probabile della incognita x una volta che ci siano stati forniti i dati e l'informazione a priori?

Sulla base delle analisi fatte in precedenza possiamo considerare quattro problemi di stima: la massima probabilità (ML), il massimo a posteriori (MAP), i minimi quadrati e l'errore quadratico medio minimo (MMSE).

Stima di massima probabilità ML

Supponiamo che una misura $\mathbf{y}$ che abbiamo sia in un qualche modo legata allo stato che noi vogliamo stimare. Supponiamo anche che questa misura non sia precisa e sia affetta da un certo errore o rumore. Questo può essere incapsulato in una funzione di probabilità dove l'operatore $\mathscr{L}$ è per definizione uguale a una funzione di probabilità generica $p(\mathbf{y}|\mathbf{x})$ e si scrive:

$$\mathscr{L} \triangleq p(\mathbf{y}|\mathbf{x}) \tag{5.73}$$

$p(\mathbf{y}|\mathbf{x})$ è una probabilità condizionale che come abbiamo visto, può essere descritta come una Gaussiana (relazione 5.59)

$$p(\mathbf{y}|\mathbf{x}) = A \exp\left(-\frac{1}{2}(\mathbf{y}-\mathbf{x})^T \mathbf{H}(\mathbf{y}-\mathbf{x})\right). \tag{5.74}$$

Immaginiamo che ci sia stato dato una osservazione $\mathbf{y}$ e una pdf associata $\mathscr{L}$ per cui abbiamo la forma funzionale dell'equazione 5.74, in modo tale che possiamo ottenere la massima stima di probabilità $\mathbf{x}_{ML}$ facendo variare la $\mathbf{x}$ finché si trova la massima probabilità, vale a dire

$$\mathbf{x}_{ML} = \arg_x \max \, p(\mathbf{y}|\mathbf{x}). \tag{5.75}$$

Stima del massimo a posteriori MAP

In molti casi si hanno già delle conoscenze a priori su di $\mathbf{x}$ che è una variabile casuale che pensiamo che sia distribuita come $p(\mathbf{x})$. Se pensiamo di avere una osservazione $\mathbf{y}$ con un comportamento del tipo $p(\mathbf{y}|\mathbf{x})$, usando la regola di Bayes che incorpora non solo l'informazioni della misura, ma anche la nostra conoscenza a priori su $\mathbf{x}$ avremo:

$$p(\mathbf{x}|\mathbf{y}) = \frac{p(\mathbf{y}|\mathbf{x})p(\mathbf{x})}{p(\mathbf{y})} = C \times p(\mathbf{y}|\mathbf{x})p(\mathbf{x}). \tag{5.76}$$

Il massimo a posteriori MAP trova il valore di $\mathbf{x}$ che massimizza $p(\mathbf{y}|\mathbf{x})p(\mathbf{x})$. La costante C non dipende da $\mathbf{x}$, vale a dire

$$\mathbf{x}_{MAP} = \arg_x \max \, p(\mathbf{y}|\mathbf{x})p(\mathbf{x}). \tag{5.77}$$

Stima dell'errore quadratico medio minimo MMSE

Un'altra tecnica è quella per stimare il valore di una variabile casuale $\mathbf{x}$ è quello della stima dell'errore quadratico medio minimo. Avendo un insieme di osservazioni $\{H_i\} = \mathbf{Z}^k = \{z_1, z_2 \ldots z_k\}$ possiamo definire la funzione costo che minimizza in funzione di $\mathbf{x}_m$

$$\mathbf{x}_{MMSE} = \arg_{\mathbf{x}_m} \max \, E[(\mathbf{x}_m - \mathbf{x})^T(\mathbf{x}_m - \mathbf{x})|\mathbf{Z}^k]. \tag{5.78}$$

La relazione indica che vogliamo trovare una stima di $\mathbf{x}$ che, date tutte le misure, minimizza il valore aspettato (indicato con la E) della somma degli errori quadratici tra il valore vero e la stima stessa. Infatti ricordando la relazione 5.49 sull'aspettazione, la funzione costo è data da:

$$J(\mathbf{x}_m, \mathbf{x}) = \int_{-\infty}^{\infty} (\mathbf{x}_m - \mathbf{x})^T(\mathbf{x}_m - \mathbf{x})p(\mathbf{x}|\mathbf{Z}^k)d\mathbf{x} \tag{5.79}$$

che differenziata e posta uguale a zero dà:

$$\frac{\partial J(\mathbf{x}_m, \mathbf{x})}{\partial \mathbf{x}} = 2\int_{-\infty}^{\infty} (\mathbf{x}_m - \mathbf{x})p(\mathbf{x}|\mathbf{Z}^k)d\mathbf{x} = 0. \tag{5.80}$$

Suddividendo l'integrale e ricordando che l'integrazione avviene su $\mathbf{x}$ avremo:

$$\mathbf{x}_m \int_{-\infty}^{\infty} p(\mathbf{x}|\mathbf{Z}^k)d\mathbf{x} = \int_{-\infty}^{\infty} mp(\mathbf{x}|\mathbf{Z}^k)d\mathbf{x}$$

$$\mathbf{x}_m = \int_{-\infty}^{\infty} p(\mathbf{x}|\mathbf{Z}^k)d\mathbf{x} \tag{5.81}$$

$$\mathbf{x}_m = E\{\mathbf{x}|\mathbf{Z}^k\}$$

che ci dice che una variabile casuale, dato un insieme di misure, è proprio la media condizionata sulle misure.

Stima Bayesiana ricorsiva

L'idea della stima MAP porta naturalmente alla stima Bayesiana ricorsiva. Ricordando che nella stima MAP fondevamo la probabilità a priori con le misure correnti per ottenere una stima $\mathbf{x}_{MAP}$ dello stato $\mathbf{x}$, se prendiamo un'altra misura potremo usare la precedente stima $\mathbf{x}_{MAP}$ come quella a priori, incorporare le nuove misure e ottenere ora una probabilità a posteriori aggiornata con due misure. Questo processo può essere descritto nel seguente modo, tenendo conto del fatto che

$$p(\mathbf{x}|\mathbf{Z}^k)p(\mathbf{Z}^k) = p(\mathbf{Z}^k|\mathbf{x})p(\mathbf{x}). \tag{5.82}$$

Se si assume la indipendenza tra $\mathbf{x}$ e $\mathbf{Z}^k$ potremo scrivere:

$$p(\mathbf{Z}^k|\mathbf{x})p(\mathbf{Z}^k) = p(\mathbf{Z}^{k-1}|\mathbf{x})p(\mathbf{z_k}|\mathbf{x}) \tag{5.83}$$

dove $\mathbf{z}_k$ è una osservazione che arriva al tempo k. Sostituendola nella equazione 5.82 otteniamo:

$$p(\mathbf{x}|\mathbf{Z}^k)p(\mathbf{Z}^k) = p(\mathbf{Z}^{k-1}|\mathbf{x})p(\mathbf{z_k}|\mathbf{x})p(\mathbf{x}). \tag{5.84}$$

Ora utilizzando la regola di Bayes avremo

$$p(\mathbf{Z}^{k-1}|\mathbf{x}) = \frac{p(\mathbf{x}|\mathbf{Z}^{k-1})p(\mathbf{Z}^{k-1})}{p(\mathbf{x})} \tag{5.85}$$

che sostituita nella equazione 5.84 dà:

$$p(\mathbf{x}|\mathbf{Z}^k)p(\mathbf{Z}^k) = p(\mathbf{z}_k|\mathbf{x})\frac{p(\mathbf{x}|\mathbf{Z}^{k-1})p(\mathbf{Z}^{k-1})}{p(\mathbf{x})}p(\mathbf{x})$$

$$= p(\mathbf{z}_k|\mathbf{x})p(\mathbf{x}|\mathbf{Z}^{k-1})p(\mathbf{Z}^{k-1}). \tag{5.86}$$

Notando che

$$p(\mathbf{z}_k|\mathbf{Z}^{k-1}) = \frac{p(\mathbf{z_k}, \mathbf{Z}^{k-1})}{p(\mathbf{Z}^{k-1})}$$
$$= \frac{p(\mathbf{Z}^k)}{p(\mathbf{Z}^{k-1})}. \tag{5.87}$$

Utilizzando il suo inverso avremo il risultato finale

$$p(\mathbf{x}|\mathbf{Z}^k) = \frac{p(\mathbf{z}_k|\mathbf{x})p(\mathbf{x}|\mathbf{Z}^{k-1})}{p(\mathbf{z_k}|\mathbf{Z}^{k-1})} \tag{5.88}$$

dove il denominatore è come abbiamo visto un termine di normalizzazione. Allora la $p(\mathbf{x}|\mathbf{Z}^k)$ è la pdf di $\mathbf{x}$ condizionata da tutte le osservazioni che abbiamo ricevuto fino ad includere il tempo k. Il termine $p(\mathbf{z}_k|\mathbf{x})$ è la probabilità della $k-esima$ misura e $p(\mathbf{x}|\mathbf{Z}^{k-1})$ è la miglior stima di $\mathbf{x}$ al tempo $k-1$ che è stata condizionata da tutte le misure che sono state fatte fino a $k-1$.

5.2.6 Assegnare la probabilità

Nei paragrafi precedenti abbiamo introdotto le operazioni sulla decomposizione che permettono di assegnare la probabilità composta come somma delle probabilità note elementari. Nella inversione statistica la costruzione della densità a priori è uno dei passi cruciali in quanto il problema maggiore sta proprio nella quantità e qualità delle informazioni che si hanno a disposizione. Certamente i modelli a priori devono essere opportunamente esplicitati e per questo esistono vari libri che trattano adeguatamente questo problema. Noi qui piuttosto che fare un excursus sui vari modelli probabilistici trattiamo la densità di probabilità Gaussiana e il principio di massima entropia (MaxEnt), che sono generalmente usati in geofisica, lasciando la distribuzione di Poisson, quella binomiale o multinomiale o altre distribuzioni ad altre trattazioni.

Distribuzione di Gauss

La somma di molte fluttuazioni casuali porta ad una distribuzione di Gauss senza alcun riguardo alla distribuzione di ciascun termine che contribuisce alla somma. Questo fatto che è noto come *Teorema del limite centrale* ed è responsabile della predominanza della distribuzione di Gauss nella analisi statistica. Per provare questo teorema è necessario introdurre la funzione caratteristica che è la trasformata di Fourier della densità di probabilità.

La trasformata di Fourier della distribuzione $p(x)$ è definita come:

$$\phi(k) = \int_{-\infty}^{\infty} \exp(ikx)p(x)dx. \tag{5.89}$$

La sua inversa è

$$p(x) = \int_{-\infty}^{\infty} \exp(-ikx)\phi(k)dk. \tag{5.90}$$

Questo perché la trasformata di Fourier trasporta una convoluzione nello spazio di x in un prodotto nello spazio di k.

Prendiamo una distribuzione di n variabili indipendenti:

$$p(\mathbf{x}|I) = f_1(x), f_2(x), \ldots f_n(x). \tag{5.91}$$

Se usiamo la relazione che calcola la probabilità di densità $p(\mathbf{y}|I)$ di una singola funzione $\mathbf{y} = f(\mathbf{x})$ da una data distribuzione $p(\mathbf{x}|I)$ di n variabili di $\mathbf{x}$ la decomposizione fornirà

$$p(\mathbf{y}|I) = \int p(\mathbf{y},\mathbf{x}|I)d\mathbf{x} = \int p(\mathbf{y}|\mathbf{x},I)p(\mathbf{z}|I)d\mathbf{x} = \int \delta[\mathbf{y} - f(\mathbf{x})]p(\mathbf{x}|I)d\mathbf{x} \tag{5.92}$$

in cui abbiamo fatto una banale traslazione usando la δ di Dirac per $p(\mathbf{y}|\mathbf{x},I) = \delta[\mathbf{y} - f(\mathbf{x})]$. Scriveremo la nostra relazione con la somma $\mathbf{y} = \sum_i^n x_i$. Allora

$$\phi(k) = \int_{-\infty}^{\infty} dy \int_{-\infty}^{\infty} \ldots \int_{-\infty}^{\infty} dx_1 \ldots dx_n \exp(iky) f_1(x_1) \ldots f_n(x_n) \delta \left(y - \sum_i^n x_i \right)$$

$$= \int_{-\infty}^{\infty} \ldots \int_{-\infty}^{\infty} dx_1 \ldots dx_n \exp \left(ik \sum_i^n x_i \right) f_1(x_1) \ldots f_n(x_n) \tag{5.93}$$

$$= \int_{-\infty}^{\infty} \ldots \int_{-\infty}^{\infty} dx_1 \ldots dx_n \exp(ikx_1) f_1(x_1) \ldots \exp(ikx_n) f_n(x_n)$$

$$= \phi_1(k) \ldots \phi_n(k).$$

Per cui la trasformata di una somma di variabili casuali indipendenti è il prodotto della trasformata di ciascuna variabile.

I momenti della distribuzione sono relativi alle derivate della trasformata a $k = 0$.

$$\frac{d^n \phi(k)}{dk^n} = \int_{-\infty}^{\infty} (ix)^n \exp(ikx)p(x)dx \Rightarrow \frac{d^n \phi(0)}{dk^n} = i^n E\{x^n\}. \tag{5.94}$$

La distribuzione di Gauss e la sua trasformata sono dati da:

$$p(x) = \frac{1}{\sigma\sqrt{2\pi}} \exp \left[-\frac{1}{2} \left(\frac{x-\mu}{\sigma} \right)^2 \right] \tag{5.95}$$

e

$$\phi(k) = \exp \left(i\mu k - \frac{1}{2}\sigma^2 k^2 \right). \tag{5.96}$$

Per provare il teorema de limite centrale si consideri la somma di un insieme largo di n variabili casuali $s = \sum x_j$. Ciascun x_j è distribuito indipendentemente in accordo a $f(x_j)$ con media μ_j e deviazione standard σ che si assume essere la stessa per tutti gli f_j. Ponendo $\mu = \sum \mu_j$ possiamo scrivere che

$$z = \sum_{j=1}^{n} y_i = \sum_{j=1}^{n} \frac{x_j - \mu_i}{\sqrt{n}} = \frac{s - \mu}{\sqrt{n}}. \tag{5.97}$$

Prendiamo ora la trasformata di Fourier $\phi_J(k)$ della distribuzione di y_i e facciamo uno sviluppo di Taylor attorno a $k = 0$. Avremo allora, usando anche la relazione 5.94, che

$$\phi_j(k) = \sum_{m=0}^{\infty} \frac{k^m}{m!} \frac{d^m \phi_j(0)}{dk^m} = \sum_{m=0}^{\infty} \frac{(ik)^m E\{y_j^m\}}{m!}$$

$$= 1 + \sum_{m=2}^{\infty} \frac{(ik)^m E\{(x_j - \mu_j)^m\}}{m! n^{m/2}} = 1 - \frac{k^2 \sigma^2}{2n} + \mathcal{O}(n^{-3/2}). \tag{5.98}$$

Prendendo i primi due termini di questa espansione otteniamo dalla relazione 5.93

$$\phi(k) = \left(1 - \frac{k^2 \sigma^2}{2n}\right)^n \rightarrow \exp\left(-\frac{1}{2}\sigma^2 k^2\right) \qquad per\, n \rightarrow \infty \tag{5.99}$$

che è proprio la funzione caratteristica di Gauss con media zero e ampiezza σ. Per la somma s

$$p(s) = \frac{1}{\sigma\sqrt{2\pi n}} \exp\left[\frac{(s - \mu)^2}{n\sigma^2}\right]. \tag{5.100}$$

Principio di massima entropia

Il teorema di Bayes come abbiamo visto può essere usato per aggiornare la probabilità di una ipotesi quando sono a disposizione dei nuovi dati. Ma, per certe informazioni vincolate, non sempre è ovvio come usarle nel teorema di Bayes. In questi casi Jaynes [54] ha proposto di prendere la distribuzione che ha meno informazioni massimizzando l'entropia. L'entropia è un concetto che fu introdotto da Shannon [109].

Shannon definisce l'entropia come:

$$S(p_1, \ldots p_n) = -\sum_{i=1}^{n} p_i \ln\left(\frac{p_i}{m_i}\right) \qquad caso\, discreto$$

$$S(p) = -\int p(x) \ln\left[\frac{p(x)}{m(x)}\right] dx \qquad caso\, continuo \tag{5.101}$$

dove m_i o $m(x)$ è la misura di Lebesgue che rende l'entropia invariate sotto una trasformazione di coordinate, vale a dire p e m si trasformano nello stesso modo, che soddisfa

$$\sum_{i=1}^{n} m_i = 1 \quad oppure \quad \int m(x)dx = 1. \tag{5.102}$$

L'entropia di Shannon è una misura dell'ammontare di incertezza nella distribuzione di probabilità. Per capire meglio la natura di m massimiziamo l'entropia imponendole la condizione di normalizzazione $\sum p_i = 1$. Restringendo il campo al caso discreto, ma si può facilmente fare per il caso continuo, utilizzando il metodo dei moltiplicatori di Lagrange avremo:

$$\delta \left[\sum_{i=1}^{n} p_i \ln \left(\frac{p_i}{m_i} \right) + \lambda \left(\sum_{i=1}^{n} p_i - 1 \right) \right] = 0 \tag{5.103}$$

differenziando l'equazione 5.103 per p_i avremo:

$$\ln \left(\frac{p_i}{m_i} \right) + 1 + \lambda = 0 \Rightarrow p_i = m_i \exp(-(\lambda + 1)). \tag{5.104}$$

Imponendo il vincolo di normalizzazione $\sum p_i = 1$ avremo:

$$\sum_{i=1}^{n} p_i = \left(\sum_{i=1}^{n} m_i \right) \exp(-(\lambda + 1)) = \exp(-(\lambda + 1)) = 1 \tag{5.105}$$

da cui si ottiene:

$$p_i = m_i \quad (caso\ discreto) \qquad p(x)dx = m(x)dx \quad (caso\ continuo). \tag{5.106}$$

Allora la misura di Lebesgue è la distribuzione di probabilità di minima informazione in assenza informazione, o in altre parole la m è uguale alla pdf che esprime la completa ignoranza attorno al valore x.

Il principio di massima entropia è un principio di carattere generale perché incorpora ogni tipo di informazione verificabile.

5.2.7 Il rasoio di Ockham e la selezione del modello

Uno dei problemi più importanti in campo scientifico è quello di scegliere il modello che sia adatto a spiegare un insieme di informazioni. Le domande che ci si pone sono: il modello è completo? È necessario un nuovo parametro? Come si può cambiare il modello? Se ci sono delle alternative, quali sono le migliori?

Il principio del rasoio di Ockham ci viene in soccorso: *Frustra fit per plura quod potest fieri per pauciora*. Essenzialmente, parafrasando la massima potremo dire che: *quando due modelli approssimano egualmente bene le osservazioni si preferisce usare sempre quello più semplice*. Questo principio è alla base della scienza e da un punto di vista della probabilità, il fatto che il rasoio di Ockham funzioni è data dal fatto che i modelli più semplici sono anche i più probabili. Allora note le regole della teoria della probabilità, che sono state definite in precedenza, potremo descrivere le interazioni tra le probabilità stesse. Ma le regole non sono sufficienti, per calcolare numericamente l'inferenza.

Vediamo, allora, come devono essere incorporate le informazioni che devono essere assegnate alla probabilità. Innanzi tutto è necessario definire l'intervallo in cui operano i parametri che vogliamo definire, poi è necessario conoscere la media e la deviazione standard della distribuzione di probabilità per diverse quantità di interesse ed infine alcune proprietà del rumore o degli errori che sono sui dati. Il modo in cui facciamo l'assegnazione di questi differisce solo dal tipo di osservazione disponibile.

Il principio di massima entropia ottempera al primo punto, mentre la distribuzione Gaussiana ottempera alle richieste del secondo e terzo punto.

Nel primo caso il principio di massima entropia richiede che, quando si devono assegnare i parametri che sono lineari nella equazione del modello, sia necessario anche specificare l'intervallo in cui operano i parametri. Infatti bisogna essere cauti perché molti di questi parametri sono continui e le regole e le procedure sono strettamente valide solo per distribuzioni di probabilità finite e discrete. Il concetto di probabilità per una ipotesi che contenga un parametro continuo, una funzione di densità di probabilità, ha senso solo quando lo si pensa come un limite. Infatti se il numero di ipotesi crescono indefinitamente si potrà ottenere un risultato valido solo se la probabilità rimane finita e normalizzata. In più se si introduce un infinito nel calcolo matematico si produce un cattivo suggerimento in ogni caso. Tale introduzione presuppone che il limite sia già definito e questa procedura causerà dei problemi ogni volta che si pone una domanda che dipende da come è stato preso il limite. Ad ogni modo i parametri continui non sono abitualmente un problema e si può superare il problema normalizzando la probabilità.

Il secondo tipo di informazione che deve essere incorporata, nell'assegnazione della probabilità, è dato dalla media e dalla deviazione standard della distribuzione della probabilità. Questo fa sì che il principio di massima entropia sia una distribuzione Gaussiana.

Il terzo tipo di informazione che si deve incorporare nell'assegnare la probabilità è l'informazione sull'errore o sul rumore dei dati.

La probabilità che deve essere assegnata è indicata da $P(D|LI)$, cioè la probabilità per i dati fornito il segnale L. Il dato D è fornito da una ipotesi congiunta del tipo $D \equiv \{d_1..d_n\}$, in cui d_j sono i dati individuali ed n il loro numero. Se il segnale vero noto, nella posizione r_j, è $L(r_j)$, avremo:

$$d_j - L(r_j) = n_j \tag{5.107}$$

assumendo che il rumore sia additivo ed n_j sia il valore del rumore vero. Allora si può assegnare una probabilità ai dati se si può assegnare una probabilità al rumore.

La probabilità che deve essere assegnata è la probabilità che si dovrebbe assegnare ai dati D, ma dall'equazione 5.107 si ha che questa è proprio la probabilità per il rumore $P(e_1..e_n|I')$, dove e_j è nell'ipotesi che il vero valore del rumore nella posizione r_j era e_j quando furono presi i dati. La quantità e_j è un indice che spazia nell'intervallo dell'errore in cui tutti i valori sono validi. $P(e_1..e_2|I')$ assegna un grado di plausibilità per un particolare insieme di valori del rumore. Perché la probabilità per il rumore sia consistente con le correlazioni deve essere

$$\rho_s = \langle e_j e_{j+s} \rangle \equiv \frac{1}{n-s} \sum_{j=1} n-s \int de_1 \ldots de_n e_j e_{j+s} P(e_1 \ldots e_{j+s}|I') \qquad (5.108)$$

e perché sia consistente con i momenti della legge di potenza deve avere la seguente proprietà additiva:

$$\sigma_s = \langle e^s \rangle \equiv \sum j = 1^N \int de_1 \ldots de_n e_j^s P(e_1 \ldots e_{j+s}|I') \qquad (5.109)$$

dove ancora una volta le $\langle \ \rangle$ indicano la media sulla funzione di densità della probabilità.

Nell'assegnare la funzione di densità di probabilità per il rumore si assume che i parametri stimati dipendano solo dalla media e dalla varianza dell'errore vero nei dati. Questi rappresentano lo stato della nostra conoscenza. I vincoli appropriati sono sul primo e secondo momento della funzione di distribuzione di densità della probabilità. Il vincolo sul primo momento è dato da:

$$\mu_e = \frac{1}{n} \sum_{j=1}^{n} \int de_1 \ldots de_n e_j P(e_1 \ldots e_n|I') \qquad (5.110)$$

e sul secondo momento

$$\sigma_e^2 + \mu_e^2 = \frac{1}{n} \sum_{j=1}^{n} \int de_1 \ldots de_n e_j^2 P(e_1 \ldots e_n|I') \qquad (5.111)$$

dove μ_e e σ_e^2 sono la media e la varianza dell'errore. Cerchiamo ora la funzione di densità di probabilità che abbia la massima entropia per un valore fissato di σ_e^2 e μ_e. Riscriviamo l'equazione 5.110 come

$$v - \frac{1}{n} \sum_{j=1}^{n} \int de_1 \ldots de_n e_j P(e_1 \ldots e_N|I') = 0 \qquad (5.112)$$

e la relazione 5.111 come

$$\sigma^2 + v^2 - \frac{1}{N} \sum_{j=1}^{n} \int de_1 \ldots de_n e_j^2 P(e_1 \ldots e_n|I') = 0 \qquad (5.113)$$

e aggiungiamo la normalizzazione come:

$$1 - \frac{1}{N} \sum_{j=1}^{n} \int de_1 \ldots de_n P(e_1 \ldots e_n|I') = 0. \qquad (5.114)$$

Poiché le equazioni 5.112, 5.113, 5.114 sono a somma zero, possono essere moltiplicate per una costante ed essere aggiunti alla entropia della funzione della densità della probabilità senza cambiarne il suo valore.

$$S = -\int de_1 \ldots de_n P(e_1 \ldots e_n | I') \ln P(e_1 \ldots e_n | I')$$

$$+ \beta \left[1 - \frac{1}{n} \sum_{j=1}^{n} \int de_1 \ldots de_n P(e_1 \ldots e_n | I') \right]$$

$$+ \delta \left[\mu_e - \frac{1}{n} \sum_{j=1}^{n} \int de_1 \ldots de_n e_j P(e_1 \ldots e_n | I') \right]$$

$$+ \lambda \left[\sigma_e^2 + \mu_e^2 - \frac{1}{n} \sum_{j=1}^{n} \int de_1 \ldots de_n e_j^2 P(e_1 \ldots e_n | I') \right].$$

(5.115)

Dove β, δ, λ sono i moltiplicatori di Lagrange. Per ottenere la distribuzione di massima entropia si massimizza la funzione rispetto β, δ, λ e $P(e_1 \ldots e_n | I')$ ottenendo:

$$P(e_1 \ldots e_n | \mu_e \sigma_e) = (2\pi\sigma^2)^{-\frac{n}{2}} \exp\left(-\sum_{j=1}^{n} \frac{(e_j - \mu_e)^2}{2\sigma_e^2} \right)$$

(5.116)

e

$$\lambda = \frac{n}{2\sigma_e^2}$$

(5.117)

$$\delta = -\frac{n\mu_e}{\sigma_e^2}$$

(5.118)

$$\beta = \frac{n}{2} \left[\ln(2\pi\sigma_e^2) + \frac{\mu_e^2}{\sigma_e^2} \right] - 1$$

(5.119)

dove I' è stato rimpiazzato da valori dei momenti, fissi o dati.

Per quanto riguarda la pdf si può dire che è una gaussiana. Il fatto che la probabilità a priori degli errori sia una gaussiana non ci dice alcunché rispetto alla effettiva distribuzione degli errori; ci dice solo che per un valore fissato di media e varianza la pdf degli errori è massimamente non informativa e che questa distribuzione è Gaussiana. La assegnazione probabilistica non contiene correlazioni. La ragione di questo è che una assegnazione probabilistica con entropia più bassa è più informativa e quindi si devono fare delle stime sui parametri più precise. Se si calcola il valore medio aspettato dei momenti si trova che:

$$\langle e^s \rangle = \exp\left\{ -\frac{\mu_e^2}{2\sigma_e^2} \right\} \sigma^{2s} \frac{\partial^s}{\partial \mu_e^s} \exp\left\{ \frac{\mu_e^2}{2\sigma_e^2} \right\} \qquad (s \geq 0)$$

(5.120)

che si riduce per $s = 0$, $s = 1$, $s = 2a$:

$$\langle e^0 \rangle = 1 \langle e^1 \rangle = \mu_e \langle e^2 \rangle = \sigma_e^2 + \mu_e^2 \qquad (5.121)$$

che sono proprio i vincoli usati per assegnare la pdf. Per un valore fisso di media e varianza la probabilità a priori ha entropia massima.

Di conseguenza quando i parametri sono marginalizzati dalle distribuzioni delle probabilità o quando ogni operazione è effettuata in modo da preservare la media e la varianza, mentre si rigettano altre informazioni, quella densità di probabilità necessariamente si avvicinerà alla distribuzione gaussiana senza alcun riguardo alla assegnazione iniziale di probabilità.

Le distribuzioni di massima entropia sono le sole distribuzioni che hanno sufficiente statistica e che questa è la sola proprietà dei dati e quindi degli errori che sono usati per stimare i parametri. Per dimostrare questo si proceda nel seguente modo.

Supponiamo che il valore vero del parametro sia μ_0 e che la misura sia:

$$d_j = \mu_0 + \nu_j \qquad (5.122)$$

dove ν_j è l'errore associato. L'inferenza che si deve fare è attorno al valore vero della media μ_0, una volta che siano forniti i dati D. Assegnando una Gaussiana a priori degli errori, la funzione di probabilità è data da:

$$P(D|\mu\sigma I) = (2\pi\sigma^2)^{-\frac{n}{2}} \exp\left\{ -\frac{1}{2\sigma^2} \sum_{j=1}^{n} (d_j - \mu) \right\}. \qquad (5.123)$$

La probabilità a posteriori per μ, a cui è stata assegnata una probabilità uniforme, può essere scritta come:

$$P(\mu|D\sigma I) \propto (2\pi\sigma^2)^{-\frac{n}{2}} \exp\left\{ -\frac{n}{2\sigma^2}([\bar{d} - \mu]^2 + s^2) \right\}. \qquad (5.124)$$

Il valore medio del dato, $\bar{d}$ è fornito da:

$$\bar{d} = \frac{1}{n} \sum_{j=1}^{n} d_j = \mu_0 + \bar{n} \qquad (5.125)$$

dove $\bar{n}$ è il valor medio degli errore veri e s^2 è dato da:

$$s^2 = \bar{d^2} - (\bar{d})^2 = \frac{1}{n} \sum_{j=1}^{n} d_j^2 - \left(\frac{1}{n} \sum_{j=1}^{n} d_j \right)^2 = \bar{n^2} - (\bar{n})^2 \qquad (5.126)$$

dove $(\bar{n})^2$ è la media quadratica dei valori veri del rumore. Da cui si ottiene che il valore stimato μ_{est} è:

$$\mu_{est} = \begin{cases} \bar{d} \pm \sigma/\sqrt{N} & \sigma \text{ nota} \\ \bar{d} \pm s/\sqrt{N-3} & \sigma \text{ ignota} \end{cases}. \qquad (5.127)$$

L'errore reale, Δ è dato da:

$$\Delta = \bar{d} - \mu_0 = \bar{n} \qquad\qquad (5.128)$$

che dipende solo dalla media dei valori veri del rumore, mentre la accuratezza della stima dipende solo da σ se la deviazione standard del rumore è noto, e solo dalla media e dal quadrato della media dei valori medi del rumore quando la deviazione standard del rumore non è noto. Allora la distribuzione che sottolinea il campionamento del rumore è totalmente cancellata e la sola proprietà che sopravvive è la media reale e la media quadratica dei valori del vero rumore; tutte le altre proprietà dell'errore sono irrilevanti.

6

Metodi ottimali per problemi inversi lineari e non lineari

Un problema lineare o non lineare è semplicemente un problema in cui il modello diretto è lineare o non lineare.

Possono esistere i seguenti casi di linearità dei problemi inversi.

- Lineare: quando il modello può essere messo nella forma $y = Kx$ ed ogni informazione a priori è gaussiana.
- Quasi-lineare: problemi che non sono lineari per cui una linearizzazione intorno ad uno stato a priori è adeguata per trovare una soluzione. Problemi che non sono lineari nei limiti della accuratezza delle misure.
- Moderatamente non lineare: problemi in cui la linearizzazione è adeguata per l'analisi dell'errore ma non per trovare una soluzione. Sono le più frequenti.
- Grossolanamente non lineari: problemi che non sono lineari anche entro l'intervallo d'errore.

6.1 Formulazione del problema inverso

Il primo compito di un metodo di inversione è quello di selezionare uno stato che soddisfi alcuni criteri di ottimizzazione, da un insieme di stati che si accordano con le misure, entro l'errore sperimentale. Individuare l'insieme nello spazio degli stati è facile per il caso lineare, meno per i casi non lineari.

Affrontiamo il problema utilizzando l'insieme delle misure y da cui vogliamo estrarre, utilizzando degli algoritmi di inversione, lo stato x. Applicando quanto abbiamo accennato in precedenza, possiamo descrivere il processo come quello in cui scegliamo la stima di un vettore che abbia una varianza minima rispetto a tutte le possibili stime. La stima del vettore vero, indicato con $\hat{x}$, chiamata stima a posteriori, dovrebbe essere guidata da questo criterio di ottimizzazione.

Se lo guardiamo da un punto di vista Bayesiano il problema inverso potrà essere indagato attraverso la propagazione delle densità di probabilità condizionali. Difatti una volta che è stata trovata la soluzione della densità di probabilità $p(x|y)$ di x condizionata dalla misura y possiamo specificare il criterio di ottimizzazione.

Guzzi R.: Introduzione ai metodi inversi. Con applicazioni alla geofisica e al telerilevamento.
DOI 10.1007/978-88-470-2495-3_6, © Springer-Verlag Italia 2012

6.1.1 Inversione ottimale lineare

Consideriamo il sistema di misura lineare in cui esiste una relazione tra il vettore misura $\mathbf{y}$, lo stato $\mathbf{x}$ e il modello $\mathbf{f}$ che rappresenta la fisica che sta al di sotto della misura.

$$\mathbf{y} = \mathbf{f}(\mathbf{x}) + \boldsymbol{\varepsilon} \tag{6.1}$$

in cui $\boldsymbol{\varepsilon}$ è un vettore del rumore della misura. Si noti che il modello dovrebbe essere costruito in modo tale da contenere in dettaglio ed in modo adeguato tutti i processi fisici che si vogliono analizzare ([82]). La quantità $\mathbf{f}$ può essere lineare o non lineare in relazione al vettore di stato che deve essere invertito.

Nel caso in cui $\mathbf{y}$ sia lineare rispetto a $\mathbf{x}$ potremo scrivere:

$$\mathbf{y} = \mathbf{Kx} + \boldsymbol{\varepsilon} \tag{6.2}$$

dove $\mathbf{K}$ è chiamata la matrice peso poiché costituisce la condizione di osservabilità, in quanto definisce la nostra capacità di determinare lo stato reale dalle nostre misure ([32]).

Se la dimensione di $\mathbf{y}$ è m e la dimensione di $\mathbf{x}$ è n, la matrice $\mathbf{K}$ ha dimensioni $m \times n$ Allora per una particolare misura abbiamo:

$$y_i = \sum_{j=1}^{n} (\mathbf{k}_i)_j x_j + \varepsilon_i \tag{6.3}$$

in cui il vettore $\mathbf{k}_i$ (di dimensioni n) costituisce la $i-esima$ riga di $\mathbf{K}$ che corrisponde alla $i-esima$ misura ed è denominata funzione peso. In tal modo ogni singola misura $\mathbf{y}$ consiste in un vettore di stato completo $\mathbf{x}$ in cui ciascun elemento x_i è pesato da un corrispondente elemento K_{ij}. Si può dire che le funzioni peso mappano il vettore stato nel vettore misura ([103]).

Di norma il vettore rumore è considerato Gaussiano (cioè normalmente distribuito) ed associato ad una matrice di covarianza $\mathbf{S}_\varepsilon$ definita positiva. Utilizzando l'operatore di aspettazione E, potremo scrivere:

$$E[\mathbf{y} - \mathbf{Kx}] = E[\boldsymbol{\varepsilon}] = 0 \tag{6.4}$$

e

$$\mathbf{S}_\varepsilon = E[(\mathbf{y} - \mathbf{Kx})(\mathbf{y} - \mathbf{Kx})^T] = E[\boldsymbol{\varepsilon}\boldsymbol{\varepsilon}^T]. \tag{6.5}$$

Le variabili casuali con media zero si dicono unbiased. L'uso della statistica Gaussiana nasce dal fatto che molti processi così come l'errore hanno una distribuzione Gaussiana. Il vettore misura $\mathbf{y}$ ottenuto da un dato $\mathbf{x}$ è ancora Gaussiano poiché è la somma di un vettore noto $\mathbf{Kx}$ e di un vettore gaussiano $\boldsymbol{\varepsilon}$ con media data da:

$$E[\mathbf{y}] = E[\mathbf{Kx} + \boldsymbol{\varepsilon}] = \mathbf{Kx} + E[\boldsymbol{\varepsilon}] = \mathbf{Kx} \tag{6.6}$$

e covarianza

$$E[(\mathbf{y} - \mathbf{Kx})(\mathbf{y} - \mathbf{Kx})^T] = E[\boldsymbol{\varepsilon}\boldsymbol{\varepsilon}^T] = \mathbf{S}_\varepsilon. \tag{6.7}$$

Dove $\mathbf{S}_\varepsilon$ non solo è la covarianza dell'errore di misura ma anche delle misure.

La funzione di densità di probabilità (*pdf*) delle misure di **y** condizionato da **x**, nel senso descritto dal modello diretto, è dato da:

$$p(\mathbf{y}|\mathbf{x}) = \frac{1}{(2\pi)^{\frac{m}{2}}|\mathbf{S}_\varepsilon|^{\frac{1}{2}}} \exp\left(-\frac{1}{2}(\mathbf{y}-\mathbf{Kx})^T\mathbf{S}_\varepsilon^{-1}(\mathbf{y}-\mathbf{Kx})\right) \qquad (6.8)$$

$p(\mathbf{y}|\mathbf{x})$ è la probabilità che, per un dato **x**, **y** sta in un volume elementare $(\mathbf{y}, \mathbf{y}+d\mathbf{y})$ ed è normalmente distribuita con media **Kx** e covarianza $\mathbf{S}_\varepsilon$. Dato che abbiamo a che fare con un segnale aleatorio, questo si dice Gaussiano se, scelti arbitrariamente m campioni del segnale, tali campioni sono m variabili aleatorie congiuntamente gaussiane, ovvero la loro *pdf* ha la forma della relazione 6.8.

Combinando ora i dati misurati con le informazioni fornite dal nostro modello fisico, incorporato in **K**, e la descrizione statistica delle incertezze del sistema, possiamo trovare la miglior stima (stima ottimale) dello stato vero.

Massimizzare l'equazione 6.8 significa minimizzare l'argomento della funzione esponenziale, che nella stima dei minimi quadrati significa minimizzare la funzione costo

$$\mathbf{J} = (\mathbf{y}-\mathbf{Kx})^T\mathbf{S}_\varepsilon^{-1}(\mathbf{y}-\mathbf{Kx}). \qquad (6.9)$$

Ponendo la $\frac{\partial \mathbf{J}}{\partial \mathbf{x}} = 0$ si ottiene il minimo.

$$\hat{\mathbf{x}} = (\mathbf{K}^T\mathbf{S}_\varepsilon\mathbf{K})^{-1}\mathbf{K}^T\mathbf{S}_\varepsilon^{-1}\mathbf{y}. \qquad (6.10)$$

Utilizzando le regole Bayesiane possiamo trovare la *pdf* di **x** una volta che sono stati ottenuti i dati

$$p(\mathbf{x}|\mathbf{y}) = \frac{p(\mathbf{y}|\mathbf{x})p(\mathbf{x})}{p(\mathbf{y})} \qquad (6.11)$$

dove ovviamente $p(\mathbf{x})$ è la funzione di densità della probabilità dello stato **x** e $p(\mathbf{y})$ è quella delle misure **y**. Questo implica che si conoscano sia **x** sia **y** e le corrispondenti statistiche prima che siano effettuate le misure effettive. $p(\mathbf{y})$ è il parametro di normalizzazione e quindi può essere omesso quando si fa la minimizzazione.

Definiamo con $\mathbf{x}_{ap}$ una stima, nota prima che la misura sia presa, della **x** che è normalmente distribuita dato che abbiamo usato delle statistiche Gaussiane per **y** e $\boldsymbol{\varepsilon}$. La media e la stima a priori e della matrice $(n \times n)$ di covarianza dell'errore, saranno rispettivamente definiti come:

$$E[\mathbf{x}] = \mathbf{x}_{ap} \qquad (6.12)$$

e

$$E[(\mathbf{x}-\mathbf{x}_{ap})(\mathbf{x}-\mathbf{x}_{ap})^T] = \mathbf{S}_{ap}. \qquad (6.13)$$

Allora la conoscenza a priori della **x** è descritta dalla *pdf* Gaussiana:

$$p(\mathbf{x}) = \frac{1}{(2\pi)^{\frac{n}{2}}|\mathbf{S}_{ap}|^{\frac{1}{2}}} \exp\left(-\frac{1}{2}(\mathbf{x}-\mathbf{x}_{ap})^T\mathbf{S}_{ap}^{-1}(\mathbf{x}-\mathbf{x}_{ap})\right). \qquad (6.14)$$

Valutiamo ora l'errore $\mathbf{x}_{ap} - \mathbf{x}$ dovuto all'utilizzo di $\mathbf{x}_{ap}$ come una stima di $\mathbf{x}$ prima che le misure siano processate.

$$E[(\mathbf{x} - \mathbf{x}_{ap})] = E[\mathbf{x}] - \mathbf{x}_{ap} = \mathbf{x}_{ap} - \mathbf{x}_{ap} = 0. \tag{6.15}$$

Il risultato ci dice che l'errore è unbiased. La covarianza di $(\mathbf{x} - \mathbf{x}_{ap})$ è data dalla equazione 6.13.

Se applichiamo il valore di aspettazione alla relazione 6.2 avremo:

$$E[\mathbf{y}] = E[\mathbf{Kx} + \boldsymbol{\varepsilon}] = \mathbf{K}E[\mathbf{x}] + E[\boldsymbol{\varepsilon}] = \mathbf{Kx}_{ap} \tag{6.16}$$

e la matrice di covarianza dell'errore associata alla misura a priori sarà:

$$\begin{aligned}
\mathbf{S}_{\varepsilon,ap} &= E[(\mathbf{y} - \mathbf{Kx}_{ap})(\mathbf{y} - \mathbf{Kx}_{ap})^T] \\
&= E[(\mathbf{Kx} + \boldsymbol{\varepsilon} - \mathbf{Kx}_{ap})(\mathbf{Kx} + \boldsymbol{\varepsilon} - \mathbf{Kx}_{ap})^T] \\
&= \mathbf{K}^T E[(\mathbf{x} - \mathbf{x}_{ap})(\mathbf{x} - \mathbf{x}_{ap})^T]\mathbf{K} + E[\boldsymbol{\varepsilon}\boldsymbol{\varepsilon}^T] \\
&= \mathbf{K}^T \mathbf{S}_{ap}\mathbf{K} + \mathbf{S}_{\varepsilon}.
\end{aligned} \tag{6.17}$$

L'associata *pdf* delle misure previste può essere scritta come:

$$p(\mathbf{y}) = \frac{1}{(2\pi)^{\frac{m}{2}}|\mathbf{S}_{\varepsilon,ap}|^{\frac{1}{2}}} \exp\left(-\frac{1}{2}(\mathbf{y} - \mathbf{Kx}_{ap})^T \mathbf{S}_{\varepsilon,ap}^{-1}(\mathbf{y} - \mathbf{Kx}_{ap})\right). \tag{6.18}$$

L'errore $\mathbf{y} - \mathbf{Kx}_{ap}$, chiamato anche vettore residuo, legato alla stima $\mathbf{Kx}_{ap}$ della $\mathbf{y}$ a priori per le misure ha media zero come si vede dalla relazione:

$$E[\mathbf{y} - \mathbf{Kx}_{ap}] = E[\mathbf{y}] - \mathbf{Kx}_{ap} = \mathbf{Kx}_{ap} - \mathbf{Kx}_{ap} = 0 \tag{6.19}$$

e quindi l'errore $\mathbf{y} - \mathbf{Kx}_{ap}$ e il vettore misura condividono la stessa covarianza $\mathbf{S}_{\varepsilon,ap}$.

Sostituendo questi risultati per $p(\mathbf{y}|\mathbf{x})$ e $p(\mathbf{y})$ nella equazione 6.11 otterremo:

$$\begin{aligned}
p(\mathbf{x}|\mathbf{y}) = A\exp\bigg[&-\frac{1}{2}\{(\mathbf{y} - \mathbf{Kx})^T\mathbf{S}_{\varepsilon}^{-1}(\mathbf{y} - \mathbf{Kx}) + (\mathbf{x} - \mathbf{x}_{ap})^T\mathbf{S}_{ap}^{-1}(\mathbf{x} - \mathbf{x}_{ap}) \\
&- (\mathbf{y} - \mathbf{Kx}_{ap})^T\mathbf{S}_{\varepsilon,ap}^{-1}(\mathbf{y} - \mathbf{Kx}_{ap})\}\bigg]
\end{aligned} \tag{6.20}$$

con

$$A = \frac{|\mathbf{S}_{\varepsilon,ap}|^{\frac{1}{2}}}{(2\pi)^{\frac{n}{2}}|\mathbf{S}_{\varepsilon}|^{\frac{1}{2}}|\mathbf{S}_{ap}|^{\frac{1}{2}}} = \frac{|\mathbf{K}^T\mathbf{S}_{ap}\mathbf{K} + \mathbf{S}_{\varepsilon}|^{\frac{1}{2}}}{(2\pi)^{\frac{n}{2}}|\mathbf{S}_{\varepsilon}|^{\frac{1}{2}}|\mathbf{S}_{ap}|^{\frac{1}{2}}}. \tag{6.21}$$

Se la $p(\mathbf{x}|\mathbf{y})$ è una distribuzione Gaussiana avremo che:

$$p(\mathbf{x}|\mathbf{y}) = \frac{1}{(2\pi)^{\frac{n}{2}}|\hat{\mathbf{S}}|^{\frac{1}{2}}} \exp\left(-\frac{1}{2}(\mathbf{x} - \hat{\mathbf{x}})^T\hat{\mathbf{S}}^{-1}(\mathbf{x} - \hat{\mathbf{x}})\right). \tag{6.22}$$

Quindi $p(\mathbf{x}|\mathbf{y})$ è completamente definita dalla sua media $E[\mathbf{x}] = \hat{\mathbf{x}}$, che rappresenta la nostra migliore stima, e dalla matrice di covarianza dell'errore associata alla stima (o retrieval) definita da:

$$\hat{\mathbf{S}} = E[(\mathbf{x} - \hat{\mathbf{x}})(\mathbf{x} - \hat{\mathbf{x}})^T]. \tag{6.23}$$

Eguagliando il termine A con la prima parte a destra della equazione 6.22, prima dell'esponente avremo:

$$\hat{\mathbf{S}} = \mathbf{S}_\varepsilon \mathbf{S}_{ap}(\mathbf{K}^T \mathbf{S}_{ap} \mathbf{K} + \mathbf{S}_\varepsilon)^{-1} = (\mathbf{K}^T \mathbf{S}_\varepsilon^{-1} \mathbf{K} + \mathbf{S}_{ap}^{-1})^{-1}. \tag{6.24}$$

Sostituendo nella 6.22 e eguagliando con il termine esponenziale della 6.20 avremo:

$$\begin{aligned}
\hat{\mathbf{x}} &= (\mathbf{K}^T \mathbf{S}_\varepsilon^{-1} \mathbf{K} + \mathbf{S}_{ap}^{-1})^{-1}(\mathbf{K} \mathbf{S}_\varepsilon^{-1} \mathbf{y} + \mathbf{S}_{ap}^{-1} \mathbf{x}_{ap}) \\
&= \mathbf{x}_{ap} + (\mathbf{K}^T \mathbf{S}_\varepsilon^{-1} \mathbf{K} + \mathbf{S}_{ap}^{-1})^{-1} \mathbf{K}^T \mathbf{S}_\varepsilon^{-1}(\mathbf{y} - \mathbf{K} \mathbf{x}_{ap}).
\end{aligned} \tag{6.25}$$

Inserendo la identità $\mathbf{S}_{ap}^{-1} = \hat{\mathbf{S}}_{ap}^{-1} - \mathbf{K}^T \mathbf{S}_\varepsilon^{-1} \mathbf{K}$ otterremo:

$$\hat{\mathbf{x}} = \mathbf{x}_{ap} + \hat{\mathbf{S}} \mathbf{K}^T \mathbf{S}_\varepsilon^{-1}(\mathbf{y} - \mathbf{K} \mathbf{x}_{ap}). \tag{6.26}$$

Poiché la densità Gaussiana è simmetrica, la stima ottimale non solo è il valor medio aspettato per $p(\mathbf{x}|\mathbf{y})$, ma anche la moda condizionata che massimizza la *pdf* a posteriori e quindi lo stato più probabile.

Siccome l'errore $\hat{\boldsymbol{\varepsilon}} = (\mathbf{x} - \hat{\mathbf{x}})$ è normalmente distribuito con media zero, cioè:

$$E[\hat{\boldsymbol{\varepsilon}}] = E[\mathbf{x} - \hat{\mathbf{x}}] = E[\mathbf{x}] - \hat{\mathbf{x}} = \hat{\mathbf{x}} - \hat{\mathbf{x}} = 0 \tag{6.27}$$

dove $\hat{\boldsymbol{\varepsilon}}$ è unbiased. La covarianza $\hat{\mathbf{S}}$ è data dalle relazioni 6.23 e 6.24. Queste, da un punto di vista geometrico, indicano che la forma della *pdf* della $\hat{\boldsymbol{\varepsilon}}$ eguaglia quella di $\mathbf{x}$ traslata del valore della media della *pdf* di $\mathbf{x}$ come si vede dalla 6.22. Si noti che se non si considera alcuna stima a priori la 6.26 si riduce alla stima ai minimi quadrati pesati della relazione 6.10.

Si può anche minimizzare la funzione costo $\mathbf{J}$ in maniera Bayesiana usando la seguente funzione costo con una matrice $\mathbf{S}$ positiva semidefinita:

$$\mathbf{S} = \int_{-\infty}^{\infty} \dots \int_{-\infty}^{\infty} (\mathbf{x} - \hat{\mathbf{x}})^T \mathbf{S}(\mathbf{x} - \hat{\mathbf{x}}) p(\mathbf{x}|\mathbf{y}) dx_1 \dots dx_n \tag{6.28}$$

che costituisce l'aspettazione di $E[(\mathbf{x} - \hat{\mathbf{x}})^T \mathbf{S}(\mathbf{x} - \hat{\mathbf{x}})]$. Risolvendola per $\frac{\partial \mathbf{J}}{\partial \mathbf{x}} = 0$ avremo:

$$\hat{\mathbf{x}} = \int_{-\infty}^{\infty} \dots \int_{-\infty}^{\infty} \mathbf{x} p(\mathbf{x}|\mathbf{y}) dx_1 \dots dx_n \tag{6.29}$$

che è l'aspettazione o media di $\mathbf{x}$. Allora $\hat{\mathbf{x}}$ è la media condizionata che minimizza ogni funzione costo della forma quadratica generale $(\mathbf{x} - \hat{\mathbf{x}})^T \mathbf{S}(\mathbf{x} - \hat{\mathbf{x}})$. Poiché $\mathbf{S}$ è arbitrario si può scegliere al suo posto la matrice identità $\mathbf{I}$ e scrivere $\mathbf{J} = E[(\mathbf{x} - \hat{\mathbf{x}})(\mathbf{x} - \hat{\mathbf{x}})^T] = trace[\hat{\mathbf{S}}]$. Minimizzando la traccia di $\hat{\mathbf{S}}$ si trova che la stima di minima varianza è proprio la media condizionata. Un altro modo di trovare la stima ottimale è quello di massimizzare una appropriata funzione di probabilità L che è definita dal logaritmo naturale della *pdf* Gaussiana. Facendo il logaritmo naturale della 6.20 otterremo:

$$L = \ln p(\mathbf{x}|\mathbf{y}) = \ln A - \frac{1}{2}[(\mathbf{y} - \mathbf{Kx})^T \mathbf{S}_\varepsilon^{-1}(\mathbf{y} - \mathbf{Kx})] - \frac{1}{2}[(\mathbf{x} - \mathbf{x}_{ap})^T \mathbf{S}_{ap}^{-1}(\mathbf{x} - \mathbf{x}_{ap})]$$
$$+ \frac{1}{2}[(\mathbf{y} - \mathbf{Kx}_{ap})^T(\mathbf{K}^T\mathbf{S}_{ap}\mathbf{K} + \mathbf{S}_\varepsilon)^{-1}(\mathbf{y} - \mathbf{Kx}_{ap})\})] \tag{6.30}$$

dove A è data dalla relazione 6.21.

Differenziando la L

$$\frac{\partial \mathbf{L}}{\partial \mathbf{x}} = -\mathbf{K}^T\mathbf{S}_\varepsilon^{-1}(\mathbf{y} - \mathbf{Kx}) + \mathbf{S}_{ap}^{-1}(\mathbf{x} - \mathbf{x}_{ap}) \tag{6.31}$$

che posta uguale a zero e risolta per $\mathbf{x}$ fornisce lo stesso risultato trovato nella 6.26.

Ricapitolando abbiamo trovato che la stima ottimale unbiased $\hat{\mathbf{x}}$ è la media condizionata della *pdf* cioè la stima di varianza minima (o errore quadratico medio) e la moda della *pdf* cioè la stima di massima probabilità.

In letteratura si trovano due differenti forme per stimare $\hat{\mathbf{x}}$ che dipendono dalla dimensioni della matrice da invertire: la n-forma e la m-forma.

La n-forma è data da:

$$\hat{\mathbf{x}} = \mathbf{x}_{ap} + \hat{\mathbf{S}}\mathbf{K}^T\mathbf{S}_\varepsilon^{-1}(\mathbf{y} - \mathbf{Kx}_{ap}) \tag{6.32}$$

con la matrice di covarianza dell'errore

$$\hat{\mathbf{S}} = (\mathbf{K}^T\mathbf{S}_\varepsilon^{-1}\mathbf{K} + \mathbf{S}_{ap}^{-1})^{-1}. \tag{6.33}$$

La matrice inversa $n \times n$ è $\hat{\mathbf{S}}^{-1} = (\mathbf{K}^T\mathbf{S}_\varepsilon^{-1}\mathbf{K} + \mathbf{S}_{ap}^{-1})$

La m-forma si ottiene facendo nella 6.32 la seguente sostituzione: $\hat{\mathbf{S}} = \mathbf{S}_\varepsilon\mathbf{S}_{ap}(\mathbf{K}^T\mathbf{S}_{ap}\mathbf{K} + \mathbf{S}_\varepsilon)^{-1}$, trovando:

$$\hat{\mathbf{x}} = \mathbf{x}_{ap} + \mathbf{S}_{ap}\mathbf{K}^T(\mathbf{K}^T\mathbf{S}_{ap}\mathbf{K} + \mathbf{S}_\varepsilon)^{-1}(\mathbf{y} - \mathbf{Kx}_{ap}) \tag{6.34}$$

dove la matrice $(\mathbf{K}^T\mathbf{S}_{ap}\mathbf{K} + \mathbf{S}_\varepsilon)$, di dimensioni $m \times m$, è quella che deve essere invertita.

Siccome generalmente le dimensioni n del vettore stato sono minori delle dimensioni m del vettore misura, useremo la n-forma.

La matrice delle derivate parziali del modello inverso rispetto al termine che indica la misura si chiama matrice della funzione guadagno e viene indicata con $\mathbf{G}$. Essa ha dimensioni $n \times m$ e per una n-forma è data da:

$$\mathbf{G} = \frac{\partial \hat{\mathbf{x}}}{\partial \mathbf{y}} = (\mathbf{K}^T\mathbf{S}_\varepsilon^{-1}\mathbf{K} + \mathbf{S}_{ap}^{-1})^{-1}\mathbf{K}^T\mathbf{S}_\varepsilon^{-1} = \hat{\mathbf{S}}\mathbf{K}^T\mathbf{S}_\varepsilon^{-1}. \tag{6.35}$$

Le colonne della funzione guadagno $\mathbf{G}$ riflettono quanto ciascuna misura contribuisce allo stato che è stato ottenuto dal processo di inversione.

La G per una m-forma si ottiene differenziando la 6.34 per $\hat{x}$ rispetto a y ed è:

$$G = S_{ap} K^T (K^T S_{ap} K + S_\varepsilon)^{-1}. \tag{6.36}$$

Sempre per la m-forma la $\hat{S}$ può essere scritta come:

$$\begin{aligned} \hat{S} &= S_\varepsilon S_{ap} (K^T S_{ap} K + S_\varepsilon)^{-1} \\ &= S_{ap} - S_{ap} K^T (K^T S_{ap} K + S_\varepsilon)^{-1} K S_{ap} \\ &= S_{ap} - G K S_{ap}. \end{aligned} \tag{6.37}$$

L'utilizzo di G permette di riscrivere le relazioni 6.32 e la 6.34 nella forma:

$$\hat{x} = x_{ap} + G(y - K x_{ap}) = (I - GK) x_{ap} + Gy \tag{6.38}$$

in cui il termine G ha la n o la m-forma. Questa relazione indica che la stima è data dalla somma di una differenza pesata tra la misura reale y e la misura prevista $K x_{ap}$ e uno stato stimato a priori x_{ap}. Analizzando la matrice guadagno G si vede che se le misure sono molto precise, cioè S_ε piccolo, il guadagno è grande e quindi si può concludere che i dati di misura contribuiscono di più a quelli stimati $\hat{x}$ che non la stima a priori x_{ap}. Viceversa se l'incertezza di x_{ap} è piccola, il che significa che si è usata una stima iniziale accurata, e quindi S_{ap} è piccola, ma la misura è incerta, G è piccola. In ogni caso il valore ottenuto con l'inversione dipende fortemente dalla informazioni a priori ed è meno influenzato dalle misure.

Una quantità utile è la *averaging kernel matrix* (AKM) A, avente dimensioni $n \times n$, definita come la matrice delle derivate parziali dei valori ottenuti dall'inversione rispetto al vettore stato vero. Essa definisce la relazione che c'è tra le quantità ottenute dall'inversione e lo stato vero con la $\hat{x}$ descritta dalla relazione 6.38 e da $y = Kx + \varepsilon$.

$$A = \frac{\partial \hat{x}}{\partial x} = GK. \tag{6.39}$$

Riformulando la 6.38 con la 6.39 potremo scrivere:

$$\hat{x} = (I - A) x_{ap} + Ax + G\varepsilon = x_{ap} + A(x - x_{ap}) + G\varepsilon. \tag{6.40}$$

La matrice A, dato che dipende da G può essere valutata sia nella forma n o m. Le righe di A riflettono quanto lo stato vero è riprodotto nello stato ottenuto dal processo di inversione. Anche se, nel caso di inversione, da un punto di vista ideale A può diventare una matrice identità, in realtà la AKM delle righe che sono delle funzioni piccate con certe ampiezze. Queste ultime possono essere pensate come una misura della risoluzione spaziale del sistema osservato. Andando in maggior dettaglio sulla *averaging kernel matrix*, potremo dire che nel caso in cui il vettore stato rappresenti un profilo, le righe a_i^T di A possono essere guardate come una funzione lisciante.

AKM ha anche una area data dalla somma degli elementi $a_i^T u$ dove u è un vettore con gli elementi uguali ad uno, così che il vettore di aerea è Au, che può essere pensato come la risposta della inversione ad una perturbazione unitaria su tutti gli elementi del vettore di stato.

Le colonne di **A** danno la risposta della inversione ad una funzione di perturbazione δ e può essere descritta come la funzione risposta δ o *point spread function* che descrive la risposta del sistema ad una sorgente puntiforme. Questo approccio permette un conveniente metodo di calcolo quando l'algebra è complicata in quanto la risposta δ può essere calcolata numericamente e può essere messa nella colonna appropriata della matrice **A** le cui righe forniranno l'*averaging kernel*.

Prima di passare alla inversione ottimale non lineare, analizziamo la larghezza del *averaging kernel* e la *point spread function* ([103]).

L'ampiezza della funzione picco, che può essere definita come la ampiezza a semi altezza, da un punto di vista matematico può essere espressa tramite il secondo momento della media di una funzione $A(z,z)$ di altezza z' il cui picco è a z.

$$w(z) = \left(\frac{\int A(z,z')(z'-\bar{z})^2 dz'}{\int A(z,z')dz'} \right)^{\frac{1}{2}} \qquad (6.41)$$

dove la media è data da:

$$\bar{z} = \frac{\int z' A(z,z')dz'}{\int A(z,z')dz}. \qquad (6.42)$$

Questa relazione può essere ragionevole per una $A(z,z')$ positiva ma può produrre dei problemi per lobi negativi. Rodgers dimostra come è possibile ottenere un secondo momento negativo o indeterminato utilizzando, come esempio, l'ampiezza di una fenditura di un spettrometro data da $A(z,z') = sinc(z-z') = \frac{sin(z-z')}{(z-z')}$. L'integrale oscilla come l'ampiezza cresce $|z'-z| \to \infty$; nel caso dell'intensità $A(z,z') = sinc^2(z-z')$ si ha un integrale indeterminato.

Per ovviare a questo problema Backus e Gilbert [4] introdussero una quantità che chiamarono *spread* definita come:

$$s(z) = \frac{\int A^2(z,z')(z-z')^2 dz'}{(\int A(z,z')dz')^2}. \qquad (6.43)$$

6.1.2 Il metodo di Backus e Gilbert

Backus e Gilbert studiando i problemi inversi applicati al sondaggio della terra solida per onde sismiche al fine di definire il profilo della densità in funzione della profondità svilupparono un metodo che permetteva di ottenere attraverso l'inversione un profilo lisciato della densità ed esaminarono i modi attraverso i quali ottimizzare la funzione lisciante piuttosto che ottimizzare la differenza dal vero profilo del profilo ottenuto dall'inversione. La relazione 6.43 fu inventata per questa ragione.

Supponiamo di avere n misure lineari y_i con $i = 1, 2, ...n$ che sono funzionali lineari di una funzione incognita dello stato $x(z)$ attraverso il kernel $K_i(z)$. Potremo allora scrivere

$$y_i = \int K_i(z')x(z')dz'. \tag{6.44}$$

Il profilo ottenuto dalla inversione è una combinazione lineare delle misure y_i espressi dalle funzioni contributo G_i come si può anche vedere utilizzando la relazione 6.38 dove, nel caso di Backus e Gilbert, i dati siano liberi da errore e non esistendo lo stato a priori $x_{ap} = 0$. Allora avremo che:

$$\hat{x} = \sum G_i(z)y_i \tag{6.45}$$

tenendo conto della 6.44 otteremo:

$$\hat{x} = \sum G_i(z)y_i \int K_i(z')x(z')dz' \tag{6.46}$$

ma per definizione di *averaging kernel*

$$A(z,z') = \sum_{i=1}^{n} G_i(z)K_i(z') \tag{6.47}$$

per cui

$$\hat{x} = \int A(z,z')x(z')dz'. \tag{6.48}$$

La richiesta che Backus e Gilbert impongono per ottenere la soluzione è che gli *averaging kernels* devono avere area uguale ad 1.

$$\int A(z,z')(z')dz' = 1 \tag{6.49}$$

e che i loro *spread* siano minimizzati attorno a z così che il risultato ottenibile dalla inversione sia più alta possibile. Sostituendo le espressione 6.47 e 6.49 nella 6.43 avremo:

$$s(z) = \int \left[\sum_{i=1}^{n} G_i(z)K_i(z')\right]^2 (z-z')^2 dz' \tag{6.50}$$

che può essere riarrangiata come:

$$s(z) = \sum_{ij} G_i(z)S_{ij}(z)G_j(z) \tag{6.51}$$

dove la matrice

$$S_{ij}(z) = \int (z-z')^2 K_i(z')K_j(z')dz'. \tag{6.52}$$

Dal vincolo posto da Backus e Gilbert sulla A si ottiene

$$1 = \int A(z,z')dz' = \int \sum_i G_i(z)K_i(z')dz' = \sum_i k_i G_i(z) \tag{6.53}$$

dove $k_i = \int K_i(z')dz'$. Per minimizzare lo *spread* con il vincolo della area unitaria si può mettere a zero la seguente derivata usando il moltiplicatore di Lagrange κ.

$$\frac{\partial}{\partial G_k(z)}\left[\sum_{ij} G_i(z)S_{ij}(z)G_j(z) + \kappa(z)\sum_i G_i(z)k_i\right] = 0. \qquad (6.54)$$

Passando alla notazione matriciale avremo:

$$\frac{\partial}{\partial \mathbf{g}(z)}\left[\mathbf{g}^T(z)\mathbf{S}(z)\mathbf{g}(z) + \kappa(z)\mathbf{g}(z)\mathbf{k}\right] = 0 \qquad (6.55)$$

che dà:

$$2\mathbf{S}(z)\mathbf{g}(z) + \kappa(z)\mathbf{k} = 0 \qquad (6.56)$$

da cui

$$\mathbf{g}(z) = -\frac{1}{2}\kappa(z)\mathbf{S}^{-1}(z)\mathbf{k} \qquad (6.57)$$

che sostituito nella area unitaria dà:

$$\mathbf{k}^T\mathbf{g}(z) = -\frac{1}{2}\kappa(z)\mathbf{k}^T\mathbf{S}^{-1}(z)\mathbf{k} = 1 \qquad (6.58)$$

che risolta per κ e sostituita nella 6.57 fornisce la soluzione

$$\mathbf{g}(z) = \frac{\mathbf{S}^{-1}(z)\mathbf{k}}{\mathbf{k}^T\mathbf{S}^{-1}(z)\mathbf{k}}. \qquad (6.59)$$

Ovviamente una volta calcolato $\mathbf{g}(z)$ è facile calcolare lo *spread* e il rumore della soluzione di Backus Gilbert dovuto all'errore di misura che sono rispettivamente dati da:

$$s(z) = \mathbf{g}(z)^T\mathbf{S}(z)\mathbf{g}(z). \qquad (6.60)$$

Sostituendo i valori ottenuti dalla 6.59 avremo:

$$s(z) = \frac{\mathbf{k}^T\mathbf{S}^{-1}(z)}{\mathbf{k}^T\mathbf{S}^{-1}(z)\mathbf{k}}\mathbf{S}(z)\frac{\mathbf{S}^{-1}(z)\mathbf{k}}{\mathbf{k}^T\mathbf{S}^{-1}(z)\mathbf{k}} = \frac{1}{\mathbf{k}^T\mathbf{S}^{-1}(z)\mathbf{k}}. \qquad (6.61)$$

6.1.3 Inversione ottimale non lineare

In molte situazioni la misura non è una funzione lineare dello stato e come abbiamo visto nelle premesse al capitolo, il problema inverso, per un modello non lineare, si complica rispetto a quello per un modello lineare.

Guardiamo ora ai problemi che possono essere considerati quasi lineari e moderatamente non lineari.

Concettualmente si procede a valutare $p(\mathbf{x}|\mathbf{y})$ secondo le regole Bayesiane, ma poiché il calcolo coinvolge anche delle equazioni integro differenziali si cerca di approssimare il modello usando una espansione di Taylor attorno ad una stima appropriata dello stato e troncando la serie ad un ordine algoritmicamente gestibile.

Innanzi tutto si introduce uno stato di riferimento $\mathbf{x}_{rs}$ che può essere determinato da qualche media e che potremo chiamare vettore di stato di linearizzazione. A questo punto si può approssimare il vettore di misura $\mathbf{y}$ sviluppando, attorno a $\mathbf{x}_i$, il modello in serie di Taylor troncata al primo ordine.

$$\mathbf{y} = \mathbf{f}(\mathbf{x}_{rs}) + \frac{\partial \mathbf{f}(\mathbf{x})}{\partial \mathbf{x}}\bigg|_{\mathbf{x}=\mathbf{x}_{rs}} (\mathbf{x} - \mathbf{x}_{rs}) + \boldsymbol{\varepsilon} = \mathbf{y}_{rs} + \mathbf{K}(\mathbf{x} - \mathbf{x}_{rs}) + \boldsymbol{\varepsilon} \qquad (6.62)$$

dove la matrice $\mathbf{K}_{rs}$ di dimensioni $m \times n$, comprende le derivate parziali della $\mathbf{f}$ rispetto alla $\mathbf{x}$ valutate attorno allo stato $\mathbf{x}_{rs}$. Trattando ora la relazione 6.62 come nel caso lineare potremo scrivere:

$$E[\mathbf{y}] = \mathbf{y}_{rs} + \mathbf{K}_{rs}(E[\mathbf{x}] - \mathbf{x}_{rs}) + E[\boldsymbol{\varepsilon}]. \qquad (6.63)$$

Ricordando che $E[\mathbf{x}] = \mathbf{x}_{ap}$ prima che siano prese le misure e che $E[\boldsymbol{\varepsilon}] = 0$ potremo scrivere

$$E[\mathbf{y}] = \mathbf{y}_{rs} + \mathbf{K}_{rs}(\mathbf{x}_{ap} - \mathbf{x}_{rs}). \qquad (6.64)$$

Allora potremo scrivere che

$$\hat{\mathbf{x}} = \mathbf{x}_{ap} + \hat{\mathbf{S}}\mathbf{K}_{rs}^{\mathbf{T}}\mathbf{S}_{\varepsilon}^{-1}[(\mathbf{y} - \mathbf{y}_{rs}) - \mathbf{K}_{rs}(\mathbf{x}_{ap} - \mathbf{x}_{rs})] \qquad (6.65)$$

che rappresenta una approssimazione della media condizionata della *pdf* associata con l'errore connesso con il dato ottenuto per effetto dell'inversione del tipo unbiased, cioè $\hat{\boldsymbol{\varepsilon}} = (\mathbf{x} - \hat{\mathbf{x}})$. Ovviamente l'errore è più grande quanto il valore vero e il vettore di linearizzazione differiscono significativamente.

La covarianza dell'errore sul valore ottenuto per effetto dell'inversione è data da:

$$\hat{\mathbf{S}} = (\mathbf{K}_{rs}^{T}\mathbf{S}_{\varepsilon}^{-1}\mathbf{K}_{rs} + \mathbf{S}_{ap}^{-1})^{-1}. \qquad (6.66)$$

Siccome la linearizzazione si può fare attorno allo stato che si vuole, talvolta si trova che la linearizzazione è fatta attorno alla stima dello stato a priori $\mathbf{x}_{ap}$. In questo modo sostituendo $\mathbf{x}_{rs}$ e $\mathbf{y}_{rs}$ con $\mathbf{x}_{ap}$ e $\mathbf{y}_{ap}$ avremo:

$$\hat{\mathbf{x}} = \mathbf{x}_{ap} + \hat{\mathbf{S}}\mathbf{K}_{ap}^{T}\mathbf{S}_{\varepsilon}^{-1}[\mathbf{y} - \mathbf{y}_{ap}] \qquad (6.67)$$

dove $\mathbf{x}_{ap} = \mathbf{f}(\mathbf{x})_{ap}$ e $\mathbf{K}_{ap} = \dfrac{\partial \mathbf{f}(\mathbf{x})}{\partial \mathbf{x}}\bigg|_{\mathbf{x}=\mathbf{x}_{ap}}$.

Un miglioramento si può ottenere utilizzando un processo iterativo, vale a dire attraverso una successiva linearizzazione attorno ad una stima più recente. Se indichiamo l'iterazione con l'indice i avremo che la 6.65 può essere scritta come:

$$\mathbf{x}_{i+1} = \mathbf{x}_{ap} + \mathbf{S}_i\mathbf{K}_i^{\mathbf{T}}\mathbf{S}_{\varepsilon}^{-1}[(\mathbf{y} - \mathbf{y}_i) - \mathbf{K}_i(\mathbf{x}_{ap} - \mathbf{x}_i)] \qquad (6.68)$$

e la covarianza iterata

$$S_i = (K_i^T S_\varepsilon^{-1} K_i + S_{ap}^{-1})^{-1} \tag{6.69}$$

dove $x_i = f(x)_i$ e $K_i = \left.\frac{\partial f(x)}{\partial x}\right|_{x=x_i}$. Il punto di partenza $x_i = x_0$ è un profilo di prima ipotesi e $x_0 = x_{ap}$ è quello migliorato.

L'equazione 6.68 è ripetuta fino a che non si raggiunge un criterio di convergenza oppure l'iterazione successiva non produce un miglioramento del valore voluto. Siccome la matrice funzione peso K deve essere calcolata ad ogni passo di ogni iterazione produce un aumento significativo del tempo di calcolo.

Così come abbiamo fatto per il caso lineare riprendiamo la equazione relativa alla *pdf* di x condizionata da y sostituendo alla Kx la $f(x)$ e prendendo la formulazione del logaritmo naturale di $p(x|y)$ data dalla 6.30. Differenziandola avremo:

$$g(x) = \frac{\partial L}{\partial x} = -K^T S_\varepsilon^{-1}(y - f(x)) + S_{ap}^{-1}(x - x_{ap}) \tag{6.70}$$

dove $K = \frac{\partial f(x)}{\partial x}$. Purtroppo l'equazione $g(x) = 0$ è difficile da risolvere quando il problema è altamente non lineare.

Prima di applicare dei metodi numerici, che verranno introdotti nei paragrafi successivi, che richiedono l'introduzione del χ^2 affrontiamo il problema per problemi grossolanamente non lineari.

6.1.4 Soluzione al secondo ordine

Se le non linearità sono sufficientemente importanti, si possono migliorare i risultati includendo nella espansione di $f(x)$ anche i termini di secondo ordine attorno ai punti di linearizzazione x_{rs}.

$$f(x) = f(x_{rs}) + \left.\frac{\partial f(x)}{\partial x}\right|_{x=x_{rs}} (x - x_{rs}) + \frac{1}{2} \left.\frac{\partial^2 f(x)}{\partial x^2}\right|_{x=x_{rs}} (x - x_{rs})(x - x_{rs})^T. \tag{6.71}$$

Per semplificare linearizziamo attorno a uno stato a priori invece che ad un vettore di linearizzazione. Come per la stima lineare si richiede che la stima

$$\hat{x} = x_{ap} + G(y - E[y]) \tag{6.72}$$

in cui si deve determinare la G. Inoltre si richiede che l'errore $\hat{x} - x$ ricavato dal processo di inversione sia unbiased e che la stima desiderata sia approssimata alla media condizionale. La y può essere approssimata dall'aspettazione della 6.71 sostituendo la x_{rs} con la x_{ap}. Come per la linearizzazione ad un solo termine avremo che la linearizzazione a due termini può essere scritta come:

$$E[\mathbf{y}] = \mathbf{f}(\mathbf{x}_{ap}) + \mathbf{K}_{ap}(E[\mathbf{x}] - \mathbf{x}_{ap})$$
$$+ \frac{1}{2} \frac{\partial^2 \mathbf{f}(\mathbf{x})}{\partial \mathbf{x}^2}\bigg|_{\mathbf{x}=\mathbf{x}_{ap}} E[(\mathbf{x} - \mathbf{x}_{ap})(\mathbf{x} - \mathbf{x}_{ap})^T] + E[\boldsymbol{\varepsilon}] \quad (6.73)$$

dove $\mathbf{K}_{ap} = \frac{\partial \mathbf{f}(\mathbf{x})}{\partial \mathbf{x}}\big|_{\mathbf{x}=\mathbf{x}_{ap}}$. Sapendo che $\mathbf{S}_{ap} = E[(\mathbf{x} - \mathbf{x}_{ap})(\mathbf{x} - \mathbf{x}_{ap})^T]$ e per definizione di unbiased $E[\boldsymbol{\varepsilon}] = 0$ e che $E[\mathbf{x}] = \mathbf{x}_{ap}$ e potremo scrivere:

$$\mathbf{y} = \mathbf{f}(\mathbf{x}_{ap}) + \frac{1}{2}\partial^2(\mathbf{f}(\mathbf{x}_{ap}), \mathbf{S}_{ap}). \quad (6.74)$$

L'operatore $\partial^2(\mathbf{f}(\mathbf{x}_{ap}), \mathbf{S}_{ap})$ è un vettore di lunghezza m il cui elemento j-esimo è:

$$\partial_j^2(\mathbf{f}(\mathbf{x}_{ap}), \mathbf{S}_{ap}) = trace\left[\frac{\partial^2 f_j(\mathbf{x}_{ap})}{\partial \mathbf{x}^2}\bigg|_{\mathbf{x}=\mathbf{x}_{ap}} \mathbf{S}_{ap}\right]. \quad (6.75)$$

Per trovare $\mathbf{G}$, Gelb [32] propone di minimizzare $\mathbf{J} = E[(\mathbf{x} - \hat{\mathbf{x}})^T (\mathbf{x} - \hat{\mathbf{x}}) = trace[\hat{\mathbf{S}}]$ in cui si stima $\mathbf{x} - \hat{\mathbf{x}}$ dalla sua aspettazione e si sostituisce la 6.72 per $\hat{\mathbf{x}}$.

Un'altro metodo proposto da Maybeck [82] è quello di introdurre la regola di Bayes in cui la *pdf* congiunta di $\mathbf{x}$ e $\mathbf{y}$ è data da:

$$p(\mathbf{y}|\mathbf{x}) = p(\mathbf{x}|\mathbf{y})p(\mathbf{y}). \quad (6.76)$$

Ricordando che $E[\mathbf{x}] = \int_{-\infty}^{\infty} \ldots \int_{-\infty}^{\infty} \mathbf{x} p(\mathbf{y}|\mathbf{x}) dx_1 \ldots dx_n$ e sapendo che l'aspettazione per due funzioni $h(\mathbf{x})$ e $g(\mathbf{y})$ è data da:

$$E[h(\mathbf{x})g(\mathbf{y})] = E[E[h(\mathbf{x})|\mathbf{y}]g(\mathbf{y})] \quad (6.77)$$

in cui $E[h(\mathbf{x})|\mathbf{y}]$ è l'aspettazione condizionale di $\mathbf{x}$ dato un certo valore di $\mathbf{y}$. Per applicarlo al nostro caso prendiamo $h(\mathbf{x}) = \mathbf{x}$ e $g(\mathbf{y}) = \mathbf{y} - E[\mathbf{y}]$ per trovare che:

$$E[\mathbf{x}(\mathbf{y} - E[\mathbf{y}])] = E[E[\mathbf{x}|\mathbf{y}](\mathbf{y} - E[\mathbf{y}])] \quad (6.78)$$

ricordando che la parola condizionata su di $\mathbf{y}$ si riferisce alla situazione in cui sono state prese le misure. Per $E[\mathbf{x}|\mathbf{y}] = \hat{\mathbf{x}}$, applicando la regola 6.77 avremo:

$$\begin{aligned}
E[\mathbf{x}(\mathbf{y} - E[\mathbf{y}])] &= E[(\mathbf{x}_{ap} + \mathbf{G}(\mathbf{y} - E[\mathbf{y}]))(\mathbf{y} - E[\mathbf{y}])] \\
&= E[\mathbf{x}_{ap}(\mathbf{y} - E[\mathbf{y}])] + \mathbf{G}E[(\mathbf{y} - E[\mathbf{y}])(\mathbf{y} - E[\mathbf{y}])^T] \\
&= E[\mathbf{x}_{ap}(\mathbf{f}(\mathbf{x}) - E[\mathbf{f}(\mathbf{x})])] \\
&\quad + \mathbf{G}E[(\mathbf{f}(\mathbf{x}) - E[\mathbf{f}(\mathbf{x})])(\mathbf{f}(\mathbf{x}) - E[\mathbf{f}(\mathbf{x})])^T] + \mathbf{G}E[\boldsymbol{\varepsilon\varepsilon}^T] \\
&= \mathbf{x}_{ap}E[\mathbf{f}(\mathbf{x})] - E[\mathbf{x}_{ap}E[\mathbf{f}(\mathbf{x})]] \\
&\quad + \mathbf{G}E[(\mathbf{f}(\mathbf{x}) - E[\mathbf{f}(\mathbf{x})])(\mathbf{f}(\mathbf{x}) - E[\mathbf{f}(\mathbf{x})])^T] + \mathbf{G}\mathbf{S}_{\varepsilon}
\end{aligned} \quad (6.79)$$

dove $\mathbf{y} = \mathbf{f}(\mathbf{x}) + \boldsymbol{\varepsilon}$ e $E[\boldsymbol{\varepsilon}] = 0$ che dà $E[\mathbf{f}(\mathbf{x})] = E[\mathbf{y}]$. Poiché $\mathbf{x}_{ap} = E[\mathbf{x}]$ e la parte a sinistra dell'equazione 6.79 è eguale a zero, possiamo scrivere che

$$\mathbf{G} = \{E[\mathbf{xf}(\mathbf{x})] - E[\mathbf{x}]E[\mathbf{f}(\mathbf{x})]\} \cdot \{E[(\mathbf{f}(\mathbf{x}) - E[\mathbf{f}(\mathbf{x})])(\mathbf{f}(\mathbf{x}) - E[\mathbf{f}(\mathbf{x})])^T] + \mathbf{S}_\varepsilon\}^{-1}. \quad (6.80)$$

Le aspettazioni che ci sono in questa equazione sono derivate dalla serie di Taylor attorno a $\mathbf{x}_{ap}$ troncata al secondo ordine.

Infatti guardiamo il primo termine $E[\mathbf{xf}(\mathbf{x})]$ della relazione 6.80 espandendo in serie di Taylor e applicando la regola di Leibniz per calcolare le derivate di un prodotto di due funzioni, avremo:

$$
\begin{aligned}
\mathbf{xf}(\mathbf{x}) &= \mathbf{x}_{ap}\mathbf{f}(\mathbf{x}_{ap}) + \left[\mathbf{f}(\mathbf{x}_{ap}) + \mathbf{x}_{ap}\frac{\partial \mathbf{f}(\mathbf{x})}{\partial \mathbf{x}}\bigg|_{\mathbf{x}} = \mathbf{x}_{ap}\right](\mathbf{x} - \mathbf{x}_{ap}) \\
&+ \frac{1}{2}\left[2\frac{\partial \mathbf{f}(\mathbf{x}_{ap})}{\partial \mathbf{x}} + \mathbf{x}_{ap}\frac{\partial^2 \mathbf{f}(\mathbf{x}_{ap})}{\partial \mathbf{x}^2}\bigg|_{\mathbf{x}=\mathbf{x}_{ap}}\right](\mathbf{x} - \mathbf{x}_{ap})(\mathbf{x} - \mathbf{x}_{ap})^T.
\end{aligned}
\quad (6.81)
$$

Sapendo che l'aspettazione del secondo termine della precedente equazione scompare e ponendo che $\mathbf{S}_{ap} = E[(\mathbf{x} - \mathbf{x}_{ap})(\mathbf{x} - \mathbf{x}_{ap})^T]$, avremo:

$$
\begin{aligned}
E[\mathbf{xf}(\mathbf{x})] &= \mathbf{x}_{ap}\mathbf{f}(\mathbf{x}_{ap}) + \left[\frac{\partial \mathbf{f}(\mathbf{x}_{ap})}{\partial \mathbf{x}} + \frac{1}{2}\mathbf{x}_{ap}\frac{\partial^2 \mathbf{f}(\mathbf{x}_{ap})}{\partial \mathbf{x}^2}\right]\mathbf{S}_{ap} \\
&= \mathbf{x}_{ap}\mathbf{f}(\mathbf{x}_{ap}) + \mathbf{S}_{ap}\left(\frac{\partial \mathbf{f}(\mathbf{x}_{ap})}{\partial \mathbf{x}}\right)^T + \frac{1}{2}\mathbf{x}_{ap}\partial^2(\mathbf{f}(\mathbf{x}_{ap}), \mathbf{S}_{ap})
\end{aligned}
\quad (6.82)
$$

dove l'operatore $\partial^2(\mathbf{f}(\mathbf{x}_{ap}), \mathbf{S}_{ap})$ è stato definito in precedenza 6.75. Analogamente si può calcolare il secondo termine della 6.80

$$
\begin{aligned}
&E[(\mathbf{f}(\mathbf{x}) - E[\mathbf{f}(\mathbf{x})])(\mathbf{f}(\mathbf{x}) - E[\mathbf{f}(\mathbf{x})])^T] \\
&= \left(\frac{\partial \mathbf{f}(\mathbf{x}_{ap})}{\partial \mathbf{x}}\right)^T \mathbf{S}_{ap}\left(\frac{\partial \mathbf{f}(\mathbf{x}_{ap})}{\partial \mathbf{x}}\right) - \frac{1}{4}[\partial^2(\mathbf{f}(\mathbf{x})_{ap}), \mathbf{S}_{ap})][\partial^2(\mathbf{f}(\mathbf{x}_{ap}), \mathbf{S}_{ap})]^T.
\end{aligned}
\quad (6.83)
$$

Ricordando che $E[\mathbf{f}(\mathbf{x})] = E[\mathbf{y}]$ e che $E[\mathbf{y}]$ è dato dalla 6.73, utilizzando i risultati ottenuti dalla 6.82 e dalla 6.83, potremo mettere tutti questi risultati nella 6.80 ed ottenere la seguente espressione per $\mathbf{G}$

$$
\begin{aligned}
\mathbf{G} &= \mathbf{S}_{ap}\left(\frac{\partial \mathbf{f}(\mathbf{x}_{ap})}{\partial \mathbf{x}}\right)^T \left[\left(\frac{\partial \mathbf{f}(\mathbf{x}_{ap})}{\partial \mathbf{x}}\right)^T \mathbf{S}_{ap}\left(\frac{\partial \mathbf{f}(\mathbf{x}_{ap})}{\partial \mathbf{x}}\right) \right. \\
&\left. - \frac{1}{4}[\partial^2(\mathbf{f}(\mathbf{x}_{ap}), \mathbf{S}_{ap})][\partial^2(\mathbf{f}(\mathbf{x}_{ap}), \mathbf{S}_{ap})]^T + \mathbf{S}_\varepsilon\right]^{-1} \\
&= \mathbf{S}_{ap}\mathbf{K}_{ap}^T\left[\mathbf{K}_{ap}^T\mathbf{S}_{ap}\mathbf{K}_{ap} - \frac{1}{4}[\partial^2(\mathbf{f}(\mathbf{x}_{ap}), \mathbf{S}_{ap})][\partial^2(\mathbf{f}(\mathbf{x}_{ap}), \mathbf{S}_{ap})]^T + \mathbf{S}_\varepsilon\right]^{-1}.
\end{aligned}
\quad (6.84)
$$

Comparando questo risultato con quello ottenuto per il caso lineare dato dalla relazione 6.36, troviamo che c'è un termine additivo che tiene conto della non linearità. Allora l'equazione corrispondente per ottenere un risultato dall'inversione, quando si usa il secondo termine della espansione di Taylor è dato da:

$$\hat{\mathbf{x}} = \mathbf{x}_{ap} + \mathbf{G}\left[\mathbf{y} - \mathbf{f}(\mathbf{x}_{ap}) + \frac{1}{2}\partial^2(\mathbf{f}(\mathbf{x}_{ap}), \mathbf{S}_{ap})\right] \qquad (6.85)$$

dove la matrice guadagno $\mathbf{G}$ è data dalla 6.84 e il vettore $\partial^2(\mathbf{f}(\mathbf{x}_{ap}), \mathbf{S}_{ap})$ di lunghezza m è descritto dalla 6.75. La covarianza dell'errore del valore ottenuto dall'inversione $\hat{\mathbf{S}}$ per una m-forma è:

$$\hat{\mathbf{S}} = \mathbf{S}_{ap} - \mathbf{GKS}_{ap}. \qquad (6.86)$$

Ovviamente il tempo di calcolo si allunga utilizzando il secondo ordine, ma il risultato migliora soprattutto quando ci sono delle non linearità severe.

6.1.5 Metodi iterativi numerici

Se il problema non è troppo non-lineare il metodo Newtoniano è un metodo numerico diretto per trovare lo zero del gradiente della funzione costo. Per il vettore equazione $\mathbf{g}(\mathbf{x}) = 0$ l'iterazione può essere scritto come:

$$\mathbf{x}_{i+1} = x_i - \left[\frac{\partial \mathbf{g}(\mathbf{x}_i)}{\partial \mathbf{x}}\right]^{-1} \mathbf{g}(\mathbf{x}_i). \qquad (6.87)$$

La matrice $\frac{\partial \mathbf{g}(\mathbf{x})}{\partial \mathbf{x}}$ è:

$$\frac{\partial \mathbf{g}(\mathbf{x})}{\partial \mathbf{x}} = \frac{\partial \mathbf{K}^T(\mathbf{x})}{\partial \mathbf{x}} \mathbf{S}_\varepsilon^{-1}(\mathbf{y} - \mathbf{f}(\mathbf{x})) + \mathbf{K}^T\mathbf{S}_\varepsilon^{-1}\mathbf{K} + \mathbf{S}_{ap}^{-1} \qquad (6.88)$$

che è la derivata seconda di L rispetto a $\mathbf{x}$, valutata a $\mathbf{x}_i$, nota come Hessiano di L. L'equazione 6.88 coinvolge sia lo Jacobiano $\mathbf{K}$, la derivata del modello diretto, sia $\frac{\partial \mathbf{K}^T(\mathbf{x})}{\partial \mathbf{x}}$ che è la derivata seconda (cioè l'Hessiano) del modello diretto.

Quest'ultimo è un oggetto complicato, perché è un vettore i cui elementi sono matrici, che devono essere post-moltiplicati per il vettore $\mathbf{S}_\varepsilon^{-1}(\mathbf{y} - \mathbf{f}(\mathbf{x}))$ prima che il vettore dei vettori risultanti sia assemblata in una matrice. Fortunatamente il prodotto risultante, nei casi moderatamente lineari, è piccolo e diviene simile al rumore.

Ignorando questo termine otterremo il metodo di Gauss Newton:

$$\mathbf{x}_{i+1} = \mathbf{x}_i + (\mathbf{K}_i^T\mathbf{S}_\varepsilon^{-1}\mathbf{K}_i + \mathbf{S}_{ap}^{-1})^{-1}[\mathbf{K}_i^T\mathbf{S}_\varepsilon^{-1}(\mathbf{y} - \mathbf{f}(\mathbf{x}_i)) - \mathbf{S}_{ap}^{-1}(\mathbf{x}_i - \mathbf{x}_{ap})] \qquad (6.89)$$

e dopo qualche manipolazione della relazione potremo ottenere:

$$\mathbf{x}_{i+1} = \mathbf{x}_{ap} + (\mathbf{K}_i^T \mathbf{S}_\varepsilon^{-1} \mathbf{K}_i + \mathbf{S}_{ap}^{-1})^{-1} \mathbf{K}_i^T \mathbf{S}_\varepsilon^{-1} [(\mathbf{y} - \mathbf{f}(\mathbf{x}_i)) - \mathbf{K}_i(\mathbf{x}_{ap} - \mathbf{x}_i)] \qquad (6.90)$$

con $\mathbf{y}_i = \mathbf{f}(\mathbf{x}_i)$ e $\mathbf{S}_i = (\mathbf{K}_i^T \mathbf{S}_\varepsilon^{-1} \mathbf{K}_i + \mathbf{S}_{ap}^{-1})^{-1}$.

La definizione di moderatamente lineare implica che la pdf della soluzione sia Gaussiana perché il modello diretto è lineare entro una regione in cui la soluzione pdf non è trascurabile. Il modello caratterizza interamente la fisica della misura, mentre l'errore include la somma dei contributi da tutte le sorgenti, includendo anche gli errori sistematici. La convergenza del metodo di Newton è del secondo ordine, perché converge quadraticamente, mentre quello di Gauss-Newton è del primo ordine. Un errore comune è quello di confondere lo stato a priori $\mathbf{x}_{ap}$ con l'iterazione corrente.

Per sapere a quale punto è necessario fermare l'iterazione è necessario fare una analisi della convergenza. Questa analisi indica che non è necessario continuare l'iterazione fino a che la soluzione non cambia, ma è sufficiente definire di quanto la soluzione deve differire di un valore scelto piccolo rispetto allo stato di massima probabilità vera. Un test comunemente usato è quello del χ^2 in cui si compara la differenza tra l'approssimazione e la misura con l'errore di misura aspettato, cioè:

$$\chi^2[\mathbf{y} - \mathbf{f}(\mathbf{x}_i)] = [\mathbf{y} - \mathbf{f}(\mathbf{x}_i)]^T \mathbf{S}_\varepsilon^{-1} [\mathbf{y} - \mathbf{f}(\mathbf{x}_i)] \simeq m \qquad (6.91)$$

dove m rappresenta i gradi di libertà o nel caso di un sistema di un certo numero di canali di misura, il numero di canali indipendenti.

Sia il metodo Newtoniano che quello di Gauss-Newton troveranno il minimo in un solo passo per una funzione costo che è esattamente quadratica in $\mathbf{x}$. Levenberg-Marquardt propongono invece di ottenere la soluzione utilizzando dei passi successivi.

Infatti per un problema ai minimi quadrati non-lineare, Levenberg ha proposto la seguente iterazione:

$$\mathbf{x}_{i+1} = \mathbf{x}_i + (\mathbf{K}_i \mathbf{K}_i^T + \gamma_i \mathbf{I}^{-1}) \mathbf{K}_i^T [\mathbf{y} - \mathbf{f}(\mathbf{x}_i)] \qquad (6.92)$$

dove γ_i è scelta per minimizzare la funzione costo.

Marquardt ha semplificato la scelta di γ_i evitando di cercare la miglior γ_i in ogni iterazione, ma partendo con una nuova iterazione ogni volta che si trova un valore per cui la funzione costo si riduce, secondo questo schema che utilizza il χ^2:

- se χ^2 cresce come risultato di uno step, crescere γ, non cambiare x_i e cercare ancora;
- se χ^2 decresce come risultato di uno step, modificare x_i e decrescere γ per lo step successivo.

La strategia è descritta da Press et al. [94]. I dettagli del metodo di Levenberg e Marquardt sono descritti in Appendice A: Algoritmi di Minimizzazione.

6.2 Statistica Bayesiana in rete

La rete contiene una messe di programmi sulle statistiche Bayesiane veramente ragguardevole. Oltre che i software sviluppati sui linguaggi proprietari Matlab e Matematica si sono aggiunti anche dei codici basati su R perché questo linguaggio è estremamente semplice ed è *public domain*. Non volendo fare un elenco di siti che trattano l'argomento, mi limiterò a citare due siti che per il loro contenuto sono autoconsistenti. Il sito presso l'archivio CRAN (Comprehensive R Archive Network): $http://cran.r-project.org/web/views/Bayesian.html$ e quello di Cornell: $http://www.astro.cornell.edu/staff/loredo/bayes/$, un sito ricco di informazioni sui libri che trattano l'argomento e sui codici di calcolo; il sito è aggiornato continuamente.

Markov Chain Monte Carlo

La definizione astratta della soluzione di un problema inverso come la distribuzione di probabilità, in pratica non è molto utile, se non abbiamo dei mezzi per esplorarla. Come abbiamo visto nel capitolo dedicato alla interpretazione della distribuzione a posteriori (MAP), la stima di un massimo a posteriori è essenzialmente un problema di ottimizzazione, mentre la media condizionale e la varianza richiedono una integrazione nello spazio $\mathscr{R}^n$ in cui la densità a posteriori sia ben ben definita. Se la dimensione n del parametro spaziale $\mathscr{R}^n$ è grande allora l'uso delle quadrature numeriche eccede l'uso della capacità computazionale di parecchi computer. Inoltre la regola richiede una relativamente buona conoscenza della distribuzione di probabilità.

Un metodo alternativo potrebbe essere quello che, invece di valutare la densità di probabilità in dati punti, sia la densità stessa che definisca un insieme di punti, un campione, che supporti bene la distribuzione di probabilità. Questo campione può essere usato per l'integrazione approssimata.

I metodi della Catena di Markov Monte Carlo possono essere, almeno da un punto di vista concettuale, degli algoritmi che generano degli insiemi campionari per l'integrazione di Monte Carlo. Denominando con μ una misura della probabilità su $\mathscr{R}^n$ e ammettendo che $f(x)$ sia una funzione integrabile nello stesso spazio, l'integrazione attraverso le quadrature fornisce:

$$\int_{\mathbb{R}^n} f(x)\mu(dx) \approx \sum_{j=1}^{N} w_j f(x_j). \tag{7.1}$$

Nell'integrazione Monte Carlo i punti x_j sono generate casualmente ed i pesi w_j sono determinati dalla distribuzione. Se l'insieme rappresentativo è dato da $\{x-1, x_2, \ldots x_N\} \in \mathscr{R}$ distribuito secondo la funzione μ, possiamo cercare di approssimare l'integrale

$$\int_{\mathbb{R}^n} f(x)\mu(dx) = E\{f(X))\} \simeq \frac{1}{N} \sum_{j=1}^{N} f(x_j). \tag{7.2}$$

I metodi MCMC sono modi sistematici per generare un insieme campionario tale che valga la relazione 7.2.

Guzzi R.: Introduzione ai metodi inversi. Con applicazioni alla geofisica e al telerilevamento.
DOI 10.1007/978-88-470-2495-3_7, © Springer-Verlag Italia 2012

7.1 Le catene di Markov

Richiamiamo brevemente alcuni punti delle catene Markoviane. È spesso possibile rappresentare il comportamento di un sistema fisico descrivendo i diversi stati che il sistema può occupare ed indicando come il sistema si muove nel tempo passando da un sistema all'altro. Se il tempo speso in ciascun stato è distribuito esponenzialmente, il sistema può essere rappresentato da un processo Markoviano. Se invece un sistema non possiede esplicitamente le proprietà esponenziali è possibile costruire una corrispondente rappresentazione implicita.

Una catena di Markov quindi descrive il movimento probabilistico tra un numero di stati attraverso le probabilità di transizione: esse descrivono la probabilità di muoversi tra tutti i possibili stati in un sol passo in una catena di Markov. La proprietà fondamentale di un sistema Markoviano è che l'evoluzione futura del sistema dipende solo dal suo stato corrente e non dalla sua storia passata.

L'evoluzione del sistema è rappresentata dalla transizione del processo di Markov da uno stato all'altro. Si assume che al tempo zero la transizione sia istantanea.

Un punto saliente del sistema è la conoscenza della probabilità di stare in un determinato stato o insieme di stati ad un certo tempo dopo che il sistema è divenuto operazionale. Spesso questo tempo è così lungo che l'influenza dello stato iniziale viene cancellato. Un'altra misura include il tempo preso finché un certo stato è raggiunto. In tal caso di parla di stato di assorbanza.

Un processo stocastico è definito come una famiglia di variabili casuali $\{X(t), t \in T\}$ definite in uno spazio delle probabilità ed indicizzate dal parametro t che varia nello spazio dei parametri T che normalmente è l'insieme dei parametri temporali. T è l'intervallo di tempo ed $X(t)$ indica l'osservazione al tempo t. Se T è discreto, $T = \{0, 1, 2 \ldots\}$, allora abbiamo un parametro temporale discreto. Se T è continuo, $T = \{t : 0 \leq t \leq +\infty\}$, il processo è un parametro temporale continuo di un processo stocastico.

Un processo Markoviano è un processo stocastico la cui pdf soddisfa le così dette poprietà Markoviane. Queste si possono riassumere:

- il tempo speso in uno stato Markoviano (normalmente chiamato tempo di soggiorno) deve esibire delle proprietà senza memoria;
- il tempo rimanente che la catena spenderà nel suo stato corrente deve essere indipendente dal tempo già speso;
- nel caso in cui il tempo sia un parametro continuo, il tempo di soggiorno deve essere distribuito esponenzialmente;
- nel caso di una catena Markoviana discreta, il tempo di soggiorno è distribuito geometricamente.

7.1.1 Catene di Markov discrete (DTMC)

Se rappresentiamo lo spazio dei parametri discreti T mediante l'insieme dei numeri naturali $\{0,1,2\ldots\}$, le osservazioni che definiscono le variabili casuali sono $\{X_0, X_1, X_2 \ldots X_n \ldots\}$ per i passi $0,1,2,..n$, allora la catena Markoviana discreta soddisfa la seguente relazione per tutti i numeri naturali e tutti gli stati x_n. Di seguito ci riferiremo a DTCM omogeneo.

$$P\{X_{n+1} = x_{n+1} | X_0 = x_0, X_1 = x_1, \ldots X_n = n_n\} \qquad (7.3)$$

che rappresentano la probabilità condizionata per fare una transizione, ad singolo passo, dallo stato x_n allo stato x_{n+1} quando il parametro temporale cresce da n ad $n+1$. Essa viene denotata con:

$$p_{ij} = P\{X_{n+1} = j | X_n = i|\} \qquad n = 0, 1. \qquad (7.4)$$

La matrice P ottenuta mettendo p_{ij} in cui le righe sono indicate da i e le colonne da j, si chiama matrice di probabilità di transizione che soddisfa alle seguenti due proprietà:

$$0 \le p_{ij} \le 1 \qquad \sum_{all\ k} p_{ij} = 1. \qquad (7.5)$$

Si può generalizzare una matrice di probabilità di transizione, a singolo passo, verso una matrice di probabilità di transizione all' n-esimo passo i cui elementi sono $p_{ij}^{(n)} = P\{X_{m+n} = j | X_m = 1\}$ mediante la equazione ricorsiva di Chapman Kolmogorov. Dalla equazione 7.4 avremo

$$p_{ij}^{(n)} = P\{X_{m+n} = j | X_m = i|\} \qquad m = 0, 1 \qquad (7.6)$$

da cui si può vedere che $p_{ij} = p_{ij}^{(1)}$. Dalle proprietà Markovianc si può definire la seguente formula ricorsiva:

$$p_{ij}^{(n)} = \sum_{all\ k} p_{ik}^{(i)} p_{kj}^{(n-l)} \qquad per \qquad 0 < l < n \qquad (7.7)$$

che ci dice che è possibile scrivere qualsiasi probabilità di transizione omogenea all'n-esimo passo come somma del prodotto dello $(l) - esimo$ passo e $(n-l)$ passo della probabilità di transizione. Per andare da i a j è necessario andare da i ad uno stato k in l passi e poi da k a j negli $(n-l)$ passi residui. In notazione matriciale scriveremo: $\mathbf{P}^{(n)} = \mathbf{P}^{(l)}\mathbf{P}^{(n-l)}$.

Vediamo ora qual'è la probabilità che la catena sia in un certo stato ad un certo passo. Indichiamo con $\pi_i(n)$ la probabilità che una catena di Markov sia allo stato i

al passo n. Si noti che il vettore π è un vettore riga.

$$\pi_i(n) = P\{X_n = i\}. \tag{7.8}$$

Le probabilità dello stato ad ogni passo temporale n può essere ottenuto dalla conoscenza della distribuzione allo stato iniziale (al passo 0) e della matrice di probabilità di transizione. Cioè:

$$\pi_i(n) = \sum_{all\,k} P\{X_n = i|X_0 = k\}\pi_k(0). \tag{7.9}$$

Allora la probabilità che la catena di Markov sia nello stato i al passo n è

$$\pi_i(n) = \sum_{all\,k} p_{ki}^{(n)}\pi_k(0) \tag{7.10}$$

dove $\pi_k(0)$ è lo stato iniziale della distribuzione. In notazione matriciale diviene:

$$\boldsymbol{\pi}_i(n) = \boldsymbol{\pi}(0)\mathbf{P}^{(n)} \tag{7.11}$$

dove $\boldsymbol{\pi}(0)$ indica lo stato iniziale. Tutto il ragionamento fatto per la catena di Markov omogenea può essere fatta per quella disomogenea in cui sostituiremo a p_{ij}, $p_{ij}(n)$ e per la matrice P la matrice $P(n)$.

7.1.2 Catene di Markov continue nel tempo (CTMC)

Se gli stati di un processo Markoviano sono discreti ed il processo può cambiare stato in ogni punto nel tempo, diciamo che la catena di Markov è continua nel tempo. Se la catena di Markov continua nel tempo è disomogenea allora

$$p_{ij}(s,t) = P\{X(t) = j|X(s) = i\} \tag{7.12}$$

dove $X(t)$ denota lo stato della catena di Markov al tempo $t \geq s$. Quando CTMC è omogeneo queste transizioni dipendono dalla differenza $\tau = t - s$ e allora la notazione si può semplificare con:

$$p_{ij}(\tau) = P\{X(s+\tau) = j|X(s) = i\} \tag{7.13}$$

che indica la probabilità di stare nello stato j dopo un intervallo di lunghezza τ dato che lo stato corrente è i. Esso dipende da τ e non da s o t. Ne segue che per tutti i valori di τ abbiamo $\sum p_{ij} = 1$.

7.1.3 Matrice di probabilità di transizione

Mentre la catena di Markov discreta nel tempo è rappresentata dalla sua matrice di probabilità di transizione, la catena continua è rappresentata dalla matrice dei tassi di transizione che sono dipendenti dal tempo.

La probabilità che avvenga una transizione da uno stato i ad uno j non dipende solo dallo stato sorgente, ma anche dalla lunghezza dell'intervallo di osservazione. Viceversa il tasso di transizione non dipende dalla lunghezza del periodo di osservazione, ma è una quantità che è definita istantaneamente che indica il numero di transizioni che avvengono nell'unità di tempo. Sia q_{ij} il tasso per il quale avvengono le transizioni dallo stato i allo stato j, definiremo la matrice del tasso di transizione

$$\mathbf{Q}(t) = \lim_{\Delta t \to 0} \left\{ \frac{\mathbf{P}(t, t + \Delta t) - I}{\Delta t} \right\} \tag{7.14}$$

che ha come elemento q_{ij} e in cui $\mathbf{P}(t, t + \Delta t)$ è la matrice di probabilità di transizione e I è la matrice di Identità. Quando la CTMC è omogenea i tassi di transizione sono indipendenti dal tempo e la matrice dei tassi di transizione è semplicemente $\mathbf{Q}$.

Finalmente una catena di Markov è detta irriducibile se esiste un intero positivo tale che $p_{ij} > 0$ per tutti gli i, j. Cioè tutti gli stati comunicano con ciascun altro così come si può sempre andare da uno stato all'altro anche se questo può prendere più di un passo. Una catena è detta aperiodica quando non si richiede che il numero di passi richiesto per muoversi tra due stati sia un qualche intero. Una catena di Markov raggiunge una distribuzione stazionaria dove i valori della probabilità sono indipendenti dalle condizioni iniziali. La condizione per una distribuzione stazionaria è che la catena sia irriducibile e aperiodica.

7.1.4 Gli algoritmi per la soluzione di un integrale con il metodo Monte Carlo

Il metodo di Monte Carlo fu sviluppato per risolvere gli integrali attraverso la generazione di numeri casuali. Se vogliamo risolvere un integrale complesso del tipo

$$\int_a^b h(x)dx \tag{7.15}$$

dapprima decomponiamo $h(x)$ nel prodotto tra una funzione $f(x)$ e una funzione di densità di probabilità $p(x)$ definita nell'intervallo (a, b) ottenendo

$$\int_a^b h(x)dx = \int_a^b f(x)p(x)dx = E_{p(x)}[f(x)] \tag{7.16}$$

così che l'integrale può essere espresso come una aspettazione di $f(x)$ sulla densità $p(x)$. Quindi se generiamo un insieme campionario, dato da un gran numero di variabili casuali $\{x_1, \ldots x_n\}$, ottenuto dalla funzione di densità $p(x)$, potremo scrivere:

$$\int_a^b h(x)dx = E_{p(x)}[f(x)] \approx \frac{1}{n} \sum_{i=1}^n f(x_i) \qquad (7.17)$$

che è la integrazione mediante il metodo Monte Carlo. In tal modo la popolazione media di $f(x)$ è stimata attraverso un campione medio. Siccome la dimensione del campione è sotto il controllo dell'analista, quando i campioni $\{x_i\}$ sono indipendenti, l'approssimazione può essere accurata quanto si vuole incrementando le dimensioni n del campione. L'insieme campionario $\{x_i\}$ può essere generato da un qualsiasi processo che disegni dei campioni attraverso il supporto di $p(x)$ nelle proporzioni corrette.

Dato un integrale $I(y) = \int f(y|x)p(x)dx$, utilizziamo ora l'integrazione di Monte Carlo per approssimare la distribuzione a posteriori in una analisi Bayesiana, avremo:

$$\hat{I}(y) = \frac{1}{n} \sum_{i=1}^n f(y|x_i) \qquad (7.18)$$

dove gli x_i sono stati generati dalla funzione $p(x)$. L'errore standard stimato per l'integrazione di Monte Carlo è dato da:

$$E^2[\hat{I}(y)] = \frac{1}{n} \left(\frac{1}{n-1} \sum_{i=1}^n (f(y|x_i) - \hat{I}(y))^2 \right). \qquad (7.19)$$

Un'altra interessante applicazione che sfrutta l'integrazione di Monte Carlo è il campionamento preferenziale (importance sampling). Se supponiamo che la densità $p(x)$ possa essere approssimata dalla intensità di nostro interesse $q(x)$ avremo allora:

$$\int f(x)q(x)dx = \int f(x) \left(\frac{q(x)}{p(x)} \right) p(x)dx = E_{p(x)} \left[f(x) \left(\frac{q(x)}{p(x)} \right) \right]. \qquad (7.20)$$

Questa forma il metodo del campionamento preferenziale con:

$$\int f(x)q(x)dx \simeq \frac{1}{n} \sum_{i=1}^n f(x_i) \left(\frac{q(x_i)}{p(x_i)} \right) \qquad (7.21)$$

dove, come prima, gli x_i sono generati dalla distribuzione data da $p(x)$.

Un modo per generare gli x_i è quello di farlo attraverso una catena di Markov che ha $p(x)$ come sua distribuzione stazionaria. In questo modo si ha la Catena di Markov Monte Carlo. L'algoritmo di Metropolis ed Hasting e il campionatore di Gibbs sono i due metodi principali, ma ci sono parecchie varianti che sono state prodotte partendo da questi due algoritmi.

7.1.5 L'algoritmo di Metropolis - Hastings

Come abbiamo visto uno dei problemi nell'applicare l'integrazione di Monte Carlo è quello di ottenere una distribuzione campionaria da una distribuzione complessa $p(x)$. Metropolis et al. [84] e Hastings [47] svilupparono un algoritmo che va sotto il nome di Metropolis Hastings.

Supponiamo che si voglia generare dei campioni partendo da una certa distribuzione $p(\zeta)$ dove $p(\zeta) = f(\zeta)/K$. K è una costante di normalizzazione che può non essere nota e molto difficile da calcolare. L'algoritmo di Metropolis genera una sequenza partendo da questa distribuzione attraverso la seguente procedura:

- inizia con un valore ζ_0 che soddisfa la diseguaglianza $f(\zeta_0) > 0$;
- usando il valore corrente ζ, campiona un punto candidato ζ^* da una distribuzione $q(\zeta_1, \zeta_2)$ che è la jumping distribution o jumping density, che è la probabilità di ritorno di un valore ζ_2, dato un valore precedente ζ_1. La regola consiste in una densità proposta che simula un valore candidato ed il calcolo di una probabilità di accettanza che indica la probabilità che il valore candidato sia accettato dal valore successivo nella sequenza. Utilizzando questo valore ζ si campiona un valore candidato ζ^* da una distribuzione di densità $q(\zeta_1, \zeta_2)$ che rappresenta la probabilità di ottenere un valore di ζ_2 dato un valore precedente di ζ_1. Questa distribuzione si chiama anche la distribuzione proposta o che genera il candidato. La sola restrizione sulla densità è che sia simmetrica, cioè $q(\zeta_1, \zeta_2) = (\zeta_2, \zeta_1)$;
- una volta che è stato generato il valore candidato ζ^*, si calcola il rapporto di densità nel punto ζ^* e nei punti correnti ζ_{t-1}

$$\alpha = \frac{p(\zeta^*)}{p(\zeta_{t-1})} = \frac{f(\zeta^*)}{f(\zeta_{t-1})} \qquad (7.22)$$

che cancella la costante di normalizzazione;
- se il salto incrementa la densità ($\alpha > 1$) si pone $\zeta^* = \zeta_t$ e si ritorna la passo 2, mentre se la densità decresce ($\alpha < 1$) allora si accetta il punto candidato con probabilità α, altrimenti si ritorna la passo 2.

In sintesi il processo di campionamento di Metropolis per prima cosa calcola:

$$\alpha = \min\left(\frac{f(\zeta^*)}{f(\zeta_{t-1})}, 1\right) \qquad (7.23)$$

e poi accetta un punto candidato con probabilità α. Questo genera una catena di Markov $(\zeta_0, \zeta_1, \ldots \zeta_k, \ldots)$ poiché la probabilità di transizione da ζ_t a ζ_{t+1} dipende solo da ζ_t e non da $(\zeta_0, \zeta_1, \ldots \zeta_{t-1})$. Sotto certe condizioni sulla densità proposta, la sequenza $\zeta_1, \zeta_2 \ldots$ convergerà ad una variabile casuale che è distribuita secondo la distribuzione a posteriori. In altre parole è necessario che dopo un certo periodo (burn-in period), cioè passi di k, i campioni del vettore $(\zeta_{k+1}, \ldots \zeta_{k+n})$ diventano campioni di $p(x)$.

Hasting [47] ha generalizzato l'algoritmo di Metropolis usando una funzione di transizione di probabilità $q(\zeta_1, \zeta_2) = P(\zeta_1 \rightarrow \zeta_2)$ arbitraria e ponendo la probabilità di accettanza per un punto candidato come:

$$\alpha = \min\left(\frac{f(\zeta^*)q(\zeta^*,\zeta_{t-1})}{f(\zeta_{t-1})q(\zeta_t-1,\zeta^*)}, 1\right). \tag{7.24}$$

Per dimostrare che il campionamento di Metropolis Hasting genera una catena di Markov la cui densità di equilibrio è quella data dalla densità candidata $p(x)$ è sufficiente dimostrare che il kernel di transizione di Metropolis Hastings soddisfa l'equazione del bilancio dettagliato:

$$P(j \to k)\pi_j^* = P(k \to j)\pi_k^* \tag{7.25}$$

dove π^* è la distribuzione stazionaria che soddisfa alla relazione $\pi^* = \pi^* P$. In altre parole π^* è l'autovalore sinistro associato con l'autovalore $\lambda + 1$ di P. Se questa equazione vale per tutti gli i,k la catena di Markov è detta reversibile e la 7.25 è detta condizione di reversibilità. Essa implica che $\pi = \pi P$ poiché lo $j - esimo$ elemento di πP è

$$(\pi P)_j = \sum_i \pi_i P(i \to j) = \sum_i \pi_i P(j \to i) = \pi_i \sum_i P(j \to i) = \pi_j \tag{7.26}$$

dove l'ultimo passo consegue dal fatto che la somma delle righe è uguale ad uno.

Applicando questo processo, campioniamo $q(x,y) = P(x \to y|q)$ e poi accettiamo di muoverci con probabilità $\alpha(x,y)$, così che il kernel della probabilità di transizione è dato da:

$$P(x \to y) = q(x,y)\alpha(x,y) = q(x,y) \cdot \min\left[\frac{p(y)q(y,x)}{p(x)p(x,y)}, 1\right]. \tag{7.27}$$

Quindi se il kernel di Metropolis Hastings soddisfa il principio di simmetria $P(x \to y)p(x) = P(y \to x)p(y)$, allora quella distribuzione ottenuta da questo kernel corrisponde ai valori generati dalla distribuzione bersaglio.

La chiave del successo dell'algoritmo di Metropolis -Hastings come di qualsiasi altro campionatore è il numero di passi fino a che la catena approssima la stazionarietà. Tipicamente i primi da 1000 a 5000 elementi sono scartati e quindi si usa uno dei test di convergenza per definire se la stazionarietà è stata raggiunta. Siccome una scelta inadeguata del valore di partenza e/o di una distribuzione proposta può influenzare il tempo che deve essere consumato bisogna ricercare il punto di partenza ottimale e la distribuzione proposta. Una delle regole di base è quello di cercare il valore di partenza quanto più vicino al centro della distribuzione, per esempio il valore può essere preso vicino alla moda della distribuzione.

Una catena può essere poveramente mescolata quando la distribuzione è multimodale e la scelta effettuata di utilizzare il valore iniziale ci porta ad utilizzare il valore che sta vicino ad una delle mode. Per superare tale situazione è stato suggerito di utilizzare il metodo dell'annealing.

7.1.6 Simulazione con il metodo dell'annealing

L'idea nasce dall'analogia che ha con l'annealing dei cristalli. L'annealing elimina le impurità da un solido per aumentarne la resistenza. Si ottiene questo effetto riscaldando il solido finché si scioglie e poi lentamente si fa decrescere la temperatura per permettere alle particelle di riorganizzarsi ad uno stato di più bassa energia possibile, il così detto stato base.

Trasferendo questa analogia al nostro processo di ricerca, si inizia campionando lo spazio, accettando che ci sia una certa probabilità di muoversi all'ingiù in una valletta da cui muoversi per esplorare l'intero spazio. Come il processo procede verso il minimo decresce la probabilità che ci sia un movimento verso il basso della valletta, in analogia con il processo di annealing di un cristallo in cui che inizialmente c'è ha un gran movimento delle molecole e poi decresce via via che la temperatura del cristallo tende a raffreddarsi. L'annealing è molto vicino al campionamento di Metropolis differendo solo nel come è fatta la probabilità α:

$$\alpha_{sa} = \min \left[1, \left(\frac{p(\zeta^*)}{p(\zeta_{t-1})} \right)^{1/T(t)} \right] \qquad (7.28)$$

dove $T(t)$ è chiamata la temperatura pianificata. Ponendo $T = 1$ si ottiene il campionamento di Metropolis. Una volta che si è stabilita la strategia per il valore iniziale, si deve stabilire una strategia per la migliore distribuzione. Ci sono in generale due approcci: la catena del tipo random walk ed il campionamento attraverso una catena indipendente.

Un campionatore che usa la distribuzione proposta basata sulla catena del tipo random walk produce un nuovo valore che è eguale al valore corrente x più una variabile casuale z;

$$y = x + z. \qquad (7.29)$$

In questo caso $q(x,y) = g(y-x) = g(z)$ la densità associata con la variabile casuale. Se $g(z) = g(-z)$ allora la densità per la variabile casuale z è simmetrica ed allora si può usare il campionamento di Metropolis $q(x,y)/q(y,x) = g(z)/g(z-1) = 1$. La varianza della distribuzione proposta può essere pensata come un parametro d'aggiustamento che è possibile utilizzare per ottenere un miglior mescolamento.

Usare una catena indipendente fa sì che la probabilità di saltare ad un punto y sia indipendente dalla posizione corrente x della catena, cioè $q(x,y) = g(y)$. Allora il valore candidato è disegnato semplicemente da una distribuzione di interesse indipendente dal valore corrente. Inoltre ogni numero della distribuzione standard può essere usata per $g(y)$. Si noti che la distribuzione proposta è in generale non simmetrica e quindi si deve usare l'algoritmo di Metropolis Hastings. La distribuzione proposta può essere aggiustata manipolando il mixing della catena attraverso la accettanza di probabilità. Questo è fatto aggiustando la deviazione standard della distribuzione proposta, ad esempio aggiustandola per una distribuzione normale o aggiustando gli autovalori della matrice di covarianza nel caso di una multivariata facendo crescere o decrescere l'intervallo $(-a, a)$ se si usa una distribuzione uniforme oppure cambiando il grado di libertà se si usa un χ^2. Si può notare un tradeoff in cui se la deviazione standard è troppo piccola, i movimenti sono grandi (il che è buono), ma spesso non sono accettati.

L'ultimo punto da verificare è se il campionatore ha raggiunto la sua distribuzione stazionaria e come la correlazione tra i campioni possano influenzare la sequenza per stimare i parametri di interesse dalla distribuzione.

Supponiamo di avere una sequenza del tipo: $(\zeta_1, \dots \zeta_n)$ di lunghezza n e di voler vedere la natura della loro correlazione utilizzando una funzione di autocorrelazione. Il k-esimo ordine di autocorrelazione è dato da ρ_k che può essere stimato come:

$$\hat{\rho}_k = \frac{\text{Cov}(\zeta_t\,\zeta_{t+k})}{\text{Var}(\zeta_t)} = \frac{\sum_{t=1}^{n-k}(\zeta_t - \bar{\zeta})(\zeta_{t-k} - \bar{\zeta})}{\sum_{t=1}^{n-k}(\zeta_t - \bar{\zeta})^2} \qquad con \qquad \bar{\zeta} = \frac{1}{n}\sum_{t=1}^{n}\zeta_t. \qquad (7.30)$$

Un risultato importante delle teorie delle analisi delle serie temporali è che se i ζ_t provengono da un processo stazionario e correlato, le estrazioni correlate forniscono un quadro non influenzato della distribuzione purché il campione sia sufficientemente largo. Una delle strategie per ridurre l'autocorrelazione è quella di assottigliare l'output immagazzinando solo ogni m-esimo punto dopo un periodo in cui è stato fatto un test di consistenza. Il test di convergenza può essere fatto guardando le tracce delle serie temporali, cioè il grafico delle variabili casuali verso il numero di iterazioni. Tali tracce possono anche suggerire un periodo di *burn in* per alcuni valori di partenza. Per esempio supponiamo che la traccia si muova molto lentamente lontano dal valore iniziale verso un valore differente dopo, diciamo, 5000 iterazioni attorno al quale si assesta. Chiaramente in questo caso il periodo di *burn in* è almeno 5000. Si deve tuttavia essere cauti che il tempo effettivo possa essere molto più lungo di quello suggerito dalla traccia, perché spesso la traccia indica che il periodo di *burn in* non è ancora completo. Ci sono alcuni test che permettono di verificare la stazionarietà del campionatore dopo un dato punto. Uno è il test di Geweke [36] che suddivide il campione, dopo aver rimosso un periodo di *burn in*, in due parti non uguali tra di loro. Se la catena è in uno stato stazionario, le medie dei due campioni dovrebbero essere uguali. Un test modificato, chiamato Geweke z-score, utilizza un test z per comparare i due subcampioni ed il risultante test statistico, se ad esempio è ancora più alto di 2 indica che la media della serie sta ancora muovendosi da un punto ad un altro e quindi è necessario un periodo di *burn in* più lungo. Un altro test è quello di Raftery Lewis [38] che è basato su un quantile specifico q della distribuzione di interesse (tipicamente 2.5% e 97.5% per dare un intervallo di confidenza del 95%), una accuratezza di ε del quantile e un potere di $1 - \beta$ per raggiungere questa accuratezza sul quantile specificato. Con questi tre parametri il test di Raftery e Lewis spezza la catena in una sequenza $(1,0)$, 1 se $\zeta_t \leq 0$, zero da tutte le altre parti, generando una catena di Markov a due stati. Questo test usa la sequenza per stimare le probabilità di transizione da cui si può poi stimare il numero di burn in addizionali per raggiungere la stazionarietà: quanti punti dovrebbero essere scartati per ciascun punto campionato e la lunghezza totale della catena richiesta per raggiungere il prescritto livello di accuratezza. Il miglior approccio sembra essere quello di avere una catena assai lunga piuttosto che catene multiple ([37]).

In pratica le performance di un algoritmo MCMC si contrallano valutando il tasso di accettanza, costruendo dei grafici e calcolando una statistica diagnostica sul flusso delle estrazioni simulate.

7.1.7 L'algoritmo di Gibbs

Il campionatore di Gibbs, introdotto da Geman e Geman [35], è un caso speciale del campionamento di Metropolis-Hastings dove il valore casuale è sempre accettato (cioè $\alpha = 1$). Il compito è quello di costruire una catena di Markov i cui valori convergono alla distribuzione target. Il campionatore di Gibbs è basato su una distribuzione condizionata univariata, cioè su quella distribuzione su cui tutti i valori sono assegnati fissi tranne uno. Si simulano n variabili casuali ottenute sequenzialmente dalle n condizionali univariate piuttosto che generare un singolo vettore n-dimensionale in un singolo passaggio. Usualmente hanno una forma semplice come la distribuzione normale, la χ^2 inversa o altre distribuzioni comuni.

Supponiamo di considerare una variabile casuale bivariata (x,y) e supponiamo che si desideri calcolare una o entrambi le probabilità marginali $p(x)$ e $p(y)$. L'idea è che è più facile considerare una sequenza di distribuzioni condizionate $p(x|y)$ e $p(y|x)$ piuttosto che ottenere la probabilità marginale ottenuta integrando la densità aggiunta cioè $p(x) = \int p(x|y)dy$. Il campionatore parte con un certo valore iniziale y_0 per y ottenendo un valore x_0 generando una variabile casuale dalla distribuzione condizionale $p(x|y = y_0)$. Si usa poi questo x_0 per generare un nuovo valore y_1. Il processo può essere sintetizzato:

$$\begin{aligned} x_i &\approx p(x|y = y_{i-1}) \\ y_i &\approx p(y|x = x_i) \end{aligned} \tag{7.31}$$

ripetendo questo processo k volte si genera una sequenza di Gibbs di lunghezza k. Si prende un subset di punti (x_j, y_j) per $1 \le j \le m < k$ che rappresentano i valori estratti simulati dalla distribuzione aggiunta completa. Una iterazione viene spesso chiamata una scansione del campionatore. Per ottenere il numero totale di m punti, definiti come un vettore di due parametri, si campioni la catena dopo un sufficiente burn in per rimuovere gli effetti dei valori iniziali campionati e, ad un certo punto, diciamo che ogni n punti segue il burn in. La sequenza di Gibbs converge ad una distribuzione stazionaria che è indipendente dai valori di partenza. Attraverso questa distribuzione stazionaria stiamo cercando di simulare la distribuzione target.

Quando sono coinvolte più di due variabili, il campionatore è conseguentemente esteso. Se il valore della k esima variabile è estratto dalla distribuzione $p(\zeta^{(k)}|\zeta^{(-k)})$, dove $\zeta^{(-k)}$ indica un vettore che contiene tutte le variabili tranne k, allora durante la i esima iterazione del campione, per ottenere il valore di $\zeta_i^{(k)}$

estraiamo dalla distribuzione:

$$\zeta_i^{(k)} \sim p(\zeta^{(k)}|\zeta^1) = \zeta_i^{(1)}, \ldots, \zeta^{(k-1)}$$
$$= \zeta_i^{(k-1)}, \ldots, \zeta^{(k+1)} = \zeta_{i-1}^{(k+1)}, \ldots, \zeta^{(n)} = \zeta_{i-1}^{(n)}). \tag{7.32}$$

Il campionatore di Gibbs può essere pensato come un campionatore stocastico analogo a quello che si ottiene con l'approccio per la massimizzazione della aspettazione (EM) usato per ottenere le funzioni probabilità quando mancano i dati.

Il campionatore di Gibbs può essere usato per approssimare le distribuzioni marginali. Queste possono essere calcolate dalla m-esima realizzazione della sequenza di Gibbs. Per esempio l'aspettazione di una funzione f della variabile casuale è approssimata da

$$E[f(x)]_m = \frac{1}{m} \sum_{i=1}^{m} f(x_i). \tag{7.33}$$

Questa è la stima di Monte Carlo per $f(x)$, poiché $E[f(x)]_m \to E[f(x)]$ come $m \to \infty$. Egualmente la stima di MC per una funzione di n variabili $(\zeta^{(1)}, \ldots \zeta^{(n)}$ è data da

$$E[f(\zeta^{(1)}, \ldots \zeta^{(n)})]_m = \frac{1}{m} \sum_{i=1}^{m} f(\zeta_i^{(1)}, \ldots \zeta_i^{(n)}). \tag{7.34}$$

Calcolare la forma reale della densità marginale è complesso, si preferisce usare la media della densità condizionale $p(x|y = y_i)$ come la forma funzionale della densità condizionale che contiene più informazioni attorno alla forma dell'intera distribuzione piuttosto che la sequenza delle realizzazioni individuali x_i ([34]).

$$p(x) = \int p(x|y)p(y)dy = E_y[p(x|y)] \tag{7.35}$$

si può approssimare con la densità marginale usando:

$$\hat{p}_m(x) = \frac{1}{m} \sum_{i=1}^{m} p(x|y = y_i). \tag{7.36}$$

Calcoliamo ora la varianza di un campionatore di Gibbs basato sulla stima.

Supponiamo che siamo interessati ad usare una sequenza di Gibbs assottigliata e con periodo di *burn in* $\zeta_1, \ldots \zeta_n$ per stimare una funzione $h(\zeta)$ della distribuzione target come la media, la varianza, uno specifico quantile. Poiché stiamo estraendo una variabile casuale c'è una qualche varianza associata con la stima di Monte Carlo:

$$\hat{h} = \frac{1}{n} \sum_{i=1}^{n} h(\zeta_i). \tag{7.37}$$

Incrementando la lunghezza della catena si fa decrescere la varianza del campionamento indicata con $\hat{h}$. Un approccio diretto è quello di costruire parecchie catene ed usare la varianza tra le catene in $\hat{h}$ che denota la stima per la catena j esima con $1 \le j \le m$ in cui ciascuna delle catene ha la stessa lunghezza. La varianza stimata è:

$$\text{Var}(\hat{h}) = \frac{1}{m-1} \sum_{j=1}^{m} (\hat{h}_j - \hat{h}_j^*)^2 \tag{7.38}$$

dove

$$\hat{h}_j^* = \frac{1}{m} \sum_{j=1}^{m} \hat{h}_j. \tag{7.39}$$

Quando si usa una catena singola, si stima l'ordine k della autocovarianza associata con h attraverso:

$$\hat{\gamma}(k) = \frac{1}{n} \sum_{i=1}^{n-k} \left[(h(\zeta_i) - \hat{h})(h(\zeta_{i+k}) - \hat{h}) \right] \tag{7.40}$$

che è una generalizzazione della autocorrelazione di k-esimo ordine per la variabile casuale generata da $h(\zeta_i)$. La stima risultante della varianza di Monte Carlo è:

$$\text{Var}(\hat{h}) = \frac{1}{n} \left(\hat{\gamma}(0) + 2 \sum_{i=1}^{2\delta+1} \hat{\gamma}(i) \right) \tag{7.41}$$

dove δ è il più piccolo intero positivo che soddisfa la diseguaglianza $\hat{\gamma}(2\delta) + \hat{\gamma}(2\delta + 1) > 0$, cioè i più alti ordini dell'autocovarianza sono zero. La dimensione efficace della catena è data da

$$\hat{n} = \frac{\hat{\gamma}(0)}{\text{Var}(\hat{h})} \tag{7.42}$$

che rappresenta una misura degli effetti della autocorrelazione tra gli elementi nel campione.

Come per l'algoritmo di Metropolis-Hastings si può ridurre l'autocorrelazione tra i punti monitorati nella frequenza campione incrementando il rapporto di assottigliamento. Tanner [1996] propone un metodo per monitorare la convergenza mediante il così detto Gibbs stopper in cui si valutano e si graficano in funzione del numero di iterazione, i pesi basati sul confronto tra il campionamento di Gibbs e la distribuzione target. Quando il campionatore diviene stazionario la distribuzione dei pesi è una cuspide.

7.2 Markov Chain Monte Carlo in rete

In rete si trovano vari codici in particolare sotto il linguaggio proprietario Matlab. Anche il linguaggio sviluppato per la statistica e denominate R ha parecchi programmi per MCMC. Il progetto BUGS (Bayesian inference Using Gibbs Sampling) ha sviluppato un software per le analisi Bayesiane di modelli statistici complessi usando il metodo MCMC $http://www.mrc-bsu.cam.ac.uk/bugs/$. Il progetto iniziato nel 1989 ebbe successivamente una evoluzione in WINGBUGS, che gira sotto il sistema operativo Windows. Questo software ha la capacità di essere richiamato da altri linguaggi come R o Matlab. Nel 2004 è stata sviluppata la versione denominata OpenBUGS $http://www.openbugs.info/w/$.

8

I filtri di Kalman

Il filtro di Kalman è un algoritmo che, dato un insieme di misure, genera la stima ottimale delle quantità desiderate attraverso un processamento ricorsivo. Per raggiungere questo obiettivo il filtro processa tutte le informazioni possibili, senza alcun riguardo alla loro precisione utilizzando:

- la conoscenza del sistema e la sua dinamica di misura;
- la descrizione statistica del rumore associato al sistema, dell'errore di misura e l'incertezza dei modelli dinamici usati;
- ogni possibile informazione attorno alle condizioni iniziali delle variabili di interesse.

Il concetto di ottimale si riferisce al fatto che il filtro di Kalman [59] è la miglior stima che si può fare, basata su tutte le informazioni che si ricavano utilizzando i tre punti precedenti. Il concetto di ricorsivo indica che non c'è bisogno di immagazzinare tutte le informazioni e le misure precedenti e riprocessarle ogni volta che una nuova misura è stata presa. Un esempio di come funziona il filtro di Kalman è dato in Fig. 8.1.

In definitiva il filtro di Kalman combina tutti i dati di misura disponibili più le conoscenze a priori attorno al sistema ed ai dispositivi di misura per produrre una stima delle variabili desiderate in modo che l'errore sia statisticamente minimizzato.

Da un punto di vista Bayesiano il filtro di Kalman propaga la densità di probabilità delle quantità desiderate condizionata dalla conoscenza dei dati reali che viene dai dispositivi di misura. Il termine *condizionata* è associato alla densità di probabilità indicando che la sua forma e la sua collocazione sull'asse delle x dipendono dai valori delle misure prese. La forma della densità di probabilità condizionata contiene il livello di incertezza, dato dalla varianza σ, che si ha sulla conoscenza del valore di x ed include la media, la mediana e la moda. Il filtro di Kalman propaga la densità di probabilità per problemi in cui il sistema può essere descritto attraverso un modello lineare e in cui l'errore del sistema e il rumore delle misure sono bianche e gaussiane. Sotto queste condizioni la media, la moda e la mediana coincidono, così che c'è una migliore stima del valore di x. La derivazione originaria del filtro di Kalman non era stata pensata in termini di Regole Bayesiane e non richiedeva

Guzzi R.: Introduzione ai metodi inversi. Con applicazioni alla geofisica e al telerilevamento.
DOI 10.1007/978-88-470-2495-3_8, © Springer-Verlag Italia 2012

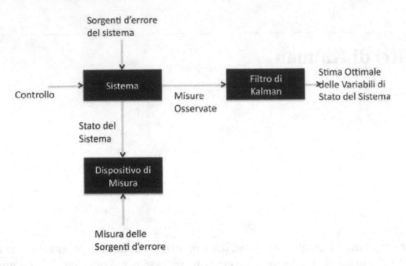

Sorgenti d'errore
del sistema

Controllo

Sistema

Misure
Osservate

Filtro di
Kalman

Stima Ottimale
delle Variabili di
Stato del Sistema

Stato del
Sistema

Dispositivo di
Misura

Misura delle
Sorgenti d'errore

Fig. 8.1 Funzionamento del filtro di Kalman

l'utilizzazione di alcuna funzione di probabilità. L'unica assunzione era che il sistema delle variabili casuali fosse stimato attraverso l'aggiornamento sequenziale dei momenti del primo e secondo ordine (media e covarianza) e che la forma dello stimatore fosse lineare.

Vediamo con un esempio come si comporta un filtro di Kalman, utilizzando una distribuzione di probabilità di tipo Gaussiano. Seguiamo la procedura proposta da Maybeck [82] utilizzando un esempio semplice. Prendiamo in esame prima il problema statico del filtro di Kalman.

Supponiamo di essere in barca con un amico che è un buon skipper. Supponiamo di fare il punto della nostra posizione ed aver ottenuto un valore di z_1. Siccome non siamo molto bravi la nostra incertezza σ_1 è abbastanza grande. Immediatamente dopo di noi, il nostro amico fa il punto z_2 con una incertezza σ_2 che, ovviamente è minore della nostra $\sigma_2 < \sigma_1$.

Il problema è quello di trovare la posizione della nostra barca combinando assieme le due misure e le incertezze relative. Guardiamo il problema da un punto di vista Bayesiano. Consideriamo la variabile $x^* = x|z_1$ ed assumiamo che la funzione di probabilità sia $x^* \sim N(z_1, \sigma_1)$. Questa è la funzione che fornisce alcune informazioni a priori sulla posizione. La funzione di probabilità della seconda osservazione è data da $z_2|x^* \sim N(x^*, \sigma_2)$. Il nostro interesse è quello di conoscere i seguenti due momenti: la media μ e la deviazione standard σ della $f(x|z_1, z_2)$. Uno dei punti essenziali del filtro di Kalman [1960] è che la stima della media dovrebbe essere una mistura lineare della stima a priori x^* e di quella della nuova informazione. Il teorema di Bayes stabilisce che la funzione a posteriori $f(x^*|z_2) \propto f(z_2|x^*)f(x^*)$. Come a dire:

$$\frac{(x^* - \mu)^2}{2\sigma^2} = \frac{(z_2 - x^*)^2}{2\sigma_2^2} + \frac{(x^* - z_1)^2}{2\sigma_1^2} + C \qquad (8.1)$$

dove C è una costante. Comparando i coefficienti in $(x^*)^2$ e x^* avremo:

$$\mu = \frac{\sigma_2^2}{(\sigma_1^2 + \sigma_2^2)} z_1 + \frac{\sigma_1^2}{(\sigma_1^2 + \sigma_2^2)} z_2$$

$$\frac{1}{\sigma^2} = \frac{1}{\sigma_1^2} + \frac{1}{\sigma_2^2}. \tag{8.2}$$

La stima di μ è una media tra la misura presa da noi e dal nostro amico. Poiché la varianza σ^2 è una media armonica delle varianze delle osservazioni la varianza aggiornata decresce in valore.

Poiché in campo geofisico la stima a priori viene chiamata *previsione* e quella a posteriori *analisi* useremo questa notazione, indicandoli rispettivamente con f e a. Allora:

- lo stato medio del processo date le misure esistenti è dato da: $x^f = E[x|z_1] = z_1$;
- lo stato medio del processo aggiornato, ottenuto dalle nuove misure è: $x^a = E[x|z_1, z_2] = \mu$;
- la varianza iniziale, data dalle nostre misure aventi una grande incertezza è data da $(\sigma^f)^2 = var(x|z_1) = \sigma_1^2$;
- la varianza aggiornata è $(\sigma^a)^2 = var(x|z_1, z_2)$.

Allora lo stato di aggiornamento, dovuto ai nuovi dati è dato dalla combinazione lineare dello stato medio e dalle nuove misure:

$$x^a = x^f + K[z_2 - x^f] \tag{8.3}$$

con

$$K = \frac{(\sigma^a)^2}{(\sigma^f)^2 + (\sigma^a)^2} \tag{8.4}$$

dove K è noto come il guadagno di Kalman. Questa equazione è la prima equazione dell'aggiornamento di Kalman (fase di analisi). La incertezza può essere scritta come:

$$(\sigma^a)^2 = (\sigma^f)^2 - K(\sigma^f)^2 = (1 - K)(\sigma^f)^2 \tag{8.5}$$

che rappresenta la seconda equazione dell'aggiornamento di Kalman.

Analizziamo ora il problema dinamico. Introduciamo per prima cosa un modello dinamico semplificato del movimento della barca. Questo può essere scritto come:

$$\frac{dx}{dt} = u + w \tag{8.6}$$

dove u è la velocità della barca e w è un termine che contiene i termini legati al rumore (rumore bianco gaussiano) e tutte le incertezze delle misure effettuate dalla misura reale perturbata dalla velocità del vento ecc. In definitiva il modello prevede la posizione della barca fino a che non si fa una nuova osservazione. Il valor medio si muove in accordo con le leggi del moto e l'incertezza nella posizione diventa sempre più grande quanto più ci si allontana temporalmente dalla misura.

Utilizzando il metodo di Eulero per la discretizzazione temporale dell'equazione del moto, avremo che lo stato vero del processo, in accordo al modello è dato da:

$$x^t = x_0 + \Delta t\, u + \Delta t\, w_0 \tag{8.7}$$

dove la posizione iniziale è $x_0 \sim N(z_0, \sigma_0)$ e $w_0 \sim N(0, \sigma_w)$. Sulla base di questi valori si derivino le seguenti equazioni:

$$x^f = z_0 + \Delta t\, u$$
$$(\sigma^f)^2 = \sigma_0^2 + \Delta t\, \sigma_w^2. \tag{8.8}$$

La varianza di $(\sigma^f)^2$ cresce a causa delle nostre osservazioni non accurate e diviene l'informazione a priori. Il nostro amico skipper cerca di definire le informazioni sullo stato vero della posizione attraverso la relazione:

$$z = x^t + v \tag{8.9}$$

dove $v \sim N(0, \sigma)$. La sua misura è x^t e non ci sono altre funzioni di posizione. In generale il filtro di Kalman permette di utilizzare un operatore di osservazione che abbia effetto sullo stato del processo.

Allora l'equazione aggiornata è:

$$x^a = x^f + K_1[z_1 - x^f]$$
$$(\sigma_a)^2 = (1 - K_1)(\sigma^f)^2 \tag{8.10}$$

dove il guadagno di Kalman $K_1 = \frac{(\sigma^f)^2}{(\sigma^f)^2 + \sigma^2}$ Il processo viene poi reiterato con il momento x^a e σ^a al posto dello stato iniziale x_0.

In questo capitolo approfondiremo i concetti che stanno alla base dei sistemi lineari, a cui appartengono anche i sistemi dinamici.

8.1 Sistemi lineari e loro discretizzazione

Prima di introdurre la definizione di un sistema lineare e non lineare introduciamo il concetto di spazio degli stati. La sua rappresentazione è data da un modello matematico di un sistema fisico con un insieme di dati di input, d'output e variabili di stato legate alle equazioni differenziali di primo grado. La rappresentazione dello spazio degli stati è un modo conveniente e compatto per definire un modello ed un sistema d'analisi con input ed output multipli. Esso viene costruito con le variabili di stato del sistema dinamico come coordinate. In ingegneria si chiama spazio degli stati, mentre in fisica si chiama spazio delle fasi.

Lo stato di un sistema in ogni istante è rappresentato da un punto nello spazio. Partendo da una posizione iniziale, il punto corrispondente allo stato, si muove nello spazio degli stati e questo movimento è completamente determinato dalle equazioni di stato. Il cammino del punto si chiama orbita o traiettoria del sistema che parte da date condizioni. Queste traiettorie si ottengono dalle soluzioni delle equazioni di stato.

Un sistema lineare continuo nel tempo può essere descritto dalla equazione differenziale di primo ordine con l'associato output:

$$\dot{x}(t) = \mathbf{F}x(t) + \mathbf{G}u(t)r$$
$$\mathbf{z}(t) = \mathbf{C}x(t)$$

(8.11)

dove $x(t)$ è un vettore di stato; $\mathbf{F}$, è detta matrice del sistema; $\mathbf{G}$ è la matrice di input e $\mathbf{C}$ è la matrice di output. Queste sono delle matrici dimensionalmente appropriate. Il punto su x indica la derivata temporale; $\mathbf{u}$ è il vettore di controllo e $\mathbf{z}$ è il vettore d'output. Anche se le tre matrici variano nel tempo il sistema è ancora lineare. Se $\mathbf{F}$, $\mathbf{G}$, $\mathbf{C}$ sono costanti allora la soluzione dell'equazione 8.11 è data da:

$$\mathbf{x}(t) = e^{\mathbf{F}(t-t_0)}x(t_0) + \int_{t_0}^{t} e^{\mathbf{F}(t-\tau)}\mathbf{G}u(\tau)d\tau$$
$$\mathbf{z}(t) = \mathbf{C}x(t)$$

(8.12)

dove t_0 è il valore al tempo iniziale del sistema che è spesso posto uguale a zero. Nel caso di input zero la 8.12 è:

$$\mathbf{x}(t) = e^{\mathbf{F}(t-t_0)}x(t_0).$$

(8.13)

Nel caso in cui x sia un vettore n-dimensionale la 8.12 è ancora la soluzione della 8.11.

Il problema è ora quello di calcolare la soluzione dell'esponenziale della matrice $e^{\mathbf{F}t}$. Molner e VanLoan [87] forniscono una serie di soluzioni possibili. Tra tutte scegliamo lo sviluppo in serie di Taylor:

$$e^{\mathbf{F}t} = \sum_{j=0}^{\infty} \frac{(\mathbf{F}t)^j}{j!}.$$

(8.14)

L'uso del computer generalmente trasforma un sistema lineare continuo nel tempo in un sistema lineare discreto nel tempo. In tal caso trasformeremo l'equazione 8.12 in una equazione discreta nel tempo ponendo $t = t_k$ (un punto discreto nel tempo) e porremo la condizione iniziale al tempo $t_0 = t_{k-1}$ (il tempo discreto precedente). Se assumiamo che $\mathbf{F}(\tau)$, $\mathbf{G}(\tau)$ e $u(\tau)$ siano approssimativamente costanti nell'intervallo di integrazione otterremo:

$$\mathbf{x}(t_k) = e^{\mathbf{F}(t_k-t_{k-1})}x(t_{k-1}) + \int_{t_{k-1}}^{t_k} e^{\mathbf{F}(t_k-\tau)}\mathbf{G}u(t_{k-1})d\tau.$$

(8.15)

Definiamo ora $\Delta t = t_k - t_{k-1}$ e $\alpha = \tau - t_{k-1}$; sostituendo in 8.15 otterremo:

$$\mathbf{x}(t_k) = e^{\mathbf{F}\Delta t} x(t_{k-1}) + \int_0^{\Delta t} e^{\mathbf{F}(\Delta t - \alpha)} \mathbf{G} u(t_{k-1}) d\alpha$$
$$= e^{\mathbf{F}\Delta t} x(t_{k-1}) + e^{\mathbf{F}\Delta t} \int_0^{\Delta t} e^{-\mathbf{F}\alpha} \mathbf{G} u(t_{k-1}) d\alpha. \tag{8.16}$$

A questo punto è necessario calcolare l'integrale dell'esponenziale della matrice che può essere semplificato se $\mathbf{G}$ è invertibile.

$$\int_0^{\Delta t} e^{-\mathbf{F}\alpha} d\alpha = \int_0^{\Delta t} \sum_{j=0}^{\infty} \frac{(-\mathbf{F}\alpha)^j}{j!} d\alpha$$
$$= [\mathbf{I} - e^{-\mathbf{F}\Delta t}] \mathbf{F}^{-1}. \tag{8.17}$$

Ponendo $\mathbf{A} = e^{\mathbf{F}\Delta t}$ e $\mathbf{B} = \mathbf{A}[\mathbf{I} - e^{-\mathbf{F}\Delta t}]\mathbf{F}^{-1}\mathbf{G}$ nella 8.16, dove Δt è il passo di discretizzazione, potremo scrivere l'equazione dinamica discreta nel tempo:

$$\mathbf{x}_k = \mathbf{A}_{k-1} \mathbf{x}_{k-1} + \mathbf{B}_{k-1} \mathbf{u}_{k-1} \tag{8.18}$$

dove abbiamo sostituito a t_k e t_{k-1} il passo temporale fatto con k e $k-1$.

8.2 Costruendo il filtro di Kalman

Assumiamo che il sistema dinamico discretizzato sia quello della relazione 8.18 a cui abbiamo aggiunto w_{k-1} che è il rumore bianco associato al processo, avremo:

$$\mathbf{x}_k = \mathbf{A}_{k-1} \mathbf{x}_{k-1} + \mathbf{B}_{k-1} \mathbf{u}_{k-1} + \mathbf{w}_{k-1} \tag{8.19}$$

dove $\mathbf{x}$, $\mathbf{u}$ e $\mathbf{w}$ siano vettori di stato del processo al tempo $t-1$ aventi dimensione $n \times 1$; $\mathbf{A}$ sia la matrice di transizione di stato del processo da $t-1$ a t, assunto stazionario sul tempo ed avente dimensioni $n \times m$. $\mathbf{B}$ sia la matrice d'input; $\mathbf{u}_{k-1}$ è il vettore d'input al passo temporale $k-1$; $\mathbf{w}_{k-1}$ rappresenta l'incertezza. L'indice k dà lo stato del sistema al tempo k.

Il vettore osservazione è modellizzato come:

$$\mathbf{z}_k = \mathbf{H}_k \mathbf{x}_k + \mathbf{v}_k \tag{8.20}$$

dove $\mathbf{z}_k$ è la misura di $\mathbf{x}$ al tempo t avente dimensioni $m \times 1$; $\mathbf{H}_k$ è la matrice che lega il vettore stato al vettore misura, che in pratica può cambiare con ogni misura, ma che normalmente viene preso stazionario. Esso non contiene il rumore ed ha dimensioni $m \times n$; $\mathbf{v}_k$ è l'errore di misura associato ed ha zero cross-correlation con il rumore, ha dimensioni $m \times 1$; $\mathbf{w}_k \sim N(0, Q_k)$ e $\mathbf{v}_k \sim N(0, R_k)$. Ricapitolando: la matrice $\mathbf{A}$ lega lo stato attuale del processo con quello precedente; $\mathbf{B}$ è il controllo di processo; $\mathbf{H}_k$ è l'operatore misura. Definiamo con $\mathbf{x}^f$ la stima a priori del processo o in termini Bayesiani

$$\mathbf{x}_k^f = E[\mathbf{x}_k | \mathbf{z}_1, \mathbf{z}_2, \dots \mathbf{z}_{k-1}] \tag{8.21}$$

dove la stima a priori è calcolata sui valori aspettati di x_k condizionati da tutte le misure prima di k (escludendo k). Sia poi $\mathbf{x}_k^a$ la migliore stima del processo:

$$\mathbf{x}_k^a = E[\mathbf{x}_k | \mathbf{z}_1, \mathbf{z}_2, \dots \mathbf{z}_k] \tag{8.22}$$

dove la stima a posteriori è calcolata sui valori aspettati di x_k condizionati da tutte le misure fino a k (includendo k). Si noti come la stima a priori e quella a posteriori, rispettivamente $\mathbf{x}_k^f$ e $\mathbf{x}_k^a$ sono entrambi stime della stessa quantità $\mathbf{x}_k$. Definiamo ancora come errore $\mathbf{e}^f$ la differenza tra la stima di $\mathbf{x}_k$ indicandola con $\mathbf{x}_k^f$ e la variabile $\mathbf{x}_k$ stessa $\mathbf{e}^f = \mathbf{x}_k - \mathbf{x}_k^f$. Analogamente per $\mathbf{e}^a$, la differenza tra la stima di $\mathbf{x}_k$ sarà indicata con $\mathbf{x}_k^a$ e la variabile $\mathbf{x}_k$ stessa e quindi $\mathbf{e}^a = \mathbf{x}_k - \mathbf{x}_k^a$. La Fig. 8.2 mostra come è la sequenza delle stime a priori e a posteriori e le rispettive covarianze.

Abbiamo allora due sorgenti di informazione che ci aiutano a stimare lo stato del sistema al tempo k. La prima informazione è l'equazione dinamica del sistema. Sostituendo nella 8.19 alla variabile stessa la sua stima, per $\mathbf{w}_{k-1} = 0$ avremo:

$$\mathbf{x}_k^f = \mathbf{A}_{k-1}\mathbf{x}_{k-1}^a + \mathbf{B}_{k-1}\mathbf{u}_{k-1}. \tag{8.23}$$

Una seconda informazione è fornita dai dati in nostro possesso $\mathbf{z}_k$. Per ottenere il filtro ottimale bisogna minimizzare l'errore quadratico medio purché sia possibile modellare gli errori del sistema mediante delle distribuzioni Gaussiane.

Assumiamo che i modelli di rumore siano stazionari sul tempo e siano dati dalle covarianze dei due modelli di rumore del tipo:

$$E[\mathbf{w}_i\mathbf{w}_j^T] = \mathbf{Q}\delta_{ij} \tag{8.24}$$

e

$$E[\mathbf{v}_i\mathbf{v}_j^T] = \mathbf{R}\delta_{ij} \tag{8.25}$$

e

$$E[\mathbf{v}_i\mathbf{w}_j^T] = 0 \tag{8.26}$$

dove δ_{ij} è la delta di Kroenecker ($\delta_{ij} = 1$ se $i = j$ oppure $\delta_{ij} = 0$ se $i \neq j$).

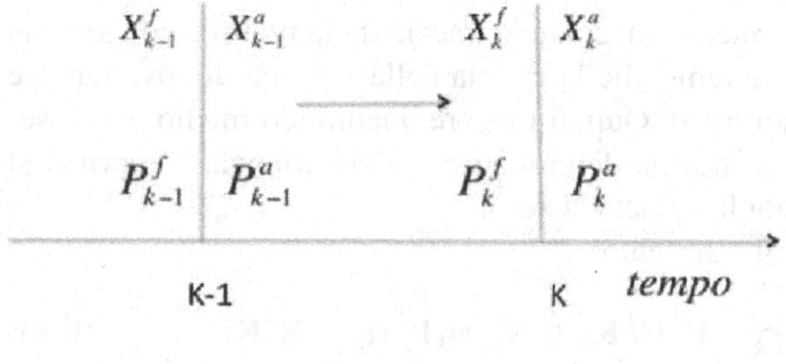

Fig. 8.2 Processo sequenziale

La matrice di covarianza dell'errore a priori al tempo t avente dimensioni $n \times n$ sarà data da:

$$\mathbf{P}_k^f = E[\mathbf{e}_k^f \mathbf{e}_k^{fT}] = E[(\mathbf{x} - \mathbf{x}_k^f)(\mathbf{x}_k - \mathbf{x}_k^f)^T] \qquad (8.27)$$

e quella a posteriori

$$\mathbf{P}_k^a = E[\mathbf{e}_k^a \mathbf{e}_k^{aT}] = E[(\mathbf{x}_k - \mathbf{x}_k^a)(\mathbf{x}_k - \mathbf{x}_k^a)^T] \qquad (8.28)$$

assumendo che la stima a priori di $\mathbf{x}_k^a$ sia $\mathbf{x}_k^f$, vedi Fig. 8.2, è possibile scrivere una equazione per la nuova stima che dipende dalla stima a priori:

$$\mathbf{x}_k^a = x_k^f + \mathbf{K}_k(z_k - \mathbf{H}_k x_k^f) \qquad (8.29)$$

dove $\mathbf{K}_k$ è il guadagno di Kalman che otterremo tra poco ed il termine $(z_k - \mathbf{H}_k x_k^f)$ è noto come innovazione o residuo della misura. Sostituendo la 8.20 nella 8.29 avremo:

$$\mathbf{x}_k^a = \mathbf{x}_k^f + \mathbf{K}_k(\mathbf{H}_k \mathbf{x}_k + \mathbf{v}_k - \mathbf{H}_k \mathbf{x}_k^f) \qquad (8.30)$$

che si può scrivere come:

$$\mathbf{x}_k^a = (\mathbf{I} - \mathbf{K}_k \mathbf{H}_k)\mathbf{x}_k^f + \mathbf{K}_k \mathbf{H}_k \mathbf{x}_k + \mathbf{K}_k \mathbf{v}_k \qquad (8.31)$$

che sostituita nella 8.28 dà:

$$\mathbf{P}_k^a = E[[(\mathbf{I} - \mathbf{K}_k \mathbf{H}_k)(\mathbf{x}_k - \mathbf{x}_k^f) - \mathbf{K}_k \mathbf{v}_k][(\mathbf{I} - \mathbf{K}_k \mathbf{H}_k)(\mathbf{x}_k - \mathbf{x}_k^f) - \mathbf{K}_k \mathbf{v}_k]^T]. \qquad (8.32)$$

Poiché l'errore $(\mathbf{x}_k - \mathbf{x}_k^f)$ della stima a priori non è correlato con il rumore della misura, l'aspettazione può essere scritta come

$$\mathbf{P}_k^a = (\mathbf{I} - \mathbf{K}_k \mathbf{H}_k)E[(\mathbf{x}_k - \mathbf{x}_k^f)(\mathbf{x}_k - \mathbf{x}_k^f)^T](\mathbf{I} - \mathbf{K}_k \mathbf{H}_k)^T + \mathbf{K}_k E[\mathbf{v}_k \mathbf{v}_k^T]\mathbf{K}_k^T. \qquad (8.33)$$

Tenendo conto della definizione data dalla relazione 8.25 avremo che l'equazione della covarianza dell'errore aggiornata è data da:

$$\mathbf{P}_k^a = (\mathbf{I} - \mathbf{K}_k \mathbf{H}_k)\mathbf{P}_k^f(\mathbf{I} - \mathbf{K}_k \mathbf{H}_k)^T + \mathbf{K}_k \mathbf{R} \mathbf{K}_k^T \qquad (8.34)$$

dove $\mathbf{P}_k^f$ è la stima a priori di $\mathbf{P}_k^a$. Come è noto la diagonale della matrice di covarianza contiene gli errori quadratici medi e siccome la traccia della matrice è la somma della diagonale di una matrice avremo che la traccia della matrice di covarianza è la somma degli errori quadratici medi. Quindi l'errore quadratico medio può essere minimizzato minimizzando la traccia della matrice di covarianza. Dapprima si differenzia $\mathbf{P}_k^a$ rispetto a $\mathbf{K}_k$ e poi la si mette a zero.

Espandendo l'equazione 8.34 otterremo:

$$\mathbf{P}_k^a = \mathbf{P}_k^f - \mathbf{K}_k \mathbf{H}_k \mathbf{P}_k^f - \mathbf{P}_k^f \mathbf{H}_k^T \mathbf{K}_k^T + \mathbf{K}_k(\mathbf{H}_k \mathbf{P}_k^f \mathbf{H}_k^T + \mathbf{R})\mathbf{K}_k^T. \qquad (8.35)$$

Notando che la traccia di una matrice è uguale alla traccia della sua trasposta, denotando con $trace[\cdot]$ la traccia della matrice, si può scrivere che:

$$trace[\mathbf{P}_k^a] = trace[\mathbf{P}_k^f] - 2trace[\mathbf{K}_k\mathbf{H}_k\mathbf{P}_k^f] + trace[\mathbf{K}_k(\mathbf{H}_k\mathbf{P}_k^f\mathbf{H}_k^T + \mathbf{R})\mathbf{K}_k^T]. \quad (8.36)$$

Differenziando per $\mathbf{K}_k$ e ponendo il differenziale a zero avremo:

$$\frac{d\,trace[\mathbf{P}_k^a]}{d\mathbf{K}_k} = -2(\mathbf{H}_k\mathbf{P}_k^f)^T + 2\mathbf{K}_k(\mathbf{H}_k\mathbf{P}_k^f\mathbf{H}_k^T + \mathbf{R}) = 0 \quad (8.37)$$

da cui si ottiene la matrice guadagno di Kalman:

$$\mathbf{K}_k = \mathbf{P}_k^f\mathbf{H}_k^T(\mathbf{H}_k\mathbf{P}_k^f\mathbf{H}_k^T + \mathbf{R})^{-1} \quad (8.38)$$

e la matrice associata della covarianza di previsione è data da:

$$\mathbf{S}_k^f = (\mathbf{H}_k\mathbf{P}_k^f\mathbf{H}_k^T + \mathbf{R})^{-1}. \quad (8.39)$$

La covarianza aggiornata con il guadagno ottimale si ottiene dalla 8.34 in cui è stata sostituita l'equazione del guadagno di Kalman data da 8.38;

$$\begin{aligned}\mathbf{P}_k^a &= \mathbf{P}_k^f - \mathbf{P}_k^f\mathbf{H}_k^T(\mathbf{H}_k\mathbf{P}_k^f\mathbf{H}_k^T + \mathbf{R})^{-1}\mathbf{H}_k\mathbf{P}_k^f \\ &= (\mathbf{I} - \mathbf{K}_k\mathbf{H}_k)\mathbf{P}_k^f.\end{aligned} \quad (8.40)$$

Questa è la equazione aggiornata della matrice di covarianza con guadagno ottimale.

Le equazioni 8.31, 8.38, 8.40 sviluppano una stima della variabile $\mathbf{x}_k$. La proiezione dello stato successivo si ottiene usando:

$$\mathbf{x}_{k+1}^f = \mathbf{A}_k\mathbf{x}_k^a + \mathbf{B}_k\mathbf{u}_k. \quad (8.41)$$

Per completare la ricorsione bisogna mappare la matrice di covarianza dell'errore sul passo successivo $k+1$. Ciò si ottiene definendo una espressione per l'errore a priori:

$$\mathbf{e}_{k+1}^f = \mathbf{x}_{k+1} - \mathbf{x}_{k+1}^f = (\mathbf{A}_k\mathbf{x}_k + \mathbf{B}_k\mathbf{u}_k + \mathbf{w}_k) - (\mathbf{A}_k\mathbf{x}_k^a + \mathbf{B}_k\mathbf{u}_k) = \mathbf{A}_k\mathbf{e}_k^a + \mathbf{w}_k. \quad (8.42)$$

Estendendo la definizione di $\mathbf{P}_k^f$ al tempo $k+1$ avremo:

$$\mathbf{P}_{k+1}^f = E[\mathbf{e}_{k+1}^f\mathbf{e}_{k+1}^{fT}] = E[(\mathbf{A}_k\mathbf{e}_k^a)(\mathbf{A}_k\mathbf{e}_k^a)^T] + E[\mathbf{w}_k\mathbf{w}_k^T] = \mathbf{A}_k\mathbf{P}_k^a\mathbf{A}_k^T + \mathbf{Q} \quad (8.43)$$

che completa il filtro ricorsivo. Si noti che $\mathbf{e}_k$ e $\mathbf{w}_k$ hanno zero cross-correlazione perché il rumore $\mathbf{w}_k$ si accumula tra $k-1$ e k mentre l'errore $\mathbf{e}_k$ è l'errore corrente fino al tempo k.

In sintesi il filtro di Kalman è un algoritmo che, data una stima iniziale, produce un guadagno, il così detto guadagno di Kalman che genera una stima aggiornata che genera una varianza aggiornata che viene proiettata sul passo successivo.

In pratica il filtro opera sequenzialmente in k; al tempo k si fa una stima di $\mathbf{x}_k$, $\mathbf{x}_k^a$, con una covarianza dell'errore $\mathbf{S}_k^f$, equazione 8.39, che serve per definire il guadagno di Kalman. La equazione stocastica 8.19 è usata per costruire la stima a priori e la sua varianza al tempo $k+1$. Questa è poi combinata con la misura allo stesso tempo usando l'equazione della massima stima e per produrre un aggiornamento dello stato. La matrice di guadagno di Kalman è funzionalmente identica a quella dello stimatore a posteriori massimo.

L'algoritmo può essere così sintetizzato (omettendo gli indici correnti su $\mathbf{A}, \mathbf{B}, \mathbf{H}$):

- sia:

$$\mathbf{x}_k^f = \mathbf{A}\mathbf{x}_{k-1}^a + \mathbf{B}\mathbf{u}_{k-1}; \qquad (8.44)$$

- sia:

$$\mathbf{P}_k^f = \mathbf{A}\mathbf{P}_{k-1}^a\mathbf{A}^T + \mathbf{Q}; \qquad (8.45)$$

- ottenere:

$$\mathbf{K}_k = \mathbf{P}_k^f\mathbf{H}^T(\mathbf{H}\mathbf{P}_k^f\mathbf{H}^T + \mathbf{R})^{-1}; \qquad (8.46)$$

- aggiornare:

$$\mathbf{x}_k^a = \mathbf{x}_k^f + \mathbf{K}_k(\mathbf{z}_k - \mathbf{H}\mathbf{x}_k^a); \qquad (8.47)$$

- aggiornare:

$$\mathbf{P}_k^a = (\mathbf{I} - \mathbf{K}_k\mathbf{H})\mathbf{P}_k^f. \qquad (8.48)$$

In buona sostanza la struttura ricorsiva di questo algoritmo si usa anche negli altri tipi di filtri che verranno descritti nei paragrafi che seguono.

8.3 Altri filtri di Kalman

8.3.1 Il filtro di Kalman esteso EKF

Quando il modello dinamica non è lineare si utilizza il Filtro di Kalman Esteso. La forma che tiene conto dell'evoluzione dello stato del sistema è la 8.18 che nella forma discreta si scrive:

$$\mathbf{x}_k = \mathbf{f}(\mathbf{x}_{k-1}, \mathbf{u}_{k-1}, \mathbf{w}_{k-1}) \qquad (8.49)$$

dove $\mathbf{w}_{k-1}$ è una perturbazione casuale del sistema che ha una distribuzione con media 0 e covarianza data dalla matrice $\mathbf{Q}_k$.

La misura è data da:

$$\mathbf{z}_k = \mathbf{h}(\mathbf{x}_k, \mathbf{v}_k). \qquad (8.50)$$

Il passo relativo alla previsione è analogo a quello fatto in precedenza per il filtro di Kalman:

$$\mathbf{x}_k^f = \mathbf{f}(\mathbf{x}_{k-1}^a, \mathbf{u}_{k-1}, 0). \qquad (8.51)$$

Introducendo la seguente notazione per l'osservazione prevista:

$$\mathbf{z}_k^f = \mathbf{h}(\mathbf{x}_k^f, 0).\tag{8.52}$$

Pensando che la $\mathbf{f}(\mathbf{x}, \mathbf{u}, \mathbf{w})$ sia linearmente approssimabile per piccoli variazioni in $\mathbf{x}$ e $\mathbf{w}$ potremo assumere che $\mathbf{z}_k^f$ sarà approssimativamente normalmente distribuita. Allora linearizzando $\mathbf{f}(\mathbf{x}, \mathbf{u}, \mathbf{w})$ attorno a $(\mathbf{x}_{k-1}^a, \mathbf{u}_{k-1}, 0)$ avremo:

$$\mathbf{f}(\mathbf{x}, \mathbf{u}, \mathbf{w}) = \mathbf{f}(\mathbf{x}_{k-1}^a, \mathbf{u}_{k-1}, 0) + \mathbf{A}_{k-1}(\mathbf{x} - \mathbf{x}_{k-1}^a) + \mathbf{W}_{k-1}(\mathbf{w} - 0).\tag{8.53}$$

Si noti che si assume che $\mathbf{u}_k$ sia nota esattamente e che quindi non sia da linearizzare. $\mathbf{A}_{k-1}$ e $\mathbf{W}_{k-1}$ sono matrici alle derivate parziali (Jacobiane) di $\mathbf{f}$ rispetto a $\mathbf{x}$ e $\mathbf{w}$ e sono:

$$\mathbf{A}_{i,j,k} = \frac{\partial \mathbf{f}_i(\mathbf{x}_{k-1}^a, \mathbf{u}_{k-1}, 0)}{\partial \mathbf{x}_j}\tag{8.54}$$

$$\mathbf{W}_{i,j,k} = \frac{\partial \mathbf{f}_i(\mathbf{x}_{k-1}^a, \mathbf{u}_{k-1}, 0)}{\partial \mathbf{w}_j}.\tag{8.55}$$

Utilizzando questa linearizzazione avremo una matrice di covarianza approssimata per $\mathbf{x}_k^f$:

$$\mathbf{P}_k^f = \mathbf{A}_{k-1}\mathbf{P}_{k-1}^a\mathbf{A}_{k-1}^T + \mathbf{W}_{k-1}\mathbf{Q}_{k-1}\mathbf{W}_{k-1}^T.\tag{8.56}$$

Analogamente si può linearizzare $\mathbf{h}$ ponendo:

$$\mathbf{H}_{i,j,k} = \frac{\partial \mathbf{h}_i(\mathbf{x}_k^f, 0)}{\partial \mathbf{x}_j}\tag{8.57}$$

e

$$\mathbf{V}_{i,j,k} = \frac{\partial \mathbf{h}_i(\mathbf{x}_k^f, 0)}{\partial \mathbf{v}_j}.\tag{8.58}$$

Sia poi:

$$\mathbf{e}_{x_k}^f = \mathbf{x}_k - \mathbf{x}_k^f\tag{8.59}$$

e

$$\mathbf{e}_{z_k}^f = \mathbf{z}_k - \mathbf{z}_k^f.\tag{8.60}$$

Noi non conosciamo $\mathbf{x}_k$ ma ci aspettiamo che $\mathbf{x}_k - \mathbf{x}_k^f$ sia relativamente piccolo. Possiamo allora linearizzare la nostra funzione $\mathbf{f}(\cdot)$ per ottenere una approssimazione per $\mathbf{e}_{x_k}^f$:

$$\mathbf{e}_{x_k}^f = \mathbf{f}(\mathbf{x}_{k-1}, \mathbf{u}_{k-1}, \mathbf{w}_{k-1}) - \mathbf{f}(\mathbf{x}_{k-1}^f, \mathbf{u}_{k-1}, 0).\tag{8.61}$$

Per cui si ottiene il valore approssimato:

$$\mathbf{e}_{x_k}^f \approx \mathbf{A}_{k-1}(\mathbf{x}_{k-1} - \mathbf{x}_{k-1}^f) + \boldsymbol{\varepsilon}_k\tag{8.62}$$

dove ε_k è una distribuzione del tipo $N(0, \mathbf{W}_{k-1}\mathbf{Q}_{k-1}\mathbf{W}_{k-1}^T)$ che tiene in considerazione l'effetto della variabile casuale $\mathbf{w}_{k-1}$.

Analogamente

$$\mathbf{e}_k^f = \mathbf{h}(\mathbf{x}_k, \mathbf{v}_k) - \mathbf{h}(\mathbf{x}_k^f, 0) \tag{8.63}$$

che può essere linearizzato dalla approssimazione:

$$\mathbf{e}_k^f \approx \mathbf{H}_k \mathbf{e}_{x_k}^f + \boldsymbol{\eta}_k \tag{8.64}$$

dove $\boldsymbol{\eta}_k$ ha distribuzione $N(0, \mathbf{V}_k \mathbf{R}_k \mathbf{V}_k^T)$.

Idealmente si deve aggiornare $\mathbf{e}_k^f$ per ottenere $\mathbf{x}_k = \mathbf{x}_k^f + \mathbf{e}_{x_k}^f$, ma siccome non conosciamo $\mathbf{e}_{x_k}^f$ lo dobbiamo stimare attraverso il fattore di guadagno di Kalman che dovrà essere determinato. Ponendo:

$$\mathbf{e}_{x_k}^a = \mathbf{K}_k(\mathbf{z}_k - \mathbf{z}_k^f) \tag{8.65}$$

e poi ponendo $\mathbf{x}_k^a = \mathbf{x}_k^f + \mathbf{e}_{x_k}^a$ e utilizzando un processo derivativo analogo a quello usato per il guadagno di Kalman otteniamo il guadagno ottimale per EKF.

$$\mathbf{K}_k = \mathbf{P}_k^f \mathbf{H}_k^T (\mathbf{H}_k \mathbf{P}_k^f \mathbf{H}_k^T + \mathbf{V}_k \mathbf{R}_k \mathbf{V}_k^T)^{-1} \tag{8.66}$$

che ci permette di ottenere la matrice di covarianza per la stima aggiornata di $\mathbf{x}_k^a$

$$\mathbf{P}_k^a = (\mathbf{I} - \mathbf{K}_k \mathbf{H}_k) \mathbf{P}_k^f. \tag{8.67}$$

8.3.2 Sigma Point Kalman Filter (SPKF)

Il punto centrale del filtro di Kalman è la propagazione di una variabile casuale Gaussiana attraverso il sistema dinamico. In un filtro di Kalman Esteso la distribuzione dello stato del sistema e della densità di rumore relativo sono approssimate dalle variabili casuali Gaussiane che sono poi propagate analiticamente attraverso una linearizzazione del primo ordine del sistema non lineare. Questo può introdurre grandi errori nella media vera e nella covarianza della variabile casuale Gaussiana trasformata che può portare ad una divergenza nel filtro compromettendone la operatività.

Per affrontare in modo consistente gli sviluppi dei nuovi filtri di Kalman, in particolare il filtro *Sigma Point, SPKF*, e quello che è collegato, il filtro di Kalman *Unscented*, dobbiamo riprendere i concetti che sono stati definiti nel Capitolo 5 sui metodi Bayesiani.

Infatti rispetto all'approccio iniziale di questo capitolo, utilizzeremo un approccio di tipo probabilistico.

Riprendiamo prima di tutto il concetto di *inferenza probabilistica* rivedendolo alla luce delle applicazioni derivate dal mondo della robotica, in cui peraltro nasce il filtro di Kalman basato sui punti sigma ([126]).

L'inferenza probabilistica consiste nel problema di stimare le variabili nascoste (stati o parametri) di un sistema in modo consistente ed ottimale, una volta che si abbiamo delle informazioni incomplete e rumorose. Consideriamo che lo stato nascosto del sistema $\mathbf{x}_k$ con densità di probabilità iniziale $p(\mathbf{x}_0)$ evolva nel tempo (si ricordi che abbiamo usato l'indice k per descrivere l'evoluzione temporale discreta) come un processo di Markov di primo ordine in accordo con la densità di probabilità $p(\mathbf{x}_k|\mathbf{x}_{k-1})$. Data la variabile di stato, le osservazioni $\mathbf{z}_k$ sono condizionalmente indipendenti e sono generate in accordo con la densità di probabilità condizionale $p(\mathbf{z}_k|\mathbf{x}_k)$. Allora il modello dinamico dello spazio degli stati è dato da:

$$\mathbf{x}_k = \mathbf{f}[\mathbf{x}_{k-1}, \mathbf{u}_k, \mathbf{w}_k] \tag{8.68}$$

$$\mathbf{z}_k = \mathbf{h}[\mathbf{x}_k, \mathbf{v}_k] \tag{8.69}$$

dove $\mathbf{w}_k$ è processo legato al rumore che pilota il sistema dinamico attraverso la funzione di stato di transizione non lineare $\mathbf{f}$ e $\mathbf{v}_k$ è il rumore che corrompe la misura attraverso la funzione non lineare dell'osservazione $\mathbf{h}$. La densità di transizione dello stato $p(\mathbf{x}_k|\mathbf{x}_{k-1})$ è pienamente specificato da $\mathbf{f}$ e dalla distribuzione del rumore di processo dato da $p(\mathbf{w}_k)$, mentre $\mathbf{h}$ e la distribuzione di rumore $p(\mathbf{v}_k)$ specificano la probabilità di osservazione $p(\mathbf{z}_k|\mathbf{x}_k)$. Si assume inoltre che l'input esterno $\mathbf{u}_k$ sia noto. Il modello dinamico spazio-stato (DSSM, Dynamic Space-State Model) assieme alla statistica delle variabili di rumore casuali, così come le distribuzioni a priori degli stati del sistema, definisce un modello probabilistico di come evolve temporalmente il sistema e come noi possiamo osservare l'evoluzione dello stato nascosto. Il problema è di sapere come stimare in modo ottimale le variabili nascoste del sistema in modo ricorsivo quando ci sono arrivano delle osservazioni incomplete e rumorose.

Da un punto di vista Bayesiano la densità a posteriori filtrante

$$p(\mathbf{x}_k|\mathbf{z}_{1:k}) \tag{8.70}$$

dello stato, date tutte le osservazioni da 1 a k $(1:k)$

$$\mathbf{z}_{1:k} = \{z_1, z_2 \ldots z_k\} \tag{8.71}$$

costituisce la soluzione completa al problema dell'inferenza probabilistica sequenziale e ci permette di calcolare la stima ottimale di ogni stato attraverso la media condizionata.

$$\hat{\mathbf{x}}_k = E[\mathbf{x}_k|\mathbf{z}_{1:k}] = \int \mathbf{x}_k p(\mathbf{x}_k|\mathbf{z}_{1:k}) d\mathbf{x}_k. \tag{8.72}$$

Allora il problema di prima può essere riformulato: come possiamo calcolare ricorsivamente la densità a posteriori quando arrivano nuove osservazioni? La risposta viene dall'algoritmo della stima Bayesiana ricorsiva.

Usando le regole di Bayes e il DSSM del sistema, la densità a posteriori può essere espansa e fattorizzata nella seguente forma ricursiva aggiornata.

$$
\begin{aligned}
p(\mathbf{x}_k|\mathbf{z}_{1:k}) &= \frac{p(\mathbf{z}_{1:k}|\mathbf{x}_k)p(\mathbf{x}_k)}{p(\mathbf{z}_{1:k-1})} \\
&= \frac{p(\mathbf{z}_k|\mathbf{x}_k)p(\mathbf{x}_k|\mathbf{z}_{1:k-1})}{p(\mathbf{z}_k|\mathbf{z}_{1:k-1})}.
\end{aligned}
\tag{8.73}
$$

Vediamo come è costruita la relazione 8.73: lo stato a posteriori al tempo $t-1$, $p(\mathbf{x}_{k-1}|\mathbf{z}_{1:k-1})$ è dapprima proiettato in avanti temporalmente per calcolare lo stato a priori al tempo k, usando il modello di processamento probabilistico

$$
p(\mathbf{x}_k|\mathbf{z}_{1:k-1}) = \int p(\mathbf{x}_k|\mathbf{x}_{1:k-1})p(\mathbf{x}_{k-1}|\mathbf{z}_{1:k-1})d\mathbf{x}_{k-1}.
\tag{8.74}
$$

Poi viene incorporata la misura di rumore più recente, usando la funzione di probabilità osservata, per generare lo stato a posteriori aggiornato

$$
p(\mathbf{x}_k|\mathbf{z}_{1:k}) = Cp(\mathbf{z}_k|\mathbf{x}_k)p(\mathbf{x}_k|\mathbf{z}_{1:k-1}).
\tag{8.75}
$$

Il fattore di normalizzazione è dato da

$$
C = (p(\mathbf{z}_k|\mathbf{x}_k)p(\mathbf{x}_k|\mathbf{z}_{1:k-1}))^{-1}.
\tag{8.76}
$$

Lo stato di transizioni a priori è:

$$
p(\mathbf{x}_k|\mathbf{x}_{k-1}) = \int \delta(\mathbf{x}_k - \mathbf{f}[\mathbf{x}_{k-1}, \mathbf{u}_k, \mathbf{w}_k])p(\mathbf{w}_k)d\mathbf{w}_k
\tag{8.77}
$$

e le densità di probabilità delle osservazioni è data da:

$$
p(\mathbf{z}_k|\mathbf{x}_k) = \int \delta(\mathbf{y}_k - \mathbf{h}[\mathbf{x}_k, \mathbf{v}_k])p(\mathbf{v}_k)d\mathbf{v}_k
\tag{8.78}
$$

dove δ è la delta di Dirac. Questi integrali multi-dimensionali si possono solo trattare nel caso di un sistema Gaussiano lineare.

La metodologia proposta per risolvere il problema dell'inferenza probabilistica, la soluzione Bayesiana ottimale ricursiva, richiede la propagazione della funzione di densità di probabilità dello stato a posteriori. Questa soluzione è abbastanza generale per trattare con ogni forma di densità a posteriori, incluso le multimodalità, le asimmetrie e le discontinuità. Tuttavia poiché la soluzione non pone delle restrizioni sulla forma della densità a posteriori, non può in generale essere descritta da un numero finito di parametri. Quindi ogni stimatore deve essere approssimato in funzione della forma della densità a posteriori e della forma della strattura Bayesiana ricursiva come sono state definite nelle relazioni definite in precedenza. Il filtro esteso di Kalman, che è spesso usato, fa parte di quella approssimazione per la soluzione di un problema di inferenza non lineare.

Un errore abbastanza comune è quello di pensare che il filtro di Kalman richieda che lo spazio in cui opera sia lineare e che la densità di probabilità debba essere Gaussiano. Il filtro di Kalman non richiede queste condizioni, ma solo le seguenti assunzioni:

* Le stime della varianza minima del sistema delle variabili casuali e quindi la distribuzione delle variabili di stato a posteriori possono essere calcolate, solo calcolando il primo ed il secondo momento (cioè la media a la varianza) attraverso la propagazione in modo ricorsivo e aggiornandosi.

* Lo stimatore (la misura aggiornata) è una funzione lineare della conoscenza a priori del sistema, sintetizzando $p(\mathbf{x}_k|\mathbf{z}_{1:k-1})$, e della nuova informazione $p(\mathbf{z}_k|\mathbf{x}_k)$. In altre parole si assume che l'equazione 8.78 della ricursione Bayesiana ottimale possa essere approssimata da una funzione lineare.

* Le previsioni accurate della variabile di stato (usando il modello di processo) e delle osservazioni (usando il modello della previsione) possono essere calcolate per approssimare il primo ed il secondo momento di $p(\mathbf{x}_k|\mathbf{z}_{1:k-1})$ e di $p(\mathbf{z}_k|\mathbf{x}_k)$.

Perché la prima assunzione sia consistente è necessario che la stima della media e della covarianza della densità dello stato a posteriori cioè $\hat{\mathbf{x}}_k$ e $\mathbf{P}_{\mathbf{x}_k}$ soddisfi la seguente diseguaglianza:

$$trace[\mathbf{P}_{\mathbf{x}_k} - E[(\mathbf{x} - \hat{\mathbf{x}}_k)(\mathbf{x} - \hat{\mathbf{x}}_k)^T]] \geq 0 \qquad (8.79)$$

dove $\mathbf{x} - \hat{\mathbf{x}}_k$ è chiamato lo stimatore dell'errore.

La assunzione 2 assume che l'aggiornamento della misura sia lineare implicando che lo stimatore Gaussiano approssimato sia lo stimatore lineare ottimale (come definito dal criterio di minima varianza dell'assunzione 1). Questo a sua volta implica che si debba calcolare la previsione della assunzione 3 in modo ottimale.

Sulla base di queste assunzioni si può derivare la forma ricorsiva del filtro di Kalman attraverso la media condizionale della variabile di stato casuale $\hat{\mathbf{x}}_k = E[\mathbf{x}_k|\mathbf{z}_{1:k}]$ e della sua covarianza $\mathbf{P}_{\mathbf{x}_k}$.

Nel caso di una forma ricorsiva lineare, anche se assumiamo che il modello non sia lineare, abbiamo:

$$\hat{\mathbf{x}}_k = (previsione\ di\ x_k) - \mathbf{K}_k(\mathbf{z}_k - (previsione\ di\ z_k) \qquad (8.80)$$

$$= \hat{\mathbf{x}}_k^- + \mathbf{K}_k(\mathbf{z}_k - \hat{\mathbf{z}}_k^-) \qquad (8.81)$$

$$\mathbf{P}_{\mathbf{x}_k} = \mathbf{P}_{\mathbf{x}_k}^- - \mathbf{K}_k\mathbf{P}_{\tilde{\mathbf{z}}_k}\mathbf{K}_k^T \qquad (8.82)$$

dove i termini della ricorsione sono:

$$\hat{\mathbf{x}}_k^- = E[\mathbf{f}(\mathbf{x}_{k-1}, \mathbf{w}_{k-1}, \mathbf{u}_k)] \qquad (8.83)$$

$$\hat{\mathbf{z}}_k^- = E[\mathbf{h}(\mathbf{x}_k^-, \mathbf{v}_k)] \qquad (8.84)$$

$$\mathbf{K}_k = E[(\mathbf{x}_k - \hat{\mathbf{x}}_k^-)(\mathbf{z}_k - \hat{\mathbf{z}}_k^-)^T E[(\mathbf{z}_k - \hat{\mathbf{z}}_k^-)(\mathbf{z}_k - \hat{\mathbf{z}}_k^-)^T] \qquad (8.85)$$

$$= \mathbf{P}_{\mathbf{x}_k\tilde{\mathbf{z}}_k}\mathbf{P}_{\tilde{\mathbf{z}}_k}^{-1} \qquad (8.86)$$

dove $\hat{\mathbf{x}}_k^-$ è la previsione ottimale (la media a priori al tempo k) di $\mathbf{x}_k$ e corrisponde alla aspettazione (presa sulla distribuzione a posteriori della variabile di stato al tempo $k-1$) di una funzione non lineare delle variabile casuali $\mathbf{x}_{k-1}$ e $\mathbf{w}_{k-1}$. Analogamente per la previsione ottimale $\hat{\mathbf{z}}_k^-$, eccetto che la aspettazione è presa sulla distribuzione a priori della variabile di stato al tempo k. Il termine $\mathbf{K}_k$ è espresso come una funzione della aspettazione di una matrice di cross-correlazione (matrice di covarianza) dell'errore della variabile di stato della previsione.

Poiché il problema è quello di calcolare accuratamente la media aspettata e la covarianza di una variabile casuale, vediamo ora quali incertezze sorgono quando si fanno delle previsioni dello stato futuro di un sistema o delle misure. Se $\mathbf{x}$ è una variabile casuale con media $\bar{\mathbf{x}}$ e covarianza $\mathbf{P}_{xx}$ potremo sempre trovare una seconda variabile casuale $\mathbf{y}$ che ha una relazione funzionale non lineare con $\mathbf{x}$ del tipo

$$\mathbf{y} = \mathbf{f}[\mathbf{x}]. \tag{8.87}$$

Ora noi vogliamo calcolare la statistica di $\mathbf{y}$ cioè la media di $\bar{\mathbf{y}}$ e la covarianza di $\mathbf{P}_{yy}$. Per far questo dobbiamo determinare la funzione di densità della distribuzione trasformata e valutare la statistica da questa distribuzione. Nel caso di una funzione lineare esiste una soluzione esatta, ma nel caso di una funzione non lineare si deve trovare una soluzione approssimata che sia statisticamente consistente. Idealmente dovrebbe essere efficiente e unbiased. Perché la statistica trasformata sia consistente è necessario che valga la seguente diseguaglianza:

$$\mathbf{P}_{yy} - E[\{\mathbf{y} - \bar{\mathbf{y}}\}\{\mathbf{y} - \bar{\mathbf{y}}\}^T] \geq 0. \tag{8.88}$$

Questa condizione è estremamente importante per la validità del metodo di trasformazione. Se la statistica è inconsistente il valore di $\mathbf{P}_{yy}$ è sottostimato e quindi il filtro di Kalman assegna un peso troppo alto alla informazione e sottostima la covarianza e quindi il filtro tende a divergere. È quindi opportuno che la trasformazione sia efficiente, cioè che la parte sinistra della relazione 8.88 sia minimizzata e che la stima sia unbiased o $\bar{\mathbf{y}} \approx E[\mathbf{y}]$.

Per vedere come sviluppare un trasformazione consistente, efficiente e unbiased possiamo sviluppare in serie di Taylor attorno a $\bar{\mathbf{x}}$ l'equazione 8.87.

$$\mathbf{f}[\mathbf{x}] = \mathbf{f}[\bar{\mathbf{x}} + \delta\mathbf{x}] = \mathbf{f}[\bar{\mathbf{x}}] + \frac{\partial \mathbf{f}}{\partial \bar{\mathbf{x}}}\delta\mathbf{x} + \dots \frac{1}{n!}\frac{\partial^n \mathbf{f}}{\partial \bar{\mathbf{x}}^n}\delta\mathbf{x}^n \tag{8.89}$$

dove $\delta\mathbf{x}$ è una variabile Gaussiana a media zero con covarianza $\mathbf{P}_{xx}$ e $\frac{\partial^n \mathbf{f}}{\partial \bar{\mathbf{x}}^n}\delta\mathbf{x}^n$ è l'ennesimo ordine della serie multidimensionale di Taylor. Prendendo l'aspettazione della media trasformata avremo che:

$$\bar{\mathbf{y}} = \mathbf{f}[\bar{\mathbf{x}}] + \frac{1}{2}\frac{\partial^2 \mathbf{f}}{\partial \bar{\mathbf{x}}^2}\mathbf{P}_{xx} + \frac{1}{2}\frac{\partial^4 \mathbf{f}}{\partial \bar{\mathbf{x}}^4}E[\delta\mathbf{x}^4] + \dots \tag{8.90}$$

e quella della covarianza è data da:

$$\mathbf{P}_{yy} = \frac{\partial \mathbf{f}}{\partial \bar{\mathbf{x}}} \mathbf{P}_{xx} \left(\frac{\partial \mathbf{f}}{\partial \bar{\mathbf{x}}} \right)^T + \frac{1}{2 \times 4!} \frac{\partial^2 \mathbf{f}}{\partial \bar{\mathbf{x}}^2} (E[\delta \mathbf{x}^4] - E[\delta \mathbf{x}^2 \mathbf{P}_{yy}] - E[\mathbf{P}_{yy} \delta \mathbf{x}^2]$$
$$+ \mathbf{P}_{yy}^2) \left(\frac{\partial^2 \mathbf{f}}{\partial \bar{\mathbf{x}}^2} \right)^T + \frac{1}{3!} \frac{\partial^3 \mathbf{f}}{\partial \bar{\mathbf{x}}^3} E[\delta \mathbf{x}^4] \left(\frac{\partial \mathbf{f}}{\partial \bar{\mathbf{x}}} \right)^T + \dots$$

(8.91)

In altri termini il termine di ordine n nella serie per $\bar{\mathbf{x}}$ è una funzione dell'en-esimo momento di $\mathbf{x}$ moltiplicato per la n-esima derivata di $\mathbf{f}[\cdot]$ valutata a $\mathbf{x} = \bar{\mathbf{x}}$. Se i momenti e le derivate possono essere valutate correttamente fino all'n-esimo ordine, la media è corretta fino a quell'ordine. Analogamente vale per la covarianza, sebbene la struttura di ciascun termine sia più complicata. Poiché ciascun termine della serie è scalato a termini sempre più piccoli, il termine di ordine più basso nella serie ha un impatto più grande, quendi la procedura di previsione dovrebbe essere concentrata nel valutare i termini di ordine più basso. Il processo di linearizzazione assume che i termini di secondo ordine e di ordine più grande in $\delta \mathbf{x}$ siano trascurati. Quindi sotto questa assunzione,

$$\bar{\mathbf{y}} = \mathbf{f}[\bar{\mathbf{x}}]$$

(8.92)

$$\mathbf{P}_{yy} = \frac{\partial \mathbf{f}}{\partial \bar{\mathbf{x}}} \mathbf{P}_{xx} \left(\frac{\partial \mathbf{f}}{\partial \bar{\mathbf{x}}} \right)^T .$$

(8.93)

Confrontando queste valutazioni con le equazioni 8.90 e 8.91 si vede che le approssimazioni al primo ordine sono valide solo quando sono trascurabili gli ordini superiori al secondo, per la media, e al quarto ordine, per la covarianza.

Il filtro di Kalman calcola i termini ottimali mediante le relazioni 8.86, mentre il filtro di Kalman esteso linearizza il sistema attorno allo stato corrente usando un troncamento al primo ordine della serie multidimensionale di Taylor. Sostanzialmente approssima i termini ottimali come:

$$\hat{\mathbf{x}}_k^- = E[\mathbf{f}(\hat{\mathbf{x}}_{k-1}, \bar{\mathbf{w}}, \mathbf{u}_k)]$$

(8.94)

$$\hat{\mathbf{z}}_k^- = E[\mathbf{h}(\hat{\mathbf{x}}_k^-, \bar{\mathbf{v}})]$$

(8.95)

$$\mathbf{K}_k = \mathbf{P}_{\mathbf{x}_k \bar{\mathbf{z}}_k}^{lin} (\mathbf{P}_{\bar{\mathbf{z}}_k}^{lin})^{-1}$$

(8.96)

in cui le previsioni sono approssimate senza calcolare alcuna aspettazione, semplicemente come valor medio. Le medie dei rumori $\bar{\mathbf{w}}$ e $\bar{\mathbf{v}}$ abitualmente si assumono eguali a zero. Inoltre le covarianze $\mathbf{P}_{\mathbf{x}_k \bar{\mathbf{z}}_k}^{lin}$ e $\mathbf{P}_{\bar{\mathbf{z}}_k}^{lin}$ sono determinate linearizzando il modello del sistema attorno alla stima corrente della variabile di stato e poi determinando in modo approssimato le matrici di covarianza a posteriori in modo analitico. Questo approccio produce non solo errori per il filtro esteso di Kalman, ma anche fa sì che il filtro possa divergere.

Il filtro di Kalman basato su i punti sigma, aumenta l'accuratezza, la robustezza e l'efficienza degli algoritmi approssimati di inferenza Gaussiana, applicati ad un sistema non lineare attraverso un diverso approccio per calcolare la statistica a posteriori del primo e secondo ordine di una variabile casuale che viene sottoposta a una trasformazione non lineare. La distribuzione della variabile di stato è ancora rappresentata da una variabile Gaussiana casuale, ma è specificata usando un insieme minimo di punti campione pesati deterministicamente. Questi punti vengono chiamati punti sigma e catturano completamente la media vera e la covarianza della variabile casuale a priori. Quando sono poi propagati attraverso un sistema non lineare, catturano la media a posteriori e la covarianza fino al secondo ordine. L'approccio di base della trasformazione dei dati utilizzando il metodo dei punti *sigma* è così definito:

- Un insieme di campioni pesati (*punti sigma*) è calcolato in modo deterministico usando la media e la decomposizione della matrice di covarianza della variabile casuale a priori. L'insieme dei punti sigma da utilizzare deve essere tale da catturare completamente il primo e secondo momento della variabile casuale a priori. Se si vuole catturare dei momenti superiori bisogna aumentare i punti sigma.
- I punti sigma sono propagati attraverso le funzioni non lineari usando solo una valutazione funzionale: vale a dire non si usano delle derivate analitiche per generare l'insieme dei punti sigma a posteriori.
- La statistica a posteriori è calcolata usando le funzioni trattabili dei punti sigma propagati e dei pesi che prendono la forma di un campione della media pesata e del calcolo della varianza.

Per tradurre questi punti in un algoritmo prendiamo un insieme di punti *sigma*, $\chi_i = \{i = 0, 1, 2 \ldots n : x^{(i)}, W^{(i)}\}$ consistenti in $n+1$ vettori con i loro pesi associati W_i. I pesi che possono essere o positivi o negativi debbono ubbidire alla condizione di normalizzazione:

$$\sum_{i=0}^{n} W^{(i)} = 1. \tag{8.97}$$

Una volta che sono stati dati questi punti e i pesi, è possibile calcolare il valor medio $\bar{y}$ e la covarianza $\mathbf{P}_{yy}$, attraverso il seguente processo:

- ciascun punto viene sottosposto ad una funzione che fa sì che sia trasformato nell'insieme dei punti *sigma*

$$\Upsilon^{(i)} = \mathbf{g}[\mathbf{x}^{(i)}]; \tag{8.98}$$

- la media è data dalla media pesata dei punti trasformati

$$\bar{\Upsilon} = \sum_{i=0}^{n} W^{(i)} \Upsilon^{(i)}; \tag{8.99}$$

- la covarianza è pesata utilizzando il prodotto esterno dei punti trasformati che trattano Υ

$$\mathbf{P}_{\Upsilon} = \sum_{i=0}^{n} W^{(i)} \{\Upsilon^{(i)} - \bar{\Upsilon}\} \{\Upsilon^{(i)} - \bar{\Upsilon}\}^{T}. \tag{8.100}$$

Un insieme di punti che soddisfa le condizioni menzionate sopra consiste di un insieme simmetrico di $2N_x$ punti che giacciono sul contorno della $\sqrt{N_x}$-esima covarianza

$$\chi^{(0)} = \bar{\mathbf{x}}$$

$$W^{(0)} = W^{(0)}$$

$$\chi(i) = \bar{\mathbf{x}} + \left(\sqrt{\frac{n_x}{1 - W^{(0)}} \mathbf{P}_{xx}} \right)_i$$

$$W^{(i)} = \frac{1 - W^{(0)}}{2N_x} \tag{8.101}$$

$$\chi^{(i+n_x)} = \bar{\mathbf{x}} - \left(\sqrt{\frac{N_x}{1 - W^{(0)}} \mathbf{P}_{xx}} \right)_i$$

$$W^{(i+N_x)} = \frac{1 - W^{(0)}}{2N_x}$$

dove $(\sqrt{N_x \mathbf{P}_{xx}})_i$, è la i-esima colonna o riga della radice quadrata della matrice di radice $N_x \mathbf{P}_{xx}$ che è la matrice di covarianza moltiplicata per il numero di dimensioni. $W^{(i)}$ è il peso associato con l'i-esimo punto. Per convenzione $W^{(0)}$ è il peso del punto di media che è indicizzato come punto zero. Si noti che i pesi non necessariamente sono positivi poiché dipendono dal specifico approccio usato per i punti sigma.

Poiché SPKF non utilizza lo Jacobiano del sistema di equazioni, diventa particolarmente attrattivo per i sistemi black box in cui non sono necessari o sono disponibili espressioni del sistema dinamico in una forma che possa essere linearizzata.

Siccome la media e la covarianza di **x** sono catturati precisamente fino al secondo ordine, il valore calcolato della media di **y** sono corretti fino al secondo ordine. Questo indica che il metodo è più preciso del metodo EKF con un ulteriore beneficio dovuto al fatto che è stata approssimata la distribuzione piuttosto che la $\mathbf{f}[\cdot]$ in quanto la espansione in serie non è stata troncata a qualche ordine. In questo modo l'algoritmo è in grado di incorporare informazioni da più alti ordini dando maggiore accuratezza.

I punti *sigma* catturano la stessa media e covarianza senza alcun riguardo alla scelta della radice quadrata della matrice che è usata. Si può ad esempio usare dei metodi di decomposizione della matrice più stabili ed efficienti come la decomposizione di Cholesky.

La media e la covarianza sono stati calcolati usando operazioni standard sui vettori e questo significa che l'algoritmo è adattabile a qualsiasi scelta che sia stata fatta sul modello di processo, quindi rispetto alla EKF non è necessario valutare lo Jacobiano.

8.3.3 Unscented Kalman Filter (UKF)

EKF ha due problemi: la linearizzazione può produrre filtri altamente instabili se la assunzione di linearità locale è violata; la derivazione della matrice Jacobiana non è triviale per molte applicazioni e spesso porta a delle difficoltà. Inoltre, poiché la linearizzazione degli errori nella EKF introduce un errore che è circa 1.5 volte la deviazione standard dell'intervallo di misura, la trasformazione è inconsistente. In pratica questa inconsistenza può essere risolta introducendo un rumore addizionale che stabilizza la trasformazione, ma induce una crescita della dimensione della covarianza trasformata. Questa è una possibile ragioni per cui EKF sono difficili da regolare. Difatti bisogna introdurre un rumore sufficiente perché si possa effettuare la linearizzazione. Tuttavia il rumore stabilizzante è una soluzione indesiderabile poiché la stima rimane influenzata (biased) e non c'è garanzia che la stima trasformata sia consistente.

Per ovviare a questi inconvenienti è stata introdotta la trasformazione UKF che è un metodo per calcolare la statistica di una variabile casuale che è sottoposta a trasformazione non lineare. Essa è basata sull'asserzione che è più facile approssimare una distribuzione Gaussiana che approssimare una arbitraria funzione non lineare.

Una trasformazione UKF è basata su due punti fondamentali:

- è più facile effettuare una trasformazione non lineare di un singolo punto piuttosto che di un intero pdf;
- non è troppo difficile trovare un insieme di punti individuali nello spazio dello stato il cui campione pdf approssimi il vero pdf di un vettore di stato.

La UKF è strettamente legata alla trasformazione dei punti *sigma*. La ricetta per il filtro di Kalman Unscented è:

- prendiamo il sistema non lineare ad n-stati discreto nel tempo dato da:

$$
\begin{aligned}
\mathbf{x}_k &= f(\mathbf{x}_{k-1}, \mathbf{u}_{k-1}, \mathbf{w}_{k-1}) \\
\mathbf{z}_k &= \mathbf{h}(x_k, \mathbf{v}_k) \\
\mathbf{w}_k &\sim (0, \mathbf{Q}_k) \\
\mathbf{v}_k &\sim (0, \mathbf{R}_k);
\end{aligned}
\tag{8.102}
$$

- la UKF è inizializzata come:

$$
\begin{aligned}
\mathbf{x}_0^a &= E[x_0] \\
\mathbf{P}_0^a &= E[(\mathbf{x}_0 - \mathbf{x}_0^a)(\mathbf{x}_0 - \mathbf{x}_0^a)^T].
\end{aligned}
\tag{8.103}
$$

Si utilizzano le seguenti equazioni per fare l'aggiornamento temporale in modo da propagare lo stato della stima e la covarianza da una misura temporale all'altra.

- Per propagare dal tempo $(k-1)$ a k dapprima scegliere i punti sigma $\mathbf{x}_{k-1}^{(i)}$ come specificato in precedenza nella trasformazione del SPKF con un cambio appropriato poiché le migliori ipotesi correnti per la media e la covarianza di $\mathbf{x}_k$ sono

$\mathbf{x}_{k-1}^{a}$ e $\mathbf{P}_{k-1}^{a}$:

$$\mathbf{x}_{k-1}^{(i)} = \mathbf{x}_{k-1}^{a} + \tilde{\mathbf{x}}^{(i)} \quad i = 1, \dots 2n$$

$$\tilde{\mathbf{x}}^{(i)} = \left(\sqrt{\mathbf{x}\mathbf{P}_{k-1}^{a}} \right)_{i}^{T} \quad i = 1, \dots n \tag{8.104}$$

$$\tilde{\mathbf{x}}^{(n+i)} = - \left(\sqrt{\mathbf{x}\mathbf{P}_{k-1}^{a}} \right)_{i}^{T} \quad i = 1, \dots n.$$

- Si usi l'equazione del sistema non lineare noto $\mathbf{f}(\cdot)$ per trasformare i punti sigma in vettori $x_k^{(i)}$ tenendo conto che la trasformazione è del tipo $\mathbf{f}(\cdot)$ piuttosto che $\mathbf{h}(\cdot)$ data dalla SPKF e che quindi bisogna fare dei cambi appropriati.

$$\mathbf{x}_k^{(i)} = \mathbf{f}(\mathbf{x}_{k-1}^{(i)}, \mathbf{u}_{k-1}, \mathbf{w}_{k-1}). \tag{8.105}$$

- Combinare i vettori $\mathbf{z}_k^{(i)}$ per ottenere la stima dello stato a priori al tempo k

$$\mathbf{x}_k^f = \frac{1}{2n} \sum_{i=1}^{2n} \mathbf{x}_k^{(i)}. \tag{8.106}$$

- Stimare la covarianza dell'errore a priori aggiungendo $\mathbf{Q}_{k-1}$ per tenere conto del rumore

$$\mathbf{P}_k^f = \frac{1}{2n} \sum_{i=1}^{2n} (\mathbf{x}_k^{(i)} - \mathbf{x}_k^f)(\mathbf{x}_k^{(i)} - \mathbf{x}_k^f)^T + \mathbf{Q}_{k-1}. \tag{8.107}$$

Ora che è stato fatto l'aggiornamento, implementiamo l'equazione dell'aggiornamento dell'equazione della misura:

- Scegliamo i punti sigma come specificati dalla trasformazione unscented con un cambio appropriato poiché le migliori ipotesi correnti per la media e la covarianza di $\mathbf{x}_k$ sono $\mathbf{x}_k^f$ e $\mathbf{P}_k^f$:

$$\mathbf{x}_k^{(i)} = \mathbf{x}_k^f + \tilde{\mathbf{x}}^{(i)} \quad i = 1, \dots 2n$$

$$\tilde{\mathbf{x}}^{(i)} = \left(\sqrt{\mathbf{x}\mathbf{P}_k^f} \right)_i^T \quad i = 1, \dots n \tag{8.108}$$

$$\tilde{\mathbf{x}}^{(n+i)} = - \left(\sqrt{\mathbf{x}\mathbf{P}_k^f} \right)_i^T \quad i = 1, \dots n.$$

Questo passaggio può essere omesso riutilizzando i punti sigma ottenuti dall'aggiornamento temporale.

- Si usi l'equazione del sistema non lineare noto $\mathbf{h}(\cdot)$ per trasformare i punti sigma in vettori $\mathbf{z}_k^{(i)}$ secondo la relazione:

$$\mathbf{z}_k^{(i)} = \mathbf{h}(\mathbf{x}_k^{(i)}, \mathbf{u}_k, \mathbf{v}_k). \tag{8.109}$$

- Combinare i vettori $\mathbf{z}_k^{(i)}$ per ottenere la stima dello stato a priori al tempo k

$$\mathbf{z}_k^f = \frac{1}{2n} \sum_{i=1}^{2n} \mathbf{z}_k^{(i)}. \qquad (8.110)$$

- Stimare la covarianza dell'errore a priori aggiungendo $\mathbf{R}_k$ per tenere in conto il rumore sulla misura

$$\mathbf{P}_z = \frac{1}{2n} \sum_{i=1}^{2n} (\mathbf{z}_k^{(i)} - \mathbf{z}_k^f)(\mathbf{z}_k^{(i)} - \mathbf{z}_k^f)^T + \mathbf{R}_k. \qquad (8.111)$$

- Stimare la cross covarianza tra $\mathbf{x}_k^f$ e $\mathbf{z}_k$

$$\mathbf{P}_{xz} = \frac{1}{2n} \sum_{i=1}^{2n} (\mathbf{x}_k^{(i)} - \mathbf{x}_k^f)(\mathbf{z}_k^{(i)} - \mathbf{z}_k)^T. \qquad (8.112)$$

- Infine per aggiornare la misura della stima dello stato si usi l'equazione del filtro di Kalman

$$\begin{aligned} \mathbf{K}_k &= \mathbf{P}_{xz} \mathbf{P}_z^{-1} \\ \mathbf{x}_k^a &= \mathbf{x}_k^f + \mathbf{K}_k (\mathbf{z}_k - \mathbf{z}_k^f) \\ \mathbf{P}_k^a &= \mathbf{P}_k^f - \mathbf{K}_k \mathbf{P}_z \mathbf{K}_k^T. \end{aligned} \qquad (8.113)$$

Abbiamo assunto che le equazioni di processo e di misura siano lineari rispetto al rumore, ma questo in generale non è vero. In questo caso dobbiamo trattare il vettore di stato in modo differente, utilizzando quello che Julier [56] chiama il vettore aumentato (+).

$$\mathbf{x}_k^+ = \begin{bmatrix} \mathbf{x}_k \\ \mathbf{w}_k \\ \mathbf{v}_k \end{bmatrix}.$$

Allora la UKF è inizializzata come:

$$\mathbf{x}_0^{+a} = \begin{bmatrix} E(x_0) \\ 0 \\ 0 \end{bmatrix}$$

$$\mathbf{P}_0^{+a} = \begin{bmatrix} E[(\mathbf{x}_0 - \mathbf{x}_0^{+a})(\mathbf{x}_0 - \mathbf{x}_0^{+a})^T] & 0 & 0 \\ 0 & Q_0 & 0 \\ 0 & 0 & R_0 \end{bmatrix}.$$

In tal caso dobbiamo stimare la media come media aumentata e la covarianza come covarianza aumentata mediante gli algoritmi definiti in precedenza ma da cui abbiamo tolto $\mathbf{Q}_{k-1}$ e $\mathbf{R}_k$.

8.3.4 Ensemble Kalman Filter (EnKF)

Mentre il filtro di Kalman classico fornisce un algoritmo ottimale per la trasformazione della media e della covarianza attraverso un aggiormamento Bayesiano e una formula per l'avanzamento temporale della matrice di covarianza, in un sistema lineare, come abbiamo visto, fallisce quando il sistema è grossolamaneamente non lineare. Questo comporta, non solo degli errori, ma anche un carico di calcolo eccessivo. Per ovviare a questi problemi Evensen [26], Houtmaker e Mitchel [52] hanno sviluppato un algoritmo chiamato Ensemble Kalman Filter (EnKF). EnKF utilizza la distribuzione della variabile di stato del sistema usando un gruppo o insieme di simulazioni e sostituisce la matrice di covarianza con il campionamento statistico della matrice di covarianza dell'insieme. Un vantaggio di EnKF è che l'aggiornamento della distribuzione di probabilità nel tempo si ottiene semplicemente aggiornando ciascun termine dell'insieme. Da questo punto di vista non è altro che una implementazione del metodo di Monte Carlo del problema dell'aggiornamento Bayesiano.

Siccome lo EnKF nasce nel contesto dell'assimilazione, che vedremo nel capitolo che segue, per sviluppare lo EnKF ragioneremo utilizzando i concetti di passo dell'analisi e passo della previsione che sono ricavabili dalle equazioni del filtro di Klaman ricorsivo (8.44, 8.45, 8.47, 8.48). Se compariamo le metodiche Bayesiane con i processi assimilativi, utilizzando la densità di probabilità (pdf) degli stati del sistema modellizzato, possiamo dire che lo stato a priori in geoscienza si chiama previsione, la funzione di probabilità dei dati, la probabilità a posteriori in geoscienza si chiama analisi. Rivedendo quindi le equazioni succitate possiamo dire che l'insieme delle equazioni 8.47, 8.48 sono quelle relative la passo della analisi, mentre l'insieme delle equazioni 8.44, 8.45 sono relative al passo della previsione. Si noti l'inversione dei passi usati nel processo EnKF.

Lo EnKF consiste nel:

- generare un insieme iniziale attraverso delle perturbazioni casuali, prendendo una soluzioni prevista e aggiungendo all'insieme iniziale, per ciascun membro dell'insieme, dei vettori casuali gaussiani indipendenti;
- aggiornare ciascun membro dell'insieme fino al momento in cui ci sono i dati, ottenendo il così detto *insieme di previsione*;
- modificare i membri dell'insieme iniettando i dati, (passo relativo all'analisi) in modo da ottenere *l'insieme dell'analisi*;
- riprendere dal secondo punto.

Consideriamo il passo di previsione in dettaglio: il così detto insieme predittivo è:

$$\mathbf{X}^f = [x_1^f \ldots x_N^f] = [x_i^f] \tag{8.114}$$

dove ciascun $\mathbf{x}_i^f$ è un vettore casuale colonna di dimensioni n che contiene l'intero stato del modello. La matrice $\mathbf{X}^f$ ha dimensioni $n \times N$. Come per il filtro di Kalman il dato è un vettore misura z di dimensioni m e la matrice di covarianza dell'errore del rumore del dato è R di dimensioni $m \times m$ con una matrice di osservazione $\mathbf{H}$ di dimensioni $m \times n$. L'insieme di previsione $\mathbf{X}^f$ si può considerare come un campionamento ottenuto dalla distribuzione di probabilità a priori $p(x)$ e la EnKF si sforza di creare un insieme di analisi che è un campionamento ottenuto dalla distribuzione a posteriori $p(x|z)$.

EnKF applica a ciascun membro x_i^f dell'insieme di previsione una versione del filtro Kalman aggiornato (equazione 8.47) per ottenere un membro dell'insieme di analisi x_i^a. Per far questo aggiornamento il vettore dato $\mathbf{z}$ nella equazione 8.47 è sostituito da un vettore perturbato casualmente con distribuzione eguale a quella dell'errore del dato

$$\mathbf{z}_j = \mathbf{z} + \mathbf{v}_j \qquad \mathbf{v}_j \sim N(0, \mathbf{R}) \tag{8.115}$$

dove ciascun $\mathbf{v}_j$ è indipendente dagli altri e dall'insieme di previsione.

Questi vettori sono combinati in una matrice perturbata

$$\mathbf{Z} = [\mathbf{z} + \mathbf{v}_1 \ldots \mathbf{z} + \mathbf{v}_N]. \tag{8.116}$$

Questo assicura una statistica di covarianza appropriata per l'insieme d'analisi. Sia $\overline{\mathbf{X}^f}$ la media dell'insieme di previsione data da:

$$\overline{\mathbf{X}^f} = \frac{1}{N} \sum_{i=1}^N x_i^f. \tag{8.117}$$

La matrice di covarianza incognita $\mathbf{P}^f$ della equazione 8.46 è sostituita dalla matrice di covarianza campionata $\mathbf{C}(\mathbf{X}^f)$ dell'insieme di previsione che verrà definito come

$$\mathbf{C}(\mathbf{X}^f) = \overline{(\mathbf{X}^f)(\mathbf{X}^f)^T} - (\overline{\mathbf{X}^f})(\overline{\mathbf{X}^f})^T \tag{8.118}$$

$\mathbf{X}^f$ e $\mathbf{C}(\mathbf{X}^f)$ sono delle quantità casuali opposte alle media deterministica e alla covarianza usate nel filtro di Kalman tradizionale.

Definiamo ora come insieme relativo all'analisi.

$$\mathbf{X}^a = [x_1^a \ldots x_N^a] = [x_i^a]. \tag{8.119}$$

Questo fornisce la formula di EnKF:

$$\mathbf{X}^a = \mathbf{X}^f + \mathbf{C}(\mathbf{X}^f)\mathbf{H}^T (\mathbf{H}\mathbf{C}(\mathbf{X}^f)\mathbf{H}^T + \mathbf{R})^{-1} (\mathbf{Z} - \mathbf{H}\mathbf{X}^f). \tag{8.120}$$

Poiché $\mathbf{R}$, data dalla relazione 8.25, è positivo non ci sono dei problemi ad invertire questa equazione.

Allora la EnKF può essere scritta in analogia alla formula del filtro di Kalman ricorsivo definito dalle equazione 8.47 e 8.48, definendo la matrice di guadagno di Kalman del campione come:

$$\mathbf{L} = \mathbf{C}(\mathbf{X}^f)\mathbf{H}^T (\mathbf{H}\mathbf{C}(\mathbf{X}^f)\mathbf{H}^T + \mathbf{R})^{-1}. \tag{8.121}$$

Quindi potremo scrivere la EnKF nei seguenti due passi:

- passo relativo all'analisi

$$\mathbf{X}_k^a = \mathbf{X}_k^f + \mathbf{L}_k(\mathbf{Z}_k - \mathbf{H}_k\mathbf{X}_k^f); \tag{8.122}$$

- al passo relativo alla previsione

$$\mathbf{X}_{k+1}^f = \mathbf{A}_k\mathbf{X}_k^a + \mathbf{B}_k\mathbf{e}_{1\times N} \tag{8.123}$$

dove $\mathbf{e}_{1\times N}$ è una matrice di tutti quei vettori di dimensione indicata, in questo caso è un vettore $1 \times N$ di 1. Si noti che avendo invertito i passi del processo rispetto alla ricorsiva classica la previsione ha pedice $k+1$.

La forma di EnKF che è descritta dalla equazione 8.122 ricrea le condizioni della covarianza a posteriori utilizzando i dati perturbati in modo casuale. Whitaker e Hamill [129] hanno dimostrato che l'uso di dati perturbati per certi problemi non Gaussiani causano degli errori sistematici nella covarianza a posteriori. Per questa ragione è stata introdotta la radice quadrata del filtro di Kalman del tipo Ensemble, chiamata EnSRF che elimina la necessità della perturbazione. EnSRF si sviluppa in due passi dove la media dell'insieme si aggiorna attraverso la relazione:

$$\bar{\mathbf{X}}^a = \bar{\mathbf{X}}^f + \mathbf{L}(\mathbf{z} - \mathbf{H}\bar{\mathbf{X}}^f). \tag{8.124}$$

Poi l'insieme analisi è creato attraverso la deviazione da questa media.

$$\mathbf{X}_k^a = \bar{\mathbf{X}}^a + (\mathbf{X}_k^f - \bar{\mathbf{X}}^f)\tilde{\mathbf{L}}_k \tag{8.125}$$

dove $\tilde{\mathbf{L}}$ è determinata risolvendo la relazione:

$$\mathbf{C}(\mathbf{X}^a) = (\mathbf{I} - \mathbf{LH})\mathbf{C}(\mathbf{X}^f) \tag{8.126}$$

con ciò assicurando che l'insieme dell'analisi abbia una covarianza corretta. Se definiamo con $\mathbf{A} = \mathbf{X}^f - \bar{\mathbf{X}}^f\mathbf{1}_{1\times N}$ avremo che la 8.126 può essere riscritta come:

$$\begin{aligned}
\mathbf{A}\tilde{\mathbf{L}}\tilde{\mathbf{L}}^T\mathbf{A}^T &= (\mathbf{I} - \mathbf{LH})\mathbf{A}\mathbf{A}^T \\
&= (\mathbf{I} - \mathbf{A}\mathbf{A}^T\mathbf{H}^T(\mathbf{H}\mathbf{A}\mathbf{A}^T\mathbf{H}^T + \mathbf{R})^{-1}\mathbf{H})\mathbf{A}\mathbf{A}^T \\
&= \mathbf{A}(\mathbf{I} - \mathbf{Z}\mathbf{Z}^T)\mathbf{A}^T
\end{aligned} \tag{8.127}$$

dove $\mathbf{Z}$ è una matrice a radice quadrata, $\mathbf{Z}\mathbf{Z}^T = \mathbf{A}^T\mathbf{H}^T(\mathbf{H}\mathbf{A}\mathbf{A}^T\mathbf{H}^T + \mathbf{R})^{-1}\mathbf{H}\mathbf{A}$. Se utiliziamo la decomposizione ai valori singolari, SVD, di $\mathbf{Z} - \mathbf{U}\mathbf{\Sigma}\mathbf{V}^T$ la soluzioni di questa equazione è della forma:

$$\tilde{\mathbf{L}} = \mathbf{V}\sqrt{\mathbf{I} - \mathbf{\Sigma}^T\mathbf{\Sigma}\mathbf{\Theta}} \tag{8.128}$$

dove $\mathbf{\Theta}$ è una matrice unitaria arbitraria.

Per un numero grande di punti m, il che accade di frequente, la 8.120 non è efficiente per cui è meglio calcolare l'insieme aggiornato con la inversa formata dalla formula di Sherman Morrison Woodbury ([43]):

$$
(\mathbf{HC}(\mathbf{X}^f)\mathbf{H}^T + \mathbf{R})^{-1} = \left(\mathbf{R} + \frac{1}{N-1}(\mathbf{HA})(\mathbf{HA})^T\right)^{-1}
$$
$$
= \mathbf{R}^{-1}\left[\mathbf{I} - \frac{1}{N-1}(\mathbf{HA})\left(I + (\mathbf{HA})^T\mathbf{R}^{-1}\frac{1}{N-1}(\mathbf{HA})\right)^{-1}(\mathbf{HA})^T\mathbf{R}^{-1}\right] \tag{8.129}
$$

dove $\mathbf{A} = \mathbf{X}^f - \bar{\mathbf{X}}^f\mathbf{e}_{1\times N}$ che è già stata definita in precedenza.

Questa formula è di particolare interesse quando gli errori dei dati non sono correlati, come accade di frequente, perché in tal caso la matrice $\mathbf{R}$ è diagonale. In tal caso la matrice $N \times N$:

$$
\left(\mathbf{I} + (\mathbf{HA})^T\mathbf{R}^{-1}\frac{1}{N-1}(\mathbf{HA})\right) = \mathbf{W} \tag{8.130}
$$

è invertita utilizzando la subroutine di LAPACK *dposv* che fa una decomposizione di Cholesky $\mathbf{W} = \mathbf{LL}^T$ e risolve $\mathbf{V} \leftarrow \mathbf{W}^{-1}\mathbf{V}$ nella forma che usa la back sostitution triangolare. Oppure, seguendo Mandel [77], si può evitare di calcolare esplicitamente la matrice $\mathbf{H}$ utilizzando invece la funzione osservativa $\mathbf{h}(\mathbf{x}) = \mathbf{Hx}$ che è più naturale da calcolare. In tal caso potremo calcolare $\mathbf{HM}$ attraverso:

$$
[\mathbf{HA}]_i = \mathbf{HX}_i^f - \mathbf{H}\frac{1}{N}\sum_{j=1}^{N}\mathbf{X}_j^f = \mathbf{h}(\mathbf{X}_i^f) - \frac{1}{N}\sum_{j=1}^{N}\mathbf{h}(\mathbf{X}_j^f),
$$
$$
\mathbf{Z}_i - \mathbf{HX}_i^f = \mathbf{Z}_i - \mathbf{h}(\mathbf{X}_j^f).
$$

L'ensemble aggiornato può essere calcolato valutando la funzione di osservazione $\mathbf{h}$ su ciascun membro dell'insieme e non è necessario conoscere la matrice $\mathbf{H}$ esplicitamente. Questa formula vale anche quando $\mathbf{h}(\mathbf{x}) = \mathbf{Hx} + \mathbf{f}$ con $\mathbf{f}$ offtset fisso. La formula può anche essere utilizzata per una funzione di osservazione $\mathbf{h}$ non lineare (vedi [18]).

8.4 I filtri di Kalman in rete

Ci sono vari libri che riportano i codici, per lo più in Matlab, dei succitati metodi per risolvere i filtri di Kalman. Tra questi citerò: *Kalman Filtering Theory and Practice using Matlab* di Mohinder S. Grewald e Angus P.Andrews e *Optimal State Estimation* di Dan Simon [110]. I codici sono la esemplificazione del contenuto dei libri. Tuttavia esistono anche dei software che permettono di calcolare i filtri di Kalman. Uno dei più interessanti è Rebel sviluppato da Rudolph van der Merwe e Eric A. Wan *http://choosh.csee.ogi.edu/rebel/*. Questo software esiste sia nella versione accademica sia in quella commerciale. Esso consolida le ricerche dei nuovi metodi soprattutto quelli relativi ai metodi ricorsivi di stima Bayesiana e del filtraggio di Kalman. Esso contiene:

- I filtri di Kalman.
- I filtri di Kalman estesi.
- L'insieme dei filtri basati sui punti sigma (SPKF):
  - filtri di Kalman Unscented (UKF);
  - filtri di Kalman a Differenza Centrale (CDKF);
  - SPKFs Radice quadrata (SRUKF, SRCDKF);
  - SPKFs con Mistura Gaussiana.
- Filtri a particelle:
  - filtro a particelle generico;
  - filtro a particelle del tipo a Punti Sigma;
  - filtro a particelle della Somma di Gaussiane;
  - filtro a particelle con una mistura di Punti Sigma e Gaussiane;
  - filtri a particelle con Punti Sigma ausiliari.

Un altro manuale con i filtri di Kalman è quello di Jouni Hartikainen e Simo Särkkä [46] *Optimal filtering with Kalman filters and smoothers: a Manual for Matlab toolbox EKF/UKF* che presentano la documentazione per un toolbox per il filtraggio ottimale. I metodi includono i Filtri di Kalman, i filtri di Kalman Estesi e quelli Unscented per modelli discreti nello spazio e nel tempo.

Lo EnKF è disponibile anche al sito *http* : //*enkf.nersc.no* dove Geir Evensen [26], fornisce tutte le indicazioni necessarie per utilizzare il codice in Matlab.

Assimilazione dei dati

9.1 Cosa si intende per assimilazione

L'assimilazione è una analisi in cui l'informazione è accumulata nello stato di un modello dinamico, sfruttandone i vincoli di coerenza insiti nelle leggi fisiche e nei processi temporali, combinando le osservazioni distribuite nel tempo con il modello dinamico stesso. Il processo di analisi corrisponde a vari gradi:

- come approssimazione dello stato vero di un sistema fisico ad un tempo dato;
- come diagnosi comprensiva ed auto consistente di un sistema fisico;
- come un riferimento attraverso il quale fare una verifica della qualità della osservazione;
- come un dato di input utile per un'altra operazione, ad esempio lo stato iniziale di un modello predittivo.

Sulla base di questi punti è possibile definire che cosa si prefigge l'assimilazione. Il caso più usuale è quello di utilizzare l'assimilazione per fare una previsione temporale, il che implica che gli errori dovuti alle condizioni iniziali devono essere ridotti il più possibile lasciando solo al modello la possibilità di generare gli errori e quindi di procedere in una direzione realistica. In tal modo non solo ne beneficerà la previsione, ma anche la ricerca di un insieme di dati accurati e la diagnosi degli errori del modello stesso. L'assimilazione combina i dati di osservazione con i dati prodotti dal modello per riprodurre una stima ottimale dello stato evolvente del sistema. Il modello fornisce consistenza ai dati osservati permettendo anche di interpolarli o estrapolarli in regioni dello spazio e del tempo in cui questi mancano. Inoltre i dati osservati aggiustano la traiettoria di un modello attraverso lo spazio dello stato del modello stesso, tenendolo *in linea* in un loop previsione-osservazione-correzione.

Ci sono almeno due approcci di base per l'assimilazione del dato: uno sequenziale in cui si considerano solo i dati osservati nel passato fino al tempo dell'analisi, in questo caso si hanno sistemi assimilati in tempo reale, e uno non sequenziale in cui si possono utilizzare le osservazioni successive, ad esempio per fare delle rianalisi. Inoltre i metodi possono essere intermittenti o continui nel tempo. Un esempio di assimilazione intermittente è riportato in Fig. 9.1.

Guzzi R.: Introduzione ai metodi inversi. Con applicazioni alla geofisica e al telerilevamento. DOI 10.1007/978-88-470-2495-3_9, © Springer-Verlag Italia 2012

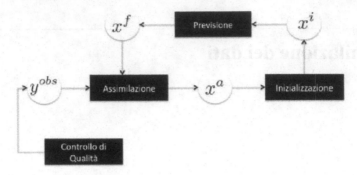

Fig. 9.1 Processo per l'assimilazione intermittente

La distribuzione temporale intermittente prevede un ciclo di sei ore e le osservazioni sono processate in batch. Nel metodo continuo le osservazioni sono effettuate su di un lungo periodo e la correzione dello stato analizzato è una funzione lisciata nel tempo, il che permette di ottenere una analisi fisica più realistica.

Da un punto di vista pratico si utilizza un modello, il così detto modello diretto, per collegare i parametri d'input (lo stato del modello) ai parametri di output (le osservazioni). Matematicamente si scrive:

$$\mathbf{y} = \mathbf{H}(\mathbf{x}) \tag{9.1}$$

$\mathbf{x}$ rappresenta l'insieme di tutte le variabili che descrivono lo stato del modello. In questo modo si possono comparare le osservazioni ottenute dal modello con quelle ottenute dalle misure $\mathbf{y}$, stimando l'errore del modello. I dati misurati possono provenire da sorgenti differenti, da misure in situ o da satellite. Allora gli aspetti numerici dell'assimilazione si riducono ad un problema di minimizzazione dove la funzione costo $\mathscr{J}(\mathbf{x})$ è data da:

$$\mathscr{J}(\mathbf{x}) = \|\, \mathbf{y} - \mathbf{H}(\mathbf{x})\,\|^2 \tag{9.2}$$

dove $\|\cdot\|$ è la norma due.

9.2 Assimilazione come problema inverso

Per capire come l'assimilazione possa essere considerato un problema inverso riprendiamo i concetti dell'introduzione sul problema ben posto e quello mal posto. Secondo Hadamard [42] e Hilbert e Courant [49] si ha un problema ben posto quando:

- esiste una sola soluzione;
- è unicamente determinata dai parametri di ingresso (forzanti, condizioni al contorno, condizioni iniziali);
- dipende continuamente dai parametri di ingresso.

Qualora le condizioni 2 e/o 3 non siano soddisfatte allora il problema è mal posto. La dimostrazione di quanto sopra asserito può essere trovata utilizzando un modello giocattolo come quello evolutivo di circolazione oceanica semplificata, proposto da Bennet [8]. L'esempio rappresenta la circolazione oceanica che può essere espressa attraverso il parametro velocità: $u = u(x,t)$, dove x e t determinano la posizione ed il tempo e sono delle variabili reali.

$$\frac{\partial u}{\partial t} + c\frac{\partial u}{\partial x} = F \tag{9.3}$$

con $0 \leq x \leq L$ e $0 \leq t \leq$. L rappresenta le dimensioni del bacino e T il tempo per percorrerlo. La costante c è nota e positiva ed indica la velocità di avvezione; $F = F(x,t)$ è un forzante del campo. Se vogliamo visualizzare il contorno del nostro bacino possiamo dire che è un rettangolo la cui base è la dimensione L del bacino e l'altezza è data dal tempo T. La condizioni iniziale è data da:

$$u(x,0) = I(x) \tag{9.4}$$

dove $I(x)$ è specificato. La condizione al contorno è:

$$u(0,t) = B(t) \tag{9.5}$$

anche $B(t)$ è specificato. Per valutare l'unicità della soluzione poniamo che per la stessa scelta di F, I e B si abbiamo due soluzioni u_1 e u_2. Se definiamo la differenza $v = u_1 - u_2$ avremo che:

$$\frac{\partial v}{\partial t} + c\frac{\partial v}{\partial x} = 0 \tag{9.6}$$

con le condizioni al contorno ed iniziali rispettivamente di $v(x,0) = 0$ e $v(0,t) = 0$. La soluzione può essere trovata utilizzando il metodo delle curve caratteristiche (vedi Appendice E) attraverso le quali una PDE si riduce ad una ODE. Le equazioni caratteristiche sono:

$$\frac{dx}{ds} = c$$
$$\frac{dt}{ds} = 1. \tag{9.7}$$

La PDE trasformata in ODE è

$$\frac{dv}{ds} = 0. \tag{9.8}$$

La soluzione sulla base delle condizioni iniziali e al contorno è:

$$v(x,t) = 0 \tag{9.9}$$

per cui $u_1(x,t) = u_2(x,t)$ dimostrando che la soluzione è unica.

Troviamo ora gli altri due punti delle condizioni ben poste. Utilizziamo a tal scopo la funzione di Green ponendo $G = G(x,t,\zeta,\tau)$ che soddisfa la nostra equazione:

$$-\frac{\partial G}{ds} - c\frac{\partial G}{dx} = \delta(x-\zeta)\delta(t-\tau) \tag{9.10}$$

dove δ è la delta di Dirac e $0 \leq \zeta \leq L$ e $0 \leq \tau \leq T$. Le condizioni al contorno per $0 \leq x \leq L$ sono $G(L,t,\zeta,\tau) = 0$ e per $0 \leq t \leq T$ sono $G(x,T,\zeta,\tau) = 0$. La soluzione sarà:

$$\begin{aligned}
u(x,t) &= \int_0^T d\tau \int_0^L d\zeta G(\zeta,\tau,x,t)F(\zeta,\tau) \\
&+ \int_0^L d\zeta G(\zeta,0,x,t)I(\zeta) + \int_0^T d\tau G(0,\tau,x,t)B(\tau)
\end{aligned} \tag{9.11}$$

che è una soluzione esplicita per il modello in avanti. u è una stima a priori o un first guess o un valore di background. La relazione 9.11 indica che u dipende con continuità dalle variazioni su F,I,B e se questi cambiano di un certo $\mathcal{O}(\varepsilon)$ anche u cambia di conseguenza. Inoltre si richiede che $I(0) = B(0)$ altrimenti u è discontinuo lungo la linea di fase $x = ct$ per tutti i t. Sulla base di queste valutazioni se ne può dedurre che il modello è ben posto.

Vediamo ora cosa succede al modello in avanti quando si introducono delle informazioni attorno al campo $u(x,t)$ del modello di circolazione che abbiamo proposto. Queste informazioni consistono di osservazioni imperfette in un punto isolato nello spazio e nel tempo. Il modello diretto diviene indeterminato e non può essere risolto con una funzione lisciante e quindi deve essere considerato un problema mal posto che deve essere risolto attraverso un best fit pesato con tutte le informazioni di cui siamo in possesso.

Assumiamo di collezionare un numero M di misure (osservazioni, dati ecc.) di u nel solito bacino aventi le $0 \leq x \leq L$ durante la crociera che dura da $0 \leq t \leq T$. I dati sono collezionati nei punti x_i,t_i con $0 \leq i \leq M$ e saranno indicati dal valore registrato e dal suo errore come:

$$\mathbf{y}_i = u(x_i,t_i) + \varepsilon_i \tag{9.12}$$

dove ε_i rappresenta l'errore di misura e $u(x_i,t_i)$ è il valore vero. Ovviamente bisogna considerare che anche le condizioni al contorno e iniziali sono affette da errore. In tal caso l'equazione 9.3 deve essere riscritta con un errore $f = f(x,t)$ sul forzante F per cui diviene:

$$\frac{\partial u}{\partial t} + c\frac{\partial u}{\partial x} = F + f \tag{9.13}$$

con le condizioni al contorno:

$$u(x,0) = I(x) + i(x) \tag{9.14}$$

e le condizioni iniziali:

$$u(0,t) = B(t) + b(t). \tag{9.15}$$

Il problema è quello di avere una unica soluzione per ogni scelta di $F+f$, $I+i$ e $B+b$. Questo può essere fatto cercando il campo di $\hat{u} = \hat{u}(x,t)$ che minimizza gli errori. Si cercherà allora il minimo dei quadrati di una funzione costo $\mathscr{J}$ o funzione di penalità in cui abbiamo anche introdotto le deviazioni standard dell'errore delle condizioni iniziali a priori W_i; quelle W_f per il modello, quelle W_b per le condizioni al contorno e quelle per le osservazioni W_{ob}.

$$\mathscr{J} = \mathscr{J}[u] = W_f \int_0^T dt \int_0^L f(x,t)^2 dx + W_i \int_0^L i(x)^2 dx$$
$$+ W_b \int_0^T b(t)^2 dt + W_{ob} \sum_{i=1}^M \varepsilon_i^2 \tag{9.16}$$

dove W_f, W_i, W_b e W_{ob} sono dei pesi positivi. La funzione costo $\mathscr{J}[u]$ è un numero singolo per ciascuna scelta dell'intero campo u. Riscrivendo la 9.16 e mettendo in evidenza esplicita la dipendenza di f, i, b e, ε_i da F, I, B e $\mathbf{y}_i$, avremo:

$$\mathscr{J}(u) = W_f \int_0^T dt \int_0^L \left\{ \frac{\partial u}{\partial t} + c \frac{\partial u}{\partial x} - F \right\}^2 dx + W_i \int_0^L \{u(x,0) - I(x)\}^2 dx$$
$$+ W_b \int_0^T \{u(0,t) - B(t)\}^2 dt + W_{ob} \sum_{m=1}^M \{u(x_i,t_i) - \mathbf{y}_i\}^2 \tag{9.17}$$

la cui soluzione si ottiene utilizzando il calcolo delle variazioni, per trovare un estremo locale di $\mathscr{J}$. Poiché $\mathscr{J}$ è quadratico in u e quindi è chiaramente non negativo, l'estremo locale deve anche essere un minimo globale. In Appendice E sono riportati sia il calcolo variazione sia la soluzione della equazione 9.17 per un *vincolo debole* o un *vincolo forte*.

9.3 L'approccio probabilistico

Supponiamo che ci siano N misure $x_1, x_2 .. x_N$ della variabile x effettuate con differenti tipi di strumenti e che gli errori di queste misure siano dati da

$$\varepsilon_n = x_n - x. \tag{9.18}$$

Assumiamo che gli errori siano casuali, non sistematici e distribuiti normalmente. Allora la probabilità che l'errore dell'ennesima osservazione stia tra ε_n e $\varepsilon_n + d\varepsilon_n$ è dato da:

$$p(\varepsilon_n) = \frac{1}{\sigma_n \sqrt{2\pi}} \exp\left[-\frac{\varepsilon_n^2}{2\sigma_n^2} \right] \tag{9.19}$$

dove

$$\sigma_n^2 = E[(x_n - x)^2] = E[\varepsilon_n^2] = \int_{-\infty}^{+\infty} \varepsilon_n^2 p(\varepsilon_n) d\varepsilon_n \qquad E[\varepsilon_n] = 0 \tag{9.20}$$

dove $E[\cdot]$ è l'operatore aspettazione.

Quando ci sono N osservazioni, la probabilità congiunta che ε_1 giaccia tra ε_1 e $\varepsilon_1 + d\varepsilon_1$; ε_2 giaccia tra ε_2 e $\varepsilon_2 + d\varepsilon_2$; ε_N giaccia tra ε_N e $\varepsilon_N + d\varepsilon_N$, è il prodotto di tutte le probabilità.

$$p(\varepsilon_1, \varepsilon_2, ..\varepsilon_N) = \left[\prod_{n=1}^{N} \frac{1}{\sigma_i \sqrt{2\pi}} \right] \exp\left[-\sum_{n=1}^{N} \frac{\varepsilon_i^2}{2\sigma_n^2} \right] \qquad (9.21)$$

dove $\prod$ è l'operatore prodotto. La probabilità è massima quando la somma all'interno dell'esponenziale è minima. In tal caso il valore più probabile viene chiamato *stima di massima probabilità* di x che indicheremo con x^a. Dovremo quindi minimizzare l'argomento dell'esponente della equazione 9.21, riscritta tenendo conto di x^a, che è unbiased.

$$\mathcal{J} = \sum_{n=1}^{N} \frac{(x^a - x_n)^2}{2\sigma_n^2} \qquad (9.22)$$

viene differenziata rispetto a x^a ed è posta uguale a zero. La soluzione è:

$$x^a = \frac{\sum\limits_{n=1}^{N} \sigma_n^{-2} x_n}{\sum\limits_{n=1}^{N} \sigma_n^{-2}}. \qquad (9.23)$$

Cioè il valore più probabile di x è dato da un media pesata delle misure i cui pesi sono inversamente proporzionali alle varianze degli errori di misura aspettati.

Definiamo ora l'errore della stima come $\varepsilon^a = x^a - x$. Allora la varianza dell'errore aspettato della stima x^a è:

$$E[(\varepsilon^a)^2] = E\left[\left[\frac{\sum\limits_{n=1}^{N} \sigma_n^{-2}(x_n - x)}{\sum\limits_{n=1}^{N} \sigma_n^{-2}} \right]^2 \right] = \left[\sum_{n=1}^{N} \sigma_n^{-2} \right]^{-1} \qquad (9.24)$$

siccome ε^a è casuale $E[\varepsilon_n \varepsilon_\eta] = 0$ per $n \neq \eta$.

Quando tutte le misure sono state prese con lo stesso tipo di strumento

$$x^a = \frac{1}{N} \sum_{n=1}^{N} x_n \qquad e \qquad E[\varepsilon^a] = \frac{\sigma^2}{N}. \qquad (9.25)$$

Quando le osservazioni sono biased, $E[\varepsilon_n] \neq 0$, implica che x^a della relazione 9.23 sia biased. Presumendo che l'errore biased degli strumenti sia noto, avremo che x_n nella 9.23 è sostituita da $x_n - E[\varepsilon_n]$ e quindi σ_n è ridefinito come $E[\varepsilon_n^2] - E[\varepsilon]^2$.

Minimizzando rispetto a x^a avremo:

$$x^a = \frac{\sum_{n=1}^{N} \sigma_n^{-2}(x_n - E[\varepsilon_n])}{\sum_{n=1}^{N} \sigma_n^{-2}}.$$ (9.26)

Sottraendo il vero valore x da entrambi i lati ed applicando l'operatore aspettazione otteniamo che $E[\varepsilon^a] = 0$.

La relazione 9.22 può essere riscritta come:

$$\mathscr{J} = \sum_{n=1}^{N} w_n d_n^2$$ (9.27)

dove $w_n = \frac{1}{2}\sigma_n^{-2}$ è il peso a priori e $d_n = x - x_n$ è il residuo della n-esima misura.

Consideriamo ora il caso di avere K stazioni che prendono delle misure con lo stesso strumento ad un certo istante. Definiamo una variabile di stato $q(\mathbf{r})$ dove $\mathbf{r} = (x,y,z)$ definisce le tre coordinate spaziali x,y,z. Definiamo ora $q^{obs}(\mathbf{r}_k)$ una misura di q fatta alla stazione $\mathbf{r}_k$, con la varianza dell'errore di misura dato da $(\varepsilon^{obs})^2(\mathbf{r})$. Nel caso di stazioni di misura in cui gli errori di misura siano distribuiti normalmente, unbiased, e spazialmente non correlati, avremo per $l \neq k$ che $E[\varepsilon^{obs}(\mathbf{r}_k)\varepsilon^{obs}(\mathbf{r}_l)] = 0$. Se indichiamo con $q_a(\mathbf{r})$ il campo analizzato, avremo per una osservazione ad ogni singola stazione:

$$\mathscr{J} = \sum_{k=1}^{K} w_k d_k^2 = \frac{1}{2}\sum_{k=1}^{K} E[(\varepsilon^{obs})^2(\mathbf{r}_k)]^{-1}[q^{obs}(\mathbf{r}_k) - q^a(\mathbf{r}_k)]^2.$$ (9.28)

Minimizzando rispetto alla $q^a(\mathbf{r}_k)$, avremo che $q^{obs}(\mathbf{r}_k) = q^a(\mathbf{r}_k)$ per $1 \leq k \leq K$. La forma quadratica dell'equazione 9.28 può essere riscritta in una forma matriciale:

$$\mathscr{J} = \frac{1}{2}[q^a - q^{obs}]^T \mathbf{Q}^{-1}[q^a - q^{obs}]$$ (9.29)

dove q^a e q^{obs} sono vettori colonna di lunghezza K rispettivamente di $q^a(\mathbf{r}_k)$ e di $q^{obs}(\mathbf{r}_k)$, $\mathbf{Q}^{-1}$ è la diagonale della matrice $K \times K$ con gli elementi $E[(\varepsilon^{obs})^2(\mathbf{r}_k)]$.

Assumiamo che gli errori dei dati di background e quelli di misura siano unbiased, casuali e spazialmente correlati, ma non l'un l'altro, cioè:

$$E[\varepsilon^{obs}(\mathbf{r}_k)\varepsilon^{obs}(\mathbf{r}_l)] \neq 0 \quad\quad E[\varepsilon_b(\mathbf{r}_k)\varepsilon_b(\mathbf{r}_l)] \neq 0$$
$$E[\varepsilon^{obs}(\mathbf{r}_k)\varepsilon_b(\mathbf{r}_l)] = 0 \quad\quad per \ tutti \ i \ k,l.$$ (9.30)

In tal caso la generalizzazione per $N = 2$ comporta che la 9.29 sia scritta come

$$\mathscr{J} = \frac{1}{2}\{[q^a - q^{obs}]^T \mathbf{Q}^{-1}[q^a - q_b] + [q^a - q^{obs}]^T \mathbf{B}^{-1}[q^a - q_b]\}$$ (9.31)

dove $\mathbf{B}^{-1}$ è la matrice di covarianza dell'errore di background con gli elementi $E[\varepsilon^b(\mathbf{r}_k)\varepsilon^b(\mathbf{r}_l)]$ e q^a, q^{obs}, q^b sono i vettori colonna rispettivamente dei dati analizzato, misurati e di background. Le matrice di covarianza degli errori $\mathbf{Q}$ e $\mathbf{B}$ non devono essere singolari.

Assumiamo ora che esista una rete di osservazione $\mathbf{r}_k(t_n)$ per $1 \leq k \leq K(n)$ dove $K(n)$ è il numero di osservazioni disponibili al tempo t_n. Consideriamo anche che le variabili di stato siano rappresentate su di una griglia tridimensionale $\mathbf{r}_j$ per $1 \leq j \leq L$ al tempo $t_n = t_0 + n\Delta t$, con Δt un intervallo di tempo costante. Definiamo con x_n il vettore colonna di lunghezza L che rappresenta il vero valore di tutte le variabili di stato sulla griglia $\mathbf{r}_j$ al tempo t_n. Assumiamo poi che esista un valore di background x_n^f prodotto da un modello di previsione, allora l'errore della previsione al tempo t_n è dato da:

$$\varepsilon_n^f = x_n^f - x_n. \tag{9.32}$$

Definiamo un vettore di osservazione $\mathbf{y}_n$ di lunghezza $K(n)$ con elementi $d_n(\mathbf{r}_k)$ al tempo t_n. Questo sarà connesso ad un operatore non lineare di interpolazione in avanti delle variabili in relazione alla griglia $\mathbf{r}_j$ e al network di osservazioni $\mathbf{r}_k(t_n)$ secondo la relazione:

$$\mathbf{y}_n = \mathbf{H}_n(x_n) + \varepsilon_n^R. \tag{9.33}$$

Il termine ε_n^R è definito come la somma di due differenti termini: l'errore di misura e l'errore nella interpolazione in avanti, che possono essere espressi dalla seguente somma:

$$\varepsilon_n^R = [\mathbf{y}_n - \mathbf{y}_n^{vero}] + [\mathbf{y}_n^{vero} - \mathbf{H}_n(x_n)] \tag{9.34}$$

dove $\mathbf{y}_n^{vero}$ è il vettore colonna di lunghezza $K(n)$ dei valori veri alle stazioni di osservazione. Assumiamo poi che ε_n^R sia unbiased e temporalmente non correlato, cioè $E[\varepsilon_n^R] = 0$ e $E[\varepsilon_n^R(\varepsilon_{eta}^R)^T] = \delta_{n\eta}\mathbf{R}_n$, dove $\mathbf{R}_n$ è la matrice di covarianza dell'errore d'osservazione e che $E[\varepsilon_n^f] = 0$ e la matrice di covarianza dell'errore di previsione sia $\mathbf{P}_n^f = [\varepsilon_n^f(\varepsilon_n^f)^T]$.

Ricapitolando, omettendo l'indice temporale n avremo che $\mathbf{y}$ è il vettore delle osservazioni di lunghezza K; x^a e x^f sono i i vettori rispettivamente dei dati analizzati e ottenuti dalla previsione e siano di lunghezza L; $\mathbf{B}$ è la matrice di covarianza dell'errore dei dati previsti la cui dimensione è $L \times L$ e $\mathbf{R}$ è la matrice di covarianza degli errore di osservazione di dimensione $K \times K$. Allora una forma generalizzata della 9.31 è:

$$\mathscr{J} = \frac{1}{2}\{[\mathbf{y} - \mathbf{H}(x^a)]^T\mathbf{R}^{-1}[\mathbf{y} - \mathbf{H}(x^a)] + [x^f - x^a]^T\mathbf{B}^{-1}[x^f - x^a]\} \tag{9.35}$$

che può essere risolta utilizzando metodi vari che saranno presentati nei paragrafi successivi. I metodi usati si possono suddividere in metodi stazionari e metodi evolutive a seconda che il fattore tempo non sia o sia stato considerato.

9.4 Metodi stazionari

9.4.1 Metodo di discesa del gradiente

Il metodo di discesa del gradiente è un l'algoritmo di ottimizzazione del primo ordine per trovare un minimo locale di una funzione usando il suo gradiente. La tecnica sta nel minimizzare direttamente l'equazione 9.35. Se l'operatore $\mathbf{H}$ è lineare cioè $\mathbf{H}(\mathbf{x}^a) = \mathbf{H}\mathbf{x}^a$ scriveremo:

$$\nabla \mathscr{J}(\mathbf{x}^a) = \frac{\partial \mathscr{J}}{\partial \mathbf{x}^a} = \mathbf{H}^T \mathbf{R}^{-1}[\mathbf{H}\mathbf{x}^a - \mathbf{y}] + \mathbf{B}^{-1}[\mathbf{x}^a - \mathbf{x}^f] = 0 \qquad (9.36)$$

la cui soluzione è

$$\mathbf{x}^a = \mathbf{x}^f + \mathbf{B}\mathbf{H}^T[\mathbf{R} + \mathbf{H}\mathbf{B}\mathbf{H}^T]^{-1}[\mathbf{y} - \mathbf{H}\mathbf{x}^f]. \qquad (9.37)$$

Nel caso in cui la $\mathbf{H}$ non sia lineare si linearizza facendo una espansione nei primi due termini della serie di Taylor attorno ad $\mathbf{x}^f$

$$\mathbf{H}(\mathbf{x}^a) \approx \mathbf{H}(\mathbf{x}^f) + \left[\frac{\partial \mathbf{H}(\mathbf{x})}{\partial \mathbf{x}}\right]_{\mathbf{x}=\mathbf{x}^f} [\mathbf{x}^a - \mathbf{x}^f] \qquad (9.38)$$

dove $[\frac{\delta \mathbf{H}(\mathbf{x})}{\delta \mathbf{x}}]_{\mathbf{x}=\mathbf{x}^f}$ è la matrice Jacobiana i cui elementi sono le derivate parziali dei valori interpolati in avanti alle stazioni di osservazioni rispetto agli elementi $\mathbf{x}^f$. In tal caso avremo che:

$$\nabla \mathscr{J}(\mathbf{x}^a) = \mathbf{H}^T \mathbf{R}^{-1}[\mathbf{H}(\mathbf{x}^a) - \mathbf{y}] + \mathbf{B}^{-1}[\mathbf{x}^a - \mathbf{x}^f] \qquad (9.39)$$

dove $\mathbf{H}$ non è indipendente da $\mathbf{x}^a$ e deve essere rivalutato nel corso della minimizzazione. La 9.37 ed analogamente la soluzione ottenuta dalla 9.39 posta uguale a zero indicano che il vettore analisi è ottenuto aggiungendo al campo di background/previsione il prodotto della covarianza dell'errore di background/previsione $\mathbf{H}^T \mathbf{R}^{-1}$ per l'inverso della covarianza dell'errore totale dato da $[\mathbf{R} + \mathbf{H}\mathbf{B}\mathbf{H}^T]^{-1}$. Questo prodotto si chiama anche matrice guadagno o peso e si indica con $\mathbf{K}$.

Ricapitolando avremo che

$$\begin{aligned} \mathbf{x}^a &= \mathbf{x}^f + \mathbf{K}[\mathbf{y} - \mathbf{H}(\mathbf{x}^f)] \\ \mathbf{K} &= \mathbf{B}\mathbf{H}^T[\mathbf{R} + \mathbf{H}\mathbf{B}\mathbf{H}^T]^{-1}. \end{aligned} \qquad (9.40)$$

9.4.2 Interpolazione ottimale

L'interpolazione ottimale è una generalizzazione del metodo dei minimi quadrati. È una semplificazione algebrica del calcolo della matrice $\mathbf{K}$. La prima delle equazioni della 9.40 è risolta direttamente attraverso l'inversione, la matrice $\mathbf{K}$ è semplificata assumendo che solo le osservazioni più prossime determinano l'incremento dell'analisi. Per ciascuna delle variabili del modello l'incremento dell'analisi è data dal corrispondente $\mathbf{K}$ per il vettore degli scostamenti del valore di background $[\mathbf{y} - \mathbf{H}(\mathbf{x}^f)]$. Bouttier e Courtier [13] forniscono le ipotesi fondamentali e le procedure da seguire.

L'ipotesi fondamentale della interpolazione ottimale (OI) è che: per ciascuna variabile del modello, solo alcune osservazioni sono importanti per determinare l'incremento della analisi. Da questo ne segue che:

- per ciascuna variabile del modello $\mathbf{x}(i)$ scegliere un piccolo numero di osservazioni p_i usando un criterio di selezione empirico;
- formare la corrispondente lista p_i degli scostamenti dei dati di background $[\mathbf{y} - \mathbf{H}(\mathbf{x}^f)]_i$ delle covarianze dei p_i errori di background. Questo viene fatto tra le variabili del modello $x(i)$ e lo stato del modello interpolato nei punti p_i vale a dire i relativi p_i coefficienti della i-esima riga di $\mathbf{BH}$ e le submatrice $(p_i \times p_i)$ di covarianza degli errori delle osservazioni e di background formate da $\mathbf{HBH}^T$ ed $\mathbf{R}$ per le osservazioni selezionate;
- invertire la matrice definita positiva $(p_i \times p_i)$ formata da $[\mathbf{R} + \mathbf{HBH}^T]$ per le osservazioni selezionate (ad esempio usando i metodi di Choleski o LU);
- moltiplicarla per la riga i-esima della $\mathbf{BH}$ per ottenere la riga di $\mathbf{K}$ necessaria.

Nella OI è necessario che la $\mathbf{B}$ possa agevolmente essere applicata ad una coppia di variabili osservate. La semplicità del modello OI si scontra con la lo svantaggio che non c'è coerenza tra scale piccole e grandi e che $\mathbf{H}$ deve essere lineare.

9.4.3 Approccio variazionale: 3-D VAR

Il principio di base del $3D - Var$ è quello di evitare di calcolare esplicitamente la matrice guadagno e di fare la sua inversione utilizzando invece una procedura di minimizzazione della funzione costo $\mathscr{J}$. In tal caso la soluzione della equazione 9.35 si ottiene in modo iterativo facendo varie valutazioni della equazione 9.35 e del suo gradiente dato dalla relazione 9.39 per ottenere il minimo usando un algoritmo di discesa adatto. La minimizzazione si ottiene limitando artificialmente il numero di iterazioni e richiedendo che la norma del gradiente $\| \nabla \mathscr{J}(\mathbf{x}^a) \|$ decresca di un ammontare predefinito durante la minimizzazione che è una misura intrinseca di quanto l'analisi è più vicina al valore ottimale che non il punto iniziale di minimizzazione.

9.5 Metodi evolutivi

Nel caso in cui le osservazioni non sono date solo ad un certo tempo ma evolvano con questo, si debbono usare altri metodi. Qui riporteremo i metodi sequenziali utilizzando il Filtro di Kalman esteso, il metodo $4D-var$. La parola filtro caratterizza una tecnica di assimilazione che usa solo osservazioni del passato per effettuare ciascuna analisi.

9.5.1 Metodo 4D-Var

Quando le osservazioni sono distribuite nel tempo l'approccio $3D-Var$ si generalizza all'approccio $4D-Var$. Le equazioni sono le stesse purché gli operatori siano generalizzati includendo un modello di previsione che permetta di comparare lo stato del modello con le osservazioni ad un tempo t definito. In questo capitolo utilizziamo l'indice temporale t invece di k usato nel capitolo dei filtri Kalman.

In un dato intervallo di tempo la funzione costo che deve essere minimizzata è la stessa del metodo $3D-Var$ ma con una differenza legata agli operatori $\mathbf{H}$ e $\mathbf{R}$ che sono soggetti al tempo che viene indicato con t.

$$\mathscr{J}(\mathbf{x}) = \sum_{t=0}^{N} \left\{ [\mathbf{y}_t - H_t(\mathbf{x}_t)]^T \mathbf{R}_t^{-1} [\mathbf{y}_t - \mathbf{H}_t(\mathbf{x}_t)] \right\} + [\mathbf{x} - \mathbf{x}^b]^T \mathbf{B}^{-1} [\mathbf{x} - \mathbf{x}^b] \quad (9.41)$$

dove $\mathbf{x}_t$ è il vettore stato del modello; $\mathbf{y}_t$ è il vettore di osservazione; $\mathbf{H}_t$ è l'operatore di previsione e la matrice di covarianza degli errori è data da $\mathbf{R}_t$ ad ogni tempo t.

L'assimilazione $4D-Var$ è soggetta ad un vincolo forte tale che la sequenza degli stati del modello $\mathbf{x}_t$ deve essere una soluzione dell'equazione:

$$\mathbf{x}_t = \mathbf{M}_{0 \to t}(\mathbf{x}) \qquad \forall t = 0, 1 \dots n \quad (9.42)$$

dove $\mathbf{M}_{0 \to t}$ è un modello predefinito di previsione al tempo iniziale t. $4D-Var$ è un problema di ottimizzazione non lineare di difficile soluzione se non nelle seguenti due ipotesi: casualità e tangente lineare.

- *Casualità*. Il modello di previsione può essere espresso come il prodotto di passi di previsione intermedi che riflettono la casualità della natura. L'integrazione di un modello prognostico parte con $\mathbf{x}_0 = \mathbf{x}$ come condizione iniziale cosí che $\mathbf{M}_0$ è una funzione identità. Quindi indicando con $\mathbf{M}_t$ il passo di previsione da $t-1$ a t abbiamo $\mathbf{x}_t = \mathbf{M}_t \mathbf{x}_t$ e per ricorrenza:

$$\mathbf{x}_t = \mathbf{M}_t \mathbf{M}_{t-1} \dots \mathbf{M}_1 \mathbf{x}. \quad (9.43)$$

- *Tangente lineare*. La funzione costo può essere quadratica assumendo che l'operatore previsione $\mathbf{M}_{0 \to t}(\mathbf{x})$ sia linearizzato al modello tangente lineare, cioè che il differenziale $\mathbf{M}_{0 \to t}$ di esso assieme con la linearizzazione dell'operatore $\mathbf{H}_t(\mathbf{x}_t)$ d'osservazione dia:

$$\mathbf{H}_t(\mathbf{x}_t)\{\mathbf{M}_{0 \to t}(\mathbf{x})\} = \mathbf{H}_t(\mathbf{x}_t)\{\mathbf{M}_{0 \to t}(\mathbf{x}^b)\} + \mathbf{H}_t \mathbf{M}_{0 \to t}(\mathbf{x} - \mathbf{x}^b) \quad (9.44)$$

dove $\mathbf{M}$ è il modello tangente lineare, cioè il differenziale di M.

Questa ultima quantità possiede un suo gradiente

$$\nabla \mathbf{H}_t \{ \mathbf{M}_{0 \to t}(\mathbf{x}) \} = \mathbf{H}_t \mathbf{M}_{0 \to t} = \mathbf{H}_t \mathbf{M}_t \mathbf{M}_{t-1} \dots \mathbf{M}_1 . \tag{9.45}$$

D'altra parte lo scostamento normalizzato (vale a dire la misura di rarità di un evento) è definita come

$$\mathbf{d}_t = \mathbf{R}_t^{-1} [\mathbf{y}_t - \mathbf{H}(\mathbf{x}_t)] . \tag{9.46}$$

Il calcolo di una funzione costo $\mathscr{J}_o(\mathbf{x})$ per la 4D-VAR e del suo gradiente $\nabla \mathscr{J}_o(\mathbf{x})$ richiede una integrazione del modello diretto da 0 a n ed una integrazione aggiunta appropriata ottenuta dalla trasposte del modello tangente lineare $\mathbf{M}_t$. La funzione costo è data da:

$$\mathscr{J}_o^t(\mathbf{x}) = [\mathbf{y}_t - \mathbf{H}_t(\mathbf{x}_t)]^T \mathbf{d}_t . \tag{9.47}$$

Il suo gradiente è ottenuto attraverso la trasformazione aggiunta

$$\nabla \mathscr{J}_o(\mathbf{x})^t = -2 \nabla [\mathbf{H}_t(\mathbf{x}_t)]^T \mathbf{d}_t = -2 \mathbf{M}_1^T \mathbf{M}_2^T \dots \mathbf{M}_t^T \mathbf{H}_t \mathbf{d}_t . \tag{9.48}$$

Allora il gradiente totale della funzione costo è:

$$
\begin{aligned}
\nabla \mathscr{J}_o(\mathbf{x}) &= \sum_{t=0}^{n} \nabla \mathscr{J}_o^t(\mathbf{x}) = -2 \sum_{t=0}^{n} \mathbf{M}_1^T \mathbf{M}_2^T \dots \mathbf{M}_t^T \mathbf{H}_t \mathbf{d}_t \\
&= -2 \{ \mathbf{H}_0^T \mathbf{d}_0 + \mathbf{M}_1^T \{ \mathbf{H}_1^T \mathbf{d}_1 + \mathbf{M}_2^T \{ \mathbf{H}_2^T \mathbf{d}_2 + \dots \mathbf{H}_n^T \mathbf{H}_n^T \mathbf{d}_n \} \dots \} .. \} .
\end{aligned}
\tag{9.49}
$$

Si ricordi che $\mathbf{M}_0^T = 1$.

L'algoritmo può essere così scritto:

Passo 1. Si fa l'integrazione del modello da $\mathbf{x}$ a $\mathbf{x}_n$ attraverso passi successivi per ottenere la funzione costo $\mathscr{J}_0(\mathbf{x})$:

- si calcoli lo stato di previsione

$$\mathbf{x}_t = \mathbf{M}_t \mathbf{M}_{t-1} \dots \mathbf{M}_1(\mathbf{x}) ; \tag{9.50}$$

- si calcoli lo scostamento normalizzato e lo si immagazzini

$$\mathbf{d}_t = \mathbf{R}_t^{-1} [\mathbf{y}_t - \mathbf{H}(\mathbf{x}_t)] ; \tag{9.51}$$

- si risolva la funzione costo

$$\mathscr{J}_o^t(\mathbf{x}) = [\mathbf{y}_t - \mathbf{H}_t(\mathbf{x}_t)]^T \mathbf{d}_t ; \tag{9.52}$$

- si ottenga la funzione costo totale

$$\mathscr{J}_o(\mathbf{x}) = \sum_{t=0}^{n} \mathscr{J}_o^t(\mathbf{x}) . \tag{9.53}$$

Passo 2. Si calcola il gradiente usando una complicata fattorizzazione

$$\nabla \mathscr{J}_o(\mathbf{x}) = -2\{\mathbf{H}_0^T \mathbf{d}_0 + \mathbf{M}_1^T \{\mathbf{H}_1^T \mathbf{d}_1 + \mathbf{M}_2^T \{\mathbf{H}_2^T \mathbf{d}_2 + \dots \mathbf{H}_n^T \mathbf{H}_n^T \mathbf{d}_n\} \dots\} ..\}: \quad (9.54)$$

- si inizializzi una variabile aggiunta $\tilde{\mathbf{x}}$

$$\tilde{\mathbf{x}} = 0; \quad (9.55)$$

- si aggiunga il forzante aggiunto $\mathbf{H}_t^T \mathbf{d}_t$ a $\tilde{\mathbf{x}}_t$ e si effettui una integrazione aggiunta prima moltiplicando per $\mathbf{M}_t^T$ per ottenere la variabile $\tilde{\mathbf{x}}_{t-1}$ per ciascun passo $t-1$

$$\tilde{\mathbf{x}}_{t-1} = \mathbf{M}_t^T (\tilde{\mathbf{x}}_t + \mathbf{H}_t^T \mathbf{d}_t); \quad (9.56)$$

- ottenere il risultato dai valori della variabile aggiunta alla fine della iterazione.

$$\tilde{\mathbf{x}}_{t-1} = -\frac{1}{2}\nabla \mathscr{J}_o(\mathbf{x}). \quad (9.57)$$

Se il vettore di stato dell'analisi è stato scelto in modo appropriato la 4D-VAR ci permette di costruire una previsione completamente consistente con le equazioni del modello e quindi diventa un metodo adatto ai modelli di previsione.

La valutazione del funzione costo e del suo gradiente richiedono un modello di integrazione dal valore $t = 0$ al valore n e l'utilizzo del metodo di integrazione con gli operatori aggiunti fatto con la trasposta della tangente lineare del modello degli operatori temporali $\mathbf{M}$. Gli operatori aggiunti sono spiegati in Appendice F.

Comparando gli algoritmi di analisi del modello $4D - Var$ con quelli del $3D - Var$ si ha che:

- $4D - Var$ lavora sotto l'assunzione che il modello sia perfetto per cui ci si può aspettare che ci siano dei problemi se gli errori sono grandi.
- $4D - Var$ richiede che si utilizzi un operatore speciale come $\mathbf{M}^T$, il così detto modello aggiunto, il che può richiedere parecchio lavoro se il modello di previsione è complesso.
- In un sistema in tempo reale $4D - Var$ richiede che l'assimilazione debba aspettare fino a che l'intero intervallo di tempo definito per il $4D - Var$ sia disponibile, prima che possa iniziare la procedura di analisi, mentre un sistema sequenziale può processre le osservazioni appena arrivano. Questo può causare un ritardo nella disponibilità di $\mathbf{x}^a$.
- $\mathbf{x}^a$ è usata come stato iniziale per la previsione, poi attraverso la costruzione di $4D - Var$ ci si assicura che la previsione sia consistente con le equazioni del modello e la distribuzione delle osservazioni fino alla fine dell'intervallo temporale di $4D - Var$ (tempo di cut off). Questo fa sì che $4D - Var$ sia un sistema intermittente adatto a fare una previsione numerica.
- $4D - Var$ è un algoritmo di assimilazione ottimale sul suo periodo temporale. Ciò significa che usa le osservazioni al meglio, anche se $\mathbf{B}$ non è perfetto, richiedendo uno sforzo computazionale per ottenere $\mathbf{x}^a$ minore di quello che accade per il filtro di Kalman che è spiegato nel paragrafo successivo.

9.5.2 Filtro di Kalman

Guardando la OI si vede che una estensione naturale è quella dovuta al filtro di Kalman. Si considerino parecchie osservazioni temporali, l'idea è quella di fare parecchie OI successive tra ciascuna delle osservazioni temporali in modo da far evolvere lo stato del modello e la covarianza dell'errore usando il modello stesso. Prima di tutto dobbiamo avere parecchie osservazioni temporali su cui fare delle analisi e una previsione fatta dal modello, in modo da ottenere una stima dello stato del processo. Integriamo il modello da questo stato fino al tempo della successiva osservazione. Se gli errori associati con le osservazioni e le previsioni sono scorrelati si possono usare la 9.40 per fare una seconda analisi. Prima di tutto consideriamo un modello lineare, vale a dire che le variazioni del modello di previsione in vicinanza di uno stato di previsione sia una funzione lineare dello stato iniziale. Il modo ottimale per assimilare sequenzialmente le osservazioni è dato dall'algoritmo di Kalman, descritto nel capitolo relativo. Il filtro di Kalman risolve il problema inverso generalizzato per ogni passo del modello, così che la finestra di assimilazione si riduce a $t \to t+1$. La sequenza diventa:

- Passo per la previsione dello stato:

$$\mathbf{x}^f(t_{i+1}) = \mathbf{M}_{t_i \to t_{i+1}} \mathbf{x}^a(t_i) \tag{9.58}$$

dove l'operatore modello predefinito di previsione per i dati da t_i a t_{i+1} è indicato da $\mathbf{M}_{t_i \to t_{i+1}}$.

- Covarianza dell'errore della previsione:

$$\mathbf{B}(t_{i+1}) = \mathbf{M}_{t_i \to t_{i+1}} \mathbf{P}^a \mathbf{M}_{t_i \to t_{i+1}}^T + \mathbf{Q}_{t_i} \tag{9.59}$$

dove $\mathbf{B}$ e $\mathbf{P}^a$ sono rispettivamente le matrici di covarianza dell'errore della previsione e della analisi. Gli errori sulla previsione sono la deviazione della previsione rispetto alla evoluzione vera, $\mathbf{M}_{t_i \to t_{i+1}}[\mathbf{x}(t_i) - \mathbf{x}(t_{i+1})]$ è l'errore del modello che assumiamo che non sia biased e che sia nota la matrice di covarianza $\mathbf{Q}_{t_i}$ dell'errore del modello.

- Stato dell'analisi:

$$\mathbf{x}^a(t_i) = \mathbf{x}^f(t_i) + \mathbf{K}(t_i)[\mathbf{y}(t_i) - \mathbf{H}(t_i)\mathbf{x}^f(t_i)]. \tag{9.60}$$

Il fattore di guadagno di Kalman è dato da:

$$\mathbf{K}(t_i) = \mathbf{P}(t_i)_F \mathbf{H}^T(t_i)[\mathbf{R}(t_i) + \mathbf{H}(t_i)\mathbf{B}(t_i)\mathbf{H}^T(t_i)]^{-1}. \tag{9.61}$$

- La covarianza dell'errore dell'analisi a t_i è data da:

$$\mathbf{P}^a(t_i) = [\mathbf{I} - \mathbf{K}(t_i)\mathbf{H}(t_i)]\mathbf{B}(t_i). \tag{9.62}$$

- L'analisi sono date dalle sequenze di $\mathbf{x}^a(t_i)$.

Se **H** e **M** non sono degli operatori lineari, devono essere linearizzati, e sono definiti come la tangente linare in vicinanza di $\mathbf{x}^b$ e $\mathbf{x}^a$ rispettivamente. In tal caso si usa il filtro di Kalman esteso.

Sullo stesso tempo di intervallo, sotto l'assunzione che il modello sia perfetto, che per il filtro di Kalman si traduce in $\mathbf{Q} = 0$, utilizzando lo stesso input iniziale, l'analisi ottenuta con il filtro di Kalman è equivalente a quella ottenuta con il $4D-Var$. Questa equivalenza è vera anche nel caso dei casi non lineari dei due metodi.

9.6 Stima della qualità dell'analisi

Un punto importante del processo di assimilazione è quello di essere in grado di stimare la qualità della analisi. Infatti in una analisi sequenziale è utile conoscere il livello di affidabilità della analisi perché aiuta a specificare le covarianze dell'errore di background in vista della analisi successiva. Se il background è una previsione allora come abbiamo visto gli errori sono una combinazione degli errori del modello e dell'analisi che evolvono nel tempo in accordo del modello dinamico come si e è visto nell'utilizzo dell'algoritmo del filtro di Kalman.

La parola qualità ha il significato di affidabilità e si stima attraverso il valore della matrice di covarianza dell'errore dell'analisi **A**.

Il processo attraverso il quale si stima la qualità dell'analisi è strettamente legato alla funzione costo o penalità ed al suo gradiente. Ricordando le relazione 9.35 e 9.36, la derivata seconda o Hessiano della funzione costo derivata due volte attorno a **x**, la variabile di controllo, è:

$$\nabla \nabla \mathscr{J}(\mathbf{x}) = 2(\mathbf{B}^{-1} + \mathbf{H}^T \mathbf{R}^{-1} \mathbf{H}), \qquad (9.63)$$

che introdotta nella 9.36, posta eguale a zero, unitamente allo stato vero $\mathbf{x}^t$ del modello, con l'assunzione di linearizzazione, fornisce:

$$\mathbf{B}^{-1}(\mathbf{x}^a - \mathbf{x}^t) - \mathbf{H}^T \mathbf{R}^{-1} \mathbf{H}(\mathbf{x}^t - \mathbf{x}^a) - \mathbf{B}^{-1}(\mathbf{x}^b - \mathbf{x}^t) + \mathbf{H}^T \mathbf{R}^{-1}(\mathbf{y}^{obs} - \mathbf{H}(\mathbf{x}^t)) = 0 \qquad (9.64)$$

quindi

$$(\mathbf{B}^{-1} + \mathbf{H}^T \mathbf{R}^{-1} \mathbf{H})(\mathbf{x}^a - \mathbf{x}^t) = \mathbf{B}^{-1}(\mathbf{x}^b - \mathbf{x}^t) + \mathbf{H}^T \mathbf{R}^{-1}(\mathbf{y}^{obs} - \mathbf{H}(\mathbf{x}^t)). \qquad (9.65)$$

Moltiplicando la parte destra di questa relazione per la sua trasposta e calcolando l'aspettazione avremo:

$$\begin{aligned}
(\mathbf{B}^{-1} &+ \mathbf{H}^T \mathbf{R}^{-1} \mathbf{H})\mathbf{A}(\mathbf{B}^{-1} + \mathbf{H}^T \mathbf{R}^{-1} \mathbf{H})^t \\
&= \mathbf{B}^{-1} \mathbf{B} \mathbf{B}^{-1} + \mathbf{H}^T \mathbf{R}^{-1} \mathbf{R} \mathbf{R}^{-1} \mathbf{H} \\
&+ \{\mathbf{B}^{-1} \mathbf{H}^T \mathbf{R}^{-1} \overline{(\mathbf{x}^b - \mathbf{x}^t)^T [\mathbf{y}^{obs} - \mathbf{H}(\mathbf{x}^t)]} \\
&+ \mathbf{B}^{-1} \mathbf{R}^{-1} \mathbf{H} \overline{(\mathbf{x}^b - \mathbf{x}^t)[\mathbf{y}^{obs} - \mathbf{H}(\mathbf{x}^t)]^T}\}.
\end{aligned} \qquad (9.66)$$

Assumendo che gli errori di background e quelli delle osservazioni sono scorrelati, semplificando otterremo:

$$(\mathbf{B}^{-1} + \mathbf{H}^T \mathbf{R}^{-1} \mathbf{H}) \mathbf{A} (\mathbf{B}^{-1} + \mathbf{H}^T \mathbf{R}^{-1} \mathbf{H})^T = \mathbf{B}^{-1} + \mathbf{H}^T \mathbf{R}^{-1} \mathbf{H}. \tag{9.67}$$

Rimuovendo la componente non zero $\mathbf{B}^{-1} + \mathbf{H}^T \mathbf{R}^{-1} \mathbf{H}$ avremo:

$$\mathbf{A} = (\mathbf{B}^{-1} + \mathbf{H}^T \mathbf{R}^{-1} \mathbf{H})^{-1}. \tag{9.68}$$

Dalla definizione, l'Hessiano è dato dalla relazione 9.63 per cui avremo:

$$\mathbf{A} = \frac{1}{2} [\nabla \nabla \mathscr{J}(\mathbf{x})]^{-1} \tag{9.69}$$

o inversamente

$$\nabla \nabla \mathscr{J}(\mathbf{x}) = \frac{1}{2} \mathbf{A}^{-1}. \tag{9.70}$$

La matrice $\mathbf{A}^{-1}$ è chiamata la matrice di informazione.

9.7 Assimilazione in rete

DART $http://www.image.ucar.edu/DAReS/DART/index.php$ un modello sviluppato e mantenuto dalla sezione di ricerca dei dati di assimilazione (OSA) presso il National Center for Atmospheric Research (NCAR). DART è un ambiente software che rende facile esplorare una varietà di metodi di assimilazione dei dati e osservazioni con differenti modelli numerici ed è progettato per facilitare la combinazione di algoritmi di assimilazione, modelli, e osservazioni. DART comprende una ricca documentazione, un tutorial completo, e una varietà di modelli e set di osservazione che può essere utilizzato per introdurre nuovi utenti. DART offre anche un quadro per sviluppare, testare e distribuire i progressi dell'assimilazione dei dati.

DART utilizza un approccio modulare di programmazione per applicare un Ensemble Kalman Filter. I modelli possono essere introdotti o tolti a piacere, come i diversi algoritmi del Ensemble Kalman Filter. Il metodo richiede l'esecuzione di più di un modello per generare un insieme di stati. Per ottenere la stima del modello di osservazione si può utilizzare un operatore in avanti adatto al tipo di osservazione che deve essere assimilato.

Gli algoritmi sono progettati in modo che l'integrazione di nuovi modelli e nuovi tipi di osservazione richieda una codifica minima di un piccolo insieme di routine di interfaccia, e non richiede la modifica del codice del modello esistente. Diversi tipi di atmosfera e di modelli di circolazione generale (GCM) sono stati aggiunti ai modellatori DART. I programmi DART sono stati elaborati con diversi Compilatori Fortran 90 ed eseguito su server Linux, cluster Linux, OSX laptop / desktop, cluster SGI Altix, supercomputer ecc.

Il metodo della diffusione inversa

Questo capitolo tratta di un metodo che è stato sviluppato da Gardner, Greene, Krustal e Miura [31], adatto a risolvere i problemi alle condizioni iniziali di certi tipi di equazioni non lineari alle derivate parziali. Questo metodo chiamato trasformazione della diffusione inversa, produce una soluzione di queste equazioni non lineari alle derivate parziali con l'aiuto della soluzione dei problemi di diffusione diretta e inversa utilizzando una equazione differenziale lineare associata. Il dato di diffusione associato con la equazione differenziale ordinaria, abitualmente consiste in un coefficiente di riflessione chc è in funzione di un parametro spettrale λ. Poiché certe soluzioni mostrano un andamento tipico di una particella, la metodologia viene utilizzata per studiare le proprietà di un corpo le cui caratteristiche fisiche possono essere ricavate dalle frequenze naturali di vibrazione. Questo accade in parecchi fenomeni naturali, ad esempio per la luce blu del cielo, raggi x, sonar, fisica delle particelle. Le caratteristiche vibrazionali della Terra e del Sole possono essere invertite per ottenere la densità e la struttura elastica di questi due corpi. Lo studio dei fenomeni che si generano nell'acqua bassa è stato affrontato con questa tecnica e anche vari aspetti di oceanografia. Le frequenze risonanti della stazione spaziale sono state ricavate con questo metodo.

Storicamente si fanno ascendere i primi studi alle osservazioni di un ingegnere Scozzese John Scott Russell [106] che nel 1845 riportò che aveva osservato delle onde di traslazione, che oggi noi chiamiamo solitoni, entro i canali vicino al campus della Università Heriot-Watt di Edimburgo, a cui egli annetteva grande importanza per le applicazioni che ne potevano derivare.

I fenomeni descritti da Russell possono essere espressi da una equazione non lineare alle derivate parziali che, nella formulazione più semplice, può essere rappresentata dall'equazione di Korteweg-deVries (KdV) [67].

Fermi, Pasta e Ulam [27] studiarono il problema di un sistema dinamico unidimensionale di 64 particelle in cui le particelle adiacenti erano collegate tra di loro da molle le cui forze includevano anche alcuni termini non lineari. Il loro obiettivo era quello di determinare il tasso di approssimazione all'equipartizione dell'energia tra i differenti modi del sistema. Contrariamente a quanto si aspettavano il sistema non tendeva all'equipartizione dell'energia, ma invece aveva una ricorrenza qua-

Guzzi R.: Introduzione ai metodi inversi. Con applicazioni alla geofisica e al telerilevamento.
DOI 10.1007/978-88-470-2495-3_10, © Springer-Verlag Italia 2012

si continua allo stato iniziale. Il problema fu spiegato da Zabusky e Krustal [131] risolvendo l'equazione KdV.

Nella loro analisi numerica questi osservarono degli impulsi di onde solitarie, che denominarono *solitoni*, perché esisbivano un comportamento come di particelle, e notarono che questi impulsi interagivano l'un l'altro, non linearmente, ma non erano modificati nella forma e nella dimensione eccetto che nello spostamento di fase.

Nel 1967 Gardner, Greene, Krustal e Miura presentarono un metodo, che ora è noto come trasformata della diffusione inversa (Inverse Scattering Transform, IST) per risolvere quel problema ai valori iniziali, assumendo che il profilo iniziale decadesse a zero in modo sufficientemente rapido come $x \to \pm\infty$, associando l'equazione KdV con l'equazione unidimensionale di Schrödinger come vedremo in questo capitolo.

Ricapitolando, i metodi della diffusione inversa rappresentano una serie di problemi ai valori iniziali la cui soluzione è associata alle equazioni non lineari con un potenziale indipendente dal tempo dell'equazione di Schrödinger. I metodi si basano sul fatto che se il profilo iniziale del potenziale $u(x,0)$ decade a zero come $x \to \pm\infty$, l'equazione di Korteweg e de Vries (KdV):

$$\frac{du}{dt} - 6u\frac{du}{dx} + \frac{d^3}{dx^3} = 0 \tag{10.1}$$

è associata alla equazione unidimensionale di Schrödinger

$$-\frac{d^2\psi(x,t)}{dx^2} + u(x,t)\psi(x,t) = \lambda(t)\psi(x,t) \tag{10.2}$$

dove le quantità x e t per la Kdv sono variabili indipendenti (e sono le variabile spaziali e temporali), mentre per la equazione di Schrödinger sono solo dei parametri. $\lambda(t)$ è il parametro spettrale e ψ è la funzione d'onda.

10.1 Evoluzione degli autovalori e autofunzioni

Certe equazioni non lineari alle derivate parziali sono classificate integrabili nel senso che le loro condizioni iniziali possono essere risolte con la trasformata della diffusione inversa. L'idea di base è che a ciascuna equazione non lineare alle derivate parziali è associata una equazione lineare differenziale o sistema di equazioni che contiene un parametro λ, noto come parametro spettrale, e che la soluzione $u(x,t)$ della equazione non lineare alle derivate parziali appare come un coefficiente (noto come potenziale) nella corrispondente equazione lineare differenziale. Nella equazione non lineare alle derivate parziali le quantità x e t sono considerate come variabili indipendenti (note come coordinate spaziali e temporali), mentre nella equazione lineare differenziale la x è una variabile indipendente e λ e t sono dei parametri. Quando $x \to \pm\infty$ la $u(x,t)$ va a zero per ciascun t, così che si crea uno scenario di diffusione per la equazione lineare differenziale, in cui il potenziale $u(x,t)$

Fig. 10.1 Illustrazione del metodo della trasformata della diffusione inversa per la soluzione di equazioni non lineari alle derivate parziali

può essere univocamente associato con alcuni dati di diffusione $S(\lambda,t)$. Il problema di determinare $S(\lambda,t)$ per tutti i λ da $u(x,t)$, dato per tutti i valori di x, è noto come problema della diffusione diretta per la equazione lineare differenziale. D'altra parte il problema di determinare $u(x,t)$ da $S(\lambda,t)$ è noto come problema della diffusione inversa per quella equazione lineare differenziale.

Il processo attraverso il quale si usa la trasformata della diffusione inversa può essere sintetizzato attraverso il diagramma presentato nella Fig. 10.1:

- Si risolva il problema della diffusione diretta per la equazione lineare differenziale ordinaria a $t = 0$ determinando i dati di diffusione iniziale $S(\lambda,0)$ dal potenziale iniziale $u(x,0)$.
- Si faccia evolvere temporalmente i dati diffusi dal valore iniziale $S(\lambda,0)$ al suo valore $S(\lambda,t)$ al tempo t. Questa evoluzione è specifica per ogni equazione non lineare alle derivate parziali.
- Si risolva il corrispondente problema di diffusione inversa per l'equazione di Schrödinger per un t fissato, cioè si determini il potenziale $u(x,t)$ dai dati di diffusione $S(\lambda,t)$.

È interessante notare che la $u(x,t)$ risultante soddisfa la equazione non lineare alle derivate parziali integrabile e che il valore limite di $u(x,t)$ quando $t \to 0$ si accorda con il profilo iniziale $u(x,0)$.

Sulla base di questa sequenza possiamo scrivere la 10.2 come

$$-\frac{d^2\psi(x,t)}{dx^2} + u(x,0)\psi(x,t) = \lambda(t)\psi(x,t) \tag{10.3}$$

e poi determinare come evolvono le autofunzioni e gli autovalori nel tempo passando da $u(x,0)$ a $u(x,t)$ sulla base della KdV. Il potenziale per ogni $t > 0$, $u(x,t)$ è quindi costruito dai dati della diffusione al tempo t dalla trasformazione della diffusione inversa.

A questo punto per vedere come l'equazione di Schrödinger cambia con il tempo, differenziamo la 10.2 rispetto a t:

$$\frac{d^3\psi(x,t)}{dx^2 dt} + \left(\frac{du(x,t)}{dt} - \frac{d\lambda(t)}{t}\psi(x,t)\right) - (u(x,t) - \lambda(t))\frac{d\psi(x,t)}{dt} = 0. \tag{10.4}$$

L'equazione di KdV è poi usata per eliminare $\frac{du(x,t)}{dt}$ dalla 10.4 ottenendo:

$$\left[\frac{d^2}{dx^2} - (u(x,t) - \lambda(t))\right] \frac{d\psi(x,t)}{dt}$$

$$+ \left(\frac{d^3u(x,t)}{dx^3} - 6u\frac{du}{dx}\right)\psi + \frac{d\lambda(t)}{dt}\psi(x,t) = 0 \tag{10.5}$$

riscrivendo la

$$\frac{d^3u(x,t)}{dx^3}\psi = \left[\frac{d^2}{dx^2} - (u(x,t) - \lambda(t))\right]\left(\frac{du(x,t)}{dx}\psi\right) - 2\frac{d^2u(x,t)}{dx^2}\frac{d\psi(x,t)}{dx} \tag{10.6}$$

e sostituendolo alla 10.5 otterremo

$$\left[\frac{d^2}{dx^2} - (u(x,t) - \lambda(t))\right]\left(\frac{d\psi(x,t)}{dt} + \frac{du(x,t)}{dx}\psi\right)$$

$$-2\left(3u\frac{du(x,t)}{dx}\psi(x,t) + \frac{d^2u(x,t)}{dx^2}\frac{d\psi(x,t)}{dx}\right) + \frac{d\lambda(t)}{dt}\psi(x,t) = 0. \tag{10.7}$$

Focalizziamo la nostra attenzione su $3u\frac{du(x,t)}{dx}\psi(x,t) + \frac{d^2u(x,t)}{dx^2}\frac{d\psi(x,t)}{dx}$, riscriviamo $\frac{d^2u(x,t)}{dx^2}\frac{d\psi(x,t)}{dx}$ con la seguente identità:

$$\frac{d^2}{dx^2}\left(u(x,t)\frac{d\psi(x,t)}{dx}\right) = \frac{d^2u(x,t)}{dx^2}\frac{d\psi(x,t)}{dx}$$

$$+ 2\frac{du(x,t)}{dx}\frac{d^2\psi(x,t)}{dx^2} + u(x,t)\frac{d^3\psi(x,t)}{dx^3}. \tag{10.8}$$

Usiamo la equazione di Schrödinger per eliminare $\frac{d^2\psi}{dx^2}$ e la derivata rispetto a x della stessa equazione di Schrödinger per eliminare $\frac{d^3\psi}{dx^3}$. Otterremo:

$$\frac{d^2}{dx^2}\left(u(x,t)\frac{d\psi(x,t)}{dx}\right)$$

$$= \frac{d^2u(x,t)}{dx^2}\frac{d\psi(x,t)}{dx} + 2\frac{du(x,t)}{dx}(u(x,t) - \lambda(t))\psi(x,t)$$

$$+ u\left[\frac{du(x,t)}{dx}\psi(x,t) + (u(x,t) - \lambda(t))\frac{d\psi(x,t)}{dx}\right] \tag{10.9}$$

$$= \frac{d^2u(x,t)}{dx^2}\frac{d\psi(x,t)}{dx} - 2\lambda(t)\frac{du(x,t)}{dx}\psi(x,t)$$

$$+ 3u\frac{du(x,t)}{dx}\psi(x,t) + (u(x,t) - \lambda(t))u(x,t)\frac{d\psi(x,t)}{dx}$$

che risolta per $3u\frac{du(x,t)}{dx}\psi(x,t) + \frac{d^2u(x,t)}{dx^2}\frac{d\psi(x,t)}{dx}$ e usando ancora la equazione di Schrödinger e la sua derivata per x fornisce:

$$
\begin{aligned}
&3u\frac{du(x,t)}{dx}\psi(x,t) + \frac{d^2u(x,t)}{dx^2}\frac{d\psi(x,t)}{dx} \\
&= \left[\frac{d^2}{dx^2} - (u(x,t) - \lambda(t))\right]\left(u(x,t)\frac{d\psi(x,t)}{dx} + 2\lambda(t)\frac{d\psi(x,t)}{dx}\right)
\end{aligned}
\tag{10.10}
$$

che sostituito nella 10.7 comporta:

$$
\begin{aligned}
&\left[\frac{d^2}{dx^2} - (u(x,t) - \lambda(t))\right]\left(\frac{d\psi(x,t)}{dt} + \frac{du(x,t)}{dx}\psi(x,t)\right. \\
&\left. - 2u(x,t)\frac{d\psi(x,t)}{dx} - 4\lambda(t)\frac{d\psi(x,t)}{dx}\right) + \frac{d\lambda(t)}{dt}\psi(x,t) = 0.
\end{aligned}
\tag{10.11}
$$

Ponendo

$$
\left(\frac{d\psi(x,t)}{dt} + \frac{du(x,t)}{dx}\psi(x,t) - 2u(x,t)\frac{d\psi(x,t)}{dx} - 4\lambda(t)\frac{d\psi(x,t)}{dx}\right) = \Psi
\tag{10.12}
$$

l'equazione 10.11 può essere scritta in forma più concisa:

$$
-\frac{d\lambda(t)}{dt}\psi(x,t) = \left[\frac{d^2}{dx^2} - (u(x,t) - \lambda(t))\right]\Psi
\tag{10.13}
$$

che rappresenta il risultato da cui si ottiene il comportamento di tutte le quantità richieste in accordo con la equazione di Korteweg e de Vries [1895].

Ci sono due tipi di soluzioni per questa equazione:

- lo stato legato che rappresenta una famiglia di soluzioni discrete, che descrive un sistema dove una particella è soggetta a un potenziale, che può essere sia un potenziale esterno, o può essere il risultato della presenza di un'altra particella, tale per cui la particella ha la tendenza a rimanere localizzata in una o più regioni dello spazio, che corrisponde allo stato degli autovalori negativi;
- gli stati non legati che rappresentano un continuo, corrispondenti invece a autovalori positivi.

Queste soluzioni sono onde periodicamente asintotiche come $|x| \to \infty$. Sotto l'ipotesi che il potenziale $u(x,t)$ decada in modo sufficientemente rapido c'è un numero N di autovalori negativi.

Consideriamo dapprima l'evoluzione degli autovalori per le soluzioni per lo stato legato, identificando i corrispondenti autovalori e le autofunzioni con il pedice b. Moltiplicando la 10.13 per ψ_b avremo:

$$
-\frac{d\lambda_b(t)}{dt}\psi_b^2(x,t) = \left[\frac{d^2}{dx^2} - (u(x,t) - \lambda_b(t))\right]\psi_b(x,t)\Psi.
\tag{10.14}
$$

Utilizzando ancora l'equazione di Schrödinger 10.3 per semplificare il risultato della 10.14 avremo

$$-\frac{d\lambda_b(t)}{dt}\,\psi_b^2(x,t) = \frac{d}{dx}\left[\psi_b\frac{d\Psi}{dx} - \Psi\frac{d\psi_b}{dx}\right] \tag{10.15}$$

che integrata tra $-\infty$ e ∞ dà:

$$-\frac{d\lambda_b(t)}{dt}\int_{-\infty}^{\infty}\psi_b^2(x,t) = \frac{d}{dx}\left[\psi_b\frac{d\Psi}{dx} - \Psi\frac{d\psi_b}{dx}\right]\Bigg|_{-\infty}^{+\infty}. \tag{10.16}$$

Le autofunzioni ψ_b e le corrispondenti derivate spaziali $\to 0$ come $|x| \to \infty$. ψ_b è a quadrato integrabile. Perché la parte sinistra della equazione 10.16 svanisca il coefficiente di normalizzazione dell'integrale deve scomparire, cioè $\frac{d\lambda_b}{dt} = 0$. Questo risultato è assai importante perché viene sfruttato dal metodo della diffusione inversa e rappresenta una firma per identificare altre equazioni che possono essere risolte usando una metodologia analoga. Il risultato più importante è che per un potenziale $u(x,t)$ che cambia con t in accordo con la equazione di Korteweg e de Vries gli autovalori degli stati legati sono invariati rispetto alle variazioni di t:$\lambda_b(t) = \lambda_b(0)$. Come prima conseguenza si ha che le autofunzioni di Schrödinger sono una combinazione lineare di ψ_b e di una seconda soluzione indipendente ϕ_b.

$$\Psi_b(x,t) = A_b(t)\psi_b(x,t) + B_b(t)\phi_b(x,t) \tag{10.17}$$

dove per ora si assume che i coefficienti di espansione $A_b(t)$ e $B_b(t)$ dipendano dal tempo. Poiché $u(x,t) \to 0$ quando $|x| \to \infty$, le soluzioni dell'equazione di Schrödinger sono proporzionali a funzioni esponenziali:

$$\begin{aligned}\psi_b(x,t) &\propto \exp(\pm\kappa_b x)\\ \phi_b(x,t) &\propto \exp(\pm\kappa_b x)\end{aligned} \tag{10.18}$$

dove $\kappa = -\lambda^2$. Se si deve evitare che in Ψ_b ci sia, per grandi valori di x, un comportamento esponenzialmente non legato, si deve imporre che $B_b(t) = 0$. In tal modo Ψ_b e ψ_b sono proporzionali. Infatti prendendo la derivata prima in x dell'equazione 10.2 per sostituirla alla $\frac{du(x,t)}{dx}\,\psi(x,t)$ nella 10.12 si ottiene:

$$\Psi = \frac{d\psi(x,t)}{dt} + \frac{d^3\psi(x,t)}{dx^3} - 3(u(x,t)+\lambda(t))\frac{d\psi(x,t)}{dx} \tag{10.19}$$

che per lo stato legato è:

$$\Psi_b = \frac{d\psi_b(x,t)}{dt} + \frac{d^3\psi_b(x,t)}{dx^3} - 3(u(x,t)+\lambda_b(t))\frac{d\psi_b(x,t)}{dx} = A_b(t)\psi_b(x,t). \tag{10.20}$$

La costante di proporzionalità $A_b(t)$ può essere calcolata introducendo la costante di normalizzazione $\mathcal{N}(t)$ per lo stato $\psi(x,t)$

$$\mathcal{N}_b^2(t) \int_{-\infty}^{+\infty} \psi_b^2(x,t)dx = 1. \qquad (10.21)$$

Prendendo la derivata prima in t di questa equazione e usando la relazione 10.20 si ottiene che, siccome ψ_b è normalizzato alla unità, $A_b(t) = 0$. Allora

$$\frac{d(\mathcal{N}_b(t)\psi(x,t))}{dt} + \mathcal{N}_b\frac{d\psi_b^3(x,t)}{dx^3} - 3(u(x,t)+\lambda_b(t))\mathcal{N}_b\frac{d\psi_b(x,t)}{dx} = 0. \qquad (10.22)$$

Se si valuta questa equazione per $x \to \infty$, usando le funzioni esponenziali 10.18, la forma asintotica di $\mathcal{N}_b\psi_b$ coincide con $c_b(t)\exp(-\kappa x)$. Sostituendo questo valore nella 10.22 otterremo:

$$\frac{dc_b}{dt} - c_b(t)4\kappa_b^3 = 0. \qquad (10.23)$$

La soluzione di questa equazione è triviale e vale:

$$c_b(t) = c_b(0)\exp(4\kappa_b^3 t). \qquad (10.24)$$

Si può seguire una procedura analoga con il continuo degli autovalori positivi e le corrispondenti autofunzioni. Per grandi $|x|$ poiché $u(x,t) \to 0$ le soluzioni $\lambda = k > 0$ dell'equazione di Schrödinger 10.2 sono combinazioni asintoticamente lineari del tipo $exp(\pm ikx)$. Questa volta poiché abbiamo a che fare con un continuo di autovalori positivi scegliamo semplicemente che $\frac{d\lambda}{dt} = 0$ nell'equazione 10.15 e studiamo le autofunzioni risultanti.

Poiché il nostro scopo è quello di risolvere la equazione di Korteweg e de Vries determineremo ciò che è noto come il dato di diffusione per il problema agli autovalori nell'equazione 10.2. Una parte di questi dati è fornita dalla collezione di funzioni c_b già definite in precedenza, la restante consiste in un paio di funzioni $a(k,t)$ e $b(k,t)$ definite imponendo le seguenti condizioni asintotiche al contorno.

$$\psi \propto \exp(-ikx) + \rho(k,t)\exp(ikx) \qquad per \qquad x \to +\infty \qquad (10.25)$$

$$\psi \propto \tau(k,t)\exp(-ikx) \qquad per \qquad x \to -\infty \qquad (10.26)$$

dove $\rho(k,t)$ e $\tau(k,t)$ sono note rispettivamente come coefficienti di riflessione e trasmissione.

Per risolvere l'equazione di Korteweg e de Vries è sufficiente utilizzare il coefficiente di riflessione $\rho(k,t)$. Con le condizioni al contorno per $x \to +\infty$ avremo che $A(k) = 4ik^3$ e $B(k) = 0$ nella equazione 10.17. Sostituendo ancora nella 10.17 le condizioni al contorno 10.26 otterremo che

$$\frac{d\rho}{dt} = 8ik^3\rho \qquad (10.27)$$

che integrata fornisce la dipendenza temporale di ρ attraverso la funzione esponenziale:

$$\rho(k,t) = \rho(k,0)\exp(8ik^3t) \tag{10.28}$$

e per la

$$\frac{d\tau}{dt} = 0 \tag{10.29}$$

otterremo che la trasmissione è invariante rispetto alle variazioni temporali:

$$\tau(k,t) = \tau(k,0). \tag{10.30}$$

A questo punto utilizzando le soluzioni 10.24, 10.28 e 10.30 avremo determinato completamente l'evoluzione temporale dei dati di diffusione

$$S = \{(\kappa_b, c_b)_1^N, \rho(k,t), \tau(k,t), k \in \mathscr{R}\}. \tag{10.31}$$

10.2 La trasformata della diffusione inversa

Le condizioni iniziali $u(x,0)$ ci forniscono $S(0)$ in modo tale che possiamo determinare $S(t)$ per tutti i $t > 0$. Quindi tutto quello che rimane per risolvere il problema ai valori iniziali dell'equazione di Korteweg e de Vries è quello di invertire i dati di diffusione $S(t)$ per ottenere il potenziale $u(x,t)$ nell'equazione di Schrödinger. Va ancora una volta rilevato che nell'equazione di Schrödinger la variabile t è solo un parametro e che il dato di diffusione evolve con t in accordo con l'equazione di Korteweg e deVries. La determinazione del potenziale $u(x,t)$ dalla conoscenza del dato di diffusione $S(t)$ è chiamato il problema inverso della teoria della diffusione per l'equazione di Schrödinger e coinvolge una equazione integrale lineare nota come l'equazione di Gelfand-Levitan [33] e Marchenko [79].

Il metodo della trasformata della diffusione inversa sta quindi nel mappare la soluzione $u(x,0)$ dell'equazione di Korteweg e deVries su di un potenziale nell'equazione di Schrödinger per cui possiamo determinare il dato di diffusione iniziale e determinarne quindi la sua evoluzione temporale, poi invertire il processo per determinare il potenziale $u(x,t)$ che fornisce quel dato di diffusione nell'equazione di Schrödinger. La ragione per cui il metodo funziona è che l'evoluzione temporale del dato di diffusione è facilmente calcolabile e questo accade perché il dato della diffusione è definito per $|x| \to \infty$ dove $u(x,t)$ va a zero. Allora il problema si riduce alla soluzione di equazioni lineari differenziali ordinarie per quanto riguarda l'evoluzione temporale del dato di diffusione e ad una equazione integrale lineare dove t non è altro che un parametro.

Per risolvere il problema della diffusione inversa, riprendiamo ancora una volta l'equazione di Schrödinger ponendo $\lambda = k^2$

$$-\frac{d^2\psi(x,t)}{dx^2} + u(x,t)\psi(x,t) = k^2\psi(x,t). \tag{10.32}$$

Si introducano le *Jost solutions*, che è un modo attraverso il quale si definiscono genericamente le soluzioni del problema, che sono:

$$\phi_k(x) = \exp(ikx) + \int_x^\infty \mathscr{K}(x,s)\exp(iks)ds \tag{10.33}$$

$$\phi_{-k}(x) = \exp(-ikx) + \int_x^\infty \mathscr{K}(x,s)\exp(-iks)ds \tag{10.34}$$

aventi le seguenti la proprietà

$$\lim_{x\to\infty} \phi_{\pm k}(x) = \exp(\pm ikx). \tag{10.35}$$

Se k è reale, allora le auotofunzioni corrispondono allo stato continuo poiché $\lambda > 0$. In alternativa se è immaginario, $k = i\kappa$, allora $\lambda < 0$ e le autofunzioni sono degli stati legati.

Il kernel $\mathscr{K}$ soddisfa la equazione d'onda inomogenea

$$\frac{\partial^2 \mathscr{K}}{\partial x^2} - \frac{\partial^2 \mathscr{K}}{\partial s^2} - u(x,t)\mathscr{K} = 0 \tag{10.36}$$

assieme alla condizione ausiliaria

$$u(x,t) = -2\frac{\partial}{\partial x}\mathscr{K}(x,x,t). \tag{10.37}$$

La equazione integrale per $\mathscr{K}$ coinvolge solo i dati di diffusione per il potenziale $u(x,t)$, inoltre la sua soluzione in funzione del parametro t permette di ottenere $u(x,t)$ applicando la equazione 10.37. Questo potenziale è la soluzione dell'equazione di Kortweg e de Vries al tempo t.

Se consideriamo ancora una volta la soluzione ψ_k dell'equazione di Schrödinger come espressa dalla combinazione lineare di due funzioni linearmente indipendenti ϕ_k e ϕ_{-k} avremo:

$$\psi_k(x) = A(k)\phi_{-k}(x) + B(k)\phi_k(x). \tag{10.38}$$

L'equazione stabilisce che una funzione d'onda ϕ_{-k} che arriva da sinistra ed incide sul potenziale $u(x,t)$ da $x = \infty$ è trasmessa nella funzione d'onda ψ_k e riflessa nella funzione d'onda ϕ_k. Prendendo i limiti per $|x| \to \infty$ otterremo:

$$\psi_k = A(k)\exp(-ikx) + B(k)\exp(ikx) \qquad per \qquad x \to \infty \tag{10.39}$$
$$\psi_k = \exp(-ikx) \qquad\qquad\qquad\qquad per \qquad x \to -\infty. \tag{10.40}$$

Dividendo entrambi le equazioni per $A(k)$ si ottiene

$$\frac{1}{A(k)}\psi_k(x) = \phi_{-k}(x) + \frac{B(k)}{A(k)}\phi_k(x) \tag{10.41}$$

che al limite producono:

$$\lim_{x \to +\infty} \left[\frac{1}{A(k)} \psi_k(x) \right] = \exp(-ikx) + \frac{B(k)}{A(k)} \exp(ikx) \tag{10.42}$$

$$\lim_{x \to -\infty} \left[\frac{1}{A(k)} \psi_k(x) \right] = \frac{1}{A(k)} \exp(-ikx) \tag{10.43}$$

che comparate con le relazioni 10.26 ci permetteranno di definire, rispettivamente i seguenti coefficienti di riflessione e di trasmissione:

$$\rho(k) = \frac{B(k)}{A(k)} \tag{10.44}$$

$$\tau(k) = \frac{1}{A(k)}. \tag{10.45}$$

A questo punto le relazioni 10.38, 10.41, 10.45 possono essere usate per ottenere una equazione integrale per $\mathscr{K}$. Sostituendo le *Jost solutions* nella 10.41 e tenendo conto delle relazioni 10.45 potremo scrivere:

$$\begin{aligned}
\tau(k) \psi_k(x) &= \exp(-ikx) + \int_x^\infty \mathscr{K}(x,s) \exp(-iks) ds \\
&\quad + \rho(k) \left[\exp(ikx) + \int_x^\infty \mathscr{K}(x,s) \exp(iks) ds \right].
\end{aligned} \tag{10.46}$$

Moltiplicando entrambi i lati per $(2\pi)^{-1} \exp(iky)$ con $y > x$ e integrando su k avremo:

$$\begin{aligned}
\frac{1}{2\pi} &\int_{-\infty}^\infty \tau(k) \psi_k(x) \exp(iky) dk \\
&= \frac{1}{2\pi} \int_{-\infty}^\infty \exp(ik(y-x)) dk \\
&\quad + \frac{1}{2\pi} \int_x^\infty \mathscr{K}(x,s) \left[\frac{1}{2\pi} \int_{-\infty}^\infty \exp(ik(y-s)) dk \right] ds \\
&\quad + \frac{1}{2\pi} \int_{-\infty}^\infty \rho(k) \exp(ik(x+y)) dk \\
&\quad + \int_x^\infty \mathscr{K}(x,s) \left[\frac{1}{2\pi} \int_{-\infty}^\infty \rho(k) \exp(ik(y+s)) dk \right] ds.
\end{aligned} \tag{10.47}$$

Ricordando che

$$\frac{1}{2\pi} \int_{-\infty}^\infty \exp(ik(y-x)) dk = \delta(y-x) \tag{10.48}$$

dove $\delta(x-y)$ è la delta di Dirac che per $y \neq x$ diventa zero. Introducendo inoltre la trasformata di Fourier del coefficiente di riflessione

$$\mathscr{B}_0(z) = \frac{1}{2\pi} \int_{-\infty}^\infty \rho(k) \exp(ikz) dk, \tag{10.49}$$

potremo scrivere la 10.47 nel seguente modo:

$$\frac{1}{2\pi} \int_{-\infty}^{\infty} \tau(k)\psi_k(x)\exp(iky)dk = \mathcal{K}(x,y) + \mathcal{B}_0(x+y)$$
$$+ \int_x^{\infty} \mathcal{K}(x,s)\mathcal{B}_0(s+y)ds. \tag{10.50}$$

In questo modo l'equazione contiene il termine da determinare $\mathcal{K}$ e $\mathcal{B}_0$ che è dato dal coefficiente di riflessione del potenziale che è una quantità nota. La parte sinistra dell'equazione è semplificata calcolando l'integrale. Questo può essere fatto valutando attentamente l'integrale. Per $k = i\kappa$ gli autovalori discreti sono definiti dove $\psi(x) = \psi(x,i\kappa)$ e $\phi(x) = \phi(x,i\kappa)$ che scompaiono entrambi quando $|x| \to \infty$, il che corrisponde agli stati legati.

In analogia alla 10.40 scriveremo allora che:

$$\psi_k = A(i\kappa x)\exp(\kappa x) + B(i\kappa)\exp(-\kappa x) \qquad per \qquad x \to \infty \tag{10.51}$$
$$\psi_k = \exp(\kappa x) \qquad per \qquad x \to -\infty. \tag{10.52}$$

Per evitare una crescita esponenziale non legata quando x diventa grande la quantità $A(i\kappa)$ deve scomparire. Poiché $\tau(k) = \frac{1}{A(k)}$, uno zero di $A(k)$ corrisponde a un polo di $\tau(k)$. Questo indica che il coefficiente di trasmissione ha dei poli nel piano k complesso corrispondenti agli stati legati del potenziale.

Per risolvere l'integrale 10.50 si adotta il metodo dell'integrale di contorno la cui soluzione è:

$$\frac{1}{2\pi} \int_{-\infty}^{\infty} \tau(k)\psi_k(x)\exp(iky)dk = -c_\kappa^2 \exp(-\kappa(x+y))$$
$$- \int_x^{\infty} \mathcal{K}(x,s)c_\kappa^2 \exp(-\kappa(s+y))ds. \tag{10.53}$$

Tenendo conto che esiste una corrispondenza tra questa equazione e gli stati legati del potenziale, per N stati legati si introduce una sommatoria che ne tiene conto.

Combinando questa soluzione con la espressione 10.50 ed includendo anche la dipendenza temporale avremo la equazione integrale di Gelfand-Levitan-Marchenko per $\mathcal{K}$

$$\mathcal{K}(x,y,t) + \mathcal{B}(x+y,t) + \int_x^{\infty} \mathcal{K}(x,s,t)\mathcal{B}(s+y,t)ds = 0 \tag{10.54}$$

dove

$$\mathcal{B}(z,t) = \sum_{b=1}^{N} c_b^2 \exp(-\kappa_b z) + \frac{1}{2\pi} \int_{-\infty}^{\infty} \rho(k)\exp(ikz)dk. \tag{10.55}$$

La soluzione $\mathcal{K}$ di questo integrale è legato al potenziale attraverso la condizione ausiliaria:

$$u(x,t) = -2\frac{\partial}{\partial x}\mathcal{K}(x,x,t) \tag{10.56}$$

$\mathscr{B}$ è caratterizzato dal comportamento asintotico sia degli stati legati sia di quelli non legati del potenziale, cioè gli autovalori, le costanti di normalizzazione e il coefficiente di riflessione.

L'approccio di Gelfand Levitan Marchenko è direttamente applicabile a casi di inversione con una onda piana transiente normalmente incidente su di un mezzo stratificato. Nel caso che l'onda abbia una incidenza obliqua, o nei casi di mezzi dissipativi, oppure per inversione dei domini spettrali (come contrapposti al dominio temporale), inversioni simultanee di uno o più parametri, mezzi cilindrici stratificati ecc., si utilizza una equazione simile a quella di Schrödinger attraverso una trasformazione e ricostruzione del potenziale incognito usando l'integrale di Gelfand Levitan Marchenko. Una recensione dei metodi usati è stata fornita da Newton [88].

10.3 La diffusione inversa in rete

Ci sono parecchi libri che trattano l'argomento, ma pochi programmi di calcolo che sia reperibili in rete. Tra tutti va segnalato il codice SLDRIVER un package interattivo che permette di ottenere le soluzioni di Sturm-Liouville con quattro metodi di soluzione SLEIGN, SLEDGE, SL02F, e SLEIGN2 che contengono 60 problemi risolti. Si ricordi che il classico problema di Sturm Liouville precede l'equazione di Schrödinger, ma è strettamente legato a questa. Il codice SLEIGN2 è reperibile presso $http://www.math.niu.edu/SL2/$, mentre SLDRIVRER è a $http://www.netlib.org/toms/789$. La soluzione dell'equazione di Schrödinger si trova a $http://iffwww.iff.kfa-juelich.de/ekoch/DFT/qm1d.html$. La versione in Matlab si trova a $http://iffwww.iff.kfa-juelich.de/ekoch/DFT/qm1d.html$.

11

Applicazioni

Questo capitolo riporta alcune applicazioni tratte dagli innumerevoli articoli che sono contenuti in letteratura. Esse sono state scelte sia per il loro carattere generale sia per quello innovativo. Le applicazioni sono, non solo esempi di come si possono usare gli algoritmi descritti nei vari capitoli precedenti, ma dei veri e propri esercizi su cui potersi impratichire, anche se alcuni di essi sono alla frontiera della attuale ricerca ambientale.

Il capitolo può essere suddiviso in due parti, una affronta il problema delle applicazioni di telerilevamento in campo atmosferico, l'altra alcune applicazioni in campo sismogenetico.

Prima di introdurre le vere e proprie applicazioni introduciamo alcuni paragrafi dedicati al contenuto informativo e ai gradi di libertà che un sistema deve avere perché si possa ottenere una misura accurata dei parametri fisici scelti.

11.1 Contenuto informativo di un risultato

Come abbiamo già visto nei capitoli precedenti se il risultato x_i ha una una densità di probabilità $p(x_i)$ allora $-\ln p(x_i)$ definisce l'informazione guadagnata conoscendo il valore del risultato. Se $p(x_i) = 1$ allora l'informazione è zero e quindi non c'è nessuna informazione.

L'entropia è definita come:

$$S(p(x)) = -\sum_i p(x_i) \ln p(x_i) \tag{11.1}$$

che rappresenta l'informazione media fornita per un risultato possibile x_i di un sistema x. Il contenuto informativo guadagnato facendo una misura sarà definito come la variazione dell'entropia conseguente al fatto che sono state effettuate delle misure ed è espresso come:

$$H = S(p(x)) - S(p(x|y)) \tag{11.2}$$

Guzzi R.: Introduzione ai metodi inversi. Con applicazioni alla geofisica e al telerilevamento.
DOI 10.1007/978-88-470-2495-3_11, © Springer-Verlag Italia 2012

dove $p(x)$ e $p(x|y)$ rappresentano le funzioni di probabilità di densità dello stato x condizionato dalle misure y. H misura la quantità di informazione che x trasmette a y. Quindi, seguendo la nostra simbologia, il contenuto informativo di H guadagnato facendo delle misure è dato dalla variazione di entropia fornito da

$$H = S(p(\mathbf{x})) - S(p(\mathbf{x}|\mathbf{y})) \tag{11.3}$$

dove $p(\mathbf{x})$ e $p(\mathbf{x}|\mathbf{y})$ rappresentano rispettivamente le funzioni probabilità dello stato $\mathbf{x}$ e della $\mathbf{x}$ condizionato dalla misura $\mathbf{y}$. L'entropia per densità di probabilità normalmente distribuita con covarianza dell'errore $\mathbf{S}$ è data da Rodgers [103]:

$$S(p) = \frac{1}{2} \ln |\mathbf{S}|. \tag{11.4}$$

11.2 Gradi di libertà

Consideriamo ora il significato di gradi di libertà. In statistica, il numero di gradi di libertà è il numero di valori che nel calcolo finale di una statistica sono liberi di variare. Questa definizione è assai limitativa in quanto il numero più grande di gradi di libertà possibile è determinato dal numero di elementi indipendenti che ci sono nel vettore stato (o nel vettore misura).

Consideriamo un problema lineare con un numero arbitrario di dimensioni. In assenza di errori di misura il problema si riduce alla soluzione esatta di un sistema di equazioni lineari.

$$\mathbf{y} = \mathbf{K}\mathbf{x} \tag{11.5}$$

che come abbiamo visto può avere nessuna soluzione, una o infinite.

Tuttavia quando si tratta con misure sperimentali ci sono p pezzi indipendenti di informazione che sono affetti da un un errore o da un rumore che riduce il numero di informazioni utili. Allora il numero di pezzi di informazione indipendenti, utili, può essere pensato come un *rank efficace* del problema e il subspazio in cui essi stanno può essere considerato uno *spazio riga efficace*. Formalmente il numero di gradi di libertà è il *rank* della matrice $\mathbf{K}$, ma a causa della presenza di rumore e alla possibilità di una dipendenza lineare tra le righe di $\mathbf{K}$ non tutte le misure possono essere utili. Per identificare lo spazio della riga efficace si deve confrontare la covarianza degli errori di misura con la naturale variabilità del vettore misura come espresso dalla sua covarianza a priori. Ogni componente la cui variabilità naturale è più piccola dell'errore di misura in effetti non è misurabile e non fa parte della spazio riga efficace. Siccome le matrici di covarianza generalmente hanno elementi non zero, al di fuori della diagonale che indica le correlazioni tra la variabilità di elementi differenti dei vettori, non è immediatamente ovvio come fare. La cosa migliore è quella di fare una trasformazione di base da $\mathbf{K}$ a $\tilde{\mathbf{K}}$ in modo tale che gli elementi al di fuori della diagonale scompaiano. Avremo allora:

$$\tilde{\mathbf{x}} = \mathbf{S}_a^{-\frac{1}{2}}(\mathbf{x} - \mathbf{x}_{ap}) \tag{11.6}$$

$$\tilde{\mathbf{y}} = \mathbf{S}_\varepsilon^{-\frac{1}{2}}\mathbf{y} \tag{11.7}$$

dove $\mathbf{x}_{ap}$ è il valore a priori di $\mathbf{x}$. Così che il modello diretto dato dalla 11.5 a cui si è aggiunto l'errore $\boldsymbol{\varepsilon}$ si trasforma in:

$$\tilde{\mathbf{y}} = \mathbf{S}_\varepsilon^{-\frac{1}{2}}\mathbf{K}\mathbf{S}_a^{\frac{1}{2}}\tilde{\mathbf{x}} + \mathbf{S}_\varepsilon^{-\frac{1}{2}}\boldsymbol{\varepsilon}. \tag{11.8}$$

Dove $\mathbf{S}_a$ è la matrice di covarianza delle misure a priori e $\mathbf{S}_\varepsilon$ è la matrice di covarianza degli errori delle misure e delle misure stesse. Infatti, come abbiamo visto, il vettore misura $\mathbf{y}$ è collegato al vettore stato $\mathbf{x}$ attraverso la matrice funzione peso $\mathbf{K}$ (dimensioni $m \times n$) e al vettore errore di misura $\boldsymbol{\varepsilon}$, cioè:

$$\mathbf{y} = \mathbf{K}\mathbf{x} + \boldsymbol{\varepsilon}. \tag{11.9}$$

Se si assume che gli errori di misura siano Gaussiani (cioè normalmente distribuiti) con media zero e associati con una matrice di covarianza $\mathbf{S}_\varepsilon$ data da

$$E[\mathbf{y} - \mathbf{K}\mathbf{x}] = E[\boldsymbol{\varepsilon}] = 0 \tag{11.10}$$

$$\mathbf{S}_\varepsilon = E[(\mathbf{y} - \mathbf{K}\mathbf{x})(\mathbf{y} - \mathbf{K}\mathbf{x})^T] = E[\boldsymbol{\varepsilon}\boldsymbol{\varepsilon}^T] \tag{11.11}$$

dove E è l'operatore aspettazione, avremo che il vettore misura è anch'esso Gaussiano poiché è la somma del vettore noto $\mathbf{K}\mathbf{x}$ e di un vettore $\boldsymbol{\varepsilon}$ con media e covarianza data da:

$$E[\mathbf{y}] = E[\mathbf{K}\mathbf{x} + \boldsymbol{\varepsilon}] = \mathbf{K}\mathbf{x} + E[\boldsymbol{\varepsilon}] = \mathbf{K}\mathbf{x} \tag{11.12}$$

$$E[(\mathbf{y} - \mathbf{K}\mathbf{x})(\mathbf{y} - \mathbf{K}\mathbf{x})^T] = E[\boldsymbol{\varepsilon}\boldsymbol{\varepsilon}^T] = \mathbf{S}_\varepsilon. \tag{11.13}$$

Operando la trasformazione da $\mathbf{K}$ a $\tilde{\mathbf{K}}$ la 11.8 può essere riscritta come:

$$\tilde{\mathbf{y}} = \tilde{\mathbf{K}}\tilde{\mathbf{x}} + \tilde{\boldsymbol{\varepsilon}} \tag{11.14}$$

dove

$$\tilde{\mathbf{K}} = \mathbf{S}_\varepsilon^{-\frac{1}{2}}\mathbf{K}\mathbf{S}_a^{\frac{1}{2}} \tag{11.15}$$

per cui la covarianza di $\tilde{\mathbf{x}}$ e $\tilde{\boldsymbol{\varepsilon}}$ sono matrici unitarie come si vede sostituendo ad esempio:

$$\mathbf{S}_{\tilde{\varepsilon}} = E[\tilde{\boldsymbol{\varepsilon}}\tilde{\boldsymbol{\varepsilon}}^T] = \mathbf{S}_\varepsilon^{-\frac{1}{2}}E[\boldsymbol{\varepsilon}\boldsymbol{\varepsilon}^T]\mathbf{S}_\varepsilon^{-\frac{1}{2}} - \mathbf{S}_\varepsilon^{-\frac{1}{2}}\mathbf{S}_\varepsilon\mathbf{S}_\varepsilon^{-\frac{1}{2}} = \mathbf{I}_m. \tag{11.16}$$

La covarianza degli errori di misura e la covarianza dello stato a priori non possono essere comparati direttamente poiché sono su spazi differenti. Piuttosto si dovrebbe comparare la covarianza degli errori di misura con la covarianza a priori di $\tilde{\mathbf{y}}$

$$\mathbf{S}_{\tilde{y}} = E[\tilde{\mathbf{y}}\tilde{\mathbf{y}}^T] = E[(\tilde{\mathbf{K}}\tilde{\mathbf{x}} + \tilde{\boldsymbol{\varepsilon}})(\tilde{\mathbf{K}}\tilde{\mathbf{x}} + \tilde{\boldsymbol{\varepsilon}})^T] = \tilde{\mathbf{K}}\tilde{\mathbf{K}}^T + \mathbf{I}_m. \tag{11.17}$$

La componente di questa covarianza dovuta alla variabilità dello stato è $\tilde{\mathbf{K}}\tilde{\mathbf{K}}^T$, mentre quella dovuta al rumore, come abbiamo visto è $\mathbf{I}_m$. Poiché $\tilde{\mathbf{K}}\tilde{\mathbf{K}}^T$ non è diagonale è necessario fare una ulteriore trasformazione del modello in avanti per renderlo compatibile. Senza addentrarci nella matematica che si trova nel libro di Rodgers [103], la covarianza della variabilità così ottenuta sarà una matrice diagonale in cui gli elementi che variano più del rumore sono quelli per cui gli autovalori al quadrato sono maggiori di uno, mentre quelli che corrispondono a zero sono solo rumore. Ne deriva che il numero di misure indipendenti è il numero di valori singolari di $\mathbf{S}_\varepsilon^{-\frac{1}{2}}\mathbf{K}\mathbf{S}_a^{\frac{1}{2}}$ che sono maggiori o uguali alla unità.

Una volta che abbiamo una descrizione quantitativa del numero di informazioni ottenute dalle misure, possiamo chiederci quanti gradi di libertà sono dovuti al segnale e quanti al rumore.

Consideriamo di aver misurato un vettore $\mathbf{y}$ con m gradi di libertà. Lo stato più probabile in un caso Gaussiano lineare è quello dato dalla minimizzazione di

$$\chi^2 = (\mathbf{x} - \mathbf{x}_{ap})^T \mathbf{S}_{ap}^{-1}(\mathbf{x} - \mathbf{x}_{ap}) + \boldsymbol{\varepsilon}^T \mathbf{S}_\varepsilon^{-1}\boldsymbol{\varepsilon}. \tag{11.18}$$

Come abbiamo visto nel capitolo sui metodi ottimali (equazione 6.25) il minimo è:

$$(\tilde{\mathbf{x}} - \mathbf{x}_{ap}) = \mathbf{G}(\mathbf{y} - \mathbf{K}\mathbf{x}_{ap}) = \mathbf{G}[\mathbf{K}(\mathbf{x} - \mathbf{x}_{ap}) + \boldsymbol{\varepsilon}] \tag{11.19}$$

dove la matrice $\mathbf{G}$ è:

$$\mathbf{G} = (\mathbf{K}^T\mathbf{S}_\varepsilon^{-1}\mathbf{K} + \mathbf{S}_{ap}^{-1})^{-1}\mathbf{K}^T\mathbf{S}_\varepsilon^{-1} = \mathbf{S}_{ap}\mathbf{K}^T(\mathbf{K}^T\mathbf{S}_{ap}\mathbf{K}^T + \mathbf{S}_\varepsilon)^{-1}. \tag{11.20}$$

Per vedere qual'è il valore aspettato di χ^2 nel minimo dividiamo la 11.18 in due parti corrispondenti alla misura attribuibile al vettore di stato d_s e l'altra al rumore d_n, prendendone il valore aspettato.

$$d_s = E[(\hat{\mathbf{x}} - \mathbf{x}_{ap})^T\mathbf{S}_{ap}^{-1}(\hat{\mathbf{x}} - \mathbf{x}_{ap})] \tag{11.21}$$

$$d_n = E[\hat{\boldsymbol{\varepsilon}}^T\mathbf{S}_\varepsilon^{-1}\hat{\boldsymbol{\varepsilon}}]. \tag{11.22}$$

Per esplicitare d_s e d_n usiamo la relazione ([103]) per la traccia del prodotto di due matrici $trace[\mathbf{AB}] = trace[\mathbf{BA}]$, dove $\mathbf{B}$ e $\mathbf{A}^T$ hanno la stessa forma. Avremo:

$$\begin{aligned} d_s &= E[(\hat{\mathbf{x}} - \mathbf{x}_{ap})^T\mathbf{S}_{ap}^{-1}(\hat{\mathbf{x}} - \mathbf{x}_{ap})] \\ &= E[trace[(\hat{\mathbf{x}} - \mathbf{x}_{ap})\hat{\mathbf{x}} - \mathbf{x}_{ap})^T\mathbf{S}_{ap}^{-1}]] \\ &= trace[\mathbf{S}_{\hat{\mathbf{x}}}\mathbf{S}_{ap}^{-1}]. \end{aligned} \tag{11.23}$$

Utilizzando le equazioni 11.19 e 11.20 avremo:

$$\begin{aligned} \mathbf{S}_{\hat{\mathbf{x}}} &= E[(\hat{\mathbf{x}} - \mathbf{x}_{ap})(\hat{\mathbf{x}} - \mathbf{x}_{ap})^T] \\ &= \mathbf{G}(\mathbf{K}\mathbf{S}_{ap}\mathbf{K}^T + \mathbf{S}_\varepsilon)\mathbf{G}^T \\ &= \mathbf{S}_{ap}\mathbf{K}^T(\mathbf{K}\mathbf{S}_{ap}\mathbf{K}^T + \mathbf{S}_\varepsilon)^{-1}\mathbf{K}\mathbf{S}_{ap}. \end{aligned} \tag{11.24}$$

Quindi

$$d_s = trace[\mathbf{S}_{ap}\mathbf{K}^T(\mathbf{K}\mathbf{S}_{ap}\mathbf{K}^T + \mathbf{S}_\varepsilon)^{-1}\mathbf{K}]$$
$$= trace[\mathbf{K}\mathbf{S}_{ap}\mathbf{K}^T(\mathbf{K}\mathbf{S}_{ap}\mathbf{K}^T + \mathbf{S}_\varepsilon)^{-1}]. \qquad (11.25)$$

Usando la 11.20 avremo che la prima di queste due forme si può anche scrivere come:

$$trace[\mathbf{GK}]. \qquad (11.26)$$

La matrice **GK** è una quantità utile per descrivere il contenuto informativo che viene chiamata *averaging kernel matrix* ([4]) oppure *model resolution matrix* ([83]) oppure *state resolution matrix* o *kernel risolvente*.

Analogamente si può ottenere per il rumore

$$d_n = trace[\mathbf{S}_\varepsilon(\mathbf{K}^T\mathbf{S}_{ap}\mathbf{K}^T + \mathbf{S}_\varepsilon)^{-1}] = trace[(\mathbf{K}^T\mathbf{S}_\varepsilon\mathbf{K} + \mathbf{S}_{ap})^{-1}\mathbf{S}_{ap}]. \qquad (11.27)$$

Usando ancora la prima delle relazioni della 11.20 sulla 11.26 avremo:

$$d_s = trace[(\mathbf{K}^T\mathbf{S}_\varepsilon^{-1}\mathbf{K} + \mathbf{S}_{ap}^{-1})^{-1}\mathbf{K}^T\mathbf{S}_\varepsilon^{-1}\mathbf{K}] \qquad (11.28)$$

e quindi $d_s + d_n = trace[\mathbf{I}_m] = m$ che rappresenta il numero di gradi di libertà di χ^2.

Sapendo che i gradi di libertà non cambiano per una trasformazione lineare e che possiamo considerare il segnale nelle trasformazioni $\tilde{\mathbf{x}}, \tilde{\mathbf{y}}$ e $\mathbf{x}, \mathbf{y}$ e che $\tilde{\mathbf{K}}$ è definita dalla relazione 11.15 potremo scrivere:

$$d_s = trace[\mathbf{S}_{ap}\mathbf{K}^T(\mathbf{K}\mathbf{S}_{ap}\mathbf{K}^T + \mathbf{S}_\varepsilon)^{-1}\mathbf{K}]$$
$$= trace[\mathbf{S}_{ap}^{\frac{1}{2}}\tilde{\mathbf{K}}^T(\tilde{\mathbf{K}}\tilde{\mathbf{K}}^T + \mathbf{I}_m)^{-1}\tilde{\mathbf{K}}\mathbf{S}_{ap}^{-\frac{1}{2}}]. \qquad (11.29)$$

Sappiamo anche che la matrice di covarianza o la sua inversa ha un numero infinito di radici quadrate, e che, tuttavia, sono particolarmente utili le seguenti due radici quadrate costruite dalla decomposizione agli autovettori.

$$\mathbf{L} = \mathbf{V}\mathbf{\Lambda}\mathbf{U}^T \quad \rightarrow \quad \mathbf{L}^{\frac{1}{2}} = \mathbf{V}\mathbf{\Lambda}^{\frac{1}{2}}\mathbf{U}^T \quad e \quad \mathbf{L}^{-\frac{1}{2}} = \mathbf{V}\mathbf{\Lambda}^{-\frac{1}{2}}\mathbf{U}^T \qquad (11.30)$$

per cui avremo:

$$d_s = trace[\mathbf{S}_{ap}^{\frac{1}{2}}\mathbf{V}\mathbf{\Lambda}\mathbf{U}^T(\mathbf{V}\mathbf{\Lambda}^2\mathbf{U}^T + \mathbf{I}_m)^{-1}\mathbf{V}\mathbf{\Lambda}\mathbf{U}^T\mathbf{S}_{ap}^{-\frac{1}{2}}]$$
$$= trace[\mathbf{S}_{ap}^{\frac{1}{2}}\mathbf{V}\mathbf{\Lambda}(\mathbf{\Lambda}^2 + \mathbf{I}_m)^{-1}\mathbf{\Lambda}\mathbf{V}^T\mathbf{S}_{ap}^{-\frac{1}{2}}] \qquad (11.31)$$

in cui la parte interna alla parentesi quadra ha come autovalori $\frac{\lambda^2}{1+\lambda_i^2}$, per cui

$$d_s = \sum_{i=1}^m \frac{\lambda^2}{1 + \lambda_i^2}. \qquad (11.32)$$

Analogamente il corrispondente numero di gradi di libertà del rumore è:

$$d_n = \sum_{i=1}^{m} \frac{1}{1 + \lambda_i^2}. \tag{11.33}$$

11.3 Applicazioni in campo atmosferico

Questa sezione è totalmente dedicata alle tecniche per ottenere, da dati telerilevati, informazioni sulle caratteristiche dei gas e degli aerosol atmosferici e come ottenere mediante inversione i parametri fisici atmosferici. La sequenza usata nel presentare tutte le problematiche corrisponde ad un algoritmo che contiene il flusso di informazioni necessarie a fare l'inversione del dato sia nel caso che si voglia ottenere la concentrazione dei gas o quella degli aerosol o che si voglia ottenere i parametri fisici dell'atmosfera. I modelli radiativi proposti che qui sono riportati, anche se sono semplificati, sono strettamente collegati ai modelli diretti del Capitolo 2. L'approccio metodologico dimostra che, oltre che l'uso di una metodologia Bayesiana, pur nelle necessarie strategie di elaborazione, si devono usare i principi fondamentali dei processi fisici in atmosfera che derivano dai modelli diretti.

11.3.1 Applicazioni per la selezione delle righe utili a misurare i gas nelle bande di assorbimento

Seguendo il metodo suggerito da Rodgers [102] nelle applicazioni per lo studio dei parametri atmosferici, usualmente si selezionano sequenzialmente i canali spettrali ottenuti mediante una misura effettuata da uno spettrometro o interferometro che osserva l'atmosfera. Si ritengono solo quei canali che hanno maggiore H rimuovendoli dai calcoli successivi.

$$H_i = \frac{1}{2} \ln |\hat{\mathbf{S}}_{i-1}| - \frac{1}{2} \ln |\hat{\mathbf{S}}_i| = \frac{1}{2} |\ln \hat{\mathbf{S}}_{i-1} \hat{\mathbf{S}}_i^{-1}| \tag{11.34}$$

dove la matrice di covarianza $\hat{\mathbf{S}}_i$ dell'errore ottenuto dopo l'inversione è data da:

$$\hat{\mathbf{S}}_i = \hat{\mathbf{S}}_{i-1} - \hat{\mathbf{S}}_{i-1} \mathbf{K}^T (\mathbf{K}^T \hat{\mathbf{S}}_{i-1} \mathbf{K} + \mathbf{S}_\varepsilon)^{-1} \mathbf{K} \hat{\mathbf{S}}_{i-1} \tag{11.35}$$

con $\hat{\mathbf{S}}_{i-1} = \mathbf{S}_{ap}$. Si noti che il processo prevede che la $\mathbf{S}_i$ sia aggiornata con la covarianza del passo precedente. Utilizzando la matrice Jacobiana scalata $\tilde{\mathbf{K}} = \mathbf{S}_\varepsilon^{-\frac{1}{2}} \mathbf{K} \mathbf{S}_{ap}^{\frac{1}{2}}$ in modo tale che la matrice di covarianza diviene la matrice unitaria e pensando che le matrici $\mathbf{S}_{ap}$ e $\mathbf{S}_\varepsilon$ sono quelle date nel capitolo sui Metodi Ottimali eccetto che si assume che tutti gli elementi non diagonali siano zero, potremo riscrivere la 11.35

come:

$$\hat{\mathbf{S}}_i = \hat{\mathbf{S}}_{i-1} \left\{ \mathbf{I}_n - \frac{\mathbf{k}_i(\hat{\mathbf{S}}_{i-1}\mathbf{k}_i)^T}{1 + (\hat{\mathbf{S}}_{i-1}\mathbf{k}_i)^T + \mathbf{k}_i} \right\} \qquad (11.36)$$

dove i $\mathbf{k}_i$ di lunghezza n sono le funzioni peso e $\mathbf{I}_n$ è la matrice identità di dimensioni n. Data la espressione 11.36, la relazione 11.34 può essere espressa come:

$$H_i = \frac{1}{2} \ln(1 + \mathbf{k}_i^T \hat{\mathbf{S}}_{i-1} \mathbf{k}_i). \qquad (11.37)$$

Il processo di selezione inizia con $\mathbf{S}_0 = \mathbf{S}_{ap}$. Il procedimento può essere sintetizzato come:

- si fa una preselezione dei canali in base ai parametri fisici da studiare;
- si calcola il contenuto informativo H di ogni canale selezionato usando la 11.37;
- il canale con più alta entropia H è trattenuto e rimosso dai calcoli successivi e $\hat{\mathbf{S}}$ è aggiornato attraverso la 11.36.

Rabier et al. [97] forniscono dei metodi di selezioni dei canali basati su lavori di vari autori ed in particolare il metodo basato sulla Matrice di Risoluzione dei dati (DRM), vedere Appendice B, proposto da Menke [83]. La matrice di risoluzione DRM indica qual'è il peso di ciascuna osservazione nell'influenzare l'analisi attraverso gli elementi diagonali. Utilizzando questa caratteristica si selezionano i canali utili da invertire sulla base della loro importanza. Una variante al metodo fu proposto da Wunsch [130] e da Prunet et al. [95], [96] facendo una SVD della matrice Jacobiana scalata $\tilde{\mathbf{K}}$. Difatti si ottiene, come abbiamo già visto nel paragrafo precedente, che:

$$\tilde{\mathbf{K}} = \mathbf{U}\mathbf{\Lambda}\mathbf{V}^T \qquad (11.38)$$

dove $\mathbf{U}$ e $\mathbf{V}$ sono ortogonali ed hanno dimensioni $m \times m$ e $n \times n$ rispettivamente, dove m è la dimensione del vettore osservazione e n è quella del vettore atmosferico. $\mathbf{\Lambda}$ è una matrice di dimensioni $n \times m$ che contiene il valori singolari di $\tilde{\mathbf{K}}$ sulla diagonale principale (gli stessi indici per le righe e le colonne). I valori singolari vengono ordinati in valori decrescenti. Essi sono eguali alla radice quadrata degli autovalori di $\tilde{\mathbf{K}}^T \tilde{\mathbf{K}}$. Seguendo Prunet [96], gli autovalori della $\tilde{\mathbf{K}}^T \tilde{\mathbf{K}}$ possono essere interpretati come $\frac{\sigma_b^2}{\sigma_o^2}$ e la matrice di analisi dell'errore può essere interpretata come

$$\frac{1}{\sigma_a^2} \approx \frac{1}{\sigma_b^2} + \frac{1}{\sigma_o^2} \qquad (11.39)$$

dove $\sigma_a^2, \sigma_b^2, \sigma_o^2$ sono rispettivamente le deviazioni standard dell'analisi, del background e dell'errore di osservazione. Se si vuol utilizzare solo le osservazioni che superano una soglia del 10% (tipico dell'errore strumentale, casuale ecc.) questo si traduce in un processo di soglia sugli autovalori della matrice $\tilde{\mathbf{K}}^T \tilde{\mathbf{K}}$ che porta ad un troncamento in $\mathbf{\Lambda}$ per cui

$$\mathbf{\Lambda} = \begin{vmatrix} \mathbf{\Lambda}_p & 0 \\ 0 & 0 \end{vmatrix}. \qquad (11.40)$$

Allora si può scrivere la inversa generalizzata $\tilde{\mathbf{K}}^\dagger$ di $\tilde{\mathbf{K}}$

$$\tilde{\mathbf{K}}^\dagger = \mathbf{V}_p \mathbf{\Lambda}_p^{-1} \mathbf{U}_p^T \tag{11.41}$$

il pedice p indica i vettori troncati. La matrice

$$\tilde{\mathbf{K}}\tilde{\mathbf{K}}^\dagger = \mathbf{U}_p \mathbf{U}_p^T \tag{11.42}$$

è la DRM ottenuta dal troncamento che trattiene solo l'informazione dalle osservazioni e i cui valori diagonali possono essere interpretati come il grado a cui il canale corrispondente contribuisce alle informazioni utili al sistema.

11.3.2 Analisi dei canali utili ad ottenere il contributo atmosferico degli aerosol e calcolo della distribuzione dimensionale

Supponiamo di avere un radiometro multispettrale e di voler analizzare qual'è il contenuto informativo che possono fornire i vari canali dello strumento in presenza di aerosol atmosferico.

Va ricordato che la diffusione è un processo continuo, rispetto ad uno spettro discreto dei gas, e che quindi l'analisi va fatta nelle zone dello spettro atmosferico più trasparente e meno affetto dalle linee di assorbimento dei gas.

Ci troviamo ad affrontare un tipico problema mal posto. Come abbiamo visto che lo spessore ottico dell'atmosfera spettrale $\tau(\lambda)$ è legato alla distribuzione dimensionale dell'aerosol atmosferico attraverso la relazione di Mie:

$$\tau(\lambda) = \int_0^\infty \pi r^2 Q(r,\lambda,m) n(r) dr \tag{11.43}$$

dove r è il raggio dell'aerosol avente distribuzione dimensionale $n(r)$; $Q(r,\lambda,m)$ è il fattore di efficienza di Mie che dipende dalla lunghezza d'onda λ e dall'indice di rifrazione delle particelle. Questa è una tipica equazione di Freedholm di primo genere che abbiamo trattato nel Capitolo 4. Il problema è quello di capire se il Kernel di misura è significativo. Il contenuto informativo dell'insieme delle lunghezze d'onda è importante non solo in vista di un buon risultato ma anche per ispirare lo sviluppo di un buono strumento di misura.

Come abbiamo visto il problema d'invertire una funzione $f(x)$ di un insieme di misure g_i è dato dalla relazione

$$g_i = \int_a^b K_i(x) f(x) dx + \varepsilon_i \qquad i = 1,2\dots N \tag{11.44}$$

dove i $K_i(x)$ sono le funzioni kernel e ε_i sono gli errori di misura. Poiché la equazione 11.44 è un caso generale della 11.43 potremo scrivere che $K = Q$. Questo significa che $g_i = \tau(\lambda)$ e $f(x) = \pi r^2 n(r)$ per $x \equiv r$.

Per effettuare la nostra ricerca dobbiamo fare una analisi degli autovalori della matrice di covarianza del kernel $C = C_{iJ}$ dove

$$C_{ij} = \int K_i(x)K_j(x)dx \qquad (11.45)$$

o in forma matriciale:

$$\begin{vmatrix} \int K_1^2(x)dx & \int K_1(x)K_2(x)dx & \dots & \int K_1(x)K_n(x)dx \\ \int K_1(x)K_2(x)dx & \int K_2^2(x)dx & \dots & \int K_2(x)K_n(x)dx \\ \dots & \dots & \dots & \dots \\ \int K_1(x)K_n(x)dx & \int K_2(x)K_n(x)dx & \dots & \int K_n^2(x)dx \end{vmatrix}. \qquad (11.46)$$

Una volta che sono stati trovati gli autovalori si considerino gli autovalori normalizzati, prendiamo l'autovalore più grande e quello più piccolo che ci permettono di stimare l'amplificazione minima, massima e media dell'errore che risulta dall'inversione. Di particolare importanza è il numero di pezzi di informazione indipendenti che possono essere estratti dall'insieme delle N misure con errore relativo e. Il numero di pezzi di informazioni è uguale al numero di autovalori Λ normalizzati per cui $\Lambda_j > e^2$.

Una volta che sono state determinate le frequenze adatte per valutare la distribuzione dimensionale degli aerosol, si può calcolare la distribuzione dimensionale. Riprendiamo l'esempio definito nel capitolo in cui abbiamo trattato delle Regolarizzazioni ed utilizziamo lo schema sviluppato da Rizzi et al. [101], riscrivendo l'equazione 11.43 come:

$$\tau(\lambda) = \pi H \int_{x_1}^{x_2} 10^{2x} Q(10^x \lambda, m) \frac{dN(x)}{dx} dx \qquad (11.47)$$

dove H è l'altezza di scala dell'aerosol; i limiti dell'integrale sono dati dall'intervallo dimensionale delle particelle calcolato utilizzando il parametro di Mie $x = \frac{2\pi r}{\lambda}$ in cui r è il raggio delle particelle e λ è la lunghezza d'onda; $Q(10^x \lambda, m)$ è il parametro di efficienza di estinzione di Mie. Per convenienza abbiamo scritto la $x = \log r$ e la funzione di distribuzione dimensionale delle particelle $\frac{dN(x)}{dx}$ può essere espressa come

$$n(x) = \frac{dN(x)}{dx} = t(x)f(x). \qquad (11.48)$$

Avremo allora

$$\tau(x) = \int_{x_1}^{x_2} K(\lambda, x)f(x)dx \qquad (11.49)$$

dove $K(\lambda, x) = \pi H Q(10^x \lambda, m) \cdot t(x) \cdot 10^{2x}$. A questo punto bisogna definire il tipo di particelle o di mistura di particelle esistenti utilizzando le classi definite da Levoni et al. [73] definendo sia l'indice di rifrazione sia le funzioni di Mie date nel capitolo sui metodi diretti. Una volta che sono state scelte le lunghezze d'onda linearmente indipendenti, avremo un numero di equazioni integrali del tipo della 11.49 pari al numero di lunghezze (o numeri) d'onda scelte. Utilizzando il metodo delle quadrature si avrà un sistema di M equazioni lineari indipendenti del tipo:

$$\int_{x_1}^{x_2} K(\lambda, x) f(x) dx \approx \sum_{i=1}^{M} a_{ji} f(x_i) \qquad (11.50)$$

in cui le funzioni peso a_{ji} sono state calcolate in forma esplicita da Twomey [123]. La forma finale dell'equazione 11.49 è data da:

$$\tau = \mathbf{A} \cdot \mathbf{f} \qquad (11.51)$$

dove $\tau = \tau(\lambda_1), \ldots \tau(\lambda_N)$, $\mathbf{f} = f(x_1), \ldots f(x_M)$ e $\mathbf{A}_{ji} = a_{ji}$.

Se le misure sono affette da un errore ε la equazione 11.51 si scrive:

$$\tau = \mathbf{A} \cdot \mathbf{f} + \varepsilon \qquad (11.52)$$

che si può riscrivere come:

$$\mathbf{I} = \mathbf{C}^{-\frac{1}{2}} \mathbf{A} \cdot \mathbf{f} + \varepsilon \qquad (11.53)$$

dove

$$\mathbf{C} = \begin{vmatrix} \tau_1^2 & 0 & \ldots & 0 \\ 0 & \tau_2^2 & \ldots & 0 \\ \ldots & \ldots & \ldots & \ldots \\ 0 & 0 & \ldots & \tau_N^2 \end{vmatrix}. \qquad (11.54)$$

La soluzione è ottenuta attraverso i moltiplicatori γ di Lagrange ed è:

$$\mathbf{f} = (\mathbf{A}^T \mathbf{C}^{-1} \mathbf{A} + \gamma \mathbf{H})^{-1} \mathbf{A}^T \mathbf{C}^{-1} \tau. \qquad (11.55)$$

Si adotta una procedura di inizializzazione basta sull'approssimazione ai minimi quadrati della profondità ottica assumendo che la soluzione di prima ipotesi $t(x)$ sia una distribuzione dimensionale delle particelle del tipo di Junge, o foschia del tipo M,L ([23]). Il metodo produce soluzioni tali per cui la distanza tra il valore misurato e quello ottenuto dalla inversione cresce monotonicamente con γ che varia. Se il vincolo dovuto alla distanza non è sufficiente per stabilire se la soluzione è buona, si mette allora un'altro vincolo sulla soluzione vettore $\mathbf{f}$, imponendo che sia positiva.

11.3.3 Definizione del modello di radianza dell'atmosfera

Come sappiamo i satelliti spettrali hanno a bordo dei sistemi di misura dotati da un dispositivo che disperde la radiazione (monocromatore (GOME) o interferometro (IASI)) e da una sensore (o array di sensori) che sono calibrati per misurare la radianza spettrale che a sua volta deve essere riconvertita in un parametro fisico, ad esempio la temperatura oppure la concentrazione dei gas o degli aerosol, attraverso degli algoritmi.

Si assuma che gli strumenti montati su di un satellite guardino verso la Terra nell'intervallo spettrale dell'infrarosso.Normalmente la misura di radianza è fatta al nadir (opposto dello zenith, quando l'osservatore guarda il cielo al di sopra della sua posizione a terra) per cui porremo che $\eta = 1$. Come è noto in condizioni di equilibrio termodinamico locale i costituenti atmosferici assorbono le radiazioni elettromagnetiche a certe lunghezze d'onda specifiche e riemettono la radiazione alle stesse lunghezze d'onda (o numeri d'onda). L'intensità della radiazione dipende dalla temperatura T del gas emittente secondo la legge di Planck che è data per un numero d'onda v da:

$$B_v(T) = \frac{2hv^3 c^2}{\exp(\frac{hcv}{kT}) - 1} \qquad (11.56)$$

dove k è la costante di Boltzman, h è la costante di Planck, c è la velocità della luce; v è misurata in cm^{-1} e T in Kelvin. Il radiometro a bordo del satellite misura la radianza I_v ($Watt\ m^{-1}\ cm\ ster^{-1}$). La radianza misurata è la soluzione della equazione di trasferimento radiativo, ai numeri d'onda v, in coordinate di pressione, come verrà dimostrato nei paragrafi successivi.

Lo strumento ha un certo angolo di visione, usualmente abbastanza stretto da permettere di guardare una porzione della superficie terrestre molto piccola. Lo strumento ha tuttavia un sistema di scansione laterale che gli permette di avere anche informazioni non nadir; si dice che lo strumento ha un certo *swath*. Le misure non nadir vengono corrette mediante degli algoritmi che tengono conto delle caratteristiche del sensore e della geometria di osservazione dello strumento.

Riprendiamo ora la relazione 2.139, che rappresenta la intensità all'insù, e porremo $\eta = 1$.

$$I(\tau) = I(\tau_0) \exp(-(\tau_0 - \tau)) + \int_\tau^{\tau_0} B(T(\tau')) \exp(-(\tau' - \tau)) d\tau'. \qquad (11.57)$$

Sapendo che

$$d[\exp(-(\tau' - \tau))] = -\exp(-(\tau' - \tau)) d\tau' \qquad (11.58)$$

potremo scrivere:

$$I(\tau) = I(\tau_0) \exp(-(\tau_0 - \tau)) + \int_\tau^{\tau_0} B(T(\tau')) d[\exp(-(\tau' - \tau))]. \qquad (11.59)$$

Scriviamo ora la profondità ottica come funzione del parametro verticale z come

$$\tau = \int_z^\infty k(z') \rho(z') dz' \qquad (11.60)$$

dove k è il coefficiente d'assorbimento monocromatico, $\rho(z')$ indica la distribuzione della concentrazione dei gas in quota.

Allora potremo scrivere la trasmittanza atmosferica con

$$\mathscr{T}(z) = \exp(-\tau) = \exp\left(-\int_z^\infty k(z')\rho(z')dz'\right). \tag{11.61}$$

Alla cima dell'atmosfera avremo che per $\tau = 0$ $z = \infty$ mentre alla base avremo $z = 0$ e $\tau = \tau_0$.

Allora la radiazione all'insù che raggiunge la cima dell'atmosfera è:

$$I(\infty) = I(0)\,\mathscr{T}(0) + \int_{z=0}^{z=\infty} B[T(z)]\frac{\partial \mathscr{T}(z)}{\partial z}dz \tag{11.62}$$

$W(z) = \frac{\partial \mathscr{T}(z)}{\partial z}$ viene chiamato *funzione peso*.

Se vogliamo scrivere la stessa equazione in funzione della pressione utilizzeremo l'equazione idrostatica e la definizione di rapporto di mescolamento q tra la concentrazione del gas ρ e quello dell'aria ρ_a: $q = \rho/\rho_s$. Avremo allora:

$$\rho dz = -\left(\frac{q}{g}\right)dp. \tag{11.63}$$

La trasmittanza monocromatica sarà dipendente dalla pressione ed è:

$$\mathscr{T}(p) = \exp\left[-\frac{1}{g}\int_0^p k(p')q(p')dp\right]. \tag{11.64}$$

Allora la radianza all'insù si può scrivere come:

$$I(\infty) = B(T_s)\mathscr{T}(p_s) + \int_{p_s}^0 B[T(p)]\frac{\partial \mathscr{T}(p)}{\partial p}dp \tag{11.65}$$

dove T_s è la temperatura al suolo; $T(p)$ è la temperatura al livello in cui la pressione è p e $\mathscr{T}(p)$ è la trasmittanza dal livello in cui la pressione è p fino al livello dello strumento di misura. A causa della rapida variabilità della pressione in quota si preferisce scrivere la funzione peso come:

$$W(p) = \frac{\partial \mathscr{T}(p)}{\partial \ln p}. \tag{11.66}$$

La metodologia di calcolo per ottenere i parametri fisici dell'atmosfera può essere suddivisa in due processi:

• il problema diretto;
• il problema inverso.

Il problema diretto contiene un modello di trasferimento radiativo che simula lo spettro radiativo dell'atmosfera per un determinato stato e in differenti condizioni atmosferiche.

La radianza calcolata è poi comparata con la radianza misurata dallo strumento. I parametri del modello sono poi aggiustati fino a che si ottiene una approssimazione ragionevole.

Il calcolo può essere fatto sia con un modello di trasmittanza linea per linea, il che comporta un grande dispendio di tempo di calcolo o utilizzando un modello di trasmittanza che riduca i tempi di calcolo: la trasmittanza o radianza veloce. La necessità di avere un tale strumento nasce dalla grande mole di dati che provengono dai migliaia di canali, ad alta risoluzione spettrale, degli strumenti che misurano l'atmosfera, come è il caso di strumenti come IASI o AIRS che forniscono parecchi dati per unità di tempo.

Il problema inverso può essere risolto solo se il problema diretto è modellato in modo appropriato. Il problema inverso è quello di determinare un profilo della funzione di Planck dalle funzioni di peso dalle funzioni di peso note e dalla radiazione misurata. Il valore della temperatura $T(p)$ in funzione della pressione in quota si ottiene invertendo algebricamente la funzione di Planck. L'equazione 11.65 non può essere direttamente invertita perché è sotto-vincolata e l'incognita è una funzione continua e quindi si devono fare delle assunzioni per stimare i veri parametri tenendo conto del rumore strumentale e i vincoli di calcolo.

11.3.4 Preparazione di un modello veloce per il calcolo della radianza

Partendo dalle relazioni del capitolo sui Modelli diretti si possono sviluppare dei modelli sintetici che siano meno dispendiosi dal punto di vista del calcolo. Uno di questi modelli è quello che è stato espressamente sviluppato da Matricardi e Saunders [81] per poter essere utilizzato con lo strumento IASI montato sul satellite ESA METOP. Il modello è stato denominato RTIASI e fornisce i coefficienti della trasmittanza che sono stati calcolati da un insieme di profili atmosferici che rappresentano l'intervallo di variazione in temperatura con la concentrazione degli assorbitori in una atmosfera reale. Il modello utilizza 43 livelli di pressione dal suolo fino a 65 km, presumendo che il profilo dei gas rimanga costante nel tempo e nello spazio. Gli unici gas che possono variare sono l'Ozono e il vapor d'acqua. Nell'infrarosso i gas che hanno delle bande di assorbimento sono: $CO, CO_2, N_2O, N_2, O_2, CH_4, H_2O, O_3, CFC11, CFC12$. I coefficienti sono poi usati per calcolare la trasmittanza, o la profondità ottica, di ogni profilo che sarà utilizzato come input al modello. La soluzione della equazione di trasferimento radiativo fornirà la radianza e la temperatura di brillanza per gli intervalli di operatività di IASI.

Di seguito diamo un esempio pratico di come è stato costruito RTIASI. La procedura può essere estesa anche ad altri modelli.

- Si usano i profili del TIGR, TOVS (Tiros Operational Vertical Sounding Initial Guess Retrieval) per definire l'insieme dei dati dei profili.

- Per l'Ozono si usano i profili del NESDIS. Tutti i profili contengono sia la temperatura sia la concentrazione degli assorbitori che variano, come il vapor d'acqua e l'ozono, e i 43 livelli di pressione.
- La trasmissione linea per linea viene calcolata attraverso il codice GENLN2, utilizzando i profili di cui sopra e 6 differenti angoli di visione. In questo modo i valori di trasmittanza e le radianze così costruiti diventano i dati di regressione per i coefficienti di trasmissione veloce.
- Si divide l'atmosfera in strati e si calcola la profondità ottica di questi strati.
- I parametri di linea per ciascuna linea spettrale ad una certa lunghezza d'onda sono ottenuti dal data base HITRAN (High Resolution Transmission).
- La forza della linea e la sua ampiezza sono modificate in funzione della temperatura e della pressione nello strato considerato.
- Si condidera l'allargamento Doppler per le alte quote e l'assorbimento per il continuo.
- Poiché lo strumento misura uno spettro in cui la risoluzione spaziale è molto più alta della risoluzione stessa, si fa una convoluzione tra la risposta dello strumento e la trasmittanza o radianza calcolata con HITRAN. Questa convoluzione produce un errore che può essere considerato minore dell'errore strumentale.

Una volta che è stata attuata questa procedura si ottengono tre insieme di coefficienti del modello di trasmittanza, indicati con a_i, dove sono stati prefissati i gas, il vapor d'acqua e l'ozono. Allora si applica il seguente schema regressivo:

$$-\ln\left(\frac{\mathscr{T}_{j,\lambda}}{\mathscr{T}_{j-1,\lambda}}\right) = \sum_{k=1}^{M} a_{j,\lambda,k} Q_{j,k} \tag{11.67}$$

dove $\mathscr{T}_{j,k}$ è la trasmittanza convoluta alla lunghezza d'onda λ dal livello j allo spazio (il livello $j-1$ è il livello immediatamente sopra la livello j) ed M è il numero di profilo che dipende dallo stimatore/predittore Q. Questi è funzione dell'angolo di visione, pressione, temperatura e concentrazione dei gas atmosferici. Talvolta, invece di usare la trasmittanza effettiva dello strato di atmosfera, si usa la profondità ottica. Infatti sapendo che $\mathscr{T}_{i,\lambda} = exp(-\tau_{i,\lambda})$ possiamo riscrivere l'equazione 11.67 come

$$\tau_{j,\lambda} - \tau_{j-1,\lambda} = \sum_{k=1}^{M} a_{j,\lambda,k} Q_{j,k}. \tag{11.68}$$

La regressione effettuata sulla profondità ottica piuttosto che sulla trasmittanza fornisce una migliore accuratezza.

La trasmittanza totale per tutti i gas è data dal prodotto delle trasmittanze per i singoli gas.

$$\mathscr{T}_{j,\lambda} = \mathscr{T}_{j,\lambda}^{F} \cdot \mathscr{T}_{j,\lambda}^{W} \cdot \mathscr{T}_{j,\lambda}^{O}. \tag{11.69}$$

Gli apici F,W,O indicano rispettivamente i gas che non variano, il vapor d'acqua e l'Ozono.

Una volta che sono stati preparati questi schemi, si passa a definire la radianza all'insù. Nelle condizioni di una atmosfera piano stratificata la radianza all'insù per un certo angolo zenitale può essere scritta come:

$$R_i = (1 - N_i)R_i^c + N_i R_i^o \qquad (11.70)$$

dove N_i è la frazione di copertura nuvolosa, e gli apici c e o indicano rispettivamente la radianza a cielo sereno e coperto.

Il contributo a cielo sereno è dato dalla somma del contributo dato dalla radianza atmosferica e di quello proveniente dalla superficie.

$$R_i^c = R_{s,i} + R_{a,i} \qquad (11.71)$$

in cui $R_{s,i}$ è la radianza superficiale ed è data da:

$$R_{s,i} = \varepsilon_{s,i} B(T_s) \mathcal{T}_{s,i} \qquad (11.72)$$

dove $\varepsilon_{s,i}$ rappresenta la emissività della superficie (condiderando la superficie terrestre non nera), $B_i(T_s)$ è la funzione di Planck per la temperatura al suolo T_s e $\mathcal{T}_{s,i}$ è la trasmittanza dalla superficie allo spazio.

La radianza atmosferica $R_{a,i}$ è la somma dei contributi cumulativi degli n strati atmosferici relativi alla radianza atmosferica all'insù e della radianza all'ingiù.

$$R_{a,i} = \sum_{j=1}^{n} R \uparrow_{i,j} + \sum_{j=1}^{n} R \downarrow_{i,j} \qquad (11.73)$$

con

$$R \uparrow_{i,j} = \frac{1}{2}(B_i(T_i) + B_i(T_{j-1}))(\mathcal{T}_{i,j-1} - \mathcal{T}_{i,j}) \qquad (11.74)$$

e

$$R \downarrow_{i,j} = \frac{R \uparrow_{i,j} (1 - \varepsilon_{s,i}) \tau_{s,i}^2}{(\mathcal{T}_{i,j} \mathcal{T}_{i,j-1})} \qquad (11.75)$$

$\mathcal{T}_{i,j}$ è la trasmittanza dal livello j allo spazio e T_j è la temperatura al livello j. Poiché la temperatura varia con la quota T_i è definita secondo la approssimazione di Curtis Godson come la temperatura media pesata dello strato ([75]).

La radianza a cielo coperto per uno strato m dovuto ad una nube al top, indicato con il pedice ct è definito come:

$$R_{i,m}^o = \varepsilon_{i,ct} B_i(T_{ct}) \tau_{i,ct} + \sum_{j=i}^{m} R \uparrow_{i,m} \qquad (11.76)$$

in cui si può assumere che $\varepsilon_{i,ct} = 1$. Allora si può scrivere che la radianza a cielo coperto con pressione p_{ct} dello stato in cui c'è la nube che sta al livello dello strato m e $m-1$ è data da:

$$R_i^o = (1 - f_{ct})R_{i,m}^o + f_{ct}R_{i,m-1}^o \qquad (11.77)$$

dove il fattore $f_{ct} = \frac{(p_m - p_{ct})}{(p_m - p_{m-1})}$.

11.3.5 Il problema inverso per ottenere i parametri fisici dell'atmosfera

Per stimare lo stato dell'atmosfera dai dati misurati da uno strumento, il primo passo è quello di simulare mediante, un modello di trasferimento radiativo il comportamento dell'atmosfera in cui sono stati inseriti il profilo della temperatura in gradi Kelvin, il rapporto di mescolamento del vapor d'acqua in ppmv, il rapporto di mescolamento dell'ozono in ppmv e i livelli di pressione dalla superficie alla cima dell'atmosfera, in mbar. Inoltre bisogna introdurre anche la temperatura dell'aria alla superficie, il rapporto di mescolamento del vapor d'acqua alla superficie in ppmv, le componenti u e v del vento in m/s, la temperatura superficiale in K, la pressione alla cima delle nubi e la copertura nuvolosa efficace. Una volta che questi dati sono stati forniti al modello radiativo, questi ne calcola la radianza o la temperatura di brillanza T_B. Una volta che è stato preparato questa look-up-table, bisogna scegliere un profilo atmosferico a priori $\mathbf{x}_{ap}$, ad esempio prendendo il profilo, per una certa latitudine e longitudine, da un ente meteorologico. La radice quadrata della media dell'errore di un insieme avente differenza $\mathbf{x} - \mathbf{x}_{ap}$ fornisce il livello di incertezza tra il valore vero e quello a priori e così anche la matrice di covarianza a priori $\mathbf{S}_{ap}$. Poiché non conosciamo il profilo vero abitualmente si usa un profilo lineare d'errore crescente con la quota. Si assume che gli elementi non diagonali di $\mathbf{S}_{ap}$, con una lunghezza di correlazione $L = 3$ km siano esprimibili con una funzione esponenziale del tipo $S_{ij} = \sigma_i \sigma_j \exp[|z_i - z_j|/L]$ dove $\sigma_i = \sqrt{S_{ii}}$ è la deviazione standard al livello i e z indica l'altezza in km a quel livello. Utilizzando l'equazione idrostatica possiamo calcolare z, che è $z = -H \ln(p/p_s)$, dove l'altezza di scala $H = 7$ km e la pressione al suolo è $p_s = 1013.25$ $mbar$. La matrice di covarianza a priori può essere nota in modo accurato in alcune situazioni che possono essere così modellate:

- si calcolino dei profili a priori $\mathbf{x}_{ap}$ che siano consistenti con $\mathbf{S}_{ap}$;
- ogni matrice di covarianza può essere decomposta come $\mathbf{S} = \sum_j \lambda_j \mathbf{I}_j \mathbf{I}_j^T = \sum_J \mathbf{e}_j \mathbf{e}_j^T$
  dove i vettori ortogonali $\mathbf{e}_j = \lambda_j^{\frac{1}{2}} \mathbf{I}_j$ possono essere pensati come *error patterns* nel senso che l'errore in $\boldsymbol{\varepsilon}_x$ in $\mathbf{x}$ può essere espresso come una somma di questi *error patterns* ciascuno moltiplicato per un fattore casuale a_i che ha varianza unitaria

$$\boldsymbol{\varepsilon}_x = \sum_{j=1}^{n} a_j \mathbf{e}_j. \tag{11.78}$$

Per generare un profilo a priori che sia consistente con $\mathbf{S}_{ap}$ si aggiunge semplicemente $\boldsymbol{\varepsilon}$ al vettore stato vero $\mathbf{x}$.

Per fare la matrice di covarianza degli errori $\mathbf{S}_\varepsilon$ si assume che gli elementi diagonali siano dati dal quadrato dei valori del rumore (ad esempio di ogni canale) per ogni parametro fisico di interesse. I valori non diagonali sono generati in accordo alla relazione $S_{ij} = c_{ij}/\sqrt{S_{ii}S_{jj}}$ dove c_{ij} è un parametro di correlazione tra i vari canali.

Allora per stimare la temperatura utiliziamo l'algoritmo inverso iterativo (il cui indice di iterazione è i) descritto nel capitolo dei metodi ottimali. Avremo allora che:

$$\mathbf{x}_{i+1} = \mathbf{x}_{ap} + \mathbf{S}_i \mathbf{K}_i^T \mathbf{S}_\varepsilon^{-1} [(\mathbf{y} - \mathbf{y}_i) - \mathbf{K}_i(\mathbf{x}_{ap} - \mathbf{x}_i)] \tag{11.79}$$

in cui

$$\mathbf{S}_i = (\mathbf{K}_i^T \mathbf{S}_\varepsilon^{-1} \mathbf{K}_i + \mathbf{S}_{ap}^{-1})^{-1} \tag{11.80}$$

dove la matrice di covarianza dell'errore a priori $\mathbf{S}_{ap}$ e la matrice di covarianza dell'errore della misura $\mathbf{S}_\varepsilon$ sono stati costruiti come detto in precedenza, tranne che la matrice di covarianza dell'errore di misura che è modificata, nella sua diagonale, nel seguente modo:

$$\mathbf{S}_\varepsilon(j,j) = \max \left[\frac{1}{\alpha}(y(j) - y_i(j))^2, \sigma^2(j) \right] \tag{11.81}$$

dove j è l'indice del canale, i è l'indice di iterazione, $\sigma^2(j)$ è la varianza del rumore di misura (cioè l'elemento diagonale originale di $\mathbf{S}_\varepsilon$) e α è un parametro di controllo ([76]). Per ciascun passo di iterazione si compara la differenza tra la misura corrente e la misura vera con l'errore di misura e si tiene il valore più grande di queste due quantità. Questa procedura si chiama *D-Rad* ([76]). Il numero di iterazioni viene determinato con il criterio $\chi^2 \leq m$, dove m indica il numero di canali, impiegando la funzione costo:

$$\chi^2 = [\mathbf{y} - \mathbf{y}_i]^T \mathbf{S}_\varepsilon [\mathbf{y} - \mathbf{y}_i] + [\mathbf{x}_i - \mathbf{x}_{ap}]^T \mathbf{S}_{ap} [\mathbf{x}_i - \mathbf{x}_{ap}]. \tag{11.82}$$

Se questo criterio di convergenza fallisce, la convergenza si ottiene quando $\chi_i^2 \geq \chi_{i-1}^2$.

11.3.6 Misura dei gas in traccia mediante la tecnica DOAS

La tecnica DOAS (Differential Optical Absorption Spectroscopy) basa i suoi fondamenti sulla separazione delle strutture a banda larga da quelle a banda stretta in uno spettro di assorbimento per isolare alcune righe spettrali del gas in esame. Il concetto di banda larga e stretta deriva dalle misure in laboratorio dove si usano delle tecniche spettroscopiche per misurare la concentrazione dei gas. Queste tecniche possono essere anche utilizzate in atmosfera purché il cammino ottico del gas in esame sia sufficientemente grande per evidenziare le righe spettrali dell'assorbente atmosferico. Infatti è possibile conoscere la concentrazione del gas in esame attraverso la legge di Bouger

$$I(\lambda) = I_0(\lambda) \exp(-k(\lambda)\rho s) \tag{11.83}$$

dove I_0 è la intensità della sorgente, $k(\lambda)$ è il coefficiente di assorbimento del gas in esame alle lunghezze d'onda λ, ρ è la concentrazione del gas ed s è la lunghezza geometrica del cammino attraverso il quale si fa la misura. Il coefficiente di assorbimento in funzione della lunghezza d'onda è una proprietà caratteristica di ogni specie gassosa. Una volta che tutte queste quantità sono note è possibile ricavare la concentrazione del gas

$$\rho = \frac{\ln\left(\frac{I_0(\lambda)}{I(\lambda)}\right)}{k(\lambda)s}. \tag{11.84}$$

Questa relazione è importante anche per definire le caratteristiche dello strumento che verrà portato in natura per fare le misure del gas. Difatti, la risoluzione spettrale, misurata in laboratorio attraverso opportune celle ottiche, permette di definire le caratteristiche spettrali dello strumento e la sua capacità di distinguere, tra le tante righe spettrali dei vari gas atmosferici che assorbono nello stesso intervallo di lunghezza d'onda, quelle che si vogliono misurare.

Trasferendo la metodologia in atmosfera, dove oltre che ai gas assorbenti ci sono anche gli aerosol che diffondono, avremo

$$I(\lambda) = I_0(\lambda)\exp\left[-s\left(\sum_i(k_i(\lambda)\rho_j) + k_r(\lambda) + k_m(\lambda)\right)\right]A(\lambda) \tag{11.85}$$

dove $k_r \approx k_{R0}(\lambda)\lambda^{-4}\rho_{air}$ e $k_m \approx k_{M0}\lambda^{-n}N_A$ sono rispettivamente l'estinzione dovute alle molecole, anche chiamata di Rayleigh e quelle di Mie dovuto agli aerosol. k_{M0} è una costante e n può variare tra 0.5 e 2.5 a seconda del tipo di distribuzione del particolato; $k_{R0} \approx 4.4 \times 10^{-16}$ cm^2 nm^4 per l'aria. $N_A = 6.0221420 \times 10^{23}$ $molecole\ mole^{-1}$ è il numero di Avogadro. $A(\lambda)$ è il parametro che tiene conto degli effetti strumentali e di eventuali fenomeni di turbolenza.

Per calcolare correttamente la concentrazione di un particolare gas in traccia è necessario quantificare tutti i fattori che influenzano l'intensità della sorgente. In laboratorio si fa una misura senza il gas valutando facilmente la $I_0(\lambda)$. Questo non è possibile in natura dove non solo è impossibile misurare la intensità della sorgente ma ci sono anche fenomeni di diffusione multipla che possono modificare lo spettro analizzato.

La tecnica DOAS è stato pensata per superare questi problemi in quanto i processi di estinzione dovuti all'aerosol, la turbolenza e molti gas in traccia mostrano un andamento spettrale a banda larga o smooth, mentre alcuni gas in traccia mostrano una struttura a righe. Sapendo poi che certi gas hanno una struttura a righe tipica, diciamo una firma spettrale ben definita, è facile utilizzare questa firma per discriminare, tra tutti i gas che stanno in un certo intervallo spettrale, quello che si vuole analizzare. Utilizzando la 11.85 potremo allora separare la parte dovuta alla banda larga, cioè quell'intervallo che varia lentamente con la lunghezza d'onda, da quella che è definita dalla firma spettrale, cioè l'insieme delle righe spettrali che invece varia velocemente con la lunghezza d'onda. Avremo allora che $k_i(\lambda) = k_{i0}(\lambda) + k_i'(\lambda)$ dove $k_{i0}(\lambda)$ è la parte che varia lentamente ed è data dalla diffusione di Rayleigh e Mie e da altri parametri strumentali o di turbolenza, mentre $k_i'(\lambda)$ è la parte che varia velocemente ed è dovuta ai gas in traccia. Inserendo queste relazioni nella 11.85

avremo:

$$I(\lambda) = I_0(\lambda)\exp\left[-s\left(\sum_i (k_i'(\lambda)\rho_j)\right)\right]$$
$$\times \exp\left[-s\left(\sum_i (k_{i0}(\lambda)\rho_j)\right) + k_m(\lambda) + k_r(\lambda)\right] A(\lambda). \tag{11.86}$$

Definendo la quantità che rappresenta la trasmissione a banda larga come

$$I'(\lambda) = I_0(\lambda)\exp\left[-s\left(\sum_i (k_{i0}(\lambda)\rho_j) + k_m(\lambda) + k_r(\lambda)\right)\right] A(\lambda) \tag{11.87}$$

e passando ai logaritmi avremo che la densità ottica può essere descritta come il rapporto tra la parte lenta e quella totale.

$$D = \ln\frac{I'(\lambda)}{I(\lambda)} = s\sum_i k_i'(\lambda)\rho_i. \tag{11.88}$$

La separazione dei differenti tipi di assorbimento è possibile perché i gas esibiscono una firma spettrale (una tipica misura DOAS osserva l'intensità di 500-2000 lunghezze d'onda con un rapporto segnale rumore da 1:2000 a 1:10000).

Il DOAS risolto con il metodo analitico appena descritto è basato sulla conoscenza che la lunghezza del cammino di assorbimento sia noto e che le condizioni lungo il cammino che fa la luce non cambino. Queste assunzioni non sono più valide in una atmosfera reale nella quale si utilizza la luce del Sole come sorgente e la diffusione semplice e multipla cambiano. Allora bisogna introdurre nuove concetti.

Per utilizzare questi concetti guardiamo come un sensore montato su di un satellite misura la radianza. Prima di tutto bisogna considerare come la radiazione solare è diffusa verso il sensore. Poi si devono considerare i processi di estinzione dovuti sia all'assorbimento dei gas in traccia sia alla diffusione di Rayleigh lungo i diversi cammini della luce.

L'intensità della luce che attraversa uno strato sottile alla quota z e che è diffusa verso il sensore dipende dalla intensità della luce che raggiunge il punto diffondente, il coefficiente di diffusione di Rayleigh k_r e la densità dell'aria $\rho(z)$ a quella quota.

$$I_s(\lambda, z) = I_0(\lambda, z)k_r(\lambda)\rho(z)dz. \tag{11.89}$$

L'estinzione lungo il cammino della luce dipende dalla lunghezza di ciascun cammino di luce in atmosfera, la concentrazione delle molecole d'aria e nel caso di forti assorbitori, dalla loro concentrazione.

$$I_s(\lambda, z) = I_0(\lambda, z)\exp\left(-k_r(\lambda)\int_z^\infty \rho(z')A(z'\theta)dz'\right) \tag{11.90}$$

dove $A(z)$ è la AMF (Air Mass Factor) per la luce, prima che sia diffusa a quota z, che dipende dall'angolo zenitale del Sole θ, il che porta ad un decremento dell'intensità con l'angolo solare zenitale.

Combinando i due effetti avremo che il contributo della diffusione di uno strato alla quota z all'intensità misurata dal sensore è:

$$I_s(\lambda, z) = I_0(\lambda) k_r(\lambda) \rho(z) \exp\left[-k_r(\lambda) \int_z^\infty \rho(z') A(z'\theta) dz'\right]$$
$$\times \exp\left[-k_r(\lambda) \int_h^z \rho(z') dz'\right] \tag{11.91}$$

dove l'ultimo termine è la estinzione di Rayleigh. Questa equazione indica che a larghi angoli zenitali del Sole il cammino luminoso che passa attraverso l'atmosfera diventa lungo e che a quote più basse l'intensità è più ridotta che a più alte quote.

In presenza di un gas in traccia assorbente la 11.91 viene espansa includendo anche il coefficiente di assorbimento e la concentrazione $C(z)$ del gas in traccia per ciascuna quota.

$$I_s^a(\lambda, z) = I_s(\lambda, z) \exp\left[-k(\lambda) \int_z^\infty C(z') A(z'\theta) dz'\right]$$
$$\times \exp\left[-k(\lambda) \int_h^z C(z') dz'\right]. \tag{11.92}$$

Per bassi angoli zenitali il fattore $A(z'\theta)$ chiamato AMF (Air Mass Factor) è approssimabile con la $\sec \theta = \frac{1}{\cos \theta}$.

Lo AMF indicato con $\mathcal{M} = \frac{S}{V}$ è dato dal rapporto tra la densità della colonna verticale V e quella integrata lungo il il cammino luminoso S. La densità della colonna verticale è definito come la concentrazione di un gas integrato verticalmente sull'intera atmosfera

$$V = \int_0^\infty \rho(z) dz. \tag{11.93}$$

Analogamente è stato introdotta la densità della colonna inclinata

$$S = \int_0^\infty \rho(s) ds. \tag{11.94}$$

Lo AMF permette la conversione da colonna inclinata a colonna verticale.

Il calcolo di AMF richiede lo sviluppo di un modello radiativo che tenga conto di vari fattori tra cui la diffusione atmosferica, sia di Rayleigh sia di Mie, la riflessione da parte della superficie terrestre, la rifrazione atmosferica, che tenga conto dell'effetto dovuto alla curvatura terrestre e la distribuzione verticale dei gas. Vari metodi sono stati sviluppati da vari autori. Recentemente Eskes e Boersma [24] e Rozanov e Rozanov [105] hanno sviluppato la teoria del fattore di massa d'aria.

La misura del profilo dell'Ozono è facilitata dal fatto che la sua distribuzione varia rapidamente in stratosfera, per cui la tecnica DOAS permette di ottenere direttamente la concentrazione dell'Ozono stratosferico, conoscendo i coefficienti di assorbimento di questo con alta accuratezza e calcolando la AMF in modo appropriato. La metodologia DOAS viene usata anche per gli altri in gas ed in particolare dei precursori dell'Ozono NO, NO_2, NO_x.

La tecnica DOAS è stata utilizzata per le misure effettuate dallo strumento GOME montato sul satellite ESA ERS-2.

Ci sono però delle differenze tra la misura in situ e quella effettuata da un satellite. La prima può essere interpretata come un punto di misura vero, mentre il secondo è sempre una media pesata su tutte quelle parti di atmosfera che contribuiscono al segnale misurato dal satellite. In pratica la sensibilità dello strumento alla densità del gas in traccia è fortemente dipendente dalla quota e la misura risultante può essere affetta da errori sistematici rilevanti. Questi errori sono difficilmente quantificabili senza informazioni addizionali come quelle che possono essere fornite dall'*averaging kernel matrix* (AKM) che è essenziale per interpretare le osservazioni, per le applicazioni come l'assimilazione delle speci chimiche e per la validazione dei dati. Si ricordi che lo *averaging kernel matrix* definisce la relazione tra le quantità ottenute dall'inversione e lo stato vero dell'atmosfera. Applicando la metodologia descritta nel capitolo dei Metodi Ottimali potremo scrivere che il vettore misura **y** è legata alla vera distribuzione dei gas in traccia **x** attraverso il il modello diretto **f**.

$$\mathbf{y} = \mathbf{f}(\mathbf{x},\hat{\mathbf{b}}) + \Delta\mathbf{f} + \frac{\partial\mathbf{f}}{\partial\mathbf{b}}(\mathbf{b}-\hat{\mathbf{b}}) + \boldsymbol{\varepsilon}. \qquad (11.95)$$

Il modello diretto tiene conto sia del modello di trasferimento radiativo in atmosfera sia degli effetti strumentali. Il vettore **b** è un sottoinsieme di tutte le quantità che influenzano le misure, ovviamente tranne quelle relative al gas in traccia che si sta misurando. Ad esempio la geometria di osservazione, l'angolo di vista del satellite, le proprietà delle nubi, le proprietà della superficie terrestre, la presenza di altri gas e degli aerosol atmosferici, l'effetto Ring, la forza delle righe spettrali e gli aspetti strumentali. $\hat{\mathbf{b}}$ è la miglior stima dei parametri **b** del modello diretto, $\Delta\mathbf{f}$ è l'errore insito nel modello diretto, $\boldsymbol{\varepsilon}$ è il rumore della misura e $\frac{\partial\mathbf{f}}{\partial\mathbf{b}}(\mathbf{b}-\hat{\mathbf{b}})$ descrive l'errore risultante dalle incertezze dei parametri **b** del modello.

Per un modello debolmente non-lineare potremo espandere la 11.95 attorno ad una distribuzione del gas a priori $\mathbf{x}_{ap}$ quando $\mathbf{x} \approx \mathbf{x}_{ap}$. Avremo allora:

$$\mathbf{y} = \mathbf{f}(\mathbf{x},\hat{\mathbf{b}}) + \mathbf{K}_x(\mathbf{x}-\mathbf{x}_{ap}) + \mathbf{e} \qquad (11.96)$$

dove **e** contiene tutti i termini di errore citati in precedenza. $\mathbf{K}_x = \frac{\partial\mathbf{f}}{\partial\mathbf{x}}$ è la funzione peso o matrice Jacobiana, valutata a $\mathbf{x} = \mathbf{x}_{ap}$.

Il metodo di inversione **R** calcola un vettore della stima del gas in traccia $\hat{\mathbf{x}}$ basata sul valore misurato **y**, l'informazione a priori e i parametri del modello diretto.

$$\hat{\mathbf{x}} = \mathbf{R}(\mathbf{y},\mathbf{x}_{ap},\hat{\mathbf{b}}). \qquad (11.97)$$

L'equazione matriciale si ottiene quando questa espressione è linearizzata attorno ad uno stato a priori $\mathbf{y}_{ap} = \mathbf{f}(\mathbf{x}_{ap},\hat{\mathbf{b}})$

$$\hat{\mathbf{x}} = \mathbf{R}[\mathbf{f}(\mathbf{x}_{ap},\hat{\mathbf{b}}),\mathbf{x}_{ap},\hat{\mathbf{b}}] + \mathbf{G}_y[\mathbf{K}_x(\mathbf{x}-\mathbf{x}_{ap}) + \mathbf{e}] \qquad (11.98)$$

dove $G_y = \frac{\partial R}{\partial y}$. Sottraendo il valore a priori $\hat{x}_{ap}$ su entrambi i lati e ricordando che $A = G_y K_x$, avremo una generalizzazione della equazione data da Rodgers [103]:

$$\hat{x} - \hat{x}_{ap} = A(x - x_{ap}) + G_y \left[\Delta f + \frac{\partial f}{\partial b}(b - \hat{b}) + \varepsilon \right] \tag{11.99}$$
$$+ R[f(x_{ap}, \hat{b}), x_{ap}, \hat{b}] - \hat{x}_{ap},$$

$\hat{x}$ è legato a x_{ap} per esempio attraverso una somma sul subset di strati verticali $\hat{x}_{ap} = \sum_l x_{ap,l}$ dove $x_{ap,l}$ è la subcolonna a priori dello strato l.

Il primo termine a destra dell'equazione descrive la relazione tra la quantità ottenuta dall'inversione e la vera distribuzione del gas in traccia attraverso la *averaging kernel matrix* A. Il secondo termine descrive le sorgenti di errore legate al modello diretto e alla conoscenza dei parametri del modello diretto.L'ultimo termine a destra descrive quanto il metodo di inversione è in grado di riprodurre il valore a priori.

Una volta che abbiamo definito il problema dell'inversione, riprendiamo la definizione di DOAS data dalla 11.88 e riscriviamola in questo modo, tenendo conto che si sta valutando uno spettro della riflessione della luce solare dalla atmosfera e dalla superficie della Terra ([91]).

$$\ln R(\lambda) \approx \sum_i k_i(\lambda) S_i + polinomio. \tag{11.100}$$

Il polinomio sostanzialmente contiene il contributo di tutti i termini che determinano la banda lenta ed è un polinomio di quinto ordine in funzione della lunghezza d'onda. La somma su i è su tutti i gas che influenzano la misura nella finestra spettrale predefinita. Con questa approssimazione la tecnica DOAS diventa un metodo a due passi. Il primo è quello di fare una approssimazione dello spettro differenziale con i coefficienti di assorbimento dei gas in traccia che sono quelli che devono essere ottenuti dall'inversione. Questo risultato è effettuato per una colonna d'aria inclinata S e quindi deve essere riportata su di una colonna attraverso il fattore di massa d'aria AMF espresso in unità Dobson o *molecole cm*$^{-2}$. Come abbiamo visto questo viene calcolato mediante un modello di trasferimento radiativo basato su un profilo a priori x_{ap}.

Per un gas che assorbe debolmente (ad esempio NO_2) il modello diretto può essere linearizzato attorno a $x_{ap} = 0$. Sulla base della procedura testè descritta avremo:

$$y = f(0, \hat{b}) + K_x x + e \tag{11.101}$$

dove x è un array di colonne parziali del gas in traccia negli strati che sono stati calcolati con il modello diretto. $f(0, \hat{b})$ e K_x dipendono dai parametri $\hat{b}$ del modello diretto. Il termine $f(0, \hat{b})$ è dominato dai termini di diffusione e dall'assorbimento di altri gas come l'Ozono. Il termini K_x descrive la struttura spettrale differenziale, grossolanamente proporzionale ai coefficienti di assorbimento dei gas in traccia.

Il metodo di inversione definito da R può essere linearizzato attorno a $f(0, \hat{b})$. Si noti che ancora l'inversione dipende dal profilo del gas in tracce a priori perché il profilo dipende dalla massa d'aria. A questo punto potremo scrivere che $x_{ap} =$

$\lim_{\varepsilon\to 0}\varepsilon\mathbf{x}_{ap}^0$ dove $\mathbf{x}_{ap}^0$ rappresenta un profilo a priori che non è zero, che è utilizzato per calcolare il fattore di massa d'aria $\mathcal{M}$. Scrivendo la relazione su $\mathbf{V}$ avremo che

$$\mathbf{V} = \hat{\mathbf{x}} = \mathbf{R}[\mathbf{f}(0,\hat{\mathbf{b}}),\mathbf{x}_{ap}^0,\hat{\mathbf{b}}] + \mathbf{G}_y\mathbf{K}_x\mathbf{x} + \mathbf{e}. \qquad (11.102)$$

Ricordando che la *matrix averaging kernel* è $\mathbf{A} = \mathbf{G}_y\mathbf{K}_x$ e che $\mathbf{R}[\mathbf{f}(0,\hat{\mathbf{b}}),\mathbf{x}_{ap}^0,\hat{\mathbf{b}}] \approx 0$ avremo:

$$\mathbf{V} = \mathbf{A}\mathbf{x} + \mathbf{e}. \qquad (11.103)$$

Quindi utilizzando un algoritmo a due passi DOAS avremo:

$$V = R(\mathbf{y},\hat{\mathbf{b}},\mathbf{x}_{ap}^0) = \frac{S}{\mathcal{M}(\mathbf{x}_{ap}^0,\tilde{\mathbf{b}})}$$
$$\mathbf{G}_y = \frac{\partial \mathbf{R}}{\partial \mathbf{y}} = \frac{1}{\mathcal{M}(\mathbf{x}_{ap}^0,\tilde{\mathbf{b}})}\frac{\partial S}{\partial \mathbf{y}} \qquad (11.104)$$

dove $\tilde{\mathbf{b}}$ è un sottoinsieme dei parametri $\hat{\mathbf{b}}$ che descrive gli aspetti atmosferici. Allo stesso modo può essere approssimato il modello diretto.

$$\mathbf{y} = \mathbf{f}(\mathbf{x},\tilde{\mathbf{b}}) \approx \mathbf{Y}[S(\mathbf{x},\hat{\mathbf{b}}),\hat{\mathbf{b}}]$$
$$\mathbf{K}_x = \frac{\partial \mathbf{Y}}{\partial S}\frac{\partial S}{\partial \mathbf{x}} \qquad (11.105)$$

dove l'operatore $S(\mathbf{x},\hat{\mathbf{b}})$, (da non confondere con la S che si ottiene dall'inversione) calcola una colonna inclinata basata sul profilo del gas in traccia ed $\mathbf{Y}$ calcola uno spettro basato su S. In tutto questa procedura si considera che l'effetto della temperatura sui coefficienti sia trascurabile.

Assumendo che la procedura DOAS riproduca la colonna inclinata nel modello diretto, la *averaging kernel matrix* può essere espressa in termini di AMF. Per gas in traccia otticamente sottili la colonna inclinata può essere linearizzata rispetto alla concentrazione del gas in traccia $S = \sum_l \mathcal{M}_l x_l$ è la somma del contributo di ciascun strato è esprimibile come:

$$\frac{\partial S}{\partial x_l} = \mathcal{M}_l = \mathcal{M}(\varepsilon\mathbf{e}_l,\tilde{\mathbf{b}}) \qquad (11.106)$$

dove $\mathcal{M}_l$ è la massa d'aria per lo strato l. In questo modo la parte destra della relazione viene calcolata nello stesso modo del fattore della massa d'aria totale, ma per uno gas in traccia otticamente sottile ε confinato solo in uno strato l. Il vettore $\mathbf{e}_l = 1$ per l'indice l e zero altrove. Gli elementi del vettore dello *averaging kernel* A_l sono il rapporto tra AMF dello strato l e la AMF totale calcolata dal profilo a priori.

$$A_l = \frac{A(\varepsilon\mathbf{e}_l,\tilde{\mathbf{b}})}{A(\mathbf{x}_{ap}^0,\tilde{\mathbf{b}})}. \qquad (11.107)$$

L'AMF dello strato l può essere identificato come lo Jacobiano del modello diretto $\frac{\partial S}{\partial x}$ che determina la dipendenza dalla quota dello *averaging kernel* ed è indipendente dalla distribuzione dei gas in traccia. Per gas che hanno linee di assorbimento forti il modello diventa non lineare e lo Jacobiano dipenderà da x. In questo caso il punto di partenza è l'equazione 11.99.

11.3.7 Misura della pressione alla cima di una nube mediante la banda A dell'Ossigeno

L'Ossigeno ha una particolare banda nel visibile che non è coperta da bande di altri gas. Inoltre la sua distribuzione verticale è costante nel tempo. Queste sue particolarità vengono sfruttate per misurare la pressione ad esempio alla cima delle nubi e anche la distribuzione verticale degli aerosol atmosferici.

La banda A di assorbimento dell'Ossigeno è centrata a $0.754\ \mu m$ ed ha una forza moderata il che la rende utile per varie misure della pressione in quota di vari tipi di nuvole. Inoltre poiché l'ossigeno molecolare è uniformemente mescolato la sua trasmittanza è correlata alla quota.

La funzione di riflessione della nube

$$R_c(\lambda, \theta, \theta_0, \varphi) = \frac{\pi I(\lambda, \theta, \theta_0, \varphi - \varphi_0)}{\cos \theta_0 I_0(\lambda)} \qquad (11.108)$$

dove $I(\lambda, \theta, \theta_0, \varphi - \varphi_0)$ è la intensità riflessa alla lunghezza d'onda λ agli angoli $\theta, \theta_0, \varphi, \varphi_0$ che sono rispettivamente l'angolo di osservazione zenitale, l'angolo zenitale del Sole, l'angolo azimutale di osservazione e l'angolo azimutale del Sole. $I_0(\lambda)$ è la irradianza solare. Nel caso in cui il satellite guardi al nadir $\theta = 0$ e $\varphi = 0$.

La funzione di riflessione dipende dalla spessore ottico τ della nube, dalla albedo di singola diffusione ω_0 e dal parametro di asimmetria g per $\tau > 1$. Per determinare la altezza della cima della nube bisogna determinare 4 parametri simultaneamente. Nel caso di ridotto numero di canali per la determinazione dell'equazione 11.108

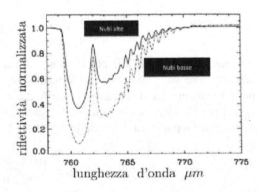

Fig. 11.1 Banda A dell'Ossigeno atmosferico

si utilizza un artificio introdotto da Van de Hulst e Grossman [125]. Si utilizzano lo spessore ottico scalato $\tau*$ e il parametro di similarità s definiti rispettivamente come: $\tau* = (1-g)\tau$ e $s = \left(\frac{1-\omega_0}{1-g\omega_0}\right)^{\frac{1}{2}}$.

La funzione di riflessione può essere calcolata con il modello di trasferimento radiativo del capitolo ai Modelli Diretti.

Una volta che è nota la risposta strumentale data da $f(\lambda - \lambda_0)$ si può calcolare la funzione di riflessione media misurata nella banda A dell'Ossigeno con:

$$R_{\Delta\lambda} = \frac{1}{\Delta\lambda} \int_{\Delta\lambda} f(\lambda - \lambda_0) R_c(\lambda, \theta = 0, \theta_0) \times \mathscr{T}\left(\lambda, \frac{p_d}{p_s}, \frac{p}{p_s}\right) d\lambda \qquad (11.109)$$

dove λ_0 è la lunghezza d'onda centrale della funzione di risposta dello strumento e p_d, p, p_s sono rispettivamente i livelli di pressione del sensore, della cima della nube e della superficie e $\mathscr{T}(\lambda, \frac{p_d}{p_s}, \frac{p}{p_s})$ è la trasmittanza tra il sensore e la pressione alla cima della nube.

Per calcolare la trasmittanza nella regione di assorbimento dell'Ossigeno si utilizzano i dati spettrali forniti da Burch e Gryvnak [14]. Tutte le line di assorbimento nella banda A (branch P and R) hanno un assorbimento moderato ma tale da permettere un assorbimento significativo e le costanti della linea (E'' in cm^{-1}, S in $g^{-1}cm^2cm^{-1}$, α_0 in cm^{-1}) sono classificate e tabulate da Burch e Grivnak in numeri d'onda crescenti (lunghezze d'onda decrescenti).

La trasmissione media $\mathscr{T}$ nell'intervallo spettrale (λ_1, λ_2) per un cammino atmosferico verticale dalle quote z_1 and z_2 è dato da

$$\begin{aligned}
\mathscr{T}(z_1, z_2) &= \frac{1}{\lambda_2 - \lambda_1} \int_{\lambda_1}^{\lambda_2} \exp\left\{ -\int_{z_1}^{z_2} k(\lambda, z) dz \right\} d\lambda \\
&= \frac{1}{\lambda_2 - \lambda_1} \int_{\lambda_1}^{\lambda_2} \exp\left\{ -\int_{z_1}^{z_2} \kappa(\lambda, z)\rho(z) dz \right\} d\lambda
\end{aligned} \qquad (11.110)$$

dove z indica la quota, λ la lunghezza d'onda, $k(\lambda, z)$ il coefficiente alla lunghezza d'onda λ del gas assorbente nell'intervallo spettrale (λ_1, λ_2) and $\kappa(\lambda, z)$ coefficiente di assorbimento di massa.

$\kappa(\lambda, z)$ può essere espresso come somma dei coefficienti di assorbimento entro $\Delta\lambda$ di tutte le line di assorbimento del gas assorbente; se n è il numero di queste linee allora:

$$\kappa(\lambda, z) = \sum_{j=1}^{n} k_j(\lambda, z). \qquad (11.111)$$

La forma delle linee dell'O_2 sono Lorentziane: al livello del suolo la correlazione tra i coefficienti tra il profilo reale (cioè il profilo di Voight) e l'associata linea Lorentziana è del 99.91% ([39]). Burch e Grivnak hanno trovato che le ali estreme delle linee sembrano assorbire meno delle linee Lorentziane tuttavia questo comportamento non-Lorentziano avviene a pressione ben al di sotto dell'intervallo di interesse. Inoltre la variazione della pressione e della temperatura con la quota sono tali che la semi-ampiezza dovuta alla collisione tra le molecole ($\alpha_L(z)$, nelle righe Lorentziane) decrescono molto rapidamente quando z cresce, essendo correlate con la temperatura e la pressione standard ($T_0 = 296^0$K e $p_0 = 1013$ mbar) attraverso la seguente relazione derivata dalla teoria cinetica dei gas

$$\alpha = \alpha_0 \frac{p}{p_0} \left(\frac{T_0}{T} \right)^{\frac{1}{2}}. \tag{11.112}$$

Al contrario la semi ampiezza Doppler ($\alpha_D(z)$) è quasi costante. $\alpha_L(z)$ che è di parecchi ordini più grande di $\alpha_D(z)$ diviene più piccola di $\alpha_D(z)$ ad una certa quota. Conseguentemente la forma della linea viene descritta dalle forme di Lorentz e Doppler a seconda degli strati atmosferici di interesse. La forma di Lorentz $f(\lambda - \lambda_0)$ è espressa da:

$$k(\lambda, p) = S f(\lambda - \lambda_0) = \frac{S}{\pi} \frac{\alpha(p,T)}{(\lambda - \lambda_0)^2 + \alpha^2(p,T)} \tag{11.113}$$

dove S è l'intensità della linea, λ_0 è il centro della lunghezza d'onda e α è la larghezza della linea.

Per effettuare l'integrazione di 11.110 si divide l'atmosfera in un certo numero di strati ad una certa temperatura e spessore geometrico, utilizzando una atmosfera standard. Si suddivide lo strato (z_1, z_2) in r intervalli Δz; per ciascuno di questi livelli r (o *strati*) si calcola una pressione ed una temperatura media.

L'integrazione lungo la quota è calcolato attraverso la formula

$$\prod_{k=1}^{r} \exp \left\{ - \sum_{j=1}^{l} \overline{k_j(\lambda_i, z_k)} \Delta z \right\} \tag{11.114}$$

dove $\overline{k_j(\lambda_i, z_k)}$ è il valore di $k_j(\lambda_i, z_k)$ calcolato dal valore medio della pressione e della temperature corrispondente al $k$esimo strato.

Il calcolo dell'esponente della 11.110 per ciascuno degli r strati ($k = 1, \cdots, r$) richiede la conoscenza delle seguenti quantità:

- l'intensità della linea $S_j(z_k)$. Utilizzando la seguente espressione per la dependenza della intensità di linea S dalla temperatura

$$S = S(T_0) \frac{T_0}{T} \exp \left[1.439 E'' \left(\frac{1}{T_0} - \frac{1}{T} \right) \right] \tag{11.115}$$

dove E'' (cm^{-1}) è l'energia dello strato più basso della transizione;
- la forma della linea $f_j(z_k)$. È fissata ed è Lorentziana;
- la densità del gas $\rho(z_k)$. La densità del gas atmosferico è direttamente derivato dalla pressione e dalla temperatura per ciascun strato; abbiamo adottato una frazione di massa per l'O_2 di 0.2314.

La determinazione del passo di integrazione in lunghezza d'onda non è semplice. Una rappresentazione utile dell'integrando si ottiene con una buona rappresentazione della forma della linea $f_j(z_k)$: il passo di integrazione dovrebbe essere una certa frazione della semi-ampiezza (Scott, 1974). Poiché la semi-ampiezza della linea di assorbimento varia con la quota si può definire il passo di integrazione come una frazione definita della semi-ampiezza della forma della linea che prevale nel più alto strato considerato. In un modello semplificato si usa un passo di integrazione di $10^{-4} cm^{-1}$ per lo strato più alto (vedere l'equazione 11.112) con un incremento nel tempo di calcolo. Il passo di integrazione in frequenza che normalmente si usa è di $= 0.01 cm^{-1}$ che descrive bene la forma Lorentziana.

11.3.8 Studio del profilo di aerosol utilizzando la banda A dell'Ossigeno

La banda A dell'ossigeno, come abbiamo visto, ha un assorbimento che in funzione delle lunghezze d'onda, altamente variabile. Come conseguenza di ciò al centro della banda, dove l'assorbimento è più forte, il segnale riflesso che raggiunge lo strumento che osserva al nadir, si origina solo dalla parte alta dell'atmosfera, mentre per le altre lunghezze d'onda il ruolo della riflessione che si origina dagli strati più bassi diventa più pronunciato al decrescere del coefficiente di assorbimento.

Gabella et al. [29] hanno mostrato che è possibile stimare la variazione del profilo di estinzione per l'aerosol atmosferico utilizzando una variazione lineare tra le variazioni del coefficiente di estinzione $\delta\alpha(z)$ e la variazione della radianza δI. Questa relazione è soggetta alla condizione che le proprietà fisiche dell'aerosol, cioè che l'albedo di diffusione singola e la funzione di fase rimangano costanti. In questo caso si può definire un integrale di Fredholm di primo tipo che lega l'osservabile, cioè la variazione della radianza, alla quantità incognita e la variazione del coefficiente d'estinzione dell'aerosol attraverso la funzione peso $W(\lambda, \gamma)$. Questa relazione, esplicitando la lunghezza d'onda λ e l'angolo di diffusione γ si può scrivere come:

$$\delta I(\lambda, \gamma) = \int_0^\infty W(\lambda, \gamma; z)\delta\alpha(z)dz. \qquad (11.116)$$

Va notato che questa relazione si origina dalla soluzione della equazione di trasferimento radiativo in cui non c'è riflessione dalla superficie terrestre e in una approssimazione di diffusione singola, come avviene ad esempio sull'oceano, e in condizioni di cielo sereno con visibilità superiore a 23 km.

Siccome il profilo del coefficiente di estinzione varia di circa 10 ordini di grandezza passando dalla superficie della Terra alla cima dell'atmosfera, piuttosto che usare la variazione del coefficiente di estinzione è meglio usare la sua variazione relativa $\frac{\delta\alpha(z)}{\alpha(z)}$. L'equazione 11.116 si può scrivere come:

$$g(\lambda, \gamma) = \int_0^\infty K(\lambda, \gamma; z)f(z)dz \qquad (11.117)$$

dove $g(\lambda, \gamma) = \delta I(\lambda, \gamma)$, $f(z) = \frac{\delta\alpha(z)}{\alpha(z)}$ e $K(\lambda, \gamma; z) = \alpha(\lambda, z)W(\lambda, \gamma; z)$ è la funzione kernel dell'aerosol. La relazione implica che esista una $f(z)$ con una deviazione dalla media più piccola possibile. Ciò si può ottenere selezionando arbitrariamente la $f(x)$ più liscia, come rappresentativa di tutti i possibili insiemi di $f(x)$. A causa delle limitazioni insite nell'integrale di Fredholm la deviazione dal profilo di riferimento $\alpha(z)$ non può essere arbitraria e quindi devono valere queste condizioni.

$$q \int_0^\infty \delta\alpha(\zeta)d\zeta \ll 1$$
$$\frac{\delta\tau(z)}{\tau(z)} \ll 1 \tag{11.118}$$

dove $\tau(z)$ è lo spessore ottico dell'aerosol nella verticale e q è il fattore direzionale del cammino ottico della luce riflessa. Usando le lunghezze d'onda che definiscono la banda A dell'Ossigeno (759.3 - 764.5 nm) con una risoluzione di 10 nm e gli angoli di diffusione che vanno da 130 gradi a 170 gradi con un passo di 5 gradi, un fattore q=2.15 ed un $\omega_0 = 0.18$ appropriato alle lunghezze d'onda usate (lo spessore ottico a 23 km di visibilità è di $\tau = 0.77$) è possibile effettuare l'integrazione usando il metodo delle quadrature. Allora l'equazione integrale si riduce a

$$\mathbf{g} = \mathbf{Af}. \tag{11.119}$$

Alle lunghezze d'onda assorbenti, il kernel dell'aerosol varia molto lentamente in funzione della lunghezza d'onda e dell'angolo di diffusione γ. Di conseguenza le righe della matrice, ciascuna delle quali per differenti valori di λ e di γ, o di entrambi, sono molto simili il che causa un tipico problema mal posto che richiede di essere risolto mediante adeguata regolarizzazione.

Applicando la forma sviluppata da Twomey [123] che introduce un moltiplicatore di Lagrange κ invece di minimizzare $(\mathbf{Af} - \mathbf{g})^2$, attraverso il metodo dei minimi quadrati, minimizzeremo $|\mathbf{Af} - \mathbf{g}|^2 + \kappa p(\mathbf{f})$ dove $p(\mathbf{f})$ è una misura scalare non negativa della deviazione rispetto alla forma liscia (smoothness) di $\mathbf{f}$, nel senso che quando $\mathbf{f}$ diventa completamente liscia $p(\mathbf{f}) \to 0$. κ varia da 0 a ∞.

Molte misure di una funzione non liscia sono forme quadratiche di $\mathbf{f}$ che possono essere scritte $\mathbf{f}^T\mathbf{Hf}$ in cui $\mathbf{H}$ è una matrice quasi diagonale data da: $\mathbf{H} = \mathbf{K}^T\mathbf{K}$. $\mathbf{K}$ è tale per cui $\mathbf{Kf}$ contiene gli elementi che sono quadrati e sommati per dare p.

Una volta che è stata trovata una espressione esplicita di $\mathbf{H}$ si minimizza $p = \mathbf{f}^T\mathbf{Hf}$, soggetto al vincolo che $|\mathbf{Af} - \mathbf{g}|^2 \le \mathbf{e}^2$ il che significa minimizzare $\mathbf{f}^T\mathbf{Hf}$ mantenendo costante $(\mathbf{Af} - \mathbf{g})^T(\mathbf{Af} - \mathbf{g})$. La soluzione si ottiene trovando un estremo di $(\mathbf{Af} - \mathbf{g})^T(\mathbf{Af} - \mathbf{g}) + \kappa\mathbf{f}^T\mathbf{Hf}$.

$$\frac{\partial}{\partial f}\left\{\mathbf{f}^T\mathbf{A}^T\mathbf{Af} - \mathbf{g}^T\mathbf{Af} - \mathbf{f}^T\mathbf{A}^T\mathbf{g} + \kappa\mathbf{f}^T\mathbf{Hf}\right\} = 0 \tag{11.120}$$

oppure:

$$\mathbf{e}^T(\mathbf{f}^T\mathbf{A}^T\mathbf{Af} - \mathbf{A}^T\mathbf{g} + \kappa\mathbf{Hf}) - (\mathbf{f}^T\mathbf{A}^T\mathbf{A} - \mathbf{g}^T\mathbf{A} + \kappa\mathbf{f}^T\mathbf{H})\mathbf{e} = 0. \tag{11.121}$$

Siccome il secondo termine è la trasposta del primo, se la somma è uguale a zero questo termine è zero e quindi

$$\mathbf{f} = (\mathbf{A}^T\mathbf{A} + \kappa\mathbf{H})^{-1}\mathbf{A}^T\mathbf{g}. \tag{11.122}$$

Come abbiamo visto il punto cruciale per un procedimento di inversione è quello di analizzare l'errore, per cui l'espressione 11.119 deve essere riscritta nel seguente modo:

$$\mathbf{g} + d\mathbf{g} = \mathbf{A}\mathbf{f} \tag{11.123}$$

e quindi

$$\mathbf{f} = (\mathbf{A}^T\mathbf{A} + \kappa\mathbf{H})^{-1}\mathbf{A}^T(\mathbf{g} + d\mathbf{g}). \tag{11.124}$$

La matrice $\mathbf{H}$ smorza l'oscillazione del vettore soluzione e, in base alla scelta effettuata sulla sua forma, minimizza sia la norma delle differenze seconde o la norma delle differenze prime della soluzione. Il moltiplicatore di Lagrange κ deve essere scelto sulla base di un compromesso tra la stabilità dell'inversione e la sua sensibilità a catturare la variazione della distribuzione verticale dal profilo di riferimento scelto.

Il confronto tra la variazione stimata e quella vera è effettuato valutando la norma dell'errore del valore ottenuto dalla inversione con e senza l'errore $d\mathbf{g}$:

$$\frac{||(\mathbf{A}^T\mathbf{A} + \kappa\mathbf{H})^{-1}\mathbf{A}^T(\mathbf{g} + d\mathbf{g}) - \mathbf{f}||}{||(\mathbf{A}^T\mathbf{A} + \kappa\mathbf{H})^{-1}\mathbf{A}^T\mathbf{g} - \mathbf{f}||} \tag{11.125}$$

che sono controllate in funzione del moltiplicatore di Lagrange.

Stephens e Heidinger [114] hanno dimostrato che la crescita delle linee di assorbimento della banda dell'Ossigeno sotto l'influenza della diffusione multipla permette di estrarre delle informazioni attorno alla diffusione delle particelle che producono questo assorbimento. In un susseguente articolo Heidinger e Stephens [48] introducono la metodologia per calcolare la presenza di uno strato di aerosol o di nube attraverso la variazione delle linee di assorbimento della banda dell'ossigeno.

Essi assumono che usando la forma della linea di Lorentz e assumendo che l'assorbimento non è dominante nel centro della linea, lo spessore ottico alla cima dell'atmosfera ad un livello a pressione p è dato da

$$\tau(p) = \left(\frac{Sr\alpha_i}{2g\pi v^2 p_0^2}\right) p^2 = \tau^* p^2 \tag{11.126}$$

dove r è il rapporto di mescolamento del gas, S è la forza della linea, α è la semiampiezza di Lorentz, g è il fattore di asimmetria della funzione di fase, p_0 è la pressione al suolo, τ^* è lo spessore ottico di tutta la colonna atmosferica e v è il numero d'onda in cm^{-1}. Il confronto tra la lo spettro della banda simulata usando il calcolo linea per linea e quello ottenuto dalla relazione 11.126 indica che quest'ultima cattura la crescita dell'assorbimento quando lo spessore ottico dell'Ossigeno cresce.

Consideriamo la teoria di diffusione singola applicata ad uno strato con profondità ottica τ, la cui pressione alla sommità sia data da p_{top} e la pressione alla base dello strato sia p_b situato su di una superficie con una albedo a_s. Se si assume che, entro lo strato, la diffusione è distribuita uniformemente con la pressione e che la distribuzione verticale dell'assorbimento gassoso è dato da 11.126, alla cima dello strato avremo che la radianza è data da:

$$
\begin{aligned}
I(\mu,0) = \tilde{\omega}_0 F_0 \frac{P(\mu,\mu_0)}{4\pi} \frac{\tau}{\Delta p} \\
\times \left[\frac{1}{2}\sqrt{\frac{\pi}{m\tau_{O_2}^*}} \exp\left(\frac{(\frac{m\tau}{\Delta p})^2 4m^2 \tau_{O_2}^* p_{top}}{4m\tau_{O_2}^*} \right) erf\left(p\sqrt{m\tau_{O_2}^*} + \frac{m\tau}{2\sqrt{m\tau_{O_2}^*}} \right) \right]\Bigg|_{p_{top}}^{p_b} \\
+ \frac{a_s}{\pi} F_0 \exp(-m\tau(p_s))
\end{aligned}
\tag{11.127}
$$

dove F_0 è la radiazione solare alla cima dell'atmosfera, μ è l'angolo di osservazione zenitale, μ_0 è l'angolo zenitale solare, m è il fattore di massa d'aria, $P(\mu,\mu_0)$ è la funzione di fase delle particelle, ω_0 è l'albedo di diffusione singola, Δp è lo spessore della pressione dello strato diffondente, p_s è la pressione al suolo.

Per invertire questa relazione dobbiamo definire un vettore $\tilde{\mathbf{x}}$ che è dato dalle proprietà di diffusione dello strato date da τ, g, ω_0; dalle proprietà di diffusione della superficie a_s e dalle proprietà geometriche dello strato rappresentato da p e Δp.

$$
\tilde{\mathbf{x}} = (\tau, g, \omega_0, p, \Delta p, a_s).
\tag{11.128}
$$

L'osservabile $\mathbf{y}$ è data da riflettanza spettrale rispetto al continuo in cui $\tau_{O_2} = 0$.

Utilizzando il metodo dello stimatore ottimale di Rodgers (1976) per cercare di minimizzare una funzione costo $\mathbf{J}$, avremo:

$$
\mathbf{J} = (\tilde{\mathbf{x}} - \mathbf{x}_{ap})^T \mathbf{S}_{ap}^{-1}(\tilde{\mathbf{x}} - \mathbf{x}_{ap}) + [\mathbf{y} - \mathbf{f}(\tilde{\mathbf{x}})]^T \mathbf{S}_y^{-1}[\mathbf{y} - \mathbf{f}(\tilde{\mathbf{x}})]
\tag{11.129}
$$

dove il primo termine rappresenta i vincoli introdotti dai dati a priori caratterizzati dalla matrice di covarianza degli errori $\mathbf{S}_{ap}$. Il secondo termine è il contributo della radianza simulata $\mathbf{f}(\tilde{\mathbf{x}})$. $\mathbf{S}_y$ rappresenta la matrice degli errori della misura vera e di quella simulata.

Per minimizzare la funzione costo Heidinger e Stephens [48] hanno usato un metodo iterativo di Newton così che il vettore $\tilde{\mathbf{x}}$ è aggiornato per ciascuna iterazione attraverso una espressione di questo tipo:

$$
\delta \mathbf{x}_{i+1} = \mathbf{A}\mathbf{K}^{-1}(\mathbf{y} - \mathbf{f}^i) + (\mathbf{I} - \mathbf{A})(\mathbf{x}_{ap} - \mathbf{x}_i)
\tag{11.130}
$$

dove $\mathbf{K}$ è la matrice kernel che contiene la sensibilità di ciascuna misura simulata per ciascun parametro ottenuto attraverso l'inversione

$$
\mathbf{K} = \frac{d\mathbf{f}(\tilde{\mathbf{x}})}{d\tilde{\mathbf{x}}}
\tag{11.131}
$$

e $\mathbf{A}$ è la matrice di risoluzione del modello ([83]) data da:

$$\mathbf{A} = \frac{\mathbf{K}_i^T \mathbf{S}_y^{-1} \mathbf{K}_i}{\mathbf{S}_x^{-1}} \tag{11.132}$$

in cui $\mathbf{S}_c$ è la covarianza dell'errore del vettore $\tilde{\mathbf{x}}$ che è espresso come:

$$\mathbf{S}_x = (\mathbf{S}_{ap}^{-1} - \mathbf{K}^T \mathbf{S}_y^{-1} \mathbf{K})^{-1}. \tag{11.133}$$

La qualità del valore ottenuto dalla inversione sta nel modello diretto appropriato e da una stima significativa delle sorgenti di errore che contribuiscono a $\mathbf{S}_{ap}$ e $\mathbf{S}_y$.

11.4 Applicazioni di problemi inversi in geofisica della Terra solida: Tomografia sismica

Il principio su cui si basa la tomografia sismica assomiglia a quello usato in medicina e noto come TAC (Tomografia Assiale Computerizzata) con la differenza che le traiettorie della prima sono curvilinee, mentre nella seconda le traiettorie, data anche la breve distanza, in prima approssimazione, sono rettilinee. Inoltre nel caso della tomografia sismica le quantità osservate sono i tempi di arrivo delle onde sismiche, mentre per la TAC si analizzano le attenuazioni dei raggi X che attraversano i tessuti che hanno una diversa densità elettronica.

Prima di affrontare il problema della tomografia sismica, riprendiamo i concetti descritti nel capitolo dei modelli diretti relativi alle equazioni iconali. Per un mezzo isotropico elastico queste equazioni, per le onde P e le onde S si semplificano e nella forma finale (vedere [17]) possono essere scritte come

$$|\mathbf{p}|^2 = V^{-2}(\mathbf{x}). \tag{11.134}$$

La velocità di fase può essere sia quella delle onde P sia delle onde S ed è indipendente dalla normale del fronte d'onda $\mathbf{n}$. Come suggerisce Cerveny [17] ogni soluzione che soddisfa la 11.134 soddisfa anche la soluzione più generale

$$F(|\mathbf{p}|^2) = F(V^{-2}(\mathbf{x})) \tag{11.135}$$

dove $F(x)$ è una funzione continua in cui la derivata prima $F'(x)$ soddisfa alla relazione $xF'(x) > 0$ nella regione di interesse. In particolare è utile scegliere l'Hamiltoniana seguente

$$\mathcal{H}_n(\mathbf{x}, \mathbf{p}) = \frac{1}{n}(|\mathbf{p}|^n - V^{-n}(\mathbf{x})) = 0 \tag{11.136}$$

con n intero. Per $n = 0$ si prenda il limite che va a zero della Hamiltoniana

$$\mathcal{H}_0(\mathbf{x}, \mathbf{p}) = \lim_{n \to 0} \mathcal{H}_n(\mathbf{x}, \mathbf{p}) = \ln|\mathbf{p}| + \ln V(\mathbf{x}) = 0. \tag{11.137}$$

Le equazioni del raggio per l'equazione iconale 11.136 sono allora:

$$\frac{d\mathbf{x}}{d\sigma} = |\mathbf{p}|^{n-2}\mathbf{p}$$
$$\frac{d\mathbf{p}}{d\sigma} = \frac{1}{n}\frac{\partial V^{-n}(\mathbf{x})}{\partial \mathbf{x}} \qquad (11.138)$$
$$\frac{dT}{d\sigma} = |\mathbf{p}|^{n}.$$

L'ultima di queste equazioni mostra il significato fisico del parametro di flusso σ per i valori che n può assumere. Se $n = 0$ è eguale al tempo di tragitto come nel caso generale elastico; per $n = 1$ misura la distanza lungo la curva. Talvolta si usa il valore di $n = 2$ per semplificare la prima delle equazioni di cui sopra.

Definizione della configurazione usata

Studiamo ora la tomografia sismica nel dominio spaziale e angolare, di un mezzo isotropo, mettendoci nelle condizioni di avere una configurazione a due pozzi localizzati in un mezzo 2-D. Ognuno di essi viene caratterizzato dalle coordinate spaziali $\mathbf{x}(x,z)$. La sorgente sarà posizionata ad $x = x_s$ e il pozzo ricevitore a $x = x_r$. Se la velocità di fase è $V(\mathbf{x})$, le variazioni spaziali della velocità possono essere parametrizzate da un insieme di funzioni $B_j(\mathbf{x})$ e un insieme di coefficienti $\mathbf{c} = c_j$:

$$\ln V[\mathbf{c}](\mathbf{x}) = \ln V_0(\mathbf{x}) + \sum_j c_j B_j(\mathbf{x}) \qquad (11.139)$$

dove $V_0(\mathbf{x})$ è un modello di riferimento arbitrario. Le funzioni per $B_j(\mathbf{x})$ possono essere funzioni di Fourier, polinomi di Chebyshev, splines ecc. L'uso del logaritmo semplifica le equazioni.

L'Hamiltoniana del tracciamento del raggio è data dalla relazione 11.136, con una dipendenza esplicita su $\mathbf{c}$ ed è:

$$\mathcal{H}[\mathbf{c}](\mathbf{x},\mathbf{p}) = \ln|\mathbf{p}| + V[\mathbf{c}](\mathbf{x}) = 0 \qquad (11.140)$$

dove il vettore lentezza $\mathbf{p} = (p_x, p_z)$. Il parametro di scelta per il flusso è equivalente al tempo di tragitto T.

La derivata parziale dell'Hamiltoniana per il parametro del mezzo c_j è una espressione del tipo:

$$\frac{\partial \mathcal{H}[\mathbf{c}](\mathbf{x},\mathbf{p})}{\partial c_i} = B_i(\mathbf{x}) \qquad (11.141)$$

il che spiega le scelte 11.139 e 11.140. I raggi emessi dal pozzo in cui è localizzata la sorgente sono parametrizzati sul tempo di tragitto T_s, profondità della sorgente $\tilde{z}_s$ e angolo iniziale del vettore lentezza $\tilde{\phi}_s = \arctan(p_z/p_x)$.

Le coordinate del campo del raggio emesso nel dominio spazio-angolare sono $(T_s, \tilde{z}_s, \tilde{\phi}_s)$, mentre quelle che raggiungono il ricevitore sono $(T_r, \tilde{z}_r, \tilde{\phi}_r)$.

Tomografia del tempo di percorso

Una equazione alternativa all'ultima delle equazioni della cinematica del raggio 3.28 può essere trovato utilizzando i metodi variazionali ([69]). La derivata del tempo di tragitto lungo il raggio può essere identificata come il Lagrangiano $\mathscr{L}(\mathbf{x},\mathbf{p})$ e può essere espresso nei termini delle variazioni del raggio e della Hamiltoniano:

$$\frac{dT}{d\sigma} = \mathscr{L}(\mathbf{x},\mathbf{p}) = \mathbf{p} \cdot \frac{d\mathbf{x}}{d\sigma} - \mathscr{H}(\mathbf{x},\mathbf{p}). \tag{11.142}$$

Usualmente il dato misurato nella tomografia del tempo percorso è parametrizzato attraverso la profondità della sorgente e del ricevitore $\mathscr{T}^d(\tilde{z}_s,\tilde{z}_s)$ ad esempio riparametrizzando questo dato in termini di coordinate del campo del raggio sorgente:

$$\mathscr{T}^d_s[\mathbf{c}](\tilde{z}_s,\tilde{\phi}_s) = \mathscr{T}^d(\tilde{z}_s,\tilde{z}_r[\mathbf{c}](\tilde{z}_s,\tilde{\phi}_s)). \tag{11.143}$$

Poiché il percorso del raggio dipende da $\mathbf{c}$ anche $\tilde{z}_r$ e $\mathscr{T}^d_s$ dipendono da $\mathbf{c}$.

Il raggio teorico del tempo di percorso $\mathscr{T}^m_s$ può essere espresso come un integrale sul percorso del raggio usando il parametro di flusso T_s. Allora usando la equazione 11.142 avremo:

$$\mathscr{T}^m_s[\mathbf{c}](\tilde{z}_s,\tilde{\phi}_s) = \int \left(\mathbf{p} \cdot \frac{d\mathbf{x}}{dT_s} - \mathscr{H}[\mathbf{c}](\mathbf{x},\mathbf{p}) \right) dT_s \tag{11.144}$$

dove sia $\mathbf{x}$ e $\mathbf{p}$ dipendono da $\mathbf{c}$ mentre $T_s,\tilde{z}_s,\tilde{\phi}_s$ lo sono implicitamente.

Poiché il tempo di tragitto è usato come parametro lungo il raggio, l'integrando è approssimativamente uguale ad 1. L'errore del tempo di tragitto può essere definito da:

$$\Delta \mathscr{T}_s[\mathbf{c}](\tilde{z}_s,\tilde{\phi}_s) = \mathscr{T}^m_s - \mathscr{T}^d_s. \tag{11.145}$$

Applicando la tecnica dei minimi quadrati alla tomografia del tempo di percorso, la funzione costo F può essere definita come:

$$F(\mathbf{c}) = \iint W_s \Delta \mathscr{T}_s d\tilde{z}_s d\tilde{\phi}_s. \tag{11.146}$$

La funzione peso W_s nel dominio $(\tilde{z}_s, \tilde{\phi}_s)$ si può scrivere come

$$W_s[\mathbf{c}](\tilde{z}_s,\tilde{\phi}_s) = W(\tilde{z}_s,\tilde{z}_r)det\left(\frac{\partial(\tilde{z}_s,\tilde{z}_r)}{\partial(\tilde{z}_s,\tilde{\phi}_s)} \right) = W(\tilde{z}_s,\tilde{z}_r)\frac{\partial \tilde{z}_r}{\partial \tilde{\phi}_s}. \tag{11.147}$$

Definendo in questo modo la funzione peso, il gradiente della funzione costo 11.146 non dipende dal sistema di coordinate scelte per il campo del raggio.

Siccome l'obiettivo della tomografia è quello di trovare un insieme di parametri $\mathbf{c}$ che minimizzino la funzione costo 11.146, l'approccio è quello di usare il gradiente della funzione costo rispetto ai parametri del mezzo.

La formulazione classica della tomografia del tempo percorso assume che i punti finali del raggio sono fissi. Il fatto che questo non sia possibile in presenza della caustica è trascurato, perché la tomografia del tempo trascorso non è definita se il numero di arrivi può variare a causa delle perturbazioni del mezzo.

Fissare i punti finali del raggio significa che le derivate parziali sia di W_s sia di $\mathcal{T}_s^d$ rispetto a $\mathbf{c}$ svaniscono. Allora differenziando la 11.146 avremo

$$\frac{\partial F(\mathbf{c})}{\partial c_i} = \iint 2W_s \Delta\mathcal{T}_s \frac{\partial \Delta\mathcal{T}_s[\mathbf{c}](\tilde{z}_s, \tilde{\phi}_s)}{\partial c_i} d\tilde{z}_s d\tilde{\phi}_s. \qquad (11.148)$$

La derivata $\Delta\mathcal{T}_s$ all'interno dell'equazione 11.148 può essere ottenuta derivando la relazione 11.144 ottenendo:

$$\frac{\partial \Delta\mathcal{T}_s[\mathbf{c}](\tilde{z}_s, \tilde{\phi}_s)}{\partial c_i} = \frac{\partial \mathcal{T}_s^m[\mathbf{c}](\tilde{z}_s, \tilde{\phi}_s)}{\partial c_i} = -\int B_i(\mathbf{x}(T_s, \tilde{z}_s \tilde{\phi}_s) dT_s. \qquad (11.149)$$

Tenendo conto della posizione 11.141 otterremo per la relazione 11.148

$$\frac{\partial F(\mathbf{c})}{\partial c_i} = -\iiint 2W_s \Delta\mathcal{T}_s B_i(\mathbf{x}[\mathbf{c}](\mathcal{T}_s, \tilde{z}_s, \tilde{\phi}_s)) dT_s d\tilde{z}_s d\tilde{\phi}_s. \qquad (11.150)$$

Questa espressione è purtroppo di difficile soluzione poiché le funzioni attraverso le quali il mezzo è parametrizzato sono funzioni dei percorsi del raggio che in generale sono curvi.

Per ovviare a questo problema si sfruttano le relazioni tra le coordinate del campo del raggio e quelle di posizione/angolari facendo un cambio di variabili. In questo modo l'integrale sul campo di coordinate del raggio può essere sostituito da quello relativo alle coordinate posizione/angolo usando la relazione che può essere espressa in termini dello Jacobiano $\mathcal{J}_s$:

$$dT_s d\tilde{z}_s d\tilde{\phi}_s = \mathcal{J}_s dx dz d\phi \qquad (11.151)$$

questo porta alla seguente espressione per il gradiente della funzione costo:

$$\mathcal{J}_s[\mathbf{c}](\mathbf{x}, \phi) = det\left(\frac{\partial(T_s, \tilde{z}_s, \tilde{\phi}_s)}{\partial(\mathbf{x}, \phi)}\right). \qquad (11.152)$$

Avremo allora che il gradiente della funzione costo può essere scritto:

$$\frac{\partial F(\mathbf{c})}{\partial c_i} = -\iiint 2W \mathcal{J}^* \Delta\mathcal{T} B_i(\mathbf{x}) dx dz d\phi \qquad (11.153)$$

con

$$\Delta\mathcal{T}[\mathbf{c}](\mathbf{x}, \phi) = \Delta\mathcal{T}_s[\mathbf{c}](\tilde{z}_s(\mathbf{x}, \phi), \tilde{\phi}_s(\mathbf{x}, \phi)) = \Delta\mathcal{T}_r[\mathbf{c}](\tilde{z}_r(\mathbf{x}, \phi), \tilde{\phi}_r(\mathbf{x}, \phi))$$

e

$$\mathcal{J}^*[\mathbf{c}](\mathbf{x}, \phi) = \frac{\partial \tilde{z}_r}{\partial \tilde{\phi}_s} \mathcal{J}_s = \frac{\partial \tilde{z}_s}{\partial \tilde{\phi}_r} \mathcal{J}_r. \qquad (11.154)$$

Allora l'integrale 11.153 è relativamente facile da risolvere, una volta che siano noti i parametri **c** del mezzo. L'uso delle funzioni B_j fa sì che l'integrale sia più efficiente se è limitato entro la validità di B_i.

Guardando la espressione 11.153 vediamo che è costituita da tre Kernels dell'integrale. Il primo di questi è:

$$E(\mathbf{x}, \phi) = 2W \mathscr{J}^* \tag{11.155}$$

che viene chiamato Kernel di sensibilità dell'esperimento perché è determinato da come è disegnato l'esperimento. Gli altri due sono i Kernel di sensibilità della funzione costo, uno nel dominio posizione/angolo

$$K_A(\mathbf{x}, \phi) = E(\mathbf{x}, \phi) \Delta \mathscr{T}(\mathbf{x}, \phi) \tag{11.156}$$

e l'altro nel dominio spaziale

$$K_S(\mathbf{x}) = \int K_A(\mathbf{x}, \phi) d\phi. \tag{11.157}$$

Questi Kernels esprimono la sensibilità della funzione costo ed includono delle informazioni sugli errori che sono insiti nel modello usato e nei dati. Le funzioni di base $B_i(\mathbf{x})$ possono essere sostituite anche con dei polinomi appropriati che dipendono da ϕ.

Analisi alle Componenti Principali

L'analisi alle componenti principali (Principal Component Analysis, PCA) ([55]) è un metodo per analizzare e identificare delle configurazioni caratteristiche nei dati ed esprimerli in modo tale da evidenziarne le similarità e le differenze. Poiché può essere difficile trovare delle configurazioni caratteristiche nei dati, la PCA è uno strumento di analisi potente. Un altro vantaggio della PCA, una volta che sono state trovate le configurazioni caratteristiche, è quello di fare delle compressioni e quindi ridurre il numero dei dati senza perdere informazioni. Il metodo trova le configurazioni spaziali della variabilità, le loro variazioni temporali a dà una misura dell'importanza di ciascuna configurazione. È necessario chiarire che anche se il metodo seleziona i dati in *mode di variabilità* queste mode sono *mode dei dati* e non necessariamente delle *mode fisiche* che invece sono soggetti a interpretazione. Per esaminare la variabilità accoppiata di due campi si usa il metodo SVD la cui analisi identifica solo quelle mode di comportamento in cui le variazione dei due campi sono fortemente accoppianti. In letteratura il metodo PCA viene anche chiamato metodo EOF (Empirical Orthogonal Function). I metodi di analisi sono basati essenzialmente sul calcolo matriciale.

12.1 Le Componenti Principali

Se abbiamo un insieme di dati relative alle variabili $y_1, y_2, \ldots y_m$ dove ciascuna variabile è campionata n volte, cioè abbiamo, ad esempio, m serie temporali ciascuna delle quali contiene n osservazioni nel tempo, l'obiettivo della PCA è quello di catturare, se m è grande, l'essenza dell'insieme di dati attraverso un insieme più piccolo di variabili $z_1, z_2, \ldots z_k$ (cioè $k < m$ e sperabilmente $k \ll m$ per un m veramente grande).

Iniziamo con un approccio geometrico intuitivo, utilizzando due variabili y_1, y_2, rappresentato dalla Fig. 12.1, Pearson [89] ha formulato il problema della PCA come una minimizzazione della somma di r_i^2 dove r_i è la minima distanza dal punto i al primo PCA dell'asse z_1. Lo z_1 ottimale si trova minimizzando $\sum_{i=1}^{n} r_i^2$. Si noti

Guzzi R.: Introduzione ai metodi inversi. Con applicazioni alla geofisica e al telerilevamento.
DOI 10.1007/978-88-470-2495-3_12, © Springer-Verlag Italia 2012

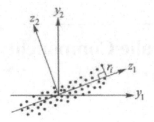

Fig. 12.1 Il PCA è formulato come una minimizzazione della somma dei quadrati di r_i che è la minima distanza dal punto i al primo PCA dell'asse z_1

che mentre la PCA tratta tutte le variabili nello stesso modo, la regressione divide le variabili in indipendenti e dipendenti.

Nelle 3 dimensioni, z_1 è la migliore approssimazione 1-D ai dati, mentre z_1 e z_2 danno la migliore approssimazione al piano 2-D. In generale quando l'insieme di dati è m dimensionale quello che si vuol trovare è l'iperpiano di k dimensioni che dia la migliore approssimazione.

Hotelling [51] ha sviluppato un approccio alla PCA attraverso gli autovettori. Guardando la Fig. 12.2 si fa una trasformazione, nel piano 2-D, dalle vecchie coordinate (y_1, y_2) alle nuove coordinate (z_1, z_2) attraverso una rotazione del sistema di coordinate. Matematicamente corrisponde a:

$$z_1 = y_1 \cos\theta + y_2 \sin\theta$$
$$z_2 = -y_1 \sin\theta + y_2 \cos\theta. \tag{12.1}$$

Nel caso più generale di m dimensioni, introduciamo le nuove coordinate

$$z_j = \sum_{l=1}^{m} e_{jl} y_l \qquad j = 1, \dots m \tag{12.2}$$

l'obiettivo è quello di trovare $\mathbf{e}_1 = [e_1 1, \dots e_{1m}]^T$ che massimizzi la varianza var(z_1), cioè di trovare la trasformazione di coordinate tali per cui la varianza dell'insieme di dati lungo la direzione dell'asse z_1 sia massimizzata. Analogamente per z_2 e per tutte le altre direzioni degli assi, cioè $z_3, z_4 \dots$. Qui di seguito ci limiteremo ai primi due assi ma la procedura è la stessa per gli altri assi. Per z_1 avremo che l'equazione 12.2

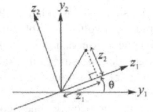

Fig. 12.2 Rotazione degli assi delle coordinate di un angolo θ in uno spazio bidimensionale

si scrive:

$$z_1 = \sum_{l=1}^{m} e_{1l} y_l = \mathbf{e}_1^T \mathbf{y} \qquad \mathbf{y} = [y_1, \ldots y_m]^T. \tag{12.3}$$

Avremo allora che la varianza di z_1 è data da:

$$\text{var}(z_1) = E[(z_1 - \bar{z}_1)(z_1 - \bar{z}_1)^T] = E[\mathbf{e}_1^T (\mathbf{y} - \bar{\mathbf{y}})(\mathbf{y} - \bar{\mathbf{y}})^T \mathbf{e}_1] \tag{12.4}$$

in cui si è usata la proprietà dei vettori $\mathbf{a}^T \mathbf{b} = \mathbf{b}^T \mathbf{a}$. Allora

$$\text{var}(z_1) = \mathbf{e}_1^T E[(\mathbf{y} - \bar{\mathbf{y}})(\mathbf{y} - \bar{\mathbf{y}})^T]\mathbf{e}_1 = \mathbf{e}_1^T \mathbf{S} \mathbf{e}_1 \tag{12.5}$$

dove $\mathbf{S} = E[(\mathbf{y} - \bar{\mathbf{y}})(\mathbf{y} - \bar{\mathbf{y}})^T]$ è la matrice di covarianza.

Più grande è la norma del vettore $\| \mathbf{e}_1 \|$ più grande sarà la $\text{var}(z_1)$. Quindi è necessario introdurre un vincolo del tipo $\| \mathbf{e}_1 \| = 1$, cioè: $\mathbf{e}_1^T \mathbf{e}_1 = 1$. Il problema dell'ottimizzazione è quello di trovare $\mathbf{e}_1$ che massimizza $\mathbf{e}_1^T \mathbf{S} \mathbf{e}_1$ soggetto al vincolo che $\mathbf{e}_1^T \mathbf{e}_1 - 1 = 0$. Per far questo si applica il metodo dei moltiplicatori λ di Lagrange, così che invece di trovare i punti stazionari di $\mathbf{e}_1^T \mathbf{S} \mathbf{e}_1$ si cercano i punti stazionari della funzione di Lagrange $\mathscr{L}$.

$$\mathscr{L} = \mathbf{e}_1^T \mathbf{S} \mathbf{e}_1 - \lambda(\mathbf{e}_1^T \mathbf{e}_1 - 1). \tag{12.6}$$

Differenziando $\mathscr{L}$ per gli elementi di $\mathbf{e}_1$ e ponendo le derivate a zero:

$$\mathbf{S} \mathbf{e}_1 - \lambda \mathbf{e}_1 = 0. \tag{12.7}$$

Cioè λ è un autovalore della matrice di covarianza $\mathbf{S}$, con $\mathbf{e}_1$ l'autovettore. Moltiplicando questa equazione per $\mathbf{e}_1^T$, avremo:

$$\lambda = \mathbf{e}_1^T \mathbf{S} \mathbf{e}_1 = \text{var}(z_1). \tag{12.8}$$

Poiché $\mathbf{e}_1^T \mathbf{S} \mathbf{e}_1$ è massimizzato, lo sono anche $\text{var}(z_1)$ e λ.

Troviamo ora z_2. Come in precedenza il nostro compito è quello di trovare $\mathbf{e}_2$ che massimizza la $\text{var}(z_2) = \mathbf{e}_2^T \mathbf{S} \mathbf{e}_2$ soggetto al vincolo $\mathbf{e}_2^T \mathbf{e}_2 = 1$ e con l'ulteriore vincolo che z_2 sia non correlato con z_1, cioè la covarianza tra z_2 e z_1 è zero, cioè

$$\text{cov}(z_1, z_2) = 0. \tag{12.9}$$

Poiché $\mathbf{S} = \mathbf{S}^T$ possiamo scrivere:

$$
\begin{aligned}
0 = \text{cov}(z_1, z_2) &= \text{cov}(\mathbf{e}_1^T \mathbf{y}, \mathbf{e}_2^T \mathbf{y}) \\
&= E[\mathbf{e}_1^T (\mathbf{y} - \bar{\mathbf{y}})(\mathbf{y} - \bar{\mathbf{y}})^T \mathbf{e}_2] = \mathbf{e}_1^T E[(\mathbf{y} - \bar{\mathbf{y}})(\mathbf{y} - \bar{\mathbf{y}})^T]\mathbf{e}_2 \\
&= \mathbf{e}_1^T \mathbf{S} \mathbf{e}_2 = \mathbf{e}_2^T \mathbf{S} \mathbf{e}_1 = \mathbf{e}_2^T \lambda_1 \mathbf{e}_1 = \lambda_1 \mathbf{e}_2^T \mathbf{e}_1 = \lambda_1 \mathbf{e}_1^T \mathbf{e}_2.
\end{aligned}
\tag{12.10}
$$

Al posto di usare il vincolo dato dalla 12.9 useremo la condizione di ortogonalità

$$\mathbf{e}_2^T \mathbf{e}_1 = 0. \tag{12.11}$$

Introducendo un altro moltiplicatore di Lagrange, γ, avremo:

$$\mathscr{L} = \mathbf{e}_2^T \mathbf{S} \mathbf{e}_2 - \lambda(\mathbf{e}_2^T \mathbf{e}_2 - 1) - \gamma \mathbf{e}_2^T \mathbf{e}_1. \tag{12.12}$$

Differenziando $\mathscr{L}$ per $\mathbf{e}_2$ e ponendo la derivata a zero avremo:

$$\mathbf{S} \mathbf{e}_2 - \lambda \mathbf{e}_2 - \gamma \mathbf{e}_1 = 0. \tag{12.13}$$

Moltiplicando per $\mathbf{e}_1^T$ comporta

$$\mathbf{e}_1^T \mathbf{S} \mathbf{e}_2 - \lambda \mathbf{e}_1^T \mathbf{e}_2 - \gamma \mathbf{e}_1^T \mathbf{e}_1 = 0. \tag{12.14}$$

Dalla relazione 12.10 i primi due termini sono zero, mentre il terzo termine è γ per cui $\gamma = 0$ e la 12.14 si riduce a:

$$\mathbf{S} \mathbf{e}_2 - \lambda \mathbf{e}_2 = 0. \tag{12.15}$$

Ancora λ è un autovalore di $\mathbf{S}$ e $\mathbf{e}_2$ è un autovettore. Poiché

$$\lambda = \mathbf{e}_2^T \mathbf{S} \mathbf{e}_2 = \text{var}(z_2) \tag{12.16}$$

e $\lambda = \lambda_2$ è il più grande possibile compatibilmente con il fatto che $\lambda_2 < \lambda_1$ (il caso in cui $\lambda_2 = \lambda_1$ è un caso degenere che discuteremo poi). Quindi λ_2 è il secondo autovalore di $\mathbf{S}$ più grande possibile, con $\lambda_2 = \text{var}(z_2)$. Questo processo può essere ripetuto per $z_3, z_4 \ldots$.

A questo punto si tratta di riconciliare l'approccio geometrico con quello agli autovettori. La procedura è quella di sottrarre la media $\bar{\mathbf{y}}$ dalla $\mathbf{y}$ così che i dati trasformati sono centrati attorno all'origine con $\bar{\mathbf{y}} = 0$. Poiché nell'approccio geometrico minimiziamo la distanza tra i dati ed i nuovi assi, se il vettore unitario $\mathbf{e}_1$ dà la direzione dei nuovi assi, allora la proiezione dei dati (descritta dal vettore $\mathbf{y}$) su $\mathbf{e}_1$ è $(\mathbf{e}_1^T \mathbf{y})\mathbf{e}_1$. La componente di $\mathbf{y}$ normale a $\mathbf{e}_1$ è $\mathbf{y} - (\mathbf{e}_1^T \mathbf{y})\mathbf{e}_1$. Allora minimizzare la distanza tra i punti e i nuovi assi significa minimizzare

$$\varepsilon = E[\| \mathbf{y} - (\mathbf{e}_1^T \mathbf{y})\mathbf{e}_1 \|^2] \tag{12.17}$$

da cui sviluppando si ottiene:

$$\varepsilon = E[\| \mathbf{y} \|^2 - 2(\mathbf{e}_1^T \mathbf{y})(\mathbf{e}_1^T \mathbf{y}) + (\mathbf{e}_1^T \mathbf{y})\mathbf{e}_1^T \mathbf{e}_1(\mathbf{e}_1^T \mathbf{y})] \tag{12.18}$$

da cui otterremo:

$$\varepsilon = E[\| \mathbf{y} \|^2 - (\mathbf{e}_1^T \mathbf{y})^2] = \text{var}(\mathbf{y}) - \text{var}(\mathbf{e}_1^T \mathbf{y}) \tag{12.19}$$

dove $\text{var}(\mathbf{y}) \equiv E[\| \mathbf{y} \|^2]$ con $\bar{\mathbf{y}}$ che si assume essere zero. Poiché $\bar{\mathbf{y}}$ è costante, minimizzare ε significa massimizzare $\text{var}(\mathbf{e}_1^T \mathbf{y})$ che è equivalente a massimizzare $\text{var}(z_1)$. Quindi l'approccio geometrico di minimizzare la distanza tra i dati e i nuovi assi è equivalente all'approccio degli autovettori nel trovare l'autovalore più grande λ, il che significa: $\max[\text{var}(z_1)]$.

Nella PCA combinata, dove ci sono due o più variabili con unità differenti (ad esempio temperature e pressioni) nella matrice, è necessario standardizzare le variabili. Il processo di standardizzazione dell'insieme di dati si ottiene facendo il rapporto tra il valore ottenuto sottraendo il valor medio dal valori dei dati dell'insieme e la radice quadrata della varianza di quell'insieme. I dati così trattati sono adimensionali così che la matrice di covarianza è la matrice di correlazione ([93]).

Riprendiamo i concetti iniziali e definiamo una struttura nelle cui righe ci sono i dati relativi alla posizione delle varie località e nelle colonne i dati relativi alla serie temporale di quelle località. Questa è un matrice da cui si possono ottenere le PCA.

Assumendo che si abbiano n misure nelle varie località $y_1, y_2, \ldots y_m$ prese ai tempi $t_1, t_2, \ldots t_n$, potremo immagazzinare questi dati in una matrice $\mathbf{Y}$ come n mappe di lunghezza m

$$\mathbf{Y} = \begin{vmatrix} y_{11} & \cdots & y_{1n} \\ \cdots & \cdots & \cdots \\ y_{m1} & \cdots & y_{mn} \end{vmatrix}. \tag{12.20}$$

L'analisi PCA/EOF è effettuata sulla matrice $\mathbf{Y}$. Il modo di ordinare i dati come tempo-posizione in una matrice si chiama analisi S-mode ([93]). Assumiano che sia rimossa la media temporale, cioè:

$$\frac{1}{n} \sum_{i=1}^{n} y_{ji} = 0. \tag{12.21}$$

Allora la matrice di covarianza

$$\mathbf{S} = \frac{1}{n} \mathbf{Y}\mathbf{Y}^T \tag{12.22}$$

è una matrice $m \times m$. Talvolta invece di rimuovere la media temporale si preferisce rimuovere la media spaziale di una immagine da ciascun pixel, usualmente nei dati da satellite. Nel caso che si voglia rimuovere sia la media spaziale che quella temporale, si sottrarrà la media della j esima riga e poi la media della i esima colonna da ciascun dato y_{ji}. Quando $n < m$, sapendo che per la teoria della decomposizione ai valori singolari, SVD, gli autovalori non nulli di $\mathbf{Y}\mathbf{Y}^T$ della matrice $m \times m$ sono esattamente gli autovalori non nulli della $\mathbf{Y}^T\mathbf{Y}$ della matrice $n \times n$, avremo una covarianza alternativa

$$\mathbf{S}' = \frac{1}{n} \mathbf{Y}^T \mathbf{Y}. \tag{12.23}$$

La cui soluzione è

$$\mathbf{S}\mathbf{e}_j = \lambda_j \mathbf{e}_j \tag{12.24}$$

con

$$\mathbf{e}_j = \mathbf{Y}\mathbf{v}_j \tag{12.25}$$

il che significa che $\mathbf{e}_j$ è una autovalore di $\mathbf{S}$. In definitiva risolvere il problema agli autovalori di una matrice più piccola $\mathbf{S}'$ fornisce autovalori $\{\lambda_j\}$ ed autovettori $\{\mathbf{v}_j\}$. Gli autovettori per la matrice più grande si ottengono dalla 12.25.

Invece di risolvere il problema degli autovalori attraverso la matrice di covarianza, si può usare un metodo più efficiente utilizzando la decomposizione ai valori singolari della matrice $\mathbf{Y}$ di dimensioni $m \times n$. Assumendo che $m \geq n$ avremo, vedi equazione 4.26:

$$\mathbf{Y} = \mathbf{U\Sigma V}^T. \tag{12.26}$$

Sapendo inoltre che:

- la matrice $\mathbf{U}$, di dimensioni $m \times m$, contiene una matrice $\mathbf{U}'$ di dimensioni $m \times n$, e, se $m > n$, alcuni vettori colonna nulli;
- la matrice $\mathbf{V}^T$ ha dimensioni $n \times n$;
- entrambi le matrici sono matrici ortonormali per cui $\mathbf{UU}^T = \mathbf{I}$ e $\mathbf{VV}^T = \mathbf{I}$, dove $\mathbf{I}$ è la matrice indentità;
- la colonna estrema di sinistra della matrice $\mathbf{U}$ contiene gli n vettori singolari di sinistra e $\mathbf{V}$ contiene gli n vettori singolari di destra;
- la $\mathbf{\Sigma}$ di dimensioni $m \times n$ contiene la submatrice diagonale $\mathbf{\Sigma}'$ di dimensioni $n \times n$; mentre gli elementi diagonali della $\mathbf{\Sigma}'$ sono i valori singolari.

Utilizzando la relazione 12.26 e relazioni di ortonormalità, potremo scrivere che la matrice di covarianza $\mathbf{S}$ è data da:

$$\mathbf{S} = \frac{1}{n}\mathbf{YY}^T = \frac{1}{n}\mathbf{U\Sigma\Sigma}^T\mathbf{U}^T. \tag{12.27}$$

La matrice $\mathbf{\Sigma\Sigma}^T = \mathbf{\Lambda}$ è diagonale e zero ovunque, tranne nell'angolo sinistro superiore di dimensioni $n \times n$ che contiene $\mathbf{\Sigma}'^2$.

Moltiplicando la 12.27 per $n\mathbf{U}$ avremo:

$$n\mathbf{SU} = \mathbf{U\Lambda} \tag{12.28}$$

in cui la $\mathbf{\Lambda}$ contiene gli autovalori per la matrice $n\mathbf{S}$. Invece di risolvere il problema agli autovalori di 12.28 usiamo la SVD per trovare $\mathbf{U}$ dalla $\mathbf{Y}$ della 12.26. L'equazione 12.28 implica che ci sono solo n autovalori nella $\mathbf{\Lambda}$ dati dalla $n\mathbf{S}'$ e gli *autovalori* $= (valori\ singolari)^2$. Poiché l'equazione 12.28 e quella 12.24 sono equivalenti tranne per la costante n, gli autovalori in $\mathbf{\Lambda}$ sono $n\lambda_j$ con gli autovalori λ_j dati dall'equazione 12.24.

Analogamente vale per la matrice di covarianza $\mathbf{S}'$. Utilizzando la stessa procedura sull'equazione 12.23 otterremo:

$$\mathbf{S}' = \frac{1}{n}\mathbf{V\Sigma}'^2\mathbf{V}^T \tag{12.29}$$

e quindi avremo che:

$$n\mathbf{S}'\mathbf{V} = \mathbf{V\Sigma}'^2 \tag{12.30}$$

da cui ne deriva che il problema agli autovalori 12.30 ha gli stessi autovalori dell'equazione 12.28.

La decomposizione PCA

$$\mathbf{y}(t) = \sum_j \mathbf{e}_j a_j(t) \tag{12.31}$$

è equivalente alla forma matriciale

$$\mathbf{Y} = \mathbf{U}\mathbf{A}^T = \sum_j \mathbf{e}_j \mathbf{a}_j(t) \tag{12.32}$$

dove l'autovettore $\mathbf{e}_j$ è la j esima colonna nella matrice $\mathbf{U}$ e la componente pricipale $a_j(t)$ è il vettore $\mathbf{a}_j(t)$, la j esima colonna nella matrice $\mathbf{A}$. L'equazione 12.26 e la 12.32 fanno sì che

$$\mathbf{A}^T = \boldsymbol{\Sigma}\mathbf{V}^T. \tag{12.33}$$

Quindi con la SVD otteniamo gli autovettori $\mathbf{e}_j$ dalla $\mathbf{U}$ e le componenti principali $a_j(t)$ dalla $\mathbf{A}$ della relazione 12.33. Un'alternativa è quello di moltiplicare la 12.32 per $\mathbf{E}^T$ e usando le relazioni di ortonormalità ottenere

$$\mathbf{A}^T = \mathbf{U}^T\mathbf{Y}. \tag{12.34}$$

Qualora manchino dei dati si può fare una interpolazione oppure si possono usare delle tecniche più sofisticate ([61]). Esiste anche un approccio probabilistico alla CPA di Tipping e Bishop [119] che utilizza un modello di densità Gaussiano. Tale approccio permette di estendere le PCA convenzionali, ad esempio proprio quando mancano i dati.

12.2 La rotazione delle Componenti Principali

Richman [100] ha notato che spesso la mappa per la prima EOF di un insieme di dati può avere un campo unimodale (e si interpreta come una oscillazione unimodale), mentre la struttura della seconda EOF è bimodale (e si interpreta come una oscillazione di-polare). Si suddivida il campo dei dati in due domini e si faccia una analoga analisi EOF su ciascun dominio, separatamente, per valutare la presenza di strutture unipolari o dipolari. Nel caso in cui la suddivisione comporti la scomparsa della struttura unipolare, dominante sull'intero dominio, significa che l'analisi EOF ha mostrato che è sensibile al dominio del modello. Siccome ci sono altre difficoltà che sorgono dalla analisi delle EOF, normalmente, per cercare di superarle, si fa una rotazione degli autovettori. L'operazione di rotazione si fa dapprima conducendo una analisi delle EOF in modo regolare, tenendo alcuni degli autovalori e dei corrispondenti coefficienti di espansione e ricostruendo i dati usando la base troncata. Partendo da questa nuova base si trova una nuova base massimizzando le così dette funzioni di semplicità (varimax, promax, vartmax ecc., [93]).

Ricapitolando: le EOF non ruotate, spesso non sono esente da svantaggi:

- Spesso le mode spaziali del PCA sono legate alle armoniche piuttosto che agli stati fisici. Si dice che c'è una dipendenza dalla forma del dominio.

- Se il dominio è suddiviso in due parti può accadere che la moda di un dominio sia differente dalla moda calcolata per l'intero dominio. Si dice che c'è una instabilità legata al subdominio.
- Se gli autovalori $\lambda_i \approx \lambda_j$ significa che gli autovettori e_i e e_j non possono essere stimati accuratamente. Si dice che c'è una degenerazione.
- Piccole configurazioni locali tendono ad essere ignorate dalla PCA poiché le mode spaziali della PCA tendono ad essere legate alle armoniche spaziali dominanti.

La RPCA tende a migliorare questi punti. La rotazione può anche essere fatta con numeri complessi. Ruotando le EOF questi problemi in parte possono essere superati. Ci sono vari metodi di rotazione, la più usata è quella di fare una rotazione ortogonale, come la rotazione varimax. Con varimax si trova una nuova base ortogonale. Se fare o no la rotazione dipende dai dati e dall'analisi. Se le mode sono fisicamente non interpretabili allora è possibile che non serva la rotazione.

Vediamo ora come avviene la rotazione di vettori e matrici. Data una matrice di P composti dai vettori colonna $p_1, p_2, \ldots p_m$ e una matrice Q contenente i vettori colonna $q_1, q_2, \ldots q_m$, P può essere trasformata in Q attraverso $Q = PR$, cioè

$$q_{il} = \sum_j p_{ij} r_{jl} \qquad (12.35)$$

dove R è una matrice di rotazione con elementi r_{jl}. Quando R è ortonormale, cioè

$$R^T R = I. \qquad (12.36)$$

La rotazione è chiamata rotazione ortonormale e $R^{-1} = R^T$. Se R non è ortonormale la rotazione si chiama obliqua.

Data la matrice Y

$$Y = y_{il} = \left(\sum_{j=1}^{m} e_{ij} a_{jl} \right) = \sum_j e_j a_j^T = UA^T. \qquad (12.37)$$

Riscriviamo

$$Y = URR^{-1}A^T = \tilde{U}\tilde{A}^T \qquad (12.38)$$

dove $\tilde{U} = UR$ e $\tilde{A}^T = R^{-1}A^T$. U è stata ruotata in $\tilde{U}$ e A in $\tilde{A}$. Se R è ortonormale avremo che $\tilde{A} = AR$.

Per vedere le proprietà di ortogonalità degli autovettori ruotati notiamo che

$$\tilde{U}^T \tilde{U} = R^T U^T UR = R^T DR \qquad (12.39)$$

dove la matrice diagonale D è

$$D = \text{diag}(e_1^T e_1, \ldots e_m^T e_m). \qquad (12.40)$$

Se $e_j^T e_j = 1$ per tutti gli j allora $D = I$, allora l'equazione 12.39 si riduce alla

$$\tilde{U}^T \tilde{U} = R^T R = I \qquad (12.41)$$

cioè le $\{\tilde{\mathbf{e}}_j\}$ sono ortonormali. Ne discende che gli autovettori ruotati $\{\tilde{\mathbf{e}}_j\}$ sono ortonormali solo se i vettori originali $\{\mathbf{e}_j\}$ sono ortonormali. Al contrario se $\{\mathbf{e}_j\}$ sono ortogonali ma non ortonormali, allora gli $\{\tilde{\mathbf{e}}_j\}$ in generale non sono ortonormali.

Quando le componenti principali $\{a_j(t_l)\}$ non sono correlate, la matrice di covarianza

$$S_{\mathbf{AA}} = \mathrm{diag}(\alpha_1^2, \ldots \alpha_m^2) \qquad (12.42)$$

in cui $\mathbf{a}_j^T \mathbf{a}_j = \alpha_j$ la matrice di covarianza con le componenti principali ruotate è data da

$$S_{\tilde{\mathbf{A}}\tilde{\mathbf{A}}} = \mathrm{cov}(\mathbf{R}^T \mathbf{A}^T, \mathbf{A}\mathbf{R}) = \mathbf{R}^T \mathrm{cov}(\mathbf{A}^T, \mathbf{A})\mathbf{R} = \mathbf{R}^T S_{\mathbf{AA}} \mathbf{R}. \qquad (12.43)$$

Quindi $S_{\tilde{\mathbf{A}}\tilde{\mathbf{A}}}$ è diagonale solo se $S_{\mathbf{AA}} = \mathbf{I}$, cioè $\mathbf{a}_j^T \mathbf{a}_j = 1$ per tutti i j. Ci sono due casi

- Se scegliamo che $\mathbf{e}_j^T \mathbf{e}_j = 1$ per tutti i j, non possiamo avere $\mathbf{a}_j^T \mathbf{a}_j = 1$ per tutti i j. Questo implica che le $\{\tilde{\mathbf{a}}_j\}$ non sono scorrelate, $\{\tilde{\mathbf{e}}_j\}$ sono ortonormali.
- Se scegliamo che $\mathbf{a}_j^T \mathbf{a}_j = 1$ per tutti i j, non possiamo avere $\mathbf{e}_j^T \mathbf{e}_j = 1$ per tutti i j. Questo implica che $\{\tilde{\mathbf{a}}_j\}$ sono scorrelate, ma $\{\tilde{\mathbf{e}}_j\}$ non sono ortonormali.

Mentre le PCA possono avere le $\{\tilde{\mathbf{e}}_j\}$ ortonormali e le $\{\tilde{\mathbf{a}}_j\}$ ortonormali, le PCA ruotate, chiamate anche RPCA possono possedere solo una delle due proprietà.

Richman [100] ha definito 5 schemi di rotazione ortogonali e 14 rotazioni oblique. Il più popolare di questi schemi si chiama varimax ed è stato definito da Kaiser [58]. Varimax sceglie i primi due autovettori per fare la rotazione. I dati vengono dapprima proiettati sui due autovettori della PCA $\mathbf{e}_j (j = 1, 2)$ per ottenere le prime due componenti principali

$$a_j(t_l) = \sum_i e_{ji} y_{il}. \qquad (12.44)$$

Con l'autovettore ruotato $\tilde{\mathbf{e}}_j$, le componenti principali sono

$$\tilde{a}_j(t_l) = \sum_i \tilde{e}_{ji} y_{il}. \qquad (12.45)$$

Un obiettivo è quello di far sì che $\tilde{a}_j^2(t_l)$ sia il più grande possibile o più prossimo a zero, il che si ottiene massimizzando la varianza del quadrato delle componenti principali ruotate. Geometricamente significa che gli assi ruotati (gli autovettori) puntano più vicino ai dati veri che non gli assi non ruotati.

Il criterio varimax massimizza $f(\tilde{\mathbf{A}}) = \sum_{j=1}^{k} \mathrm{var}(\tilde{a}_j^2)$ cioè

$$f(\tilde{\mathbf{A}}) = \sum_{j=1}^{k} \left\{ \frac{1}{n} \sum_{l=1}^{n} [\tilde{a}_j^2(t_l)]^2 - \left[\frac{1}{n} \sum_{l=1}^{n} \tilde{a}_j^2(t_l) \right]^2 \right\}. \qquad (12.46)$$

Un'alternativa al criterio di massimizzare la varianza del quadrato delle componenti principali ruotate è quello di massimizzare il quadrato degli autovettori ruotati $\tilde{e}_{ji}^2$ cioè

$$f(\tilde{\mathbf{U}}) = \sum_{j=1}^{k} \left\{ \frac{1}{m} \sum_{l=1}^{m} [\tilde{e}_{ji}^2]^2 - \left[\frac{1}{m} \sum_{l=1}^{m} \tilde{e}_{ji}^2 \right]^2 \right\}. \qquad (12.47)$$

12.3 L'analisi alle Componenti Principali in rete

Ci sono vari moduli della PCA scritti in Matlab oppure nel linguaggio equivalenté *public domain* SCILAB e nel linguaggio *R*. Tutti questi comprendono anche le RPCA. Un utile manuale di William W. Hsieh [53] sulle PCA, che peraltro ha scritto un ottimo libro sull'utilizzo delle Machine Learning Methods in campo ambientale, e relativo software può essere trovato a *http : //www.ocgy.ubc.ca/ william/Pubs/ NN.manual2008.pdf*.

13

Kriging e Analisi Oggettiva

Come abbiamo visto i dati sono generalmente misurati in un punto, oppure nel caso dei satelliti sono integrati su di una area. Questi punti sono sparsi e casuali e quindi se si vuole ottenere una informazione sul campo geofisico di interesse debbono essere opportunamente interpolati. Esistono vari metodi che permettono di fare queste operazioni, tra i vari ci sono il Kriging, che nasce in ambito Terra solida e l'Analisi Oggettiva sviluppata in ambito Meteorologico e Oceanografico. Krige [68] sviluppò un metodo di interpolazione, basato sul campionamento, per determinare le dimensione dei bacini minerari mentre Gandin [30] fu il precursore degli stessi studi in meteorologia e oceanografia. Sacks et al. [107] utilizzarono l'interpolazione del Kriging nel campo della simulazione casuale ed in varie applicazioni di tipo deterministico come il disegno dei chips dei computer o nel settore delle automobili.

13.1 Kriging

L'idea di base era che le previsioni potevano erano fatte attraverso delle medie pesate delle osservazioni, in cui il peso dipendeva dalla distanza tra la località in cui si voleva fare la previsione e la località in cui era stata fatta una prospezione. I pesi erano scelti in modo tale da minimizzare la varianza della previsione, cioè i pesi avrebbero dovuto fornire, quando un dato di ingresso era misurato, il miglior stimatore unbiased lineare (detto anche BLUE – Best Linear Unbiased Estimator) del valore d'uscita. Per questa ragione il Kriging è anche chiamato interpolazione ottimale.

La dipendenza dei pesi di interpolazione dalla distanza tra i dati fu matematicamente formalizzata da Matheron [80] introducendo una funzione che egli chiamò *variogramma* che descrive la varianza della differenza tra due osservazioni. Il nome di Kriging fu introdotto da Matheron in onore di Krige che aveva preso il dottorato con lui. Il Kriging è utilizzato nelle ricerche minerarie e successivamente anche anche in meteorologia e oceanografia ed in tutte le applicazioni geostatistiche.

Guzzi R.: Introduzione ai metodi inversi. Con applicazioni alla geofisica e al telerilevamento.
DOI 10.1007/978-88-470-2495-3_13, © Springer-Verlag Italia 2012

Abitualmente il Kriging è applicato nella simulazione deterministica, ma qui invece focalizzeremo il nostro interesse alla simulazione casuale e stocastica.

Il Kriging è un metodo approssimato che può fornire delle previsione di valori incogniti di una funzione casuale, di un campo casuale o di un processo casuale. Esso assume che più vicini sono i dati di ingresso più sono positivamente correlati gli errori della previsione. Da un punto di vista matematico questa assunzione è data dalla covarianza del secondo ordine. Le aspettazioni delle osservazioni sono costanti e non dipendono dalla località (valori in ingresso) e le covarianze delle osservazioni dipendono solo dalle distanze tra le osservazioni. Il criterio di previsione è basato sull'errore quadratico medio minimo. Il risultato fornisce un metamodello stimato tale che le osservazioni più vicine al dato di previsione fanno sì il predittore abbia un peso maggiore. Un predittore è un operatore che una volta che sono state fornite i dati di input e quelli di output passati dà una stima dell'output presente. La parola metamodello è stata definita da Kleijnen et al. [66] e definisce una approssimazione della vera funzione di input-output definita da un modello di simulazione; un esempio di metamodello è la regressione di un polinomio di primo grado della funzione di una simulazione di una coda. Un metamodello tratta il modello di simulazione come un *black box*. Esso è uno strumento per la sperimentazione sistematica e l'analisi di un modello di simulazione. La metamodellazione consiste nella costruzione di una collezione di concetti all'interno di un certo dominio. Un modello è un'astrazione di fenomeni in un mondo reale: un metamodello un'ulteriore astrazione, che evidenzia le proprietà del modello stesso. Un modello è conforme al suo metamodello alla stessa maniera in cui un programma per computer è conforme alla grammatica del linguaggio di programmazione in cui è scritto.

Come abbiamo detto prima un ruolo cruciale ha il *variogramma*: un diagramma della varianza delle differenze tra le misure fatte in due località, vedere Fig. 13.1. L'assunzione di una covarianza stazionaria del secondo ordine implica che il variogramma è una funzione della distanza h tra le due località. Il concetto di stazionarietà implica che i campioni appartengano alla stessa distribuzione di probabilità.

Da un punto di vista formale un processo casuale può essere descritto dalla funzione casuale $\mathbf{Z}(\mathbf{s})$ con $\mathbf{s} \in D$ dove D è un sottoinsieme fissato di $\mathscr{R}^d$ ([20]).

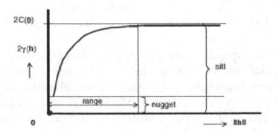

Fig. 13.1 Esempio di variogramma [66]

Ci sono vari tipi di Kriging ma qui riporteremo solo quello che si chiama *Kriging ordinario* che è basato sulle seguenti due assunzioni:

- *Assunzione del modello.* Il processo casuale consiste di una costante μ e di un termine di errore $\delta(\mathbf{s})$:

$$\mathbf{Z}(\mathbf{s}) = \mu + \delta(\mathbf{s}) \qquad con \qquad \mathbf{s} \in D, \mu \in \mathscr{R}. \tag{13.1}$$

- *Assunzione del predittore.* Il predittore per il punto $\mathbf{s}_0$, indicato con $p(\mathbf{Z}(\mathbf{s}_0))$, è una funzione lineare pesata relativa a tutti i dati di output osservati

$$p(\mathbf{Z}(\mathbf{s}_0)) = \sum_{i=1}^{n} \lambda_i \mathbf{Z}(\mathbf{s}_i) \qquad con \qquad \sum_{i=1}^{n} \lambda_i = 1. \tag{13.2}$$

Il valore di λ_i è ottenuto mediante la minimizzazione dell'errore quadratico medio σ_e^2 definito come:

$$\sigma_e^2 = E[\{\mathbf{Z}(\mathbf{s}_0) - p(\mathbf{Z}(\mathbf{s}_0))\}^2]. \tag{13.3}$$

Tenendo conto del vincolo $\sum_{i=1}^{n} \lambda_i = 1$ ed utilizzando il moltiplicatore di Lagrange m possiamo scrivere l'errore nella previsione come:

$$E[\{\mathbf{Z}(\mathbf{s}_0) - \sum_{i=1}^{n} \lambda_i \mathbf{Z}(\mathbf{s}_i)\}^2] - 2m[\sum_{i=1}^{n} \lambda_i - 1]. \tag{13.4}$$

Per minimizzare la 13.4 si utilizza il variogramma. Per definizione questo è:

$$2\gamma(h) = var[\mathbf{Z}(\mathbf{s}+\mathbf{h}) - \mathbf{Z}(\mathbf{s})] \tag{13.5}$$

dove $\mathbf{h} = \mathbf{s}_i - \mathbf{s}_j$, con $\mathbf{h} \in \mathscr{R}^d$ e $i, j = 1, 2 \ldots n$. La condizione $\sum_{i=1}^{n} \lambda_i = 1$ implica che:

$$E\left[\left\{\mathbf{Z}(\mathbf{s}_0) - \sum_{i=1^n} \lambda_i \mathbf{Z}(\mathbf{s}_0)\right\}^2\right] = -\sum_{i=1}^{n}\sum_{j=1}^{n} \lambda_i \lambda_j \frac{(\mathbf{Z}(\mathbf{s}_i) - \mathbf{Z}(\mathbf{s}_j))^2}{2}$$
$$+ 2\sum_{i=1}^{n} \lambda_i \frac{(\mathbf{Z}(\mathbf{s}_0) - \mathbf{Z}(\mathbf{s}_i))^2}{2}. \tag{13.6}$$

Sotto le condizioni del modello 13.1, l'equazione 13.4 diviene:

$$-\sum_{i=1}^{n}\sum_{j=1}^{n} \lambda_i \lambda_j \gamma(\mathbf{s}_i - \mathbf{s}_j) + 2\sum_{i=1}^{n} \lambda_j \gamma(\mathbf{s}_0 - \mathbf{s}_i) - 2m(\sum_{i-1}^{n} \lambda_i - 1) \tag{13.7}$$

differenziando rispetto a $\lambda_1, \lambda_2, \ldots \lambda_n$ e a m; eguagliando il risultato a zero, avremo

$$-\sum_{j=1}^{n} \lambda_j(\mathbf{s}_i - \mathbf{s}_j) + \gamma(\mathbf{s}_0 - \mathbf{s}_i) - -m = 0 \qquad con \, i = 1, 2 \ldots n. \tag{13.8}$$

Cioè i valori ottimali $\lambda_1, \lambda_2, \ldots \lambda_n$ possono essere ottenuti da:

$$\lambda_O = \Gamma_O^{-1} \gamma_O \tag{13.9}$$

dove

$$\lambda_O \equiv (\lambda_1, \lambda_2, \ldots \lambda_n, m)^T \tag{13.10}$$

$$\gamma_O \equiv (\gamma(s_0 - s_1) \ldots \gamma(s_0 - s_n), 1)^T \tag{13.11}$$

$$\Gamma \equiv \begin{cases} \gamma(s_i - s_j) & i = 1, 2 \ldots n, j = 1, 2 \ldots n \\ 1 & i = n+1, j = 1, 2 \ldots n \\ 0 & i = n+1, j = n+1 \end{cases} \tag{13.12}$$

e Γ è una matrice simmetrica $(n+1) \times (n+1)$. Per ottenere una soluzione numericamente stabile talvolta si preferisce usare $\gamma(\mathbf{h}) + c$ per ogni $c \in \mathscr{R}$. Dalla 13.9 si ottengono i coefficienti $\lambda = (\lambda_1, \lambda_2, \ldots \lambda_n)^T$:

$$\lambda^T = \left(\gamma + 1 \frac{1 - \mathbf{1}^T \Gamma^{-1} \gamma}{\mathbf{1}^T \Gamma^{-1} \mathbf{1}} \right)^T \Gamma^{-1} \tag{13.13}$$

e

$$m = - \frac{(1 - \mathbf{1}^T \Gamma^{-1} \gamma)}{(\mathbf{1}^T \Gamma^{-1} \mathbf{1})} \tag{13.14}$$

dove $\gamma = (\gamma(s_0 - s_1) \ldots \gamma(s_0 - s_n))^T$, Γ indica la matrice $n \times n$ il cui elemento (i, j) esimo è $\gamma(s_i - s_j)$ e $\mathbf{1} = (1, 1, \ldots 1)^T$ è il vettore degli uno ([20]). I pesi ottimali del Kriging λ_i, che possono anche essere negativi, dipendono dallo specifico punto s_0 che deve essere previsto, mentre il metamodello della regressione lineare usa parametri stimati fissati.

I pesi ottimali che forniscono l'errore di predizione medio quadratico minimo dato dalla 13.3 diviene:

$$\sigma_e^2 = \lambda_O^T \gamma_O = \sum_{i=1}^{n} \lambda_i \gamma(s_0 - s_i) + m = \lambda^T \Gamma^{-1} \gamma - \frac{(\mathbf{1}^T \Gamma^{-1} \gamma - 1)^2}{(\mathbf{1}^T \Gamma^{-1} \mathbf{1})}. \tag{13.15}$$

In queste equazioni $\gamma(\mathbf{h})$ è sconosciuto. Lo stimatore è:

$$2\hat{\gamma}(\mathbf{h}) = \frac{1}{|N(\mathbf{h})|} \sum_{N(\mathbf{h})} (Z(s_i) - Z(s_j))^2 \tag{13.16}$$

dove $N(\mathbf{h})$ indica il numero di accoppiamenti di $N(\mathbf{h}) = \{(s_i, s_j) : s_i - s_j = \mathbf{h}; i, j = 1, 2 \ldots n\}$ ([80]). Una volta che è stato dato lo stimatore della 13.16 per differenti valori di $\| \mathbf{h} \|$ si stima il variogramma (o semivariogramma) approssimando una curva che passa attraverso i valori stimati $2\gamma(\mathbf{h})$. Questa è la curva 13.1 che ha le seguenti caratteristiche:

- Per grandi valori di $\parallel \mathbf{h} \parallel$, il variogramma $2\hat{\gamma}(\mathbf{h})$ approssima una costante $C(\mathbf{0})$ che si chiama *sill*. Per questi valori di $\parallel \mathbf{h} \parallel$ grandi, tutte le varianze della differerenza $Z(\mathbf{s}+\mathbf{h}) - Z(\mathbf{s})$ sono invarianti rispetto ad $\mathbf{h}$.
- L'intervallo di $\parallel \mathbf{h} \parallel$ in cui la curva cresce (fino al *sill*) si chiama *range o intervallo r*, cioè $C(\mathbf{h}) < \varepsilon$ per $\parallel \mathbf{h} \parallel > r + r_\varepsilon$.
- La curva approssimante non sempre passa per lo zero degli assi. In tal caso l'intercetta positiva viene chiamata *nugget*.

Per approssimare la curva del variogramma gli analisti usano diversi modelli: esponenziali o lineari.

Il modello esponenziale è

$$\gamma(\mathbf{h}) = \begin{cases} c_0 + c_1(1 - \exp(- \parallel \mathbf{h} \parallel a) & \text{se } \mathbf{h} \neq 0 \\ 0 & \text{se } \mathbf{h} = 0. \end{cases} \tag{13.17}$$

dove ovviamente c_0 è il *nugget*, $c_0 + c_1$ è il *sill* e a è il *range*.

Il modello lineare è:

$$\gamma(\mathbf{h}) = \begin{cases} c_0 + c_1 \parallel \mathbf{h} \parallel & \text{se } \mathbf{h} \neq 0 \\ 0 & \text{se } \mathbf{h} = 0 \end{cases} \tag{13.18}$$

dove c_0 è il *nugget*.

Per costruire il variogramma sperimentale si adottano i seguenti criteri:

- si sceglie una direzione arbitraria di una ipotetica griglia, partendo da un punto vicino al valore incognito;
- si prende il primo dei valori limitrofi, se ne fa la differenza e si eleva al quadrato;
- si prende il valore successivo e se ne fa la differenza con quello precedente elevandolo al quadrato e così via;
- si divide il numero ottenuto per due volte il numero di paia di dati;
- si aumenta il passo h;
- si ottiene il grafico del semivariogramma;
- si fa analogamente in una altra direzione, normalmente perpendicolare, poi sulla diagonale;
- si trova il semivariogramma mediante metodi regressivi.

13.2 Analisi Oggettiva

Ci sono vari metodi di analisi oggettiva, ma il più utilizzato è quello che utilizza l'interpolazione di Barnes [6]. Questo metodo è l'interpolazione di una funzione ignota ottenuta da punti di dati, non strutturati dovuti a un insieme di misure, in una funzione analitica di due variabili. Il metodo viene utilizzato nelle previsioni meteorologiche dove le misure sono state fatte da stazioni di monitoraggio le cui posizioni sono vincolate dalla topografia, ma può anche utilizzare dati satellitari. Questa interpolazione è essenziale nella costruzione di *contour plots* che debbono essere visualizzati. Il metodo è basato su di uno schema multi-pass. Questo permette di interpolare dati di stazioni disposte su strutture irregolari costruendo una griglia di dimensioni determinate dalle distribuzioni dei dati bidimensionali. Usando questa griglia vengono calcolati la funzione dei valori per ciascun punto della griglia utilizzando una serie di funzioni Gaussiane, date da una distanza pesata, che permette di determinare la relativa importanza di ogni misura per mezzo della determinazione della funzione dei valori. I passi delle correzione sono fatti in modo da ottimizzare la funzione dei valori, tenendo conto della risposta spettrale dei punti di interpolazione. La procedura è:

- Per una dato punto della griglia i, j la funzione di interpolata $g(x_i, y_i)$ è dapprima approssimata dall'inversa pesata dei punti dei dati. Per far questo si assegna un peso ai valori di ciascuna Gaussiana per ciascun punto della griglia in modo che:

$$w_{ij} = \exp\left(-\frac{r_m^2}{\kappa}\right) \qquad (13.19)$$

dove κ è un parametro di decadimento che controlla la larghezza della funzione di Gauss. Questo parametro è controllato dalla spaziatura caratteristica dei dati. Per una Gaussiana fissata di ampiezza $w_{ij} = \exp(-1)$ avremo un Δn tale che

$$\kappa = 5.052 \frac{2\Delta n^2}{\pi} . \qquad (13.20)$$

La interpolazione lineare per la funzione di valori misurati $f_k(x, y)$ diviene:

$$g_0(x_i, y_j) = \frac{\sum_k w_{ij} f_k(x, y)}{\sum_k w_{ij}} . \qquad (13.21)$$

- La correzione da effettuare nel secondo passo utilizza la differenza tra il campo osservato e i valori interpolati nei punti o i valori misurati per ottimizzare il risultato:

$$g_1(x_i, y_j) = g_0(x_i, y_j) + \sum (f(x, y) - g_0(x, y)) \exp\left(-\gamma \kappa \frac{\pi^2}{\lambda}\right). \qquad (13.22)$$

Sebbene il metodo sia oggettivo, ci sono ancora dei parametri che controllano il campo interpolato. La scelta di Δn, della spaziatura della griglia Δx e di γ possono influenzare il risultato. La spaziatura dei dati usato nell'analisi di Δn può essere scelta sia calcolando il dato sperimentale vero nella spaziatura tra i punti, sia dall'uso di una assunzione di casualità spaziale che dipende dal grado di vicinanza dei dati osservati. Il parametro di lisciatura γ è vincolato tra $0.2 - 1.0$. Per una questione di integrità dell'interpolazione Δx è vincolato tra $0.3 - 0,5$.

13.3 Kriging e Analisi Oggettiva in rete

Ci sono vari codici di calcolo per il Kriging e l'Analisi Oggettiva in rete. Per il Kriging si suggerisce di usare i comandi che si trovano nel GIS GRASS sviluppati per questa applicazione. GRASS (Geographic Resources Analysis Support System) è una applicazione public domani mantenuta da $http: //grass.fbk.eu/$. Un altro pacchetto software è DACE $http: //www2.imm.dtu.dk/hbn/dace/$ che è stato sviluppato sul linguaggio MATLAB. Per ciò che riguarda l'Analisi Oggettiva esiste il package $http: //www.unidata.ucar.edu/software/gempak/$ GEMPAK (General Meteorological Package) fornito da UNIDATA.

Appendici

A

Algoritmi di Minimizzazione

In questo capitolo riportiamo gli algoritmi di minimizzazione più usati, ricordando che vengono continuamente sviluppati nuovi algoritmi, soprattutto in campo fisico (vedasi ad esempio il sito del CERN $http://lcgapp.cern.ch/project/cls/work-packages/mathlibs/minuit/tutorial/tutorial.html$) e geofisico.

Questo capitolo è essenzialmente basato su Bevington [9] e su Press et al. [94].

A.1 Introduzione ai minimi quadrati di una funzione arbitraria

Consideriamo la funzione $y(x)$ con i parametri a_j non lineari, come ad esempio in una funzione trascendentale, o con un picco Gaussiano su di uno sfondo quadratico, oppure ogni altra funzione tale per cui qualcuno dei parametri non possa essere separata in termini differenti da una somma.

La bontà dell'approssimazione è data da:

$$\chi^2 \equiv \sum \{ \frac{1}{\sigma_i^2}[y_i - y(x_i)]^2 \} \tag{A.1}$$

dove σ_i è la deviazione standard per le osservazioni fatte attorno al valore $y(x_i)$ Ci sono tre sorgenti di errore che contribuiscono a dimensionare χ^2:

- i dati y_i sono un campione casuale della popolazione parente con valori aspettati $\langle y_i \rangle$ forniti dalla popolazione parente. Le fluttuazioni degli y_i attorno ai valori $\langle y_i \rangle$ possono essere più grandi o minori di quanto siano le incertezze aspettate σ_i;
- χ^2 è una funzione continua di tutti i parametri a_j;
- la scelta del comportamento funzionale della funzione analitica $y(x)$ come approssimazione della funzione vera $\langle y(x) \rangle$ influirà sull'intervallo dei possibili valori di χ^2.

Non si può dire nulla attorno al contributo del primo punto senza ripetere l'esperimento. I valori ottimali per i parametri a_j possono essere stimati con il metodo dei

Guzzi R.: Introduzione ai Metodi Inversi. Con applicazioni alla geofisica e al telerilevamento.
DOI 10.1007/978-88-470-2495-3_14, © Springer-Verlag Italia 2012

minimi quadrati minimizzando i contributi del secondo punto. Il valore risultante di χ^2 per differenti funzioni $y(x)$ può essere comparato per determinare la forma funzionale per $y(x)$ come nel terzo punto. Bevigton [9] dà una serie di ricette per gestire il problema.

A.1.1 Alla ricerca dei parametri dello spazio n-dimensionale

Il metodo dei minimi quadrati consiste nel determinare i valori dei parametri a_j della funzione $y(x)$ che comporta un minimo per la funzione χ^2.

In generale non è conveniente derivare una espressione analitica per calcolare i parametri di una funzione non lineare. Invece χ^2 si può considerare una funzione continua di n parametri a_j che descrivono una ipersuperfice in uno spazio n-dimensionale nel quale si deve cercare il minimo appropriato per χ^2.

Una delle difficoltà di tale ricerca è che per una arbitraria funzione ci possono essere più di un minimo locale per χ^2 entro un ragionevole intervallo di valori di a_j.

Ci sono vari metodi per ricercare i parametri dello spazio. Questi saranno descritti qui di seguito.

A.1.2 La ricerca della griglia

Se la variazione di χ^2 rispetto a ciascun parametro a_j è del tutto indipendente da quanto bene sono stati ottimizzati gli altri parametri, i valori ottimali possono essere determinati più semplicemente minimizzando il χ^2 rispetto a ciascun parametro separatamente. Mediante iterazioni successive si localizza il minimo per ogni parametro alla volta: il minimo assoluto può essere localizzato con la precisione desiderata. Il principale svantaggio è che se le variazioni del χ^2 con vari parametri non sono indipendenti, allora il metodo può convergere molto lentamente verso il minimo.

La procedura che si applicata alla *ricerca della griglia* consiste in:

- un parametro a_j è incrementato di una quantità Δa_j la cui grandezza è specificata ed il cui segno è scelto in modo tale che il χ^2 decresca;
- il parametro a_j è ripetutamente incrementato della stessa quantità Δa_j finché χ^2 non inizia a crescere;
- assumendo che la variazione del χ^2 vicino al minimo possa essere descritto in termini di una funzione parabolica del parametro a_j, si può usare il valore di χ^2 per gli ultimi tre valori di a_j per determinare il minimo della parabola:

$$a_j(3) = a_j(2) + \Delta a_j = a_j(1) + 2\Delta a_j$$
$$\chi^2(3) > \chi^2(2) \le \chi^2(1);$$

(A.2)

- il minimo della parabola è dato da:

$$a_j(\min) = a_j(3) - \Delta a_j \left[\frac{\chi^2(3) - \chi^2(2)}{\chi^2(3) - 2\chi^2(2) + \chi^2(1)} + \frac{1}{2} \right]; \qquad (A.3)$$

- χ^2 è minimizzato per ciascun parametro per volta;
- la procedura precedente è ripetuta finché l'ultima iterazione porta ad un piccolo decremento nel χ^2.

A.1.3 La ricerca del gradiente

Poiché il metodo della griglia può produrre dei zig zag, esistono dei metodi che ovviano a questo inconveniente. Il metodo della ricerca del gradiente è uno di questi. In questo metodo tutti i parametri a_j sono incrementati simultaneamente con le relative grandezze aggiustate in modo tale che la direzione risultante del cammino nello spazio dei parametri sia lungo il gradiente (o direzione di massima variazione) del χ^2.

Il gradiente $\nabla \chi^2$, o direzione in cui il χ^2 cresce più rapidamente, è un vettore le cui componenti sono eguali alla velocità a cui il χ^2 cresce in quella direzione.

$$\nabla \chi^2 = \sum_{j=1}^{n} \left[\frac{\partial \chi^2}{\partial a_j} \hat{a}_j \right] \qquad (A.4)$$

dove $\hat{a}_j$ indica un vettore unitario.

Per determinare il gradiente la variazione di χ^2 nelle vicinanze del punto di partenza è campionato indipendentemente per ogni parametro in modo tale da avere un valore approssimato della derivata prima.

$$(\nabla \chi^2)_j \simeq \frac{\partial \chi^2}{\partial a_j} \equiv \frac{\chi^2(a_j + f\Delta a_j) - \chi^2(a_j)}{f\Delta a_j}. \qquad (A.5)$$

L'ammontare per cui a_j varia dovrebbe essere più piccolo di Δ_j. La frazione f dovrebbe essere dell'ordine del 10%. In realtà se le dimensione dei vari parametri non sono tutte le stesse, le componenti del gradiente non hanno le stesse dimensioni. Usualmente si definiscono dei parametri senza dimensione b_j mediante la normalizzazione di ciascun parametro a_j rispetto un valore costante Δa_j che caratterizza la variazione del χ^2, allora:

$$b_j = \frac{a_j}{\Delta a_j}. \qquad (A.6)$$

Cioè, per fare gli incrementi nella griglia, possiamo usare i valori di Δa_j che erano stati usati come passo per gli incrementi nella ricerca della griglia. Allora potremo definire un gradiente senza dimensioni γ come

$$\gamma_j = \frac{\frac{\partial \chi^2}{\partial b_j}}{\sqrt{\sum_{k=1}^{n} \left(\frac{\partial \chi^2}{\partial b_k}\right)^2}} \tag{A.7}$$

$$\frac{\partial \chi^2}{\partial b_j} = \frac{\partial \chi^2}{\partial a_j}\Delta a_j.$$

La direzione che il metodo della ricerca del gradiente segue è la direzione della discesa più rapida (*steepest-descent*) che è la direzione opposta del gradiente γ.

La ricerca inizia incrementando tutti i parametri simultaneamente di un ammontare δa_j il cui valore relativo è dato dalla corrispondente componente del gradiente γ e la cui grandezza assoluta è data dalla dimensione della costante Δa_j

$$\delta a_j = -\gamma_j \Delta a_j. \tag{A.8}$$

Il segno meno assicura che il χ^2 decresca. Ci sono parecchie scelte per il metodo di continuità della ricerca del gradiente. Il metodo più diretto è quello di calcolare il gradiente ogni qualvolta si cambia parametro. Uno svantaggio di tale metodo è che è difficile raggiungere la base del minimo asintoticamente o che la soluzione sia la più vicina a quella che si cerca. Un altro svantaggio è che il ricalcolo del gradiente per piccoli passi può risultare inefficiente, mentre per passi larghi può produrre una minore precisione. Un metodo più sofisticato è quello di usare la derivata seconda del χ^2 utilizzano le differenze finite per determinare le modificazione del gradiente lungo il percorso di ricerca.

$$\left.\frac{\partial \chi^2}{\partial a_j}\right|_{a_j + \delta a_j} \simeq \left.\frac{\partial \chi^2}{\partial a_j}\right|_{\delta a_j} + \sum_{k=1}^{n}\left(\frac{\partial \chi^2}{\partial a_j \partial a_k}\delta a_k\right). \tag{A.9}$$

Se la ricerca è vicina al minimo il metodo decrementa il numero di passi necessari a spese della elaborazione. Se la ricerca non è abbastanza vicina al minimo il metodo incrementa il numero di passi richiesto. Il metodo del gradiente prende sostanzialmente le differenze tra numeri quasi eguali, per questa ragione viene accoppiato ad altri metodi.

A.1.4 Estrapolazione di χ^2

Invece di trovare la ipersuperfice χ^2 che rilevi la variazione di χ^2 con i parametri, vogliamo trovare una funzione analitica che descriva la ipersuperfice χ^2 ed usare questa funzione per localizzare il minimo direttamente.

Le differenze relative all'approssimazione usata comportano errori nei valori calcolati dei parametri, ma successive applicazioni del metodo analitico dovrebbero approssimare il minimo di χ^2 con accuratezza crescente.

Il principale vantaggio di tale approccio è che il numero di punti sull'ipersuperfice χ^2 su cui devono essere fatti i conti sarà minore di quelli utilizzati per metodo della griglia o della ricerca del gradiente. La soluzione analitica sceglie il suo passo per cui l'utilizzatore non deve cercare di ottimizzarlo nè deve decidere la sua precisione.

Esistono due metodi:

- espandere la funzione χ^2 usando una espressione analitica per la variazione di χ^2, per localizzare il minimo direttamente;
- espandere la funzione approssimante y(x) come funzione dei parametri a_j in modo da utilizzare l'approssimazione lineare dei minimi quadrati.

A.1.5 Espansione iperbolica di χ^2

Espandiamo la funzione χ^2 mediante una serie di Taylor al primo ordine:

$$\chi^2 = \chi_0^2 + \sum_{j=1}^{n} \left(\frac{\partial \chi_0^2}{\partial a_j} \delta a_j \right) \tag{A.10}$$

dove χ_0^2 è il valore di χ^2 nel punto di partenza in cui la funzione approssimante è $y_0(x)$

$$\chi_0^2 = \sum \left\{ \frac{1}{\sigma_i^2} [y_i - y_0(x_i)]^2 \right\} \tag{A.11}$$

ed i δa_j sono gli incrementi nei parametri a_j per raggiungere il punto in cui y(x) e χ^2 debbono essere valutati.

Usando il metodo dei minimi quadrati, il valore ottimale per i parametri δa_j sono quelli per cui la funzione χ^2 è un minimo nello spazio dei parametri, cioè laddove le derivate di χ^2 rispetto ai parametri sono zero.

$$\frac{\partial \chi^2}{\partial a_k} = \frac{\partial \chi_0^2}{\partial a_k} + \sum_{j=1}^{n} \left(\frac{\partial^2 \chi_0^2}{\partial a_j \partial a_k} \delta a_j \right) = 0 \quad k = 1, n. \tag{A.12}$$

Il risultato è un set di n equazioni lineari in δa_j che possono essere trattate come una equazione matriciale.

$$\beta_k = \sum_{j=1}^{n} (\delta a_j \, \alpha_{jk}) \quad k = 1, n$$
$$\beta = \delta a \alpha \tag{A.13}$$

dove β è una matrice i cui elementi sono eguali (eccetto per il segno) a metà del primo termine dell'equazione A.12 e α è una matrice simmetrica di ordine n i cui elementi sono eguali a metà dei coefficenti di δa_j della seconda equazione A.12

$$\beta_k = -\frac{1}{2}\frac{\partial \chi_0^2}{\partial a_k} \quad \alpha_{jk} = \frac{1}{2}\frac{\partial^2 \chi_0^2}{\partial a_j \partial a_k}. \tag{A.14}$$

A.1.6 Espansione parabolica

La soluzione dell'equazione A.13 è equivalente ad approssimare la ipersuperfice χ^2 con una superficie parabolica anche se la derivata usa solo una espansione al primo ordine di χ^2. Espandendo la χ^2 in serie di Taylor del secondo ordine in funzione dei parametri a_j avremo:

$$\chi^2 = \chi_0^2 + \sum_{j=1}^{n}\left(\frac{\partial \chi_0^2}{\partial a_j}\delta a_j\right) + \frac{1}{2}\sum_{j=1}^{n}\sum_{k=1}^{n}\left(\frac{\partial^2 \chi_0^2}{\partial a_j \partial a_k}\delta a_j \delta a_k\right). \tag{A.15}$$

Il risultato è una funzione che è del secondo ordine nei parametri di incremento δa_j e quindi descrive una ipersurfice parabolica. I valori ottenuti per gli incrementi δa_j sono quelli per cui il χ^2 è un minimo che si ottiene ponendo le derivate a zero.

$$\frac{\partial \chi^2}{\partial \delta a_k} = \frac{\partial \chi_0^2}{\partial a_k} + \sum_{j=1}^{n}\left(\frac{\partial^2 \chi_0^2}{\partial a_j \partial a_k}\delta a_j\right) = 0 \quad k = 1, n \tag{A.16}$$

che è sostanzialmente uguale alla A.12 se i termini di più alto ordine di δa_j sono trascurati.

A.1.7 Matrice degli errori

Se compariamo le soluzioni dell'equazione A.13 con l'analoga soluzione ottenuta per l'approssimazione lineare ai minimi quadrati, la matrice simmetrica $\boldsymbol{\alpha}$ dell'equazione A.13 è la matrice curvatura perché misura la curvatura dell'iperspazio di χ^2. β_k è data dalla derivata di χ_0^2 secondo la relazione:

$$\beta_k \equiv -\frac{1}{2}\frac{\partial \chi_0^2}{\partial a_k} = \sum\left\{\frac{1}{\sigma_i^2}[y_i - y_0(x_i)]\frac{\partial y_0(x_i)}{\partial a_k}\right\} \tag{A.17}$$

che è equivalente alla equazione A.14 eccetto per la sostituzione di $y_i - y_0(x_i)$ ad y_i e per la derivata effettuata sul parametro δa_j.

A.1.8 Metodo di calcolo

La soluzione della matrice A.14 può essere ottenuta mediante l'inversione:

$$\delta\mathbf{a} = \boldsymbol{\beta}\boldsymbol{\varepsilon} \qquad \delta a_j = \sum_{k=1}^{n}(\beta_k\varepsilon_{jk}) \tag{A.18}$$

dove, anche qui, la matrice degli errori è l'inverso della matrice curvatura $\boldsymbol{\varepsilon} = \boldsymbol{\alpha}^{-1}$. In generale la soluzione per δa_j è del tipo:

$$\delta a_j = \frac{|\alpha'|}{|\alpha|} \qquad dove \qquad \begin{cases} \alpha'_{km} = \alpha_{km} \text{ per } m \neq j \\ \alpha'_{kj} = \beta_k \end{cases} \tag{A.19}$$

Se i parametri a_j sono indipendenti l'uno dall'altro allora le derivate parziali $a_{jk}(j \neq k)$ sono 0 ed il denominatore della A.19 è un determinante diagonale. Allora la soluzione si semplifica poiché la equazione A.13 degenera in n equazioni separate.

$$\delta a_j \simeq \frac{\beta_j}{\alpha_{jj}} = -\frac{\frac{\partial \chi_0^2}{\partial a_j}}{\frac{\partial^2 \chi_0^2}{\partial a_j^2}}. \tag{A.20}$$

Gli elementi della relazione A.14 possono essere approssimati determinando la variazione di χ^2 nelle vicinanze del punto di partenza di χ_0^2.

$$\frac{\partial \chi_0^2}{\partial a_j} \simeq \frac{\chi_0^2(a_j + \Delta a_j, a_k) - \chi_0^2(a_j - \Delta a_j, a_k)}{2\Delta a_j}$$

$$\frac{\partial^2 \chi_0^2}{\partial a_j^2} \simeq \frac{\chi_0^2(a_j + \Delta a_j, a_k) - 2\chi_0^2(a_j, a_k) + \chi_0^2(a_j - \Delta a_j, a_k)}{\Delta a_j^2} \tag{A.21}$$

$$\frac{\partial^2 \chi_0^2}{\partial a_j \partial a_k} \simeq \frac{\chi_0^2(a_j + \Delta a_j, a_k + \Delta a_k) - \chi_0^2(a_j + \Delta a_j, a_k) - \chi_0^2(a_j, a_k + \Delta a_k) + \chi_0^2(a_j, a_k)}{\Delta a_j \Delta a_k}.$$

I Δa_j sono i passi che devono essere abbastanza larghi per prevenire errori nei conti e piccoli abbastanza per fornire risposte adeguate vicino al minimo dove la derivate possono cambiare rapidamente con i parametri.

B

Caratteristiche delle matrici

B.1 La matrice inversa

La matrice inversa è unica ed esiste solo nel caso di matrici quadrate con determinante diverso da zero.

La matrice inversa si indica con $\mathbf{K}^{-1}$. Ha come proprietà che $\mathbf{K}\mathbf{K}^{-1} = \mathbf{K}^{-1}\mathbf{K} = \mathbf{I}$, dove $\mathbf{I}$ è la matrice unitaria. La matrice inversa fornisce attraverso la relazione 4.32 la soluzione esatta del sistema descritto dalla 4.25.

B.2 La matrice inversa generalizzata

In matematica la matrice inversa generalizzata o pseudoinversa è una matrice che ha alcune proprietà della matrice inversa di $\mathbf{K}$ ma non necessariamente tutte. Il termine *pseudoinversa* comunemente significa la pseudoinversa di Moore Penrose. La pseudoinversa di Moore Penrose è un modo generale di trovare la soluzione del seguente sistema lineare di equazioni.

$$\mathbf{b} = \mathbf{K}\mathbf{y} \qquad \mathbf{b} \in \mathscr{R}^m; \qquad \mathbf{y} \in \mathscr{R}^n; \qquad \mathbf{K} \in \mathscr{R}^{m \times n}. \tag{B.1}$$

Moore e Penrose hanno mostrato che esiste una soluzione generale di queste equazioni della forma $\mathbf{y} = \mathbf{K}^\dagger \mathbf{x}$. La matrice inversa generalizzata indicata con $\mathbf{K}^\dagger$ è unica e, nel caso del campo dei numeri reali, esiste sempre ed ha le seguenti quattro proprietà:

- $\mathbf{K}\mathbf{K}^\dagger\mathbf{K} = \mathbf{K}$;
- $\mathbf{K}^\dagger\mathbf{K}\mathbf{K}^\dagger = \mathbf{K}^\dagger$;
- $(\mathbf{K}\mathbf{K}^\dagger)^T = \mathbf{K}\mathbf{K}^\dagger$;
- $(\mathbf{K}^\dagger\mathbf{K})^T = \mathbf{K}^\dagger\mathbf{K}$.

Guzzi R.: Introduzione ai Metodi Inversi. Con applicazioni alla geofisica e al telerilevamento.
DOI 10.1007/978-88-470-2495-3_15, © Springer-Verlag Italia 2012

Inoltre la matrice pseudoinversa di Moore Penrose ha le seguenti ulteriori proprietà quando $\mathbf{K}$ è di rango completo:

- $m = n$, $\mathbf{K}^\dagger = \mathbf{K}^{-1}$;
- $m > n$, $\mathbf{K}^\dagger = (\mathbf{K}^T \mathbf{K})^{-1} \mathbf{K}^T$. La soluzione è quella che minimizza la quantità

$$||\mathbf{b} - \mathbf{K}\mathbf{y}||. \tag{B.2}$$

Cioè in questo caso ci sono più equazioni vincolate che variabili libere $\mathbf{y}$. Quindi in generale non è possibile trovare una soluzione di queste equazioni. La pseudoinversa dà la soluzione $\mathbf{y}$ tale per cui $\mathbf{K}^\dagger \mathbf{y}$ è la più prossima (nel senso dei minimi quadrati) alla soluzione desiderata del vettore $\mathbf{b}$;

- $m < n$, $\mathbf{K}^\dagger = \mathbf{K}^T (\mathbf{K}\mathbf{K}^T)^{-1}$. Allora la soluzione di Moore Penrose minimizza la norma 2 di $\mathbf{y}$: $||\mathbf{y}||$. In tal caso ci sono infinite soluzioni e la soluzione di Moore Penrose è la soluzione particolare il cui vettore di norma 2 è minimo.

Se la $\mathbf{K}$ non è di rango completo non si possono usare queste formule ed è meglio calcolare la pseudo-inversa usando la Decomposizione al Valore Singolare(SVD).

L'espressione generale per il calcolo della inversa generalizzata è la seguente:

$$\mathbf{K}^\dagger := \mathbf{C}^T (\mathbf{B}^T \mathbf{K} \mathbf{C}^T)^{-1} \mathbf{B}^T \tag{B.3}$$

dove $\mathbf{C}$ e $\mathbf{B}$ sono matrici rispettivamente composte da r righe e r colonne linearmente indipendenti di $\mathbf{K}$.

Sulla base della Tabella 4.1 avremo:

- per il caso I:

$$\mathbf{K}^\dagger = \mathbf{K}^T (\mathbf{K}\mathbf{K}^T)^{-1}; \tag{B.4}$$

- nel caso III:

$$\mathbf{K}^\dagger = (\mathbf{K}^T \mathbf{K})^{-1} \mathbf{K}^T; \tag{B.5}$$

- l'inversa generalizzata fornisce la soluzione dei minimi quadrati $\mathbf{x}^s$ dell'espressione 4.25. Infatti:

$$\mathbf{x}^s = \mathbf{K}^\dagger \mathbf{y}. \tag{B.6}$$

Poiché la $\mathbf{K}^\dagger$ e la $\mathbf{K}^{-1}$ sono ambedue uniche, la $\mathbf{K}^{-1}$, quando esiste (caso II) coincide con la $\mathbf{K}^\dagger$;

- quando non esiste una soluzione esatta, tipicamente nei casi III e VI, l'inversa generalizzata fornisce la soluzione ai minimi quadrati ed assume rispettivamente le espressioni B.3 e B.5. Quando esistono infinite soluzioni esatte l'inversa generalizzata fornisce tra tutte queste, quella con norma minore ed assume quindi l'espressione B.4.

Accanto alla matrice generalizzata esiste anche la matrice generalizzata debole. Essa viene indicata con $\mathbf{K}^+$, esiste sempre per ogni campo ed è in genere non unica. L'espressione per il calcolo della inversa generalizzata debole è la seguente:

$$\mathbf{K}^+ := \mathbf{L}^T (\mathbf{M}^T \mathbf{K} \mathbf{L}^T)^{-1} \mathbf{M}^T \tag{B.7}$$

dove **L** ed **M** sono matrici generiche delle stesse dimensioni di **C** ed **B** (definizione di $\mathbf{K}^\dagger$, scelte con le uniche condizioni che $det(\mathbf{LC}^T) \neq 0$ e $det(\mathbf{M}^T\mathbf{B}) \neq 0$. Nel caso I l'espressione 4.37 diventa:

$$\mathbf{K}^+ = \mathbf{L}^T(\mathbf{KL}^T)^{-1}. \tag{B.8}$$

Nel caso III la 4.37 diventa:

$$\mathbf{K}^+ = (\mathbf{M}^T\mathbf{K})^{-1}\mathbf{M}^T. \tag{B.9}$$

L'inversa generalizzata debole soddisfa le prime due proprietà di Moore-Penrose. La soluzione $\mathbf{x}^d$ fornita dalle inverse generalizzate deboli:

$$\mathbf{x}^d = \mathbf{K}^+\mathbf{y} \tag{B.10}$$

ha significato matematico negli spazi di Hilbert.

B.2.1 Alcune operazioni con le matrici

Richiamiamo brevemente la diagonalizzazione di una matrice simmetrica e il metodo di scomposizione in valori singolari.

Diagonalizzazione di una matrice

Una matrice simmetrica $\mathbf{A}_{ij} = \mathbf{A}_{ij}^T$ di dimensioni n e rango r ha r autovalori λ^2 ed autofunzioni ϕ.

Le autofunzioni formano una base ortonormale, per cui le matrice **F** da esse composta ha dimensione $n \times r$ ed ha la proprietà:

$$\mathbf{F}^T\mathbf{F} = \mathbf{I}. \tag{B.11}$$

Se **W** è la matrice diagonale di dimensione r composta dagli autovalori, la matrice **A** può essere scomposta in:

$$\mathbf{A} = \mathbf{FWF}^T. \tag{B.12}$$

Decomposizione nei valori singolari

Più in generale una matrice **K** di dimensioni $m \times n$ può essere scomposta nel prodotto di tre matrici:

$$\mathbf{K} = \mathbf{G\Lambda F}^T \tag{B.13}$$

di cui **G** e **F** sono matrici di dimensione $m \times r$ e $n \times r$ rispettivamente, composte da autofunzioni che hanno le proprietà B.11 e Λ è una matrice diagonale di dimensione r composta da autovalori.

Se moltiplichiamo la B.13 per $\mathbf{K}^T$ ne segue:

$$\mathbf{KK}^T = \mathbf{G\Lambda F}^T \mathbf{F\Lambda G}^T = \mathbf{G\Lambda}^2 \mathbf{G}^T$$
$$\mathbf{K}^T\mathbf{K} = \mathbf{F\Lambda G}^T \mathbf{G\Lambda F}^T = \mathbf{F\Lambda}^2 \mathbf{F}^T.$$

(B.14)

Questa diagonalizzazione e la scomposizione in valori singolari forniscono un metodo alternativo per la definizione ed il calcolo della inversa generalizzata.

Infatti è facile verificare che:

$$\mathbf{FW}^{-1}\mathbf{F}^T$$

(B.15)

e

$$\mathbf{F\Lambda}^{-1}\mathbf{G}^T$$

(B.16)

sono rispettivamente le inverse generalizzate di $\mathbf{A}$ e $\mathbf{K}$ in quanto soddisfano alle quattro condizioni di Moore-Penrose.

Utilizzando la B.16 è possibile calcolare la soluzione dei minimi quadrati anche nel caso di $r < \min(m,n)$. Infatti dalla B.16 ne segue:

$$\mathbf{x}^s = \mathbf{F\Lambda}^{-1}\mathbf{G}^T \mathbf{y}.$$

(B.17)

Analogamente utilizzando la B.15 è possibile calcolare la soluzione nel caso di errore fornita dalla matrice di varianza-covarianza anche nel caso di $r < \min(m,n)$. Posto $(\mathbf{K}^T\mathbf{S}^{-1}\mathbf{K}) = \mathbf{FWF}^T$ ne segue:

$$\mathbf{x}^s = \mathbf{FW}^{-1}\mathbf{F}^T\mathbf{K}^T\mathbf{S}^{-1}\mathbf{y}.$$

(B.18)

Dalle espressioni B.17 e B.18 non solo si ottiene una espressione operativa utile, ma si può dedurre una interpretazione istruttiva del risultato.

Se ne deduce che:

- il risultato non può avere piú gradi di libertà del rango della matrice $\mathbf{K}$;
- gli effettivi gradi di libertà, dal punto di vista fisico, sono il numero degli autovalori al di sopra della soglia dell'errore di misura;
- gli autovalori piccoli sono quelli che conducono ai coefficienti più grandi nello sviluppo in serie della soluzione, pertanto le più piccole strutture consentite sono quelle maggiormente amplificate;
- gli autovalori piccoli sono responsabili delle instabilità e dei principali contributi all'amplificazione dell'errori.

B.2.2 Matrici di risoluzione dei dati (DRM)

Sia data la relazione

$$\mathbf{y} = \mathbf{Ax} + \mathbf{b}$$

(B.19)

dove **A** è la matrice disegno (o matrice Jacobiana) contenente le derivate parziali dell'equazione delle osservazioni rispetto ai parametri che si devono determinare; **b** è il termine noto e **y** è il vettore osservazione.

Uno degli strumenti di analisi derivati dalla SVD sono le Matrici di Risoluzione dei Dati (Data Resolution Matrix) (DRM). Per esempio

$$\mathbf{DRM} = \mathbf{U}_r \cdot \mathbf{U}_r^T \qquad (B.20)$$

è un operatore di proiezione nella colonna dello spazio dei dati della matrice disegno. Questa matrice si chiama, in statistica, anche matrice *hat*. La diagonale principale rivela l'importanza delle osservazioni e quindi il livello di sensibilità di certe osservazioni. Gli elementi sulla diagonale si chiamano anche *leverages* (punti di leva). Quindi, valori piccoli indicano che lo stimatore è basato sul contributo di molte osservazioni. Invece, valori grandi, ossia molto vicini a 1, implicano un effetto di leva importante. Un punto con alto *leverage* ha un residuo con varianza piccola (cioè la retta di regressione, nel caso dei minimi quadrati, deve passare vicino a questo punto).

Un altro strumento per la diagnostica il *partial leverage plots*. Quando le variabili esplicative sono più di una, la relazione tra i residui e una variabile esplicativa può essere influenzato per effetto degli altri regressori. Il *partial leverage plots* è usato per misurare il contributo della variabile indipendente al *leverage* di ciascuna osservazione/misura, cioè come variano i valori *hat* quando si aggiunge un regressore al modello.

Il Model Resolution Matrix (MRM) serve invece come operatore proiezione nella riga dello spazio del modello della matrice disegno. MRM può essere usata per indagare la separabilità dei parametri.

B.3 Matrici di Christoffel

La matrice di Christoffel è strettamente legata alla soluzione dell'equazione dell'onda piana 3.19. La matrice indicata con il simbolo $\boldsymbol{\Gamma}$ ha componenti reali dati dalla relazione

$$\Gamma_{ik} = a_{ijkl} p_i p_j \qquad (B.21)$$

ha le seguenti proprietà:

- è simmetrica;

$$\Gamma_{ik} = \Gamma_{ki}; \qquad (B.22)$$

- gli elementi della matrice sono funzioni omogenee di secondo grado di p_i;
- soddisfa alla seguente relazione:

$$p_j \frac{\partial \Gamma_{ik}}{\partial p_j} = 2\Gamma_{ik}; \qquad (B.23)$$

- è definita positiva.

C

Gli integrali di Gauss, da univariati a multivariati

Uno degli argomenti che è poco trattato è quello relativo agli integrali di Gauss e alle tematiche corrispondenti. Qui di seguito daremo una descrizione di cosa sono e come si usano.

C.1 Il caso univariato

Iniziamo introducendo l'integrale di una funzione di Gauss ad una sola variabile, prendendo per semplicità la media o il massimo all'origine ($\mu = 0$).

$$J = \int_a^b \exp\left(-\frac{x^2}{2\sigma^2}\right) dx. \tag{C.1}$$

Nonostante la sua semplicità esiste una soluzione solo se a e b sono $\pm \infty$ o zero. In questo modo il primo passo è quello di considerare il quadrato della equazione C.1, moltiplicando una espressione equivalente avente una variabile dummy y, invece di x.

$$J^2 = \int_a^b \int_a^b \exp\left(-\frac{x^2 + y^2}{2\sigma^2}\right) dxdy. \tag{C.2}$$

Facendo la sostituzione $x = R\cos\theta$ e $y = R\sin\theta$, in modo da cambiare dalle coordinate cartesiane a quelle polari, si può esprimere J^2 come prodotto del seguente integrale doppio che si può risolvere facilmente:

$$J^2 = \int_0^{\theta_{max}} d\theta \int_0^\infty R\exp\left(-\frac{R^2}{2\sigma^2}\right) dR \tag{C.3}$$

Guzzi R.: Introduzione ai Metodi Inversi. Con applicazioni alla geofisica e al telerilevamento.
DOI 10.1007/978-88-470-2495-3_16, © Springer-Verlag Italia 2012

dove θ_{max} è 2π se $a = -\infty$ e $b = +\infty$; $\pi/2$ se essi sono 0 e ∞. Poiché il primo termine a destra si riduce a θ_{max} ed il secondo è uguale a σ^2 si ottiene:

$$J = \int_a^b \exp\left(-\frac{x^2}{2\sigma^2}\right) dx = \sigma\sqrt{2\pi} \tag{C.4}$$

o la sua metà se valutata nell'intervallo semi-infinito.

Per situazioni in cui i limiti non sono $\pm\infty$ o zero l'integrale deve essere risolto numericamente. che spesso viene formalmente definito come *funzione errore*:

$$erf(z) = \frac{2}{\sqrt{\pi}} \int_0^z \exp(-t^2) dt \tag{C.5}$$

che può essere correlata con la equazione C.1 come:

$$J = \int_a^b \exp\left(-\frac{x^2}{2\sigma^2}\right) dx = \sigma\sqrt{\frac{\pi}{2}} \left[erf\left(\frac{b}{\sigma\sqrt{2}}\right) - erf\left(\frac{a}{\sigma\sqrt{2}}\right) \right] \tag{C.6}$$

se $a = -\sigma$ e $b = +\sigma$ l'integrale è uguale al 68% del caso infinito dell'equazione C.4; per 2σ sale al 95%. Quando i limiti stanno al di fuori di $\pm 3\sigma$ (da $x = \mu$) il risultato è virtualmente indistinguibile da $\sigma\sqrt{2\pi}$.

C.2 Estensione bivariata

Consideriamo ora il caso di una Gaussiana bi-dimensionale, avente ancora le origini in x_0 e y_0. Nella sua forma più generale è:

$$G(x,y) = \exp\left[-\frac{1}{2}(Ax^2 + By^2 + Cxy)\right] \tag{C.7}$$

dove le tre coordinate devono soddisfare alle condizioni $A > 0, B > 0, AB > C^2$. Prima di tutto integriamo $G(x,y)$ rispetto ad una variabile. Se scegliamo y la funzione marginale $g(x)$ è:

$$g(x) = \exp\left(-\frac{1}{2}Ax^2\right) \int_{-\infty}^{\infty} \exp\left[-\frac{1}{2}(By^2 - 2Cy)\right] dy. \tag{C.8}$$

L'integrale è più facilmente risolvibile riscrivendo l'esponente come:

$$By^2 + Cxy = B\left(y + \frac{Cx}{B}\right)^2 - \frac{C^2}{B}x^2, \tag{C.9}$$

una manipolazione che viene chiamata *completamento al quadrato*. Sostituendo nella C.8 otteniamo, se integriamo in y, la funzione marginale $g(x)$:

$$g(x) = \exp\left[-\frac{1}{2}(A - \frac{C^2}{B})x^2\right] \int_{-\infty}^{+\infty} \exp\left[-\frac{1}{2}B(y + \frac{Cx}{B})^2\right] dy \qquad (C.10)$$

che ha la stessa soluzione della equazione C.4, a parte un offset $\frac{Cx}{B}$, che non è importante, con $\sigma^2 = \frac{1}{B}$. Allora:

$$g(x) = \int_{-\infty}^{+\infty} G(x,y)dy = \sqrt{\frac{2\pi}{B}} \exp\left[-\frac{x^2}{2\sigma_x^2}\right] \qquad (C.11)$$

dove la varianza è:

$$\sigma_x^2 = \frac{B}{AB - C^2}. \qquad (C.12)$$

Analogamente la funzione marginale per y ha soluzione:

$$g(y) = \int_{-\infty}^{+\infty} G(x,y)dx = \sqrt{\frac{2\pi}{A}} \exp\left[-\frac{y^2}{2\sigma_y^2}\right] \qquad (C.13)$$

con la varianza:

$$\sigma_y^2 = \frac{A}{AB - C^2}. \qquad (C.14)$$

Finalmente integrando la C.11 rispetto ad x e la C.13 rispetto alla y ed usando il risultato della equazione C.4, avremo:

$$\int_{-\infty}^{+\infty} \int_{-\infty}^{+\infty} G(x,y)dxdy = \frac{2\pi}{\sqrt{AB - C^2}}. \qquad (C.15)$$

C.3 Generalizzazione all'integrale multivariato

Passiamo alla generalizzazione della equazione bivariata, scrivendola in modo matriciale.

$$\mathbf{G}(\mathbf{x}) = \exp\left[-\frac{1}{2}\mathbf{x}^T\mathbf{H}\mathbf{x}\right] \qquad (C.16)$$

dove $\mathbf{x}^\mathbf{T} = (x_1, x_2, \ldots x_N)$ ed $\mathbf{H}$ è una matrice reale simmetrica i cui N autovalori λ_j devono essere tutti positivi.

Per valutare l'integrale N-dimensionale $\mathbf{G}(\mathbf{x})$

$$Z = \iint \ldots \int \mathbf{G}(\mathbf{x})d\mathbf{x}_1 d\mathbf{x}_2 \ldots d\mathbf{x}_N \qquad (C.17)$$

si ottiene facendo la seguente sostituzione:

$$\mathbf{x} = \mathbf{Oy} \tag{C.18}$$

dove le colonne della matrice $\mathbf{O}$ sono gli autovettori normalizzati di $\mathbf{H}$. Poiché questi ultimi sono ortonormali tra di loro, questo significa che:

$$(\mathbf{O}^T\mathbf{O})_{ij} = \delta_{ij}$$

$$(\mathbf{O}^T\mathbf{HO})_{ij} = \lambda_j\delta_{ij} \tag{C.19}$$

dove δ_{ij} è uguale ad 1 se $i = j$ e zero se diverso. Con questo cambio di variabili l'esponente dell'equazione C.16 diviene:

$$\mathbf{x}^T\mathbf{Hx} = (\mathbf{Oy})^T\mathbf{HOy} = \mathbf{y}^T\mathbf{O}^T\mathbf{HOy} = \sum_{j=1}^{N}\lambda_j y_j^2 \tag{C.20}$$

così che l'integrale si riduce ad un semplice prodotto di integrali di Gauss uni-dimensionali. Ricordando anche la equazione C.4 avremo:

$$Z = \prod_{j=1}^{N}\int \exp\left[-\frac{1}{2}\lambda_j y_j^2\right]dy_j = \frac{(2\pi)^{N/2}}{\sqrt{\lambda_1\lambda_2\ldots\lambda_N}} \tag{C.21}$$

oppure sostituendo il prodotto degli autovalori con il determinante di $\mathbf{H}$ avremo:

$$Z = \int \exp\left[-\frac{1}{2}\mathbf{x}^T\mathbf{Hx}\right]d^N\mathbf{x} = \frac{(2\pi)^{N/2}}{\sqrt{\det(\mathbf{H})}}. \tag{C.22}$$

Oltre che la costante di normalizzazione o *funzione di partizione*, l'altra quantità che ci interessa è la matrice di covarianza $\boldsymbol{\sigma}^2$. Il suo elemento ij-esimo è formalmente definito come:

$$(\boldsymbol{\sigma}^2) = E[(x_i - x_{0i})(x_j - x_{0j})] \tag{C.23}$$

dove $x_{0j} = E[x_j]$, e il valore di aspettazione di ogni funzione del parametro $f(\mathbf{x})$ è dato dall'integrale multiplo:

$$E[f(\mathbf{x})] = \frac{1}{Z}\int f(\mathbf{x})\exp\left[-\frac{1}{2}\mathbf{x}^T\mathbf{Hx}\right]d^N\mathbf{x}. \tag{C.24}$$

Poiché il massimo o la media della Gaussiana multivariata C.16 è all'origine (così che $x_{0j} = 0$ per tutti i j), l'equazione C.23 diviene:

$$(\boldsymbol{\sigma}^2)_{ij} = \frac{1}{Z}\int x_i x_j \exp\left[-\frac{1}{2}\mathbf{x}^T\mathbf{Hx}\right]d^N\mathbf{x} \tag{C.25}$$

in cui, seguendo Sivia [111], la parte esponenziale della Gaussiana multivariata può essere scritta come:

$$\mathbf{x}^T \mathbf{H} \mathbf{x} = \sum_{l=1}^{N} \sum_{m=1}^{N} H_{lm} x_l x_m. \tag{C.26}$$

Si vede che la parte destra dell'equazione C.25 è legata alla derivata parziale del logaritmo della funzione di partizione

$$-2 \frac{\partial}{\partial H_{ij}} [\ln Z] = \frac{1}{Z} \int x_i x_j \exp\left(-\frac{1}{2} \mathbf{x}^T \mathbf{H} \mathbf{x} \right) d^N \mathbf{x}. \tag{C.27}$$

Allora utilizzando la equazione C.22 e la C.25 otteniamo:

$$(\boldsymbol{\sigma}^2)_{ij} = \frac{\partial}{\partial H_{ij}} [\ln \det(\mathbf{H})]. \tag{C.28}$$

Questa quantità può essere valutata ricordando che il determinante di una matrice è dato dal prodotto scalare di ogni riga, o colonna, con il suo cofattore. Questo significa

$$\frac{\partial}{\partial H_{ij}} [\det(\mathbf{H})] = h_{ij} \tag{C.29}$$

dove h_{ij} è eguale a $(-1)^{j-i}$ volte il determinante della $(N-1)$ matrice quadrata sinistra cancellando la i-esima riga e j-esima colonna di $\mathbf{H}$. Quindi la C.28 diviene

$$(\boldsymbol{\sigma}^2)_{ij} = \frac{h_{ij}}{\det(\mathbf{H})}. \tag{C.30}$$

Poiché stiamo trattando una matrice simmetrica, h_{ij} è anche lo ij-esimo cofattore della trasposta di $\mathbf{H}$, per cui come risultato finale otteniamo:

$$(\boldsymbol{\sigma}^2) = \frac{Adj(\mathbf{H})}{\det(\mathbf{H})} = \mathbf{H}^{-1} \tag{C.31}$$

dove la aggiunta di $\mathbf{H}$ è una matrice che consiste nei cofattori di $\mathbf{H}^T$ Questa soluzione dimostra che la matrice di covarianza è data dall'inversa della matrice simmetrica $\mathbf{H}$.

Matrice dei cofattori

Data una matrice quadrata $\mathbf{A}$ di ordine n, la sua matrice dei cofattori (detta anche matrice dei complementi algebrici), è un'altra matrice quadrata di ordine n la cui entrata nella posizione generica ij è il cofattore o complemento algebrico di $\mathbf{A}$ sempre relativo alla posizione ij, così definito:

$$cof(A_{ij}) := (-1)^{i+j} \cdot \det(minore(\mathbf{A}_{ij})) \tag{C.32}$$

qui il termine $\det(minore(\mathbf{A}_{ij}))$ rappresenta il determinante del minore di $\mathbf{A}$ ottenuto cancellando la riga i-esima e la colonna j-esima. Quindi la matrice dei cofattori è la seguente:

$$
\begin{vmatrix}
cof(A_{11}) & \ldots & cof(A_{1n}) \\
\vdots & \ddots & \vdots \\
cof(A_{n1}) & \ldots & cof(A_{nn})
\end{vmatrix}.
\tag{C.33}
$$

La trasposta della matrice dei cofattori a volte è chiamata matrice aggiunta (anche se questo termine indica normalmente la matrice trasposta coniugata) ed è indicata con l'operatore Adj, dall'inglese $Adjoint\ matrix$. Quindi:

$$
Adj(\mathbf{A}) =
\begin{vmatrix}
cof(A_{11}) & \ldots & cof(A_{n1}) \\
\vdots & \ddots & \vdots \\
cof(A_{1n}) & \ldots & cof(A_{n,n})
\end{vmatrix}.
\tag{C.34}
$$

La matrice dei cofattori trasposta soddisfa le seguenti proprietà:

- $Adj(\mathbf{I}) = \mathbf{I}$;
- $Adj(\mathbf{A} \cdot \mathbf{B}) = Adj(\mathbf{B}) \cdot Adj(\mathbf{A})$;
- se $\mathbf{I}$ la matrice identità, vale l'uguaglianza:

$$
\mathbf{A} \cdot Adj(\mathbf{A}) = Adj(\mathbf{A}) \cdot \mathbf{A} = \det(\mathbf{A}) \cdot \mathbf{I}
$$

  conseguenza dello sviluppo di Laplace;
- quindi se A è invertibile, l'inversa è data da: $\mathbf{A}^{-1} = \det(\mathbf{A})^{-1} \cdot Adj(\mathbf{A})$;
- e $\det(adj(\mathbf{A})) = \det(\mathbf{A})^{n-1}$.

D

Variabili Casuali

Una variabile casuale X è una variabile che prende i suoi valori casualmente. Il modo di specificare la probabilità con cui sono presi i differenti valori è data dalla funzione di distribuzione probabilistica

$$F(X) = Pr(X \leq x) \tag{D.1}$$

o dalla funzione di densità probabilistica

$$f(x) = \frac{dF(x)}{dx} \tag{D.2}$$

la cui inversa è:

$$F(x) = \int_{-\infty}^{X} f(u)du. \tag{D.3}$$

D.1 Valore atteso e statistica delle variabili casuali

Il valore atteso di una variabile casuale è definito come la somma di tutti i valori che la variabile casuale può prendere, ciascuna pesata dalla probabilità con cui il valore è preso. Nel caso in cui la variabile casuale prenda valori su un intervallo continuo, la somma è un integrale. Allora il valore atteso per X è indicato con $E[X]$.

$$E[X] = \int_{-\infty}^{\infty} xf(x)dx. \tag{D.4}$$

Questo è chiamato valor medio di X, la media della distribuzione di X o il primo momento di X. Questo è un ben preciso numero verso cui la media dei numeri di osservazione di X tende, in senso probabilistico, poiché il numero di osservazioni cresce. Un'importante parametro statistico che descrive la distribuzione di X è il suo

Guzzi R.: Introduzione ai Metodi Inversi. Con applicazioni alla geofisica e al telerilevamento.
DOI 10.1007/978-88-470-2495-3_17, © Springer-Verlag Italia 2012

valor medio quadratico, o secondo momento.

$$E[X^2] = \int_{-\infty}^{\infty} x^2 f(x) dx. \tag{D.5}$$

La varianza è la deviazione media quadratica della variabile dalla sua media, ed è:

$$\sigma^2 = \int_{-\infty}^{\infty} (x - E[X])^2 f(x) dx = E[X^2] - E[X]^2. \tag{D.6}$$

La radice quadra della varianza è la deviazione standard della variabile casuale.

La somma delle variabili casuali è uguale alla somma dei valori attesi:

$$E[X_1 + X_2 + \ldots X_n] = E[X_1] + E[X_2] + \ldots E[X_n]. \tag{D.7}$$

Sia che le variabili casuali siano o no indipendenti, il valore atteso del prodotto è il prodotto dei valori attesi.

$$E[X_1 \cdot X_2 \cdot \ldots X_n] = E[X_1] \cdot E[X_2] \cdot \ldots E[X_n]. \tag{D.8}$$

Un concetto molto importante è quella della correlazione statistica tra variabili casuali. Una parziale indicazione del grado a cui una variabile è legata ad un'altra è data dalla *covarianza* che è il valore atteso del prodotto delle deviazioni di due variabili casuali dalla loro media.

$$E[(X - E[X])(Y - E[Y])] = \int_{-\infty}^{\infty} dx \int_{-\infty}^{\infty} dy (x - E[X])(y - E[Y]) f_X(x) f_Y(y)$$
$$= E[XY] - E[X]E[Y]. \tag{D.9}$$

La covarianza normalizzata con le deviazioni standard di X e Y è il coefficiente di correlazione che è una misura della dipendenza lineare tra X e Y.

E

Calcolo differenziale

In questo capitolo trattiamo i vari metodi di calcolo usati nei capitolo dell'Assimilazione in modo da fornire un quadro di riferimento completo ed autoconsistente.

E.1 Metodo delle caratteristiche

Consideriamo le equazioni differenziali parziali della seguente forma:

$$a(x,y)\frac{\partial u}{\partial x} + b(x,y)\frac{\partial u}{\partial y} + c(x,y,)u = 0. \tag{E.1}$$

Con le condizioni al contorno $u(x,0) = f(x)$ dove $u = u(x,y)$ è la funzione incognita che deve essere trovata e le espressioni $a(x,y), b(x,y), c(x,y)$ e $f(x)$ sono date.

L'obiettivo del metodo delle caratteristiche, quando viene applicato a queste equazioni, è quello di cambiare le coordinate da (x,y) ad un nuovo sistema di coordinate (x_0, s) in cui la equazione alle derivate parziali PDE diviene una equazione differenziale ordinaria (ODE) lungo certe curve nel piano $x - y$. Tali curve lungo la quale la soluzione della PDE si riduce a quella della ODE, si chiamano curve caratteristiche o caratteristiche. Mentre la nuova variabile s varierà lungo queste curve caratteristiche, la nuova variabile x_0 sarà costante.

Trasformiamo la PDE in ODE, utilizzando la sequenze sequenza;

$$\frac{\partial u}{\partial s} = \frac{\partial u}{\partial x}\frac{\partial x}{\partial s} + \frac{\partial u}{\partial y}\frac{\partial y}{\partial s}. \tag{E.2}$$

Se scegliamo

$$\frac{\partial x}{\partial s} = a(x,y) \tag{E.3}$$

e

$$\frac{\partial y}{\partial s} = b(x,y) \tag{E.4}$$

Guzzi R.: Introduzione ai Metodi Inversi. Con applicazioni alla geofisica e al telerilevamento.
DOI 10.1007/978-88-470-2495-3_18, © Springer-Verlag Italia 2012

avremo:

$$\frac{\partial u}{\partial s} = a(x,y)\frac{\partial u}{\partial x} + b(x,y)\frac{\partial u}{\partial y} \tag{E.5}$$

e quindi la PDE diventa la seguente ODE

$$\frac{\partial u}{\partial s} + c(x,y)u = 0. \tag{E.6}$$

Le relazioni E.3 e la E.4 sono le equazioni caratteristiche.

La strategia da adottare per applicare il metodo delle caratteristiche è:

- risolvere le equazioni caratteristiche E.3 e E.4;
- trovare le costanti di integrazioni ponendo $x(0) = x_0$ e $y(0) = 0$;
- risolvere la ODE E.6 con le condizioni iniziali $u(x,0) = f(x_0)$;
- ottenere una soluzione;
- risolvere poi per s e x_0 in termini di x e y (usando i risultati del passo 1) e si sostituisca questi valori in $u(x_0,s)$ per ottenere la soluzione della PDE originale $u(x,t)$.

E.2 Calcolo variazionale

Il calcolo variazionale è stato sviluppato da Eulero nel 1744 per trovare il valore più grande o più piccolo di quantità che variavano molto velocemente. Nel 1755 Lagrange scrisse una lettera ad Eulero in cui esponeva il suo metodo sulle variazioni. Eulero adottò immediatamente questo nuovo metodo che chiamò *Calcolo delle Variazioni*. Il grande vantaggio del calcolo delle variazioni sta nel fatto che si considera un sistema come un tutt'uno e non si tratta esplicitamente con le singole componenti del sistema stesso, permettendo in tal modo di trattare un sistema senza conoscere i dettagli di tutte le interazioni tra le varie componenti del sistema stesso. Il calcolo variazionale determina i punti stazionari (estremi) di espressioni integrali note come funzionali.

Si dice che una funzione $f(x,y)$ ha un valore stazionario in un punto (x_0,y_0) se nell'intorno infinitesimo di questo punto, la variazione della velocità della funzione in ogni direzione è zero. Il concetto di valore stazionario è ben descritto dall'operatore δ introdotto da Lagrange. Questo operatore è analogo a quello differenziale, ma mentre quest'ultimo è un operatore che si riferisce ad uno spostamento infinitesimo reale, l'operatore Lagrangiano si riferisce ad uno spostamento infinitesimo virtuale. La natura virtuale dell'operatore Lagrangiano nasce dal fatto che permette uno spostamento esplorativo nell'intorno del punto chiamato variazione della posizione.

L'operatore δ si comporta come l'operatore differenziale e scompare agli estremi della curva definita dalla funzione. Vediamo come si adopera attraverso un semplice esempio. Supponiamo che ci sia un punto (x_0,y_0) attorno al quale si voglia effettuare uno spostamento virtuale $\delta x, \delta y$. La prima variazione sulla funzione $f(x,y)$ è data da:

$$\delta f = \frac{\partial f}{\partial x}\delta x + \frac{\partial f}{\partial y}\delta y. \tag{E.7}$$

δx e δy possono essere scritti in termini di coseni direzionali α moltiplicati per un piccolo parametro ε che tende a zero.

$$\begin{aligned} \delta x &= \varepsilon \alpha_x \\ \delta y &= \varepsilon \alpha_y. \end{aligned} \tag{E.8}$$

In questo modo la variazione della funzione nella direzione specifica è data da:

$$\frac{\delta f}{\varepsilon} = \frac{\partial f}{\partial x}\alpha_x + \frac{\partial f}{\partial y}\alpha_y. \tag{E.9}$$

Per definizione, affinché (x_0, y_0) sia un valore stazionario, $\frac{\delta f}{\varepsilon}$ deve scomparire per ogni spostamento virtuale senza alcun riguardo alla direzione dello spostamento cioè indipendentemente da α_x e α_y. Allora la condizione che tutte le derivate parziali scompaiano in un punto nel punto stazionario è condizione necessaria e sufficiente per la funzione f che abbia un valore stazionario in quel punto.

$$\begin{aligned} \frac{\partial f}{\partial x} &= 0 \\ \frac{\partial f}{\partial y} &= 0. \end{aligned} \tag{E.10}$$

Il fatto che il valore $f(x_0, y_0)$ sia un valore stazionario di f è solo condizione necessaria ma non sufficiente che sia un estremo di f. Nel caso in cui nell'intorno infinitesimo attorno a $f(x_0, y_0)$, $f > f(x_0, y_0)$ ovunque, allora $f(x_0, y_0)$ è un minimo locale. Viceversa se $f < f(x_0, y_0)$ allora $f(x_0, y_0)$ è un massimo locale. In questo caso il valore stazionario è anche un estremo. Negli altri casi $f(x_0, y_0)$ è un valore stazionario ma non un estremo. La derivata seconda ci permette di capire se un punto stazionario è un massimo, un minimo o un nullo. Ovviamente va sempre specificato il dominio dove possono essere trovati i valori stazionari o gli estremi.

Quando il calcolo variazionale ha dei vincoli ad esempio del tipo:

$$g(x, y) = 0 \tag{E.11}$$

si usano i moltiplicatori di Lagrange formando una nuova funzione $f_1 = f + \lambda g$ dove λ è il moltiplicatore di Lagrange, una funzione indeterminata. Si prenda allora la variazione della funzione $f(x, y)$ e del vincolo

$$\begin{aligned} \delta f &= \frac{\partial f}{\partial x}\delta x + \frac{\partial f}{\partial y}\delta y = 0 \\ \delta g &= \frac{\partial g}{\partial x}\delta x + \frac{\partial f}{\partial y}\delta y = 0. \end{aligned} \tag{E.12}$$

Si prenda la variazione di f_1

$$\delta f_1 = \delta(f + \lambda g) = \delta\lambda + \lambda\delta g + g\delta\lambda = \delta f \qquad \text{(E.13)}$$

perché $g = 0$ dalle condizioni al contorno e $\delta g = 0$ dalle variazioni di g, data dalla relazione E.12. Allora δf_1 è:

$$\delta f_1 = \frac{\partial f_1}{\partial x}\delta x + \frac{\partial f_1}{\partial y}\delta y + \frac{\partial f_1}{\partial \lambda}\delta\lambda = \left(\frac{\partial f}{\partial x} + \lambda\frac{\partial g}{\partial x}\right)\delta x + \left(\frac{\partial f}{\partial y} + \lambda\frac{\partial g}{\partial y}\right)\delta y \quad \text{(E.14)}$$

perché $\frac{\partial f_1}{\partial \lambda} = g = 0$.

Allora le condizioni perché ci sia un punto stazionario di f_1 soggetto al vincolo E.11 è che:

$$\begin{aligned}\frac{\partial f}{\partial x} + \lambda\frac{\partial g}{\partial x} = 0 \\[2mm] \frac{\partial f}{\partial y} + \lambda\frac{\partial g}{\partial y} = 0.\end{aligned} \qquad \text{(E.15)}$$

Le due precedenti equazioni e il vincolo E.11 sono utilizzate per trovare il valore stazionario. Il moltiplicatore di Lagrange può essere considerato come un misura della sensibilità del valore della funzione f nel punto stazionario al variare del vincolo dato dalla relazione E.11.

Nel caso di N dimensioni $x_1, \ldots, x_N$ avremo, per un punto stazionario della funzione $f(x_1, \ldots, x_N)$ soggetta ai vincoli $g_1(x_1, \ldots, x_N) = 0, \ldots g_M(x_1, \ldots, x_N) = 0$:

$$\frac{\partial}{\partial x_n}\left(f + \sum_{m=1}^{M}\lambda_m g_m\right) = 0 \qquad 1 \leq n \leq N. \qquad \text{(E.16)}$$

E.2.1 Soluzione dell'equazione semplificata di circolazione oceanografica

Guardiamo ora come si risolve la relazione 9.17 ([5]). L'inclusione della presenza di errori nel campo $f = f(x,t)$ e della $W_f \int_0^L dx \int_0^T dt f(x,t)^2$ nella funzione costo fa sì che nel processo d'inversione il modello sia definito come a *vincolo debole* ([108]).

Costruiamo le variazioni di $\mathscr{J}$ attorno al campo di riferimento $\hat{u}$ in modo da vedere per quale $u(x,t)$ $\mathscr{J}[u]$ è stazionario.

$$\mathscr{J}[\hat{u} + \delta u] = \mathscr{J}[\hat{u}] + \delta\mathscr{J}|_{\hat{u}}. \qquad \text{(E.17)}$$

Allora

$$\delta \mathscr{J}|_{\hat{u}} = \int_0^L dx \int_0^T dt \frac{\partial J}{\partial u}\bigg|_{\hat{u}} \delta u + \mathscr{O}(\delta u^2)$$

$$= 2W_i \int_0^L dx \{\hat{u}(x,0) - I(x)\} \delta u(x,0) + 2W_b \int_0^T dt \{\hat{u}(0,t) - B(t)\} \delta u(0,t)$$

$$+ 2W_{ob} \int_0^L dx \int_0^T dt \sum_{i=1}^M \{\hat{u}(x_i,t_i) - y_i\} \delta u(x,t) \delta(x-x_i) \delta(t-t_i)$$

$$(E.18)$$

$$+ 2W_f \int_0^L dx \int_0^T dt \left\{ \frac{\partial \hat{u}}{\partial t} + c\frac{\partial \hat{u}}{\partial x} - F \right\} \left\{ \frac{\partial \delta u}{\partial t} + c\frac{\partial \delta u}{\partial x} \right\} + \mathscr{O}(\delta u^2).$$

Definiamo con:

$$\hat{\mu}(x,t) = W_f \left(\frac{\partial \hat{u}}{\partial t} + c\frac{\partial \hat{u}}{\partial x} - F \right) \qquad (E.19)$$

dove $\hat{\mu}(x,T) = 0$ e $\hat{\mu}(L,t) = 0$. Utilizzando l'integrazioni per parti

$$\int_a^b v\frac{du}{dx}dx = [uv]_a^b - \int_a^b u\frac{dv}{dx}dx, \qquad (E.20)$$

una parte della relazione

$$2\int_0^L dx \int_0^T dt \left\{ \frac{\partial \hat{u}}{\partial t} + c\frac{\partial \hat{u}}{\partial x} - F \right\} \left\{ \frac{\partial u}{\partial t} + c\frac{\partial u}{\partial x} \right\} \qquad (E.21)$$

$$= 2\int_0^L dx \int_0^T \hat{\mu}(x,t) \left\{ \frac{\partial \delta u}{\partial t} + c\frac{\partial \delta u}{\partial x} \right\} dt \qquad (E.22)$$

è riscritta come:

$$2\int_0^L dx \int_0^T \hat{\mu}(x,t) \left\{ \frac{\partial \delta u}{\partial t} + c\frac{\partial \delta u}{\partial x} \right\} dt$$

$$= 2\int_0^L \hat{\mu}(x,0)\delta u(x,0)dx - 2\int_0^L dx \int_0^T \frac{\partial \hat{\mu}}{\partial t} \delta u(x,t)dt \qquad (E.23)$$

$$- 2\int_0^T c\hat{\mu}(0,t)\delta u(0,t)dt - 2\int_0^T dt \int_0^L c\frac{\partial \hat{\mu}}{\partial x} \delta u(x,t)dx.$$

Avremo allora:

$$
\begin{aligned}
\delta \mathscr{J}\big|_{\hat{u}} = \; & 2W_i \int_0^L dx \{\hat{u}(x,0) - I(x)\}\delta u(x,0) \\
& + 2W_b \int_0^T dt \{\hat{u}(0,t) - B(t)\}\delta u(0,t) \\
& + 2W_{ob} \int_0^L dx \int_0^T dt \sum_{i=1}^M \{\hat{u}(x_i,t_i) - y_i\}\delta u(x,t)\delta(x-x_i)\delta(t-t_i) \\
& - 2\int_0^L \hat{\mu}(x,0)\delta u(x,0)dx - 2\int_0^L dx \int_0^T \frac{\partial \hat{\mu}}{\partial t}\delta u(x,t)dt \\
& - 2\int_0^T c\hat{\mu}(0,t)\delta u(0,t)dt - 2\int_0^T dt \int_0^L c\frac{\partial \hat{\mu}}{\partial x}\delta u(x,t)dx + \mathscr{O}(\delta u^2).
\end{aligned}
\tag{E.24}
$$

Ponendo la parte lineare a zero, usando l'equazione 9.13 e la definizione E.19 otteniamo le equazioni di Eulero-Lagrange per un *vincolo debole*, dove:

- la equazione in avanti è

$$
\frac{\partial \hat{u}}{\partial t} + c\frac{\partial \hat{u}}{\partial x} - F = W_f^{-1}\hat{\mu};
\tag{E.25}
$$

- le sue condizioni iniziali e al contorno sono:

$$
W_i\{\hat{u}(x,0) - I(x)\} - \hat{\mu}(x,0) = 0
\tag{E.26}
$$
$$
W_b\{\hat{u}(0,t) - B(t)\} - c\hat{\mu}(0,t) = 0;
\tag{E.27}
$$

- l'equazione inversa è data da:

$$
W_{ob}\sum_{i=1}^M \{\hat{u}(x_i,t_i) - y_i\}\delta(x-x_i)\delta(t-t_i) - \left(\frac{\partial \hat{\mu}}{\partial t} + c\frac{\partial \hat{\mu}}{\partial x}\right) = 0;
\tag{E.28}
$$

- le sue condizioni iniziali e al contorno sono:

$$
\hat{\mu}(x,T) = 0
\tag{E.29}
$$
$$
\hat{\mu}(L,t) = 0.
\tag{E.30}
$$

Qualora si richieda che $u = u(x,t)$ soddisfi esattamente la equazione 9.13 allora bisogna trovare un minimo per il funzionale:

$$
\begin{aligned}
f[u] = \; & W_i \int_0^L \{u(x,0) - I(x)\}^2 dx \\
& + W_b \int_0^T \{u(0,t) - B(t)\}^2 dt + W_{ob}\sum_{m=1}^M \{u(x_i,t_i)y_i\}^2.
\end{aligned}
\tag{E.31}
$$

Quale $u(x,t)$ rende $f[u]$ stazionario, soggetto al seguente vincolo del modello?

$$g(x,t) = \frac{\partial u}{\partial t} + c\frac{\partial u}{\partial x} - F = 0. \qquad (E.32)$$

A questa domanda si risponde aggiungendo al funzionale $f[u]$ il *vincolo forte* ottenuto usando un moltiplicatore di Lagrange del tipo $\lambda = \lambda(x,t)$ ottenendo:

$$\mathscr{J}[u,\lambda] = f[u] + 2\int_0^L dx \int_0^T \lambda(x,t)g(x,t)dt. \qquad (E.33)$$

Si noti che u e λ possono variare indipendentemente. La variazione di $\mathscr{J}$ attorno al campo di riferimento $\hat{u}$ e $\hat{\lambda}$ è data da:

$$\mathscr{J}[\hat{u}+\delta u, \hat{\lambda}+\delta\lambda] = \mathscr{J}[\hat{u},\hat{\lambda}] + \delta\mathscr{J}\Big|_{\hat{u},\hat{\lambda}} \qquad (E.34)$$

in cui

$$\delta\mathscr{J}\Big|_{\hat{u},\hat{\lambda}} = \int_0^L dx \int_0^T dt \frac{\partial\mathscr{J}}{\partial u}\Big|_{\hat{u},\hat{\lambda}} \delta u + \int_0^L dx \int_0^T dt \frac{\partial\mathscr{J}}{\partial\lambda}\Big|_{\hat{u},\hat{\lambda}} \delta\lambda$$
$$+ \mathscr{O}(\delta u^2, \delta\lambda^2, \delta u\delta\lambda). \qquad (E.35)$$

Allora

$$\delta\mathscr{J}\Big|_{\hat{u},\hat{\lambda}} = 2W_i \int_0^L dx\{\hat{u}(x,0) - I(x)\}\delta u(x,0)$$
$$+ 2W_b \int_0^T dt\{\hat{u}(0,t) - B(t)\}\delta u(0,t)$$
$$+ 2W_{ob} \sum_{i=1}^M \{\hat{u}(x_i,t_i) - y_i\}\delta u(x_i,t_i)$$
$$+ 2\int_0^L dx \int_0^T dt\hat{\lambda}(x,t)\left(\frac{\partial\delta u}{\partial t} + c\frac{\partial\delta u}{\partial x}\right)$$
$$+ 2\int_0^L dx \int_0^T \delta\lambda(x,t)\left(\frac{\partial\hat{u}}{\partial t} + c\frac{\partial\hat{u}}{\partial x} - F\right)dt$$
$$+ \mathscr{O}(\delta u^2, \delta\lambda^2, \delta u\delta\lambda), \qquad (E.36)$$

con le condizioni al contorno per $\hat{\lambda}$: $\hat{\lambda}(x,T) = 0$ e $\hat{\lambda}(L,t) = 0$.

Come in precedenza integreremo per parti una parte della relazione E.36, vale a dire la:

$$2\int_0^L dx \int_0^T dt\hat{\lambda}(x,t)\left(\frac{\partial\delta u}{\partial t} + c\frac{\partial\delta u}{\partial x}\right) \qquad (E.37)$$

per cui:

$$2 \int_0^L dx \int_0^T dt \hat{\lambda}(x,t) \left(\frac{\partial \delta u}{\partial t} + c \frac{\partial \delta u}{\partial x} \right)$$

$$= \delta u(x,T)\hat{\lambda}(x,T) - \delta u(x,0)\hat{\lambda}(x,0) - \int_0^T dt \delta u \frac{\partial \hat{\lambda}}{\partial t} \tag{E.38}$$

$$+ c\delta u(L,t)\hat{\lambda}(L,t) - c\delta u(0,t)\hat{\lambda}(0,t) - \int_0^L dx c\delta u \frac{\partial \hat{\lambda}}{\partial x}.$$

Si noti inoltre che il termine osservativo è:

$$\{\hat{u}(x_i,t_i) - d_i\}\delta u(x_i,t_i) = \int_0^L dx \int_0^T dt \{\hat{u}(x_i,t_i) - y_i\}\delta u(x,t)\delta(x-x_i)\delta(t-t_i) \tag{E.39}$$

con queste soluzioni e le condizioni su $\hat{\lambda}$ possiamo scrivere il risultato complessivo:

$$\delta \mathscr{I}|_{\hat{u},\hat{\lambda}} = 2W_i \int_0^L dx\{\hat{u}(x,0) - I(x)\}\delta u(x,0)$$

$$+ 2W_b \int_0^T dt\{\hat{u}(0,t) - B(t)\}\delta u(0,t)$$

$$+ 2W_{ob} \int_0^L dx \int_0^T dt \sum_{i=1}^M \{\hat{u}(x_i,t_i) - y_i\}\delta u(x,t)\delta(x-x_i)\delta(t-t_i)$$

$$- 2 \int_0^L dx\delta u(x,0)\hat{\lambda}(x,0) - 2 \int_0^L dx \int_0^T dt \frac{\partial \hat{\lambda}}{\partial t}\delta u(x,t) \tag{E.40}$$

$$- 2 \int_0^T c\delta u(0,t)\hat{\lambda}(0,t)dt - 2 \int_0^T dt \int_0^L c\frac{\partial \hat{\lambda}}{\partial x}\delta u(x,t)dx$$

$$+ 2 \int_0^L dx \int_0^T \delta\lambda(x,t)(\frac{\partial \hat{u}}{\partial t} + c\frac{\partial \hat{u}}{\partial x} - F)dt + \mathscr{O}(\delta u^2, \delta\lambda^2, \delta u\delta\lambda).$$

Ponendo la parte lineare a zero ed usando le condizioni al contorno di $\hat{\lambda}$ otterremo la equazione di Eulero-Lagrange per un *vincolo forte*:

- dove l'equazione in avanti è:

$$\frac{\partial \hat{u}}{\partial t} + c\frac{\partial \hat{u}}{\partial x} - F = 0; \tag{E.41}$$

- e le sue condizioni al contorno sono:

$$W_i\{\hat{u}(x,0) - I(x)\} - \hat{\lambda}(x,0) = 0 \tag{E.42}$$

$$W_b\{\hat{u}(0,t) - B(x)\} - c\hat{\lambda}(0,t) = 0; \tag{E.43}$$

- mentre l'equazione inversa è

$$W_{ob} \sum_{i=1}^{M} \{\hat{u}(x_i,t_i) - y_i\} \delta(x - x_i)\delta(t - t_i) - \left(\frac{\partial \hat{\lambda}}{\partial t} + c\frac{\partial \hat{\lambda}}{\partial x}\right) = 0; \qquad (E.44)$$

- con le sue condizioni al contorno che sono:

$$\hat{\lambda}(x,T) = 0 \qquad\qquad (E.45)$$
$$\hat{\lambda}(L,t) = 0. \qquad\qquad (E.46)$$

F

Spazi funzionali e Integrazione di Monte Carlo

F.1 Spazi funzionali

La soluzione del problema inverso sotto forma di operazioni con matrici di dimensioni finite è quanto di meglio si adatta all'implementazione numerica. Il metodo porta al concetto di inversa generalizzata che abbiamo visto nella Appendice B. In algebra questo è un concetto molto generale perché non è limitato al caso delle operazioni su matrici, ma vale anche per quantità continue e per spazi funzionali. Inoltre le incognite, anche se rappresentate con dati discreti, sono per loro natura delle distribuzioni continue. È pertanto opportuno investigare il problema dell'inversione anche nel caso di una rappresentazione negli spazi funzionali, cioè quando l'operatore è un integrale come nel caso della relazione:

$$\mathbf{y}(\alpha) = \int \mathbf{g}(\alpha,\beta)\mathbf{x}(\beta)d\beta \tag{F.1}$$

con $\mathbf{g}$ lineare rispetto a α e β che ammette come caso particolare la convoluzione

$$\mathbf{y}(\alpha) = \int \mathbf{g}(\beta - \alpha)\mathbf{x}(\beta)d\beta \tag{F.2}$$

o una matrice che è la rappresentazione discreta dell'integrale.

$$\mathbf{y}_i = \mathbf{K}_{ij}\mathbf{x}_j. \tag{F.3}$$

Utilizzando il formalismo degli spazi funzionali di Hilbert questa relazione può essere scritta come:

$$\mathbf{y}_a = E[\mathbf{g}_a|\mathbf{x}]. \tag{F.4}$$

Tale espressione indica che le misure $\mathbf{y}$ sono il prodotto scalare (o interno) fra la funzione incognita $\mathbf{x}$ e le funzioni peso $\mathbf{g_a}$.

La rappresentazione della funzione $\mathbf{x}$ richiederebbe uno spazio di dimensione infinita, ma avendo a disposizione solo m misure (di cui, in generale, solo r sono linearmente indipendenti, ponendo però per ora $r = m$), troveremo la soluzione solo

Guzzi R.: Introduzione ai Metodi Inversi. Con applicazioni alla geofisica e al telerilevamento.
DOI 10.1007/978-88-470-2495-3_19, © Springer-Verlag Italia 2012

in uno spazio di dimensioni m. Sia:

$$\mathbf{x}^h = \mathbf{H}_i^T \mathbf{c}_i \tag{F.5}$$

dove $\mathbf{x}^h$ è la soluzione nello spazio di Hilbert, $\mathbf{H}$ è una opportuna base funzionale in cui cerchiamo di rappresentare la nostra funzione e $\mathbf{c}$ sono le coordinate della soluzione di questa base. Sostituendo la F.5 nella F.4 otterremo:

$$\mathbf{y}_a = E[\mathbf{g}_a|\mathbf{H}_i^T]\mathbf{c}_i. \tag{F.6}$$

La quantità $E[\mathbf{g}_a|\mathbf{H}_i^T] = \mathbf{KH}^T$ è il prodotto interno fra due basi funzionali di dimensione finite ed è pertanto una matrice di dimensione finita. Se $\mathbf{KH}^T$ è una matrice quadrata e il $det(\mathbf{KH}^T) \neq 0$ la F.6 può essere invertita:

$$\mathbf{c} = (\mathbf{KH}^T)^{-1}\mathbf{y} \tag{F.7}$$

che sostituita nella F.5 fornisce la soluzione nello spazio di Hilbert:

$$\mathbf{x}^h = \mathbf{H}_i^T(\mathbf{KH}^T)^{-1}\mathbf{y}. \tag{F.8}$$

La soluzione degli spazi di Hilbert, trovata per il caso di $r = m$ coincide con la soluzione della inversa generalizzata debole $\mathbf{K}^+$ (vedi equazione B.10) del caso $r = m < n$. Altre soluzioni possono essere trovate nel caso di $det(\mathbf{AH}^T) = 0$, o nel caso di matrici rettangolari.

Se la soluzione è cercata nella base delle funzioni peso $(\mathbf{H} = \mathbf{A})$ la soluzione coincide con la soluzione ottenuta con la inversa generalizzata $\mathbf{A}^\dagger$. Le soluzioni ottenute in una base diversa da quelle delle funzioni peso (o equivalentemente con l'inversa generalizzata debole) hanno una norma maggiore della soluzione ottenuta nello spazio delle funzioni peso (o equivalentemente con l'inversa generalizzata). Questo indica che la scelta della base in cui la soluzione è rappresentata possa avere un ruolo importante nella caratterizzazione di un risultato.

F.2 Integrazione di Monte Carlo

L'approccio originale di Monte Carlo è un metodo sviluppato dai fisici per utilizzare la generazione di numeri casuali per calcolare gli integrali. Sia l'integrale da calcolare

$$\int_a^b h(x)dx. \tag{F.9}$$

Se decomponiamo $h(x)$ nel prodotto di una funzione $f(x)$ e una funzione di densità di probabilità $p(x)$ definita nell'intervallo (a, b) avremo:

$$\int_a^b h(x)dx = \int_a^b f(x)p(x)dx = E[f(x)] \tag{F.10}$$

così che l'integrale può essere espresso come una funzione di aspettazione $f(x)$ sulla densità $p(x)$. Se definiamo un gran numero di variabili casuali $x_1, x_2 \ldots x_n$ appartenenti alla densità di probabilità $p(x)$ allora avremo

$$\int_a^b h(x)dx = \int_a^b f(x)p(x)dx = E[f(x)] \approx \frac{1}{N}\sum_{i=1}^N f(x_i) \qquad (\text{F.11})$$

che è l'integrale di Monte Carlo.

L'integrazione di Monte Carlo può essere usata per approssimare la distribuzione a posteriori (o a posteriori marginale) richiesta da una analisi Bayesiana. Se si considera l'integrale:

$$I(y) = \int_a^b f(y|x)p(x)dx \qquad (\text{F.12})$$

può essere approssimato da:

$$\hat{I}(y) = \frac{1}{N}\sum_{i=1}^N f(y|x_i) \qquad (\text{F.13})$$

dove gli x_i sono definiti dalla densità $p(x)$. L'errore standard di Monte Carlo stimato è dato da:

$$\sigma^2[\hat{I}(y)] = \frac{1}{N}\left(\frac{1}{N-1}\sum_{i=1}^N (f(y|x_i) - \hat{I}(y))^2\right). \qquad (\text{F.14})$$

Supponiamo che la densità di probabilità $p(x)$ approssimi rozzamente la densità di interesse $q(x)$ allora:

$$\int f(x)q(x)dx = \int f(x)\frac{q(x)}{p(x)}p(x)dx = E\left[f(x)\frac{q(x)}{p(x)}\right] \qquad (\text{F.15})$$

che forma la base per il metodo di campionamento per importanza. Le x_i sono definite dalla distribuzione data da $p(x)$

Una formulazione alternativa del campionamento per importanza è:

$$\int f(x)q(x)dx \approx \hat{I} = \frac{\sum_{i=1}^N \omega_i f(x_i)}{\sum_{i=1}^N \omega_i} \qquad dove \quad \omega_i = \frac{g(x_i)}{p(x_i)} \qquad (\text{F.16})$$

dove gli x_i sono disegnati dalla densità $p(x)$. Questo ha una varianza di Monte Carlo associata di:

$$\text{Var}(\hat{I}) = \frac{\sum_{i=1}^N \omega_i(f(x_i) - \hat{I})^2}{\sum_{i=1}^N \omega_i}. \qquad (\text{F.17})$$

F.3 Operatori aggiunti

Nella tecnica $4D - Var$ abbiamo usato gli operatori aggiunti, vediamo ora di cosa si tratta. Essi sono stati introdotti per ridurre le dimensioni ed il numero di moltiplicazioni delle matrici e essere in grado di calcolare la funzione costo. Algebricamente significa rimpiazzare un insieme di matrici con le loro trasposte, da cui il nome di tecniche *aggiunte*. Supponendo di essere in uno spazio di Hilbert H, dato un operatore lineare A che va da uno spazio E ad uno F ed i prodotti scalari $E[\cdot]_F$ e $E[\cdot]_P$ nei rispettivi spazi, secondo il teorema di Riesz, l'operatore aggiunto di A è un operatore lineare A^* tale che per ogni vettore (x, y) avremo:

$$E[Ax, y]_F = E[x, A^*y]_E \quad per \quad ogni \quad x, y \in H. \tag{F.18}$$

I prodotti scalari sono identificati con le matrici simmetriche e positive P e F in questo modo

$$E[x, x]_P = x^T P x \tag{F.19}$$
$$E[y, y]_F = y^T F y \tag{F.20}$$

da cui si ha:

$$E[Ax, y]_F = x^T A^T F y \tag{F.21}$$
$$E[x, A^*y]_P = x^T P A^* y. \tag{F.22}$$

Poiché sono eguali troviamo l'aggiunto

$$A^* = P^{-1} A^T F. \tag{F.23}$$

L'aggiunto di una sequenza di operatori è data da

$$(A_1 A_2 \dots A_n)^* = P^{-1} A_n^T A_{n-1}^T \dots A_1^T F. \tag{F.24}$$

In geofisica il termine aggiunto talvolta è riferito impropriamente alla tangente lineare di un operatore non lineare.

Bibliografia

1. Aden A.L., Kerker M.: Scattering of Electromagnetic Waves from Two Concentric Spheres. J. Appl. Physics **22**, 1242-1246 (1951).
2. Aki K., Richardson P.G.: Quantitative seismology, 2nd ed. University Science Books (2002).
3. Arnold V.I.: Characteristic classes entering in quantization conditions. Funct. Anal. Appl. **1**, 1-13 (1967).
4. Backus G.E., Gilbert G.F.: Uniqueness in the inversion of inaccurate gross earth data. Phil. Trans. S. Roy. Soc. London **266** (1970).
5. Bannister $http://www.met.reading.ac.uk/ross/$ (2011).
6. Barnes S.L .: A technique for maximizing details in numerical weather-map analysis. Journal of Applied Meterology **3**, 396-409 (1964).
7. Bayes Rev T.: An essay towards solving a problem in the doctrine of chances. Phil. Trans. Roy Soc, 370-418 (1763).
8. Bennet A.F.: Inverse Modeling of the Ocean And Atmosphere. Cambridge University Press (2002).
9. Bevington P.R: Data Reduction and Error Analysis for The Physical Sciences. McGraw-Hill, New York (1969).
10. Bohren C.F., Huffman D.R.: Absorption and scattering of light by small particles. Wiley, New York (1983).
11. Bohren C.F., Clothiaux E.E.: Fundamental of atmospheric radiation. Wiley, New York (2006).
12. Borghese F., Denti P., Saija R.: Scattering from model nonspherical particles, 2nd ed. Springer, Heidelberg (2002).
13. Bouttier F., Courtier P.: Data assimilation concepts and methods. Meteorological training course, ECMWF, Reading UK (1999).
14. Burch D.E., Gryvnak D.A.: Strengths, Widths, and Shapes of the Oxygen Lines near 13,100 cm^{-1}. Applied Optics **8**, 1493-1499 (1969).
15. Chandrasekar S.: Radiative Transfer. Dover, New York (1960).
16. Chapman C.H.: Seismic ray theory and finite frequency extensions. Lee W.H.K., Knamori H., Jennings P.C. (eds.): International Handbook of Earthquake and Engineering Seismology, Academic Press, New York, 103-123 (2002).
17. Cerveny V.: Seismic ray theory. Cambridge University Press (2001).
18. Chen Yongsheng Snyder C.: Assimilating vortex position with an ensemble Kalman filter. Monthly Weather Review **135**, 1828-1845 (2007).
19. Cox R.T.: Probability, frequency and reasonable expectation. Am. J. Phys. **14** (1946).
20. Cressie N.A.C.: Statistics for spatial data. Wiley, New York (1993).
21. Dave J.V.: Coefficients of the Legendre and Fourier series for the scattering functions of spherical particles. Applied Optics **9**, 1888-189 (1970).

22. Debye P.: Der Lichtdruck auf Kugeln von beliebigem Material. Annalen der Physik **335**, 57-13 (1909).
23. Deirmendijan D.: Electromagnetic Scattering on Spherical Polydispersions. The RAND Corporation, Santa Monica CA (1969).
24. Eskes H.J., Boersma K.F.: Averaging kernels for DOAS total column satellite retrievals. Atmos. Chem. and Phys Discuss **3**, 895-910 (2003).
25. Eyre J.R.: On systematic errors in satellite sounding products and their climatological mean values. Quart. Roy. Meteorol. Soc. **119** (1987).
26. Evensen G.: Sequential data assimilation with nonlinear quasi-geostrophic model using Monte Carlo methods to forecast error statistics. Journal of Geophysical Research **99**, 143-162 (1994).
27. Fermi E., Pasta J., Ulam S.: Studies of non linear problems. Document LA-1940, Los Alamos National Laboratory (1955).
28. Fu Q., Liou K.N.: On the correlated k distribution method for radiative transfer in non homogeneous atmosphere. J. Atmos. Sci. **49**, 2139-2156 (1992).
29. Gabella M., Guzzi R., Kisselev V., Perona G.: Retrieval of aerosol profile variations in the visible and near infrared: theory and application of the single-scattering approach. Applied Optics LP **36** (6), 1328-1336 (1999).
30. Gandin L.S.: Objective analysis of meteorological fields. Israel Program for Scientific Translation (1965).
31. Gardner C.S., Greene J.M., Krustal M.D., Miura M.: Method for solving the Korteweg-de Vries equation. Phys. Rev. Lett. **19**, 1095-1097 (1967).
32. Gelb A.: Applied optimal estimation. MIT Press, Boston (1974).
33. Gelfand I.M., Levitan B.M.: On the determination of a differential equation from its spectral function. Amer. Math. Soc. Transl. (Ser. 2) **1**, 253-304 (1955).
34. Gelfand A.E., Smith A.F.M.: Sampling-based approaches to calculating marginal densities. J. Amer. Stat. Ass. **85**, 398-409 (1990).
35. Geman S., Geman D.: Stochastic relaxation, Gibbs distribution and the Bayesian restoration of images. IEEE Transaction on pattern analysis and machine intelligence **6**, 721-741 (1984).
36. Geweke J.: Evaluating the accuracy of sampling-based approaches to the calculation of posterior moments. M. Bernardo, J.O. Berger, A.P. Dawid, A.F.M. Smith (eds.): Bayesian statistic **4**, 169-193. Oxford University Press (1992).
37. Geyer C.J.: Practical Markov chain Monte Carlo. Statistical Science **7**, 473-511 (1992).
38. Grewald M.S., Andrews P.A.: Kalman Filtering: Theory and Practice Using MATLAB. Wiley, New York (2008).
39. Grossman B.E., Cahen C., Lesne J.L., Benard J., Leboudec G.: Intensities and atmospheric broadening coefficients measured for O_2 and H_2O absorption lines selected for DIAL monitoring of both temperature and humidity. 1: O_2" **25**, 4261-4267 (1986).
40. Guzzi R., Dinicolantonio W.: Radiative transfer equation solution by three streams. Internal report IMGA. Available from R. Guzzi (2001).
41. Guzzi R.: The encyclopedia of remote sensing. Springer, Heidelberg (2012).
42. Hadamard J.: An essay on the psychology of invention in the mathematical field by Jacques Hadamard. Dover Publications, New York (1954).
43. Hager W.W.: Updating the inverse of a matrix. SIAM Review **31**, 221-239 (1989).
44. Hansen P.C.: Discrete inverse problems insight and algorithms. SIAM, Piladelphia (2010).
45. Hansen P.C.: Analysis of discrete ill posed problems by L-curve. SIAM Review, 561-580 (1992).
46. Hartikainen J., Särkkä S.: On Gaussian Optimal Smoothing of Non-Linear State Space Models. IEEE Transactions on Automatic Control **55**, 8 (1938-1941). http://dx.doi.org/10.1109/TAC.2010.2050017 (2008).
47. Hastings W.K.: Monte Carlo sampling methods using Markov chain and their applications. Biometrika **57**, 221-228 (1970).
48. Heidinger A.K., Stephens G.L.: Molecular Line Absorption in a Scattering Atmosphere. Part II: Application to Remote Sensing in the O2 A band. Journal of Atmospheric Sciences **57** (10), 1615-1634 (2000).

49. Hilbert D., Courant R.: Methods of Mathematical Physics. Wiley, New York (1962).
50. Hörmander L.: Fourier integral operators. Acta Math. **127**, 79-183 (1971).
51. Hotelling H.: Analysis of a complex of statistical variables into principal components. Journal of Educational Psychology **24**, 417-41 (1933).
52. Houtekamer P.L., Mitchell H.L.: Data assimilation using an ensemble Kalman filter technique. Monthly Weather Review **126**, 796-811 (1998).
53. Hsieh W.W.: Machine learning methods in environmental sciences. Neural Networks and Kernels, Cambridge University Press (2009).
54. Jaynes E.T.: The minimum entropy production principle. Ann. Rev. Phys. Chem. **31**, 579-601 (1980).
55. Jolliffe I.T.: Principal Component Analysis. Springer, New York (1986).
56. Julier S.J., Uhlmann, J.K.: Unscented Filtering and Nonlinear Estimation. Proceedings of the IEEE 92 **3**, 401-422 (2004).
57. Kaipio J., Somersalo E.: Statistical and computational inverse problems. Applied Math Sciences **160**, Springer, Heidelberg (2004).
58. Kaiser H.F.: The varimax criterion for analytic rotation in factor analysis. Psychometrika **23** (1958).
59. Kalman R.E.: A new approach to linear filtering and prediction problems. Transactions of the ASME - Journal of Basic Engineering, Series D **82**, 35-45 (1960).
60. Jaynes E.T.: Probability theory. The logic of science. Cambridge University Press (2003).
61. Kaplan A., Kushnir Y., Cane M. A.: Reduced space optimal interpolation of historical marine sea level pressure: 1854-1992. Journal of Climate **16**, 2987-3002 (2000).
62. Keilis Borok V.J., Yanovskaya T.B.: Inverse problems in seismology. Geophys. J. R. Ast. Soc. **13**, 223-234 (1967).
63. Keller J.B.: A geometrical theory of diffraction. In: Graves L.M. (ed.): Calculus of variations and its applications, 27-52. McGraw-Hill, New York (1958).
64. Kendall J-M., Guest W.S., Thomson C.J.: Ray-theory Greens function reciprocity and ray-centred coordinates in anisotropic media. Geophys. J. Int. **108**, 364-371 (1992).
65. King M.D., Byrne D.M., Herman B.M., Reagan J.A.: Aerosol size distributions obtained by inversion of spectral optical depth measurements. Journal of the Atmospheric Sciences **35**, 2153-2167 (1978).
66. Kleijnen J.P.C., van Beers W.C.M.: Application-driven sequential designs for simulation experiments: Kriging metamodeling. Journal of the Operational Research Society **55**, 876-883 (2004).
67. Korteweg D.J., de Vries G.: On the change of form of long waves advancing in a rectangular channel and on a new type of long stationary waves. Phil. Mag. **39**, 422-443 (1895).
68. Krige D.G.: A statistical approach to some basic mine valuation problems on the Witwatersrand. J. of Chem., Metal. and Mining Soc. of South Africa **52** (6), 119-139 (1951).
69. Lanczos C.: The variational principles of mechanics. Dover Publications, New York (1986).
70. Laplace P.S.: Memoire sul la probabilites. Mem. Acad. Roy. Sci., Paris (1781).
71. Lenoble J.: Radiative transfer in scattering and absorption atmosphere:standard computational procedure. Deepak Pu, Hampton (1985).
72. Lenoble J.: Atmospheric radiative transfer. Deepak Pu, Hampton (1993).
73. Levoni C., Cervoni M., Guzzi R., Torricella F.: Atmospehric aerosol optical properties: a database of radiation characteristic for different components and classes. Applied Opt. **36** (1997).
74. Liou K.N.: An introduction to radiative atmosphere. Inter. Geophys Series, Acad Press **26** (1980).
75. Liou K.N.: Radiation and cloud processes in the atmosphere. Theory, observation and modeling: Oxford University Press (1992).
76. Liu X., Zaccheo T.S., Moncet J.L.: Comparison of different non linear inversion methods for retrieval of atmospheric profiles. Proceedings of 10 Conferences of Satellite Met, Long Beach CA, 293-295 (2000).

77. Mandel J.: Efficient implementation of the ensemble Kalman filter. CCM Re- port 231, University of Colorado, Denver (2006).
    URL http://www.math. cudenver.edu/ccm/reports/rep231.pdf (2006).
78. Maslov V.P.: Theory of perturbations and asymptotic methods. Moscow State Univ. Press (1965).
79. Marchenko V.A.: Sturm-Liouville operators and applications. Birkhauser, Basel (1986).
80. Matheron G.: Traité de Géostatistique Appliquée. Mem. Bur. Rech. Géo. Miniéres **14** (1962).
81. Matricardi M., Saunders R.A.: fast radiative trabsfer model for simulation of infrared sounding interferometer radiances. J. Appl. Optics **38**, 5679-5691 (1999).
82. Maybeck P.S.: Stochastic models, estimation and control. Academic Press, New York (1982).
83. Menke W.: Geophysical data analysis: discrete inverse theory, 2nd ed. Academic Press, New York (1989).
84. Metropolis N., Rosenbluth A.W., Rosenbluth M.N., Teller A.H., Teller E.: Equation of State Calculations by Fast Computing Machines. Journal of Chemical Physics **21**, 1087-1092 (1953).
85. Mie G.: Beiträge zur Optik trüber Medien, speziell kolloidaler Metallösungen. Annalen der Physik **330**, 377-445 (1908).
86. Miskolczi F., Bonzagni M.M., Guzzi R.: High resolution atmospheric radiance transmittance code. In: Guzzi R., Navarra A., Shukla J. (eds.): HARTCODE, Meteorology and environmental science, World Scientific Pu, London 743-790 (1990).
87. Molner C., VanLoan C.: Nineteen Dubious Ways to Compute the Exponential of a Matrix. SIAM REVIEW Society for Industrial and Applied Mathematics **45**, 3-49 (2003).
88. Newton R.G.: The Marchenko and Gelfand-Levitan methods in the inverse scattering problem in one and three dimensions. In: Bednar J.B., Redner R., Robinson E., Weglein A. (eds.): Conference on inverse scattering: theory and application. SIAM, Philadelphia, 1-74 (1983).
89. Pearson K.: On lines and planes of closest fit to systems of points in space. The London, Edinburgh and Dublin PhilosophicalMagazine and Journal of Science, Sixth Series 2, 559-572 (1901).
90. Phillips D.L.: A technique for the numerical solution of certain integral equation of first kind. J. Ass. Comp. Mach **9**, 84-97 (1992).
91. Platt U.: Differential optical absorption spectroscopy (DOAS). In: Sigrist M.W. (ed.): Air Monitoring by Spectroscopic Techniques, Wiley, New York (1994).
92. Popper K.: The logic of scientific discovery. Routledge, London (1992).
93. Preisendorfer R.W.: Principal Component Analysis in Meteorology and Oceanography. Elsevier, New York (1988).
94. Press W.H., Teukolsky S.A., Vetterling W.T., Flannery B.P.: Numerical Recipes: The Art of Scientific Computing. 3rd ed., Cambridge University Press, New York (2007).
95. Prunet P., Minster J.F., Ruiz Pino D., Dadou I.: Assimilation of surface data in a one dimensional physical biogeochemical model of the surface ocean. I: Method and preliminary results. Global Biogeochem. Cycles **10**, 111-113 (1996).
96. Prunet P., Thepeaut J.N., Cassè V.: The information content of clear sky IASI radiances and their potential for numerical waether prediction. Q.J. R. Meteor Soc. **124**, 211-241 (1998).
97. Rabier F., Fourrier N., Chafai D., Prunet P.: Channel selection methods for infrared atmospheric sounding interferometer radiance. Q.J.Metor Soc. **128**, 1-17 (2001).
98. Raftery A.E., Lewis S.M.: One long run with diagnostics: Implementation strategies for Markov chain Monte Carlo. Statistical Science **7**, 493-497 (1992).
99. Rayleigh M.A.: On the scattering of light by small particles. Phil Mag **41**, 102, 447 (1871).
100. Richman M.B.: Rotation of principal components. Journal of Climatology **6**, 293-335 (1986).
101. Rizzi R., Guzzi R., Legnani R.: Aerosol size spectra from spectral extinction data: the use of a linear inversion method. App. Optics **21**, 9 (1981).
102. Rodgers C.D.: The charatcterization and error analysis of profiles retrived from remote sounding measurements. J. Geophys. Res. **95**, 55-87 (1990).
103. Rodgers C.D.: Inverse methods for atmospheric sounding. Theory and practice. World Scientific, Singapore (2000).

104. Rotondi A., Pedroni P., Pievatolo A.: Probabilità statistica e simulazione. Springer, Milano (2005).
105. Rozanov V.V., Rozanov A.V.: Differential optical absorption spectroscopy (DOAS) and air mass factor concept for a multiply scattering vertically inhomogeneous medium: theoretical consideration. Atmos. Meas. Tech. Discuss. 3, 697-784 (2010).
106. Russell J.S.: Report on Waves. Report of the 14th meeting of the British Association for the Advancement of Science, York, September 1844, 311-390, Plates XLVII-LVII. London (1845).
107. Sacks J., W.J.W. T.J. Mitchell and H.P. W.: Design and analysis of computer experiments. Statistical Science 4 (4), 409-435 (1989).
108. Sasaki Y.: Some basic formalisms in numerical variational analysis. Mon. Wea. Rev. 98, 875-883 (1970).
109. Shannon C.E.: A mathematical theory of communication. Bell Sys. Tech. J. 27, 379-423 (1948).
110. Simon D.: Optimal State Estimation: Kalman, H-infinity, and Nonlinear Approaches. Wiley, New York (2006).
111. Sivia D.S.: Data analysis. A bayesian tutorial. Oxford Science Pu, Claredon Press (2006).
112. Smith W.L., Woolf H.M., Jacob W.J.: A regression method for obtaining real-time tempe-rauture and geopotential height profiles from satellite spectrometer measurements, and its applications to NIMBUS-3 SIRS observations. Month. Wea. Rev. 98, 113 (1970).
113. Stamnes K., Tsay S.-Chee, Jayaweera K., Wiscombe W.: Numerically stable algorithm for discrete-ordinate-method radiative transfer in multiple scattering and emitting layered media. Applied Optics 27, 2502-2509 (1988).
114. Stephens G.L., Heidinger A.: Molecular Line Absorption in a Scattering Atmosphere. Part I: Theory J. Atmos. Sci. 1599-1614 (2000).
115. Sobolev V.: Light scattering in planetary atmsophere. Pergamon Press (1975).
116. Tarantola A.: Mathematical basis for physical inference, arXiv math - ph/0009029 (2000).
117. Tarantola A.: Popper Bayes and the inverse problems. Nature Physics 2 (2006).
118. Tickhonov A.N.: Solution of incorrectly formulated problems and regularization method. Dokl. Akad Nauk 151, 501-504 (1963).
119. Tipping M.E., Bishop C.M.: Probabilistic Principal Component Analysis. Journal of the Royal Statistical Society, Series B 61, 3, 611-622 (1999).
120. Thomsen L.: Weak elastic anisotropy. Geophys 51, 1954-1966 (1986).
121. Thomson C.J., Chapman C.H.: An introduction toMaslovs asymptotic method. Geophys. J.R. astr. Soc. 83, 143-168 (1985).
122. Twomey S.: On the numerical solution of Freedholm integral equations of the first kind by inversion of the linear system produced by quadrature. J. Ass. Comp. Mach. 10, 97-101 (1963).
123. Twomey S.: Introduction to the mathematical of inversion in remote sensing and indirect measurements. Elsevier, New York (1977).
124. Van De Hulst H.C.: Light scattering by small particles. Wiley, New York (1957).
125. Van de Hulst H.C., Grossman K.: Multiple light scattering in planetary atmosphere. The atmospheres of Venus and Mars. Gordon and Breach, New York (1968).
126. van der Merwe R., Wan E.A., Julier S. J.: Sigma-Point Kalman Filters for Nonlinear Estimation and Sensor-Fusion: Applications to Integrated Navigation. In: Proceedings of the AIAA Guidance, Navigation, and Control Conference (Providence RI, August 2004) (2004).
127. Vavrycuk V.: Exact and asymptotic Green functions in homogeneous anisotropic viscoelastic media, Seismic Waves in Complex 3-D Structures, Report 17, 213-241, Dep. Geophys., Charles Univ., Prague (2007).
128. Wiscombe W.J.: Improved Mie scattering algorithms. Applied Optics 19, 1505-1509 (1980).
129. Whitaker J.S., Hamill T.M.: Ensemble Data Assimilation without Perturbed Observations. Mon. Wea. Rev. 130, 1913-1924 (2002).
130. Wunsch C.: The general circulation of the northern Atlantic west of 50W determined from inverse methods. Rev Geophys 16, 583-620 (1978).

131. Zabusky N.J., Kruskal M.D.: Interaction of solitons in a collisionless plasma and the recurrence of initial states. Phys. Rev. Lett. **15**, 240-243 (1965).
132. Ziolkowski R.W., Deschamps G.A.: The Maslov method and the asymptotic Fourier transform: Caustic analysis. Electromagnetic Laboratory Scientific Rep. No. 80-9. Urbana-Champaign: University of Illinois (1980).

Indice analitico

χ^2, espansione iperbolica di, 247
χ^2, espansione parabolica di, 248
χ^2, parametro, 243

a posteriori, probabilità, 76
a priori, probabilità, 76
accettanza, probabilità, 123
aggiunte, tecniche, 278
Air mass factor, AMF, 206
AIRS, 199
albedo di singola diffusione, 8, 210
altezza di scala, 55
ampiezza, 51
   coefficiente di, 44
   componenti, 33
   della pdf, 81
   diffusione, 31
analisi, 133
   oggettiva, 237
annealing, 125
ansatz, 44, 45
aristotelica, logica, 74
asimmetria, fattore di, 31
asintotica, analisi, 41
aspettazione, 103, 138
assimilazione, 159
   3D-Var, 168
   4D-Var, 169
   continua, 159
   filtro di Kalman, 172
   intermittente, 159
   non sequenziale, 159
   qualità dell'analisi, 173
   sequenziale, 159
assorbimento
   coefficiente, 197
   spettrale, 29

atmosfera
   non omogenea, 25
   omogenea, 24
autosoluzioni, 58
averaging kernel matrix, AKM, 105, 107, 191, 207, 209
Avogadro, 204
azimuth, 12

Bayes, 78
   teorema di, 77
bayesiana
   regola, 101
   ricorsiva, 144
Bayesiano, metodo, 73
black box, 234
BLUE, 233
Boltzman, costante di, 197
Booleana, logica, 74
Bouger, legge di, 203
burn-in, 123

calcolo delle variazioni, 266
campionamento preferenziale, 122
caratteristiche, metodo delle, 44, 47
catene
   di Markov continue, CTMC, 120
   Markoviane discrete, DTMC, 119
caustica, 51
Chapman Kolmogorov, 119
Choleski
   decomposizione di, 149
   LU, 168
Christoffel, matrice, 46, 255
coefficiente
   assorbimento, 7
   di assorbimento di massa, 211

diffusione, 7
coefficienti angolari, 32
completamento al quadrato, 259
componenti principali, PCA, 223
concentrazione, distribuzione di, 11, 197
condizionata, 131
congiunzione, 74
consistenza, 74
contenuto
    informativo, 188
        aerosol, 194
contraddizione, 74
copertura nuvolosa, frazione di, 201
covarianza, 66, 82, 100, 132
    iterata, 110
    matrice, 82
cross-correlazione, matrice, 146
curva L, 70
curve caratteristiche, metodo delle, 161
cut-off, tempo di, 171

DACE, 239
DART, 174
decomposizione
    ai valori singolari, SVD, 228
    nei valori singolari, 253
deformazione, 41
    componenti di, 43
    tensore di, 43
densità di probabilità, 101
    pdf, 78
deviazione standard, 132
diagonalizzazione di una matrice, 253
diffusione
    inversa, 176
    fattore d'efficienza, 31
        all'indietro, 31
    funzione, 8
    multipla, 24
    singola, 24
dinamico, raggio, 52
Dirac, delta, 46, 144
discesa del gradiente, metodo di, 167
Discrete Ordinate Method, 38
distribuzione
    di Gauss, 90, 91
    dimensionale, 38
    k, 29, 30
        correlata, 30
DOAS, 203
Doppler, 200
    effetto sulle righe, 212
DRM, 255
DTCM omogeneo, 119

EKF, guadagno ottimale, 142
elastico, tensore, 43, 44, 46
elastodinamica, equazione, 43
emissione, 10
emissiva, componente, 26
empirical orthogonal function, EOF, 223
Ensemble Kalman Filter EnKF, 153
entropia, 92
error patterns, 202
errore quadratico medio
    minimo, 87
    minimizzare, 137
estinzione, coefficiente, 7
estinzione, fattore d'efficienza, 31
Eulero, metodo di, 134
Eulero-Lagrange, equazione di, 270

FASCODE, 38
fase
    funzione, 8, 44
    velocità di, 47
filtro ricorsivo, 139
firma spettrale, 204
flusso, parametro di, 51
forza, campo di, 44
Fourier
    serie, 14
    sviluppo, 15
    trasformata di, 184
Freedholm, integrale di, 57
frequentisti, 73
frequenza, 44
    angolare, 44
    circolare, 44
funzione
    armonica, 44
    costo, 88, 219
        minimizzazione, 103
    peso, 198
    minimizzare, 101
funzioni singolari, 58

Gauss
    integrale bivariato, 258
    integrale multivariato, 259
    integrale univariato di, 257
Gauss-Newton, metodo d'integrazione, 113
GEMPAK, 239
GENLIN, 38
GENLN2, 200
Geweke, z-score, 126
Gibbs
    campionamento, 127
    campionatore, 122

sequenza, 127
GOME, 196, 207
Gometran, 38
gradi di libertà, 188
GRASS, 239
Green, funzione di, 162

Hadamard, 3, 56
Hamiltoniana, 48, 217
HARTCODE, 39
Hessiana, matrice, 84, 85
Hessiano, 113
Hilbert, spazi di, 253
Hilbert, spazio di, 276
HITRAN, 38, 200
Hooke, legge, 42

IASI, 197, 199
iconale, equazione, 47
idrostatica, equazione, 56, 198
implicazione, 74
importance sampling, 122
Infeld, formulazione, 32
inferenza, 74
    deduttiva, 74
    induttiva, 74
    plausibile, 74
    probabilistica, 142
informazione, matrice, 174
innovazione, residuo della misura, 138
insieme
    dell'analisi, 153
    di previsione, 153
integrale esponenziale, 27
intensità
    della riga, 212
    linea, 29
    parametri di, 33
interpolazione ottimale (OI), 167, 168, 233
inversa generalizzata debole, 252
inversa matrice, 251
ipotesi esaustive, 76
irradianza, 27, 28
irriducibile, catena di Markov, 121
isotropo, 49
    inomogeneo, 49
iterativo, processo, 109

Jacobiano, 50, 113, 141
Jost solution, 183
jumping distribution, 123

Kalman
    condizioni, 145

EnSFR, 155
esteso, 140
filtro Sigma Point SPKF, 142
    guadagno, 133, 139
    ricorsivo, 140
Kelvin, gradi, 197
kernel, 57
kernel risolvente, 191
KMAH, 51
Kolmogorov, 74
Korteweg e de Vries, equazione di, 176
Kriging, 233
    ordinario, 235
Kroenecker, delta di, 46, 137

Lagrange, moltiplicatore, 108, 214
Lagrangiano, 219
Lamè, parametri, 42
Legendre, serie, 12
Leibniz, regola di, 112
lentezza, vettore, 46
leverage di una matrice, 255
limitatezza, 74
linea per linea, 29
lineare, 99
look up table, 202
Lorentz, effetto sulle righe, 212
Lowtran, 38
luce, velocità della, 197

m-forma, 104
Marcoviane, catene, 118
marginalizzazione, 77
massa, densità di, 44
massima probabilità, 87
massimo a posteriori, 87
matrice
    degli errori, 248
        metodo di calcolo della, 249
    dei cofattori, 261
    del sistema, 135
    di output, 135
    di risoluzione del modello, 217
    disegno, 255
    hat, 255
MaxEnt, 90
media, 132
    teorema, 16
metamodellizzazione, 234
metamodello, 234
metodo delle caratteristiche, 265
METOP, 199
Metroplis-Hastings, 123
Metropolis-Hasting, algoritmo, 122

Mie, 204
  coefficienti, 32
  fattore d'efficienza di, 194
  parametri di, 31
  parametro di, 195
  relazione, 194
minimi quadrati, 65, 87, 244
misura di Lebesque, 92
moda condizionata, 103
model resolution matrix, 191
modello
  di processo, 145
  dinamico spazio-stato, DSSM, 143
Modtran, 38
molecolare, diffusione, 8
momenti distribuzione, 91
Monte Carlo, 38, 122
  errore standard, 277
  integrale di, 276
  metodo, 121
Moore Penrose
  condizioni di, 254
  matrice di, 251
MRM, 255
multi-pass, schema, 238
multivariata, Gaussiana, 83

n-forma, 104
NESDIS, 200
Newton, 43
Newtoniano, metodo di integrazione, 113
non lineare
  grossolanamente, 99, 110
  inversione, 108
  moderatamente, 99
non-iconale, soluzione, 52
norma due, 59, 160
normalizzazione, 77
nugget, 237
nuisance, 76

o, 74
Ockham, rasoio di, 93
ODE, 161
operatori aggiunti, 278
optimal extimation, 69
ortonormale, 230
osservazione, vettore di, 166
Ossigeno, banda A, 213
ottimale, 131
Ozono, 200

parassiali, raggi, 52

particelle, distribuzione dimensionale delle,
      195
Pascal, 43
PDE, 161
pdf
  a posteriori, 80
  Gaussiana, 86
periodo, 44
Picard, condizioni di, 59, 68
Planck, costante di, 197
plausibilità, 74
point spread function, 106
Popper, 1
predittivo, insieme, 153
predittore, 234
previsione, 133, 154
primo momento, 263
probabilità, 76
  congiunta, 75
  marginale, 75
problema inverso, 182
processamento probabilistico, 144
profondità ottica, 11, 55, 197
prossimità, raggi di, 51
pseudoinversa, matrice, 251
punti sigma, 147

quadrato integrabile, a, 58
quadrature, 117
  metodo, 60
quasi lineare, 99

radianza, 10
  atmosferica, 201
  superficiale, 201
radiativo, trasferimento, 10
radiazione, 10
  all'ingiù, 27
  all'insù, 27
  geometria, 9
raggio
  asintotico, 41
  campo del, 49
  parametri del, 49
range del Kriging, 237
rango, deficienza del, 61
rank
  della matrice, 188
  efficace, 188
rapporto di mescolamento, 198
Rayleigh, 204
Rebel, codice Bayesiano, 156
regolarizzazione, 62
  parametro di, 68

Riccati-Bessel, funzioni, 32, 34
ricerca
    del gradiente, 245
    della griglia, 244
ricorsione, 139
ricorsivo, 131
ricursione Bayesiana ottimale, 145
Rieman-Lebesgue, 57
riflessione
    della nube, 210
    coefficienti di, 184
rifrazione, indice, 8
righe Lorentziane, 211
rms, 82
rotazione degli autovettori, 229
RPCA, 231
RTIASI, 199
rumore
    bianco, 136
        gaussiano, 133
    gaussiano, 85
    gradi di libertà, 190
Runge Kutta, metodo, 49

S-mode, 227
SBDART, 39
Schrödinger, equazione di, 176
Sciatran, 38
scostamento normalizzato, 170
secondo momento, 264
segnale, gradi di libertà, 190
sferiche, coordinate, 11
sforzo, 41
    tensore di, 43
sill, 237
singolari
    funzioni, 59
    vettori, 63
Smirnov, 50
Sobolev, norma, 62
solido, angolo, 10
solitoni, 176
sorgente, funzione, 11, 12
spazi funzionali, 275
spazio-riga efficace, 188
spessore, ottico, 11
spostamento,
    campo di, 44
    componenti, 43
    vettore di, 43
state resolution matrix, 191
statistico, metodo, 73
stato
    di transizioni a priori, 144

legato, 179
    non legato, 179
steepest-descent, 246
stima
    Bayesiana ricorsiva, 89, 143
    del massimo a posteriori, 88
    dell'errore quadratico medio minimo, 88
    di massima probabilità, 164
    ottimale, 101
    migliore, 131, 137
stimatore, 145
    dell'errore, 145
    ottimale, 216
SVD, 61, 62, 69, 252
SVE, 58, 63
swath, 197

tangente, raggio, 52
tautologia, 74
Taylor, espansione, 79
tempo di tragitto, 219
tensore elastico, 42
teorema del limite centrale, 90
Tickhonov-Phillips, soluzione di, 69
TIGR, 199
Tikhonov-Phillips, soluzione di, 68
tomografia sismica, 217
TOVS, 199
traccia di una matrice, 103, 139
tracciamento del raggio, 49
tragitto, tempo di, 44
transitività, 74
transizione, matrice di, 121
trasferimento radiativo, equazione, 11
trasmissione, coefficienti di, 184
trasmittanza, 198
    funzione, 28
trasporto, equazione del, 47, 50
TSVD, 67, 70

Unscented Kalman Filter, UKF, 150

valore atteso, 263
valori singolari
    decomposizione, 227
    decomposizione ai, 60, 61
    espansione, 58
    espansione ai, 58
vapor d'acqua, 200
variabile casuale, 263
    covarianza, 146
    media, 146
varianza, 82
varimax, 229, 231

variogramma, 233
velocità di gruppo, 50
Venn, diagramma di, 75
vettore
    d'output, 135
    di controllo, 135

di stato, 109
residuo, 102
    debole, 163, 268, 270
vincolo forte, 163, 271, 272
Voight, profilo di, 211
Voigt, notazione, 42

ITEXT □ Collana di Fisica e Astronomia

ura di:

nele Cini
ano Forte
ssimo Inguscio
da Montagna
ste Nicrosini
a Peliti
erto Rotondi

tor in Springer:
ina Forlizzi
ina.forlizzi@springer.com

mi, Molecole e Solidi
rcizi Risolti
lberto Balzarotti, Michele Cini, Massimo Fanfoni
4, VIII, 304 pp, ISBN 978-88-470-0270-8

oorazione dei dati sperimentali
rizio Dapor, Monica Ropele
5, X, 170 pp., ISBN 978-88470-0271-5

**ntroduction to Relativistic Processes and the Standard
el of Electroweak Interactions**
o M. Becchi, Giovanni Ridolfi
5, VIII, 139 pp., ISBN 978-88-470-0420-7

nenti di Fisica Teorica
iele Cini
5, ristampa corretta 2006, XIV, 260 pp., ISBN 978-88-470-0424-5

rcizi di Fisica: Meccanica e Termodinamica
eppe Dalba, Paolo Fornasini
5, ristampa 2011, X, 361 pp., ISBN 978-88-470-0404-7

cture of Matter
ntroductory Corse with Problems and Solutions
o Rigamonti, Pietro Carretta
ed. 2009, XVII, 490 pp., ISBN 978-88-470-1128-1

oduction to the Basic Concepts of Modern Physics
cial Relativity, Quantum and Statistical Physics
o M. Becchi, Massimo D'Elia
, 2nd ed. 2010, X, 190 pp., ISBN 978-88-470-1615-6

Introduzione alla Teoria della elasticit
Meccanica dei solidi continui in regime lineare elastico
Luciano Colombo, Stefano Giordano
2007, XII, 292 pp., ISBN 978-88-470-0697-3

Fisica Solare
Egidio Landi Degl'Innocenti
2008, X, 294 pp., ISBN 978-88-470-0677-5

Meccanica quantistica: problemi scelti
100 problemi risolti di meccanica quantistica
Leonardo Angelini
2008, X, 134 pp., ISBN 978-88-470-0744-4

Fenomeni radioattivi
Dai nuclei alle stelle
Giorgio Bendiscioli
2008, XVI, 464 pp., ISBN 978-88-470-0803-8

Problemi di Fisica
Michelangelo Fazio
2008, XII, 212 pp., ISBN 978-88-470-0795-6

Metodi matematici della Fisica
Giampaolo Cicogna
2008, ristampa 2009, X, 242 pp., ISBN 978-88-470-0833-5

Spettroscopia atomica e processi radiativi
Egidio Landi Degl'Innocenti
2009, XII, 496 pp., ISBN 978-88-470-1158-8

I capricci del caso
Introduzione alla statistica, al calcolo della probabilit e alla teoria degli errori
Roberto Piazza
2009, XII, 254 pp., ISBN 978-88-470-1115-1

Relativit Generale e Teoria della Gravitazione
Maurizio Gasperini
2010, XVIII, 294 pp., ISBN 978-88-470-1420-6

Manuale di Relativit Ristretta
Maurizio Gasperini
2010, XVI, 158 pp., ISBN 978-88-470-1604-0

Metodi matematici per la teoria dell'evoluzione
Armando Bazzani, Marcello Buiatti, Paolo Freguglia
2011, X, 192 pp., ISBN 978-88-470-0857-1

ercizi di metodi matematici della fisica
ʌ complementi di teoria
G. N. Angilella
1, XII, 294 pp., ISBN 978-88-470-1952-2

ımore elettrico
la fisica alla progettazione
vanni Vittorio Pallottino
1, XII, 148 pp., ISBN 978-88-470-1985-0

e di fisica statistica
ʌ qualche accordo)
ʌerto Piazza
1, XII, 306 pp., ISBN 978-88-470-1964-5

Ile, galassie e universo
damenti di astrofisica
io Ferrari
1, XVIII, 558 pp., ISBN 978-88-470-1832-7

oduzione ai frattali in fisica
ʒio Peppino Ratti
1, XIV, 306 pp., ISBN 978-88-470-1961-4

ʌ Special Relativity to Feynman Diagrams
ɔurse of Theoretical Particle Physics for Beginners
ʌardo D'Auria, Mario Trigiante
1, X, 562 pp., ISBN 978-88-470-1503-6

ɔlems in Quantum Mechanics with solutions
ʌio d'Emilio, Luigi E. Picasso
1, X, 354 pp., ISBN 978-88-470-2305-5

ɔa del Plasma
ʒamenti e applicazioni astrofisiche
dio Chiuderi, Marco Velli
ɔ, X, 222 pp., ISBN 978-88-470-1847-1

ɔed Problems in Quantum and Statistical Mechanics
ɔele Cini, Francesco Fucito, Mauro Sbragaglia
ɔ, VIII, 396 pp., ISBN 978-88-470-2314-7

ɔoni di Cosmologia Teorica
ɔizio Gasperini
ɔ, XIV, 250 pp., ISBN 978-88-470-2483-0

ɔabilit□ in Fisica
ɔtroduzione
ɔ Boffetta, Angelo Vulpiani
ɔ, XII, 232 pp., ISBN 978-88-470-2429-8

Particelle e interazioni fondamentali
Il mondo delle particelle
Sylvie Braibant, Giorgio Giacomelli, Maurizio Spurio
2009, 2a ed. 2012, XVI, 520 pp., ISBN 978-88-470-2753-4

Introduzione ai metodi inversi
Con applicazioni alla geofisica e al telerilevamento
Rodolfo Guzzi
2012, XIV, 290 pp., ISBN 978-88-470-2494-6